软件开发视频大讲堂

U0749324

# C 语言从入门到精通

## （第 6 版）

明日科技　编著

清华大学出版社
北　京

# 内 容 简 介

《C语言从入门到精通（第6版）》从初学者的角度出发，以通俗易懂的语言、丰富多彩的实例，详细介绍了使用C语言进行程序开发需要掌握的各方面知识。全书分为4篇，共20章，内容包括C语言概述、算法、数据类型、运算符与表达式、数据输入/输出、选择结构、循环控制、数组、函数、指针、结构体和共用体、位运算、预处理、文件、内存管理、网络套接字编程、单词背记闯关游戏、学生信息管理系统、单片机基础和GSM短信控制家庭防盗报警系统。书中所有知识都结合具体实例进行介绍，涉及的程序代码给出了详细的注释，读者可以轻松领会C语言程序开发的精髓，快速提高开发技能。

另外，本书除了纸质内容，还配备了C语言在线开发资源库，主要内容如下：

☑ 同步教学微课：共204集，时长13小时　　　　☑ 技术资源库：323个技术要点

☑ 技巧资源库：300个开发技巧　　　　　　　　☑ 实例资源库：359个应用实例

☑ 项目资源库：19个实战项目　　　　　　　　　☑ 源码资源库：378项源代码

☑ 视频资源库：451集学习视频　　　　　　　　☑ PPT电子教案

本书可作为软件开发入门者的自学用书，也可作为高等院校相关专业的教学参考书，还可供开发人员查阅、参考。

**图书在版编目（CIP）数据**

C语言从入门到精通 / 明日科技编著. —6版. —北京：清华大学出版社，2023.6（2025.10重印）

（软件开发视频大讲堂）

ISBN 978-7-302-63567-3

Ⅰ．①C… Ⅱ．①明… Ⅲ．①C语言—程序设计 Ⅳ．①TP312.8

中国国家版本馆CIP数据核字（2023）第088490号

责任编辑：贾小红
封面设计：刘　超
版式设计：文森时代
责任校对：马军令
责任印制：杨　艳

出版发行：清华大学出版社
　　　网　　　址：https://www.tup.com.cn，https://www.wqxuetang.com
　　　地　　　址：北京清华大学学研大厦A座　　　　邮　　编：100084
　　　社 总 机：010-83470000　　　　　　　　　　邮　　购：010-62786544
　　　投稿与读者服务：010-62776969，c-service@tup.tsinghua.edu.cn
　　　质量反馈：010-62772015，zhiliang@tup.tsinghua.edu.cn
印 装 者：三河市东方印刷有限公司
经　　销：全国新华书店
开　　本：203mm×260mm　　　印　　张：26　　　字　　数：727千字
版　　次：2010年7月第1版　　2023年7月第6版　　印　　次：2025年10月第6次印刷
定　　价：79.80元

产品编号：101104-01

# 如何使用本书开发资源库

本书赠送价值 999 元的"C 语言在线开发资源库"一年的免费使用权限，结合图书和开发资源库，读者可快速提升编程水平和解决实际问题的能力。

## 1. VIP 会员注册

刮开并扫描图书封底的防盗码，按提示绑定手机微信，然后扫描右侧二维码，打开明日科技账号注册页面，填写注册信息后将自动获取一年（自注册之日起）的 C 语言在线开发资源库的 VIP 使用权限。

C 语言开发资源库

读者在注册、使用开发资源库时有任何问题，均可咨询明日科技官网页面上的客服电话。

## 2. 纸质书和开发资源库的配合学习流程

C 语言开发资源库中提供了技术资源库（323 个技术要点）、技巧资源库（300 个开发技巧）、实例资源库（359 个应用实例）、项目资源库（19 个实战项目）、源码资源库（378 项源代码）、视频资源库（451 集学习视频），共计六大类、1830 项学习资源。学会、练熟、用好这些资源，读者可在最短的时间内快速提升自己，从一名新手晋升为一名软件工程师。

| 首页 | 术 技术资源库 323 | 巧 技巧资源库 300 | 例 实例资源库 359 | 项 项目资源库 19 | 码 源码资源库 378 | 视 视频资源库 451 |
|---|---|---|---|---|---|---|

《C 语言从入门到精通（第 6 版）》纸质书和"C 语言在线开发资源库"的配合学习流程如下。

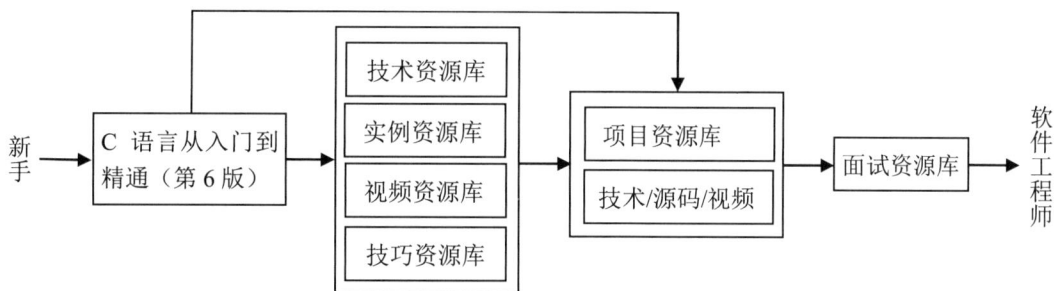

```
新手 → C 语言从入门到精通（第 6 版） → 技术资源库 / 实例资源库 / 视频资源库 / 技巧资源库 → 项目资源库 技术/源码/视频 → 面试资源库 → 软件工程师
```

## 3. 开发资源库的使用方法

在学习到本书某一章节时，可利用实例资源库对应内容提供的大量热点实例和关键实例，巩固所学编程技能，提升编程兴趣和信心。

开发过程中，总有一些易混淆、易出错的地方，利用技巧资源库可快速扫除盲区，掌握更多实战技巧，精准避坑。需要查阅某个技术点时，可利用技术资源库锁定对应知识点，随时随地深入学习。

**C语言技巧库**

| 技巧51 | 初识C语言 | + |
| 技巧52 | 一个简单的C程序 | + |
| 技巧53 | 算法入门 | + |
| 技巧54 | 常用数据类型 | + |
| 技巧55 | 运算符与表达式 | - |

01 运算符的优先级和结合性是…
02 如何区分 "," 是运算符还…
03 C语言如何解释x=a+=b+c?
04 x=x+1,x+=1,x++,哪个效…
05 什么是运算符的目? 怎样进…
06 使用 "++" 和 "--" 运算符…
07 如何理解i+++j?
08 赋值表达式中什么是左值和…
09 如何确定条件表达式的结果…
10 "%" 运算符是否可以对小数…
11 "/" 运算符得到的结果一定…
12 在进行多种数据类型混合运…
13 C语言中有哪些简化的运算表…

**C语言实例库**

| 分类1 | 初识C语言 | + |
| 分类2 | 一个简单的C程序 | + |
| 分类3 | 算法入门 | + |
| 分类4 | 常用数据类型 | + |
| 分类5 | 运算符与表达式 | + |
| 分类6 | 数据输入输出函数 | + |
| 分类7 | 选择、分支结构程序… | - |

01 判断偶数
02 判断字母是否大写
03 检查字符类型
04 求学生的最低分和最高分
05 模拟自动售货机
06 计算工人工资
07 a2+b2
08 加油站加油
09 简单计算器

| 分类8 | 循环结构 | + |

**黑纸与白纸**

同步视频　同步源码　同步素材　　　👍点赞(0)　⬇下载(2)　☆收藏(0)

快用

📋 **实例描述**

有A、B、C、D、E五人，每人额头上都贴了一张黑色或白色的纸条。五人对坐，每人都可以看到其他人额头上的纸的颜色，但都不知道自己额头上的纸的颜色。五人相互观察后，

A说："我看见有三个人额头上贴的是白纸，一个人额头上贴的是黑纸。"

B说："我看见其他四人额头上贴的都是黑纸。"

C说："我看见有一个人额头上贴的是白纸，其他三人额头上贴的是黑纸。"

D说："我看见四人额头上贴的都是白纸。"

E说："我不发表观点。"

现在已知额头贴黑纸的人说得都是谎话，额头贴白纸的人说得都是实话，问这五个人谁的额头上贴的是白纸谁的额头上贴的是黑纸。运行结果如图所示。

黑纸与白纸

---

学习完本书后，读者可通过项目资源库中的 19 个经典项目，全面提升个人的综合编程技能和解决实际开发问题的能力，为成为 C 语言软件开发工程师打下坚实的基础。

**C语言项目库**

| 项目1 | 趣味俄罗斯方块 | 游戏 + |
| 项目2 | 挑战2048 | 游戏 + |
| 项目3 | 贪吃蛇大作战 | 游戏 + |
| 项目4 | 实用万年历 | 工具 + |
| 项目5 | 图书管理系统（窗体… | 应用系统 + |
| 项目6 | 学生个人消费管理系统 | 应用系统 + |
| 项目7 | 企业员工管理系统 | 应用系统 + |
| 项目8 | 学生信息管理系统 | 应用系统 + |
| 项目9 | 智行共享汽车管理系统 | 应用系统 + |
| 项目10 | GSM短信控制家庭防… | 应用系统 … |

01 开发准备
02 LED声光报警设计
03 手机短信报警设计
04 按键设计
05 附录

| 项目11 | 划拳游戏 | 游戏 + |

首页　（术）技术资源库 323　（巧）技巧资源库 300　（例）实例资源库 359　（项）项目资源库 19　（码）源码资源库 378　（视）视频资源库 451

首页>C语言 开发资源库>项目资源库

开发方向：　全部　游戏　应用系统　工具　　👉 按分类查看

**趣味俄罗斯方块**

🎮方向：游戏　☆难度：高级　⏱时长：2小时57分

主要技术栈　Dev cpp、#define、宏定义、全局变量、文字颜色、屏幕光标位置

项目001简介　俄罗斯方块游戏是一款由少智设的经典益智类游戏，该游戏的趣味性是很多游戏都无法比拟的。游戏的规则很简单，使用各种形状的方块，滞行即消除运行，当方块堆积到屏幕上方时游戏结束。通过学习，你将学到：
□ 基本的控制输入、输出

**火车订票系统**

🎮方向：应用系统　☆难度：中级　⏱时长：36分

主要技术栈　结构体类型、typedef、二进制文件、循环体、puts()函数、多分支选择、

项目002简介　火车订票系统是针对用户预订火车票需要的一系列信息开发的信息化系统，该系统主要满足用户对火车票信息的查询和订购需求，同时可以对火车车次信息和订票信息进行保存。通过本章的学习，你将理解到：
□ 如何实现菜单的选择功能

---

另外，利用页面上方的搜索栏，还可以对技术、技巧、实例、项目、源码、视频等资源进行快速查阅。

万事俱备后，读者该到软件开发的主战场上接受洗礼了。本书资源包中提供了 C/C++各方向的面试真题，是求职面试的绝佳指南。读者可扫描封底的"文泉云盘"二维码获取。

**C/C++面试资源库**

⊞ 第1部分　C/C++语言基础
⊞ 第2部分　数组、函数和指针
⊞ 第3部分　预处理和内存管理
⊞ 第4部分　数据结构
⊞ 第5部分　常见算法
⊞ 第6部分　企业面试真题汇编

# 前 言
Preface

**丛书说明：** "软件开发视频大讲堂"丛书第 1 版于 2008 年 8 月出版，因其编写细腻、易学实用、配备海量学习资源和全程视频等，在软件开发类图书市场上产生了很大反响，绝大部分品种在全国软件开发零售图书排行榜中名列前茅，2009 年多个品种被评为"全国优秀畅销书"。

"软件开发视频大讲堂"丛书第 2 版于 2010 年 8 月出版，第 3 版于 2012 年 8 月出版，第 4 版于 2016 年 10 月出版，第 5 版于 2019 年 3 月出版，第 6 版于 2021 年 7 月出版。十五年间反复锤炼，打造经典。丛书迄今累计重印 680 多次，销售 400 多万册，不仅深受广大程序员的喜爱，还被百余所高校选为计算机、软件等相关专业的教学参考用书。

"软件开发视频大讲堂"丛书第 7 版在继承前 6 版所有优点的基础上，进行了大幅度的修订。第一，根据当前的技术趋势与热点需求调整品种，拓宽了程序员岗位就业技能用书；第二，对图书内容进行了深度更新、优化，如优化了内容布置，弥补了讲解疏漏，将开发环境和工具更新为新版本，增加了对新技术点的剖析，将项目替换为更能体现当今 IT 开发现状的热门项目等，使其更与时俱进，更适合读者学习；第三，改进了教学微课视频，为读者提供更好的学习体验；第四，升级了开发资源库，提供了程序员"入门学习→技巧掌握→实例训练→项目开发→求职面试"等各阶段的海量学习资源；第五，为了方便教学，制作了全新的教学课件 PPT。

C 语言是 Combined Language（组合语言）的简称。作为一门程序开发语言，它同时具有高级语言和汇编语言两者的特点，因此受到广大编程人员的喜爱。C 语言的应用非常广泛，既可以编写系统程序，也可以编写应用程序，还可以应用到单片机及嵌入式系统的开发中。这就是为什么大多数开发人员初学编程都选择 C 语言的原因。

## 本书内容

本书提供了从 C 语言入门到编程高手所必需的各类知识，共分为 4 篇，整体结构如下图所示。

**第 1 篇：基础知识。** 本篇讲解 C 语言的基础知识，主要内容包括 C 语言的发展史和特性、C 语言开发环境、算法、数据类型、运算符与表达式、数据输入/输出、选择结构和循环控制等，帮助读者夯实语法基础。唯有扎实掌握本篇内容，才能准确写出 C 语言代码。

**第 2 篇：基础进阶。** 本篇介绍 C 语言中数组、函数、指针这三大重点核心内容。数组是由相同类型数据组成的线性序列，访问速度很快，通过它能快速、大批量地处理数据。函数是程序模块的重要组成部分，一个功能复杂的程序通常由若干个函数组成。指针是 C 语言的核心、精髓所在，通过指针可以直接操作内存空间。学习完本篇，读者能够编写一些简单的 C 应用程序。

**第 3 篇：高级编程。** 本篇介绍结构体、链表、共用体、枚举等构造数据类型，以及位运算、预处理、文件、内存管理和网络套接字编程等知识。深入理解并熟练掌握本篇内容后，读者可尝试开发复杂的 C 应用程序。

**第 4 篇：项目实战**。本篇将带领读者一步一步地亲身体验项目开发的全过程。其中，单词背记游戏和学生信息管理系统属于软件项目开发，单片机基础知识和 GSM 短信控制家庭防盗报警系统属于硬件项目开发。通过 3 个项目的实战训练，相信读者可独立开发出各类复杂的 C 应用程序，并可进行简单的单片机开发。

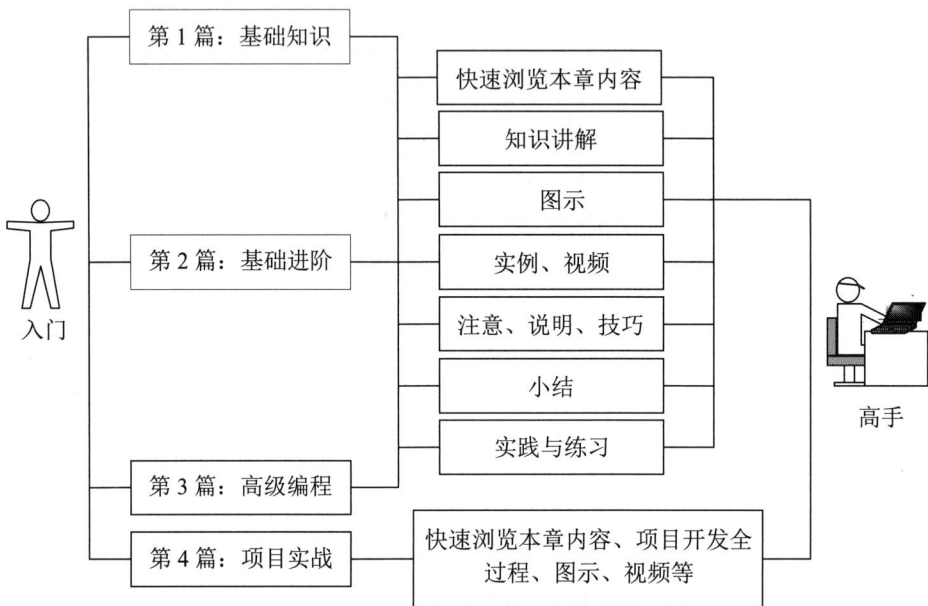

## 本书特点

☑ **由浅入深，循序渐进**。本书以初、中级程序员为对象，带领读者先从 C 语言基础学起，再学习 C 语言的程序结构，然后学习 C 语言的高级应用，最后练习开发两个软件项目和一个硬件项目。讲解详尽，层次清晰，在叙述过程中会给出相应的实例，以便于读者理解。在讲解实例时分步骤进行，使读者一目了然，从而快速掌握书中内容。

☑ **微课视频，讲解详尽**。为便于读者直观感受程序开发的全过程，书中重要章节配备了教学微课视频（共 204 集，时长 13 小时），使用手机扫描章节标题一侧的二维码，即可观看学习。便于初学者快速入门，感受编程的快乐和成就感，进一步增强学习的信心。

☑ **基础实例+编程训练+综合练习+项目案例，实战为王**。通过例子学习是最好的学习方式，本书核心知识讲解通过"一个知识点、一个示例、一个结果、一段评析、一个综合应用"的模式，详尽透彻地讲述了实际开发中所需的各类知识。全书共计有 171 个应用实例，118 个编程训练，110 个综合练习，3 个项目案例，为初学者打造"学习 1 小时，训练 10 小时"的强化实战学习环境。

☑ **精彩栏目，贴心提醒**。本书根据学习需要在正文中设计了很多"注意""说明""技巧"等小栏目，让读者在学习的过程中更轻松地理解相关知识点及概念，更快地掌握个别技术的应用技巧。

## 读者对象

- ☑ 自学编程的入门读者
- ☑ 大中专院校的老师和学生
- ☑ 做毕业设计的学生
- ☑ 程序测试及维护人员
- ☑ 编程爱好者
- ☑ 相关培训机构的老师和学员
- ☑ 初、中级程序开发人员
- ☑ 参加实习的"菜鸟"级程序员

## 资源与服务

本书提供了大量的辅助学习资源，读者需刮开图书封底的防盗码，扫描并绑定微信后，获取学习权限。

- ☑ 同步教学微课

学习书中知识时，扫描章节名称处的二维码，可在线观看教学视频。

- ☑ 在线开发资源库

本书配备了强大的 C 语言开发资源库，包括技术资源库、技巧资源库、实例资源库、项目资源库、源码资源库、视频资源库。扫描右侧"C 语言开发资源库"二维码，可登录明日科技网站，获取 C 语言开发资源库一年的免费使用权限。

C 语言开发资源库

- ☑ 教学资源

扫描右侧"教学资源"二维码或者登录清华大学出版社网站（www.tup.com.cn），可在对应图书页面下查阅本书的 PPT 课件、课程教学大纲等教学辅助资源的获取方式。

教学资源

- ☑ 学习答疑

本书配有完善的新媒体学习矩阵，包括 IT 今日热榜（实时提供最新技术热点）、微信公众号、学习交流群、400 电话、技术社区等，可为读者提供专业的知识拓展与答疑服务。扫描右侧"学习答疑"二维码，根据说明操作，即可享受答疑服务。

学习答疑

## 致读者

本书由明日科技 C 语言程序开发团队组织编写。明日科技是一家专业从事软件开发、教育培训及软件开发教育资源整合的高科技公司，其编写的教材既注重选取软件开发中的必需、常用内容，又注重内容的易学、方便及相关知识的拓展，深受读者喜爱。其编写的教材多次荣获"全行业优秀畅销品种""中国大学出版社优秀畅销书"等奖项，多个品种长期位居同类图书销售排行榜的前列。

在本书编写的过程中，我们以科学、严谨的态度，力求精益求精，但疏漏之处在所难免，敬请广大读者批评指正。

感谢您购买本书，希望本书能成为您编程路上的领航者。

"零门槛"学编程，一切皆有可能。

祝读书快乐！

编　者

2023 年 6 月

# 目 录

Contents

# 第 1 篇 基 础 知 识

第 1 章 C 语言概述 .................................................. 2

　　视频讲解：64 分钟

1.1 C 语言的发展史 ............................................. 2

　1.1.1 程序语言简述 .......................................... 2

　1.1.2 C 语言的发展历程 ................................. 3

1.2 C 语言的特点 ................................................. 4

1.3 一个简单的 C 程序 ...................................... 4

1.4 一个完整的 C 程序 ...................................... 7

1.5 C 语言程序的格式 ....................................... 10

1.6 C 语言开发环境 ............................................ 12

　1.6.1 Visual C++ 6.0 ....................................... 12

　1.6.2 Visual Studio 2022 ........................... 18

　1.6.3 Dev C++ ................................................. 24

1.7 实践与练习 ................................................... 26

第 2 章 算法 ........................................................... 27

　　视频讲解：16 分钟

2.1 算法的基本概念 ............................................ 27

　2.1.1 算法的特性 ............................................. 27

　2.1.2 算法的优劣 ............................................. 28

2.2 算法描述 ....................................................... 29

　2.2.1 自然语言 ................................................. 29

　2.2.2 流程图 ..................................................... 30

　2.2.3 N-S 流程图 ............................................. 33

2.3 实践与练习 ................................................... 35

第 3 章 数据类型 .................................................. 36

　　视频讲解：42 分钟

3.1 关键字 ........................................................... 36

3.2 标识符 ........................................................... 37

3.3 数据类型 ....................................................... 38

3.4 常量 ............................................................... 39

　3.4.1 整型常量 ................................................. 39

　3.4.2 实型常量 ................................................. 40

　3.4.3 字符型常量 ............................................. 41

　3.4.4 转义字符 ................................................. 43

　3.4.5 符号常量 ................................................. 43

3.5 变量 ............................................................... 44

　3.5.1 整型变量 ................................................. 44

　3.5.2 实型变量 ................................................. 47

　3.5.3 字符型变量 ............................................. 48

3.6 混合运算 ....................................................... 50

3.7 实践与练习 ................................................... 51

第 4 章 运算符与表达式 ..................................... 52

　　视频讲解：50 分钟

4.1 表达式 ........................................................... 52

4.2 赋值运算符与赋值表达式 ............................ 53

　4.2.1 变量赋初值 ............................................. 53

　4.2.2 自动类型转换 ......................................... 54

　4.2.3 强制类型转换 ......................................... 55

4.3 算术运算符与算术表达式 ............................ 56

　4.3.1 算术运算符 ............................................. 56

　4.3.2 算术表达式 ............................................. 57

　4.3.3 优先级与结合性 ..................................... 57

　4.3.4 自增/自减运算符 ................................... 58

4.4 关系运算符与关系表达式 ............................ 60

　4.4.1 关系运算符 ............................................. 60

　4.4.2 关系表达式 ............................................. 60

4.4.3 优先级与结合性 ...................... 61

4.5 逻辑运算符与逻辑表达式 ..................... 62

4.5.1 逻辑运算符 ...................... 62

4.5.2 逻辑表达式 ...................... 63

4.5.3 优先级与结合性 ...................... 63

4.6 逗号运算符与逗号表达式 ..................... 64

4.7 复合赋值运算符 ..................... 65

4.8 sizeof 运算符 ..................... 66

4.9 运算符的优先级总结 ..................... 68

4.10 实践与练习 ..................... 69

第 5 章 数据输入/输出 ..................... 70

　　　　视频讲解：32 分钟

5.1 字符的输入/输出 ..................... 70

5.1.1 字符输出 ..................... 70

5.1.2 字符输入 ..................... 71

5.2 字符串的输入/输出 ..................... 73

5.2.1 字符串输出 ..................... 73

5.2.2 字符串输入 ..................... 74

5.3 格式化输出 ..................... 76

5.4 格式化输入 ..................... 78

5.5 顺序程序设计 ..................... 82

5.6 实践与练习 ..................... 83

第 6 章 选择结构 ..................... 85

　　　　视频讲解：36 分钟

6.1 if 语句 ..................... 85

6.2 if 语句的基本形式 ..................... 85

6.2.1 简单 if 语句 ..................... 86

6.2.2 if...else 语句 ..................... 88

6.2.3 else if 语句 ..................... 89

6.3 if 语句的嵌套应用 ..................... 92

6.4 条件运算符 ..................... 95

6.5 switch 语句 ..................... 96

6.5.1 switch 语句的基本形式 ..................... 96

6.5.2 多路开关模式的 switch 语句 ..................... 99

6.6 if...else 语句和 switch 语句的区别 ...... 101

6.7 实践与练习 ..................... 101

第 7 章 循环控制 ..................... 104

　　　　视频讲解：47 分钟

7.1 循环语句 ..................... 104

7.2 while 语句 ..................... 104

7.3 do...while 语句 ..................... 107

7.4 for 语句 ..................... 108

7.4.1 for 循环语句 ..................... 109

7.4.2 for 循环的变体 ..................... 111

7.4.3 for 循环中的逗号应用 ..................... 112

7.5 3 种循环语句的比较 ..................... 114

7.6 循环嵌套 ..................... 114

7.6.1 循环嵌套结构 ..................... 114

7.6.2 循环嵌套实例 ..................... 115

7.7 转移语句 ..................... 117

7.7.1 goto 语句 ..................... 117

7.7.2 break 语句 ..................... 118

7.7.3 continue 语句 ..................... 119

7.8 实践与练习 ..................... 120

# 第 2 篇 基 础 进 阶

第 8 章 数组 ..................... 124

　　　　视频讲解：71 分钟

8.1 一维数组 ..................... 124

8.1.1 一维数组的定义和引用 ..................... 124

8.1.2 一维数组的初始化 ..................... 126

8.1.3 一维数组的应用 ..................... 127

8.2 二维数组 ..................... 128

8.2.1 二维数组的定义和引用 ..................... 128

8.2.2 二维数组的初始化 ..................... 129

8.2.3 二维数组的应用 ..................... 130

8.3 字符数组 ..................... 132

8.3.1 字符数组的定义和引用 ..................... 132

8.3.2　字符数组的初始化..........................132
8.3.3　字符数组的结束标志......................133
8.3.4　字符数组的输入和输出..................134
8.3.5　字符数组的应用............................135
8.4　多维数组...........................................136
8.5　数组的排序算法...................................136
8.5.1　选择排序......................................136
8.5.2　冒泡排序......................................138
8.5.3　交换排序......................................139
8.5.4　插入排序......................................141
8.5.5　快速排序......................................142
8.5.6　排序算法的比较............................144
8.6　数组应用...........................................145
8.6.1　反转输出字符串............................146
8.6.2　输出系统日期和时间......................146
8.6.3　字符串的加密和解密......................148
8.7　实践与练习........................................149

第9章　函数..........................................151
　　　视频讲解：91分钟
9.1　函数概述...........................................151
9.2　函数的定义和声明................................153
9.2.1　函数的定义..................................153
9.2.2　函数的声明..................................154
9.3　函数参数...........................................155
9.3.1　形式参数与实际参数......................155
9.3.2　数组作函数参数............................156
9.4　函数的调用和返回................................159
9.4.1　函数的调用..................................159
9.4.2　函数的返回值................................160
9.4.3　函数的嵌套调用............................161

9.4.4　函数的递归调用............................162
9.5　内部函数和外部函数.............................165
9.5.1　内部函数......................................165
9.5.2　外部函数......................................166
9.6　局部变量和全局变量.............................167
9.6.1　局部变量......................................167
9.6.2　全局变量......................................169
9.7　常用标准库函数...................................171
9.7.1　数学函数......................................171
9.7.2　字符判别函数................................172
9.7.3　字符串处理函数............................174
9.8　实践与练习........................................179

第10章　指针..........................................181
　　　视频讲解：64分钟
10.1　指针的相关概念................................181
10.1.1　地址与指针................................181
10.1.2　变量与指针................................182
10.1.3　指针变量...................................182
10.1.4　指针的自增、自减运算................185
10.2　数组与指针.......................................186
10.2.1　一维数组与指针.........................187
10.2.2　二维数组与指针.........................189
10.2.3　字符串与指针.............................191
10.2.4　指针数组...................................193
10.3　指向指针的指针.................................194
10.4　指针变量作函数参数...........................197
10.5　返回指针值的函数..............................204
10.6　指针数组作main函数的参数...........205
10.7　实践与练习......................................207

# 第3篇　高级编程

第11章　结构体和共用体.........................210
　　　视频讲解：68分钟
11.1　结构体............................................210
11.1.1　结构体类型的声明......................211

11.1.2　结构体变量的定义......................211
11.1.3　结构体变量的引用......................213
11.1.4　结构体类型的初始化..................214
11.2　结构体数组.......................................215

11.2.1　定义结构体数组..........216
11.2.2　初始化结构体数组..........217
11.3　结构体指针..........218
　　11.3.1　指向结构体变量的指针..........218
　　11.3.2　指向结构体数组的指针..........220
11.4　结构体在函数中的使用..........222
　　11.4.1　结构体作为函数参数..........222
　　11.4.2　使用函数返回结构体指针..........224
11.5　嵌套的结构体..........225
11.6　链表..........227
　　11.6.1　链表概述..........227
　　11.6.2　创建动态链表..........228
　　11.6.3　输出链表..........229
11.7　链表的相关操作..........232
　　11.7.1　插入结点..........232
　　11.7.2　删除结点..........233
11.8　共用体..........237
　　11.8.1　共用体的概念..........237
　　11.8.2　共用体变量的引用..........238
　　11.8.3　共用体变量的初始化..........238
　　11.8.4　共用体类型的数据特点..........239
11.9　枚举类型..........239
11.10　typedef 关键字..........241
11.11　实践与练习..........242

**第 12 章　位运算..........245**
　　　　📹 视频讲解：28 分钟
12.1　位与字节..........245
12.2　位运算操作符..........245
　　12.2.1　按位与运算符..........246
　　12.2.2　按位或运算符..........247
　　12.2.3　按位取反运算符..........248
　　12.2.4　按位异或运算符..........249
　　12.2.5　左移运算符..........250
　　12.2.6　右移运算符..........251
12.3　循环移位..........252
12.4　位段..........254
　　12.4.1　位段的概念与定义..........254

12.4.2　位段相关说明..........255
12.5　实践与练习..........256

**第 13 章　预处理命令..........258**
　　　　📹 视频讲解：25 分钟
13.1　宏定义..........258
　　13.1.1　不带参数的#define 命令..........258
　　13.1.2　带参数的#define 命令..........260
　　13.1.3　宏定义的删除..........261
　　13.1.4　预定义宏简介..........261
13.2　文件包含..........262
13.3　条件编译..........263
　　13.3.1　#if、#else、#elif、#endif 命令..........263
　　13.3.2　#ifdef、#ifndef 命令..........264
13.4　其他预处理命令..........266
　　13.4.1　#line 命令..........266
　　13.4.2　#error 命令..........266
　　13.4.3　#pragma 命令..........267
13.5　实践与练习..........267

**第 14 章　文件..........270**
　　　　📹 视频讲解：67 分钟
14.1　文件概述..........270
14.2　文件基本操作..........271
　　14.2.1　文件指针..........271
　　14.2.2　打开文件（fopen 函数）..........272
　　14.2.3　关闭文件（fclose 函数）..........272
14.3　文件的读写..........273
　　14.3.1　写入字符（fputc 函数）..........273
　　14.3.2　读取字符（fgetc 函数）..........274
　　14.3.3　写入字符串（fputs 函数）..........274
　　14.3.4　读取字符串（fgets 函数）..........275
　　14.3.5　fprintf 函数..........276
　　14.3.6　fscanf 函数..........277
　　14.3.7　读写数据块（fread 和 fwrite 函数）..........278
14.4　文件的定位..........280
　　14.4.1　fseek 函数..........280
　　14.4.2　rewind 函数..........282
　　14.4.3　ftell 函数..........283

14.5 文件管理 ............................................. 285
　14.5.1 删除文件（remove 函数） ......................285
　14.5.2 重命名文件（rename 函数） ....................286
　14.5.3 复制文件 ........................................287
14.6 文件状态检测 .................................... 288
　14.6.1 文件读取结束检测（feof 函数） ...............288
　14.6.2 文件读写出错检测（ferror 函数） .............289
　14.6.3 清除状态标志（clearerr 函数） ...............289
14.7 实践与练习 ...................................... 290

第15章　内存管理 ............................ 293
　　　视频讲解：18 分钟
15.1 内存组织方式 .................................... 293
　15.1.1 数据的存放方式 .............................293
　15.1.2 堆与栈 .......................................294
15.2 动态管理 ........................................ 295
　15.2.1 malloc 函数 .................................295
　15.2.2 calloc 函数 .................................296
　15.2.3 realloc 函数 ...............................296
　15.2.4 free 函数 ...................................297
15.3 内存泄露与内存丢失 ......................... 298

15.4 实践与练习 ......................................... 299

第16章　网络套接字编程 ................301
　　　视频讲解：33 分钟
16.1 计算机网络基础 ............................... 301
　16.1.1 IP 地址 .....................................301
　16.1.2 OSI 七层参考模型 .........................302
　16.1.3 地址解析 ....................................302
　16.1.4 域名解析 ....................................303
　16.1.5 TCP/IP 协议 ...............................304
　16.1.6 端口 .........................................305
　16.1.7 套接字的引入 ..............................305
　16.1.8 网络字节顺序 ..............................306
16.2 套接字基础 ...................................... 306
　16.2.1 套接字概述 .................................306
　16.2.2 基于 TCP 的 socket 编程 .................306
　16.2.3 基于 UDP 的 socket 编程 .................307
16.3 套接字函数 ...................................... 308
　16.3.1 套接字常用函数介绍 .....................308
　16.3.2 基于 TCP 的网络聊天程序 ...............313
16.4 实践与练习 ...................................... 318

# 第 4 篇　项 目 实 战

第17章　单词背记闯关游戏 ......................324
　　　视频讲解：7 分钟
17.1 项目概述 ........................................ 324
17.2 系统设计 ........................................ 325
　17.2.1 系统功能结构 .............................325
　17.2.2 业务流程图 ................................326
17.3 开发准备 ........................................ 326
17.4 预处理模块设计 ............................... 327
　17.4.1 模块概述 ...................................327
　17.4.2 代码实现 ...................................327
17.5 游戏开始界面显示 .......................... 328
　17.5.1 模块概述 ...................................328

17.5.2 代码实现 ......................................328
17.6 积分规则界面显示 .......................... 330
　17.6.1 模块概述 ...................................330
　17.6.2 代码实现 ...................................330
17.7 单词背记游戏主功能实现 .................. 331
　17.7.1 模块概述 ...................................331
　17.7.2 代码实现 ...................................331
17.8 读取和存储游戏最高分 .................... 334
　17.8.1 模块概述 ...................................334
　17.8.2 代码实现 ...................................334
17.9 游戏结束界面显示 .......................... 334
　17.9.1 模块概述 ...................................334

17.9.2 代码实现...........335

**第 18 章 学生信息管理系统**..........337

🎬 视频讲解：8 分钟

18.1 项目概述...........337

18.2 系统设计...........337

18.2.1 系统功能结构设计...........337

18.2.2 系统界面预览...........338

18.3 预处理模块设计...........340

18.3.1 模块概述...........340

18.3.2 功能实现...........340

18.4 主函数设计...........341

18.4.1 功能概述...........341

18.4.2 功能实现...........342

18.5 录入学生信息模块...........343

18.5.1 模块概述...........343

18.5.2 录入时文件中无内容...........344

18.5.3 录入时文件中有内容...........344

18.6 查询学生信息模块...........345

18.6.1 模块概述...........345

18.6.2 功能实现...........346

18.7 删除学生信息模块...........347

18.7.1 模块概述...........347

18.7.2 功能实现...........347

18.8 修改学生信息模块...........348

18.8.1 模块概述...........348

18.8.2 功能实现...........349

18.9 插入学生信息模块...........350

18.9.1 模块概述...........350

18.9.2 功能实现...........351

18.10 学生成绩排序模块...........352

18.10.1 模块概述...........352

18.10.2 功能实现...........352

18.11 显示所有学生信息...........353

18.11.1 模块概述...........353

18.11.2 功能实现...........354

**第 19 章 单片机基础**..........355

🎬 视频讲解：41 分钟

19.1 认识单片机...........355

19.1.1 单片机概述...........356

19.1.2 单片机组成部分...........356

19.1.3 单片机内部结构分析...........357

19.1.4 单片机与外部电路...........362

19.2 单片机的应用...........363

19.2.1 使用 Altium Designer 工具设计电路.......364

19.2.2 使用 Keil 工具编译单片机程序.......367

19.2.3 使用 STC-ISP 烧录工具将程序烧录到单片机中...........372

**第 20 章 GSM 短信控制家庭防盗报警系统**..........375

🎬 视频讲解：6 分钟

20.1 项目概述...........375

20.2 系统设计...........376

20.2.1 系统功能结构...........376

20.2.2 系统业务流程...........376

20.3 系统开发准备...........377

20.3.1 开发工具...........377

20.3.2 电路原理图...........377

20.3.2 元件列表...........378

20.4 LED 声光报警设计...........379

20.4.1 LED 灯报警设计...........379

20.4.2 蜂鸣器报警设计...........382

20.5 手机短信报警设计...........385

20.5.1 液晶屏显示设计...........385

20.5.2 GSM 模块接收手机短信...........389

20.6 独立按键设计...........392

20.7 其他主要功能代码...........395

**附录 A ASCII 码对照表**...........396

# 第 1 篇

## 基础知识

本篇讲解 C 语言的基础知识，包括 C 语言的历史和特性、C 语言开发环境、算法、数据类型、运算符与表达式、数据输入/输出函数、选择结构和循环控制等内容。这些是 C 程序设计中最基础的知识，唯有扎实掌握它们，才能准确写出第一行代码，解决一些简单的程序问题。

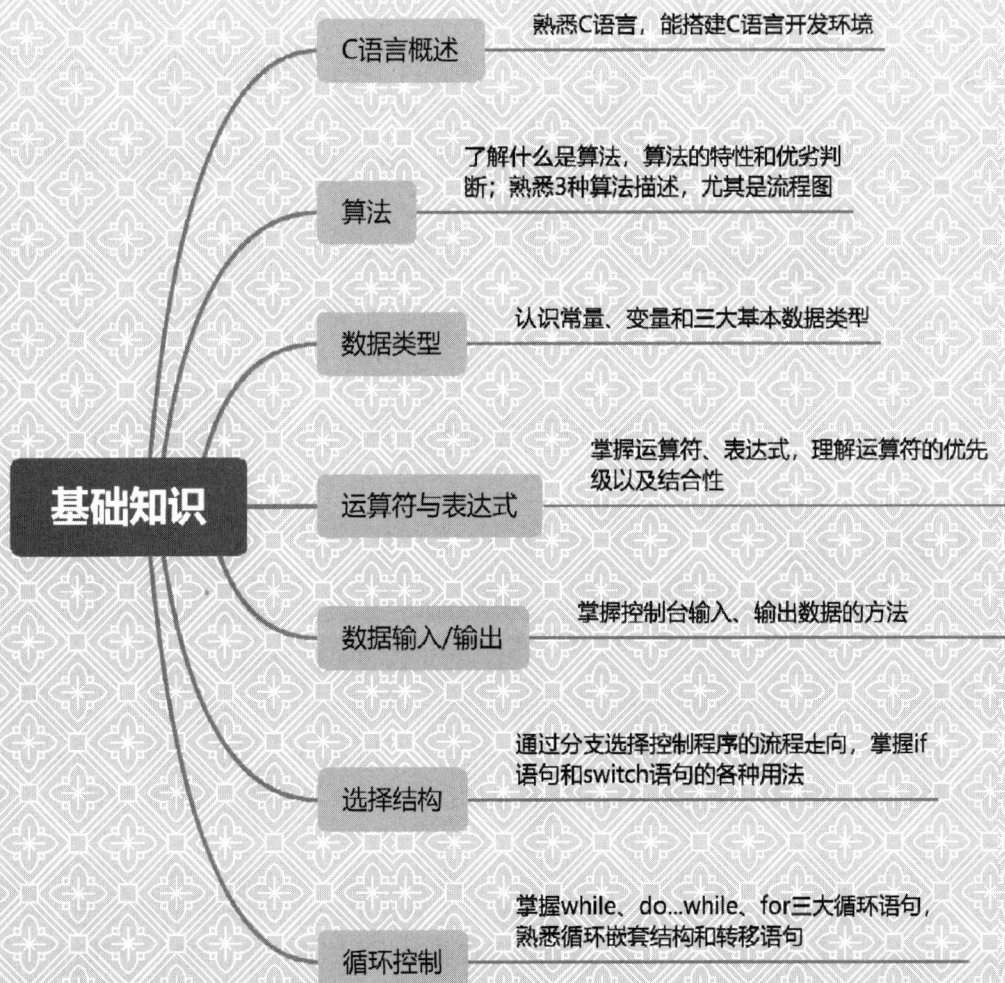

**基础知识**

- **C语言概述** —— 熟悉C语言，能搭建C语言开发环境
- **算法** —— 了解什么是算法，算法的特性和优劣判断；熟悉3种算法描述，尤其是流程图
- **数据类型** —— 认识常量、变量和三大基本数据类型
- **运算符与表达式** —— 掌握运算符、表达式，理解运算符的优先级以及结合性
- **数据输入/输出** —— 掌握控制台输入、输出数据的方法
- **选择结构** —— 通过分支选择控制程序的流程走向，掌握if语句和switch语句的各种用法
- **循环控制** —— 掌握while、do...while、for三大循环语句，熟悉循环嵌套结构和转移语句

# 第1章

# C 语言概述

在诸多的高级语言中，C 语言是不折不扣的元老级语言。它是怎么发展而来的？有哪些特性？怎样才能使用它开发一个 C 程序？本章就来带你了解这些信息。除此以外，本章还会介绍 Visual C++ 6.0、Visual Studio 2022、Dev C++等开发环境，让你快速对 C 语言有一个全面的了解，对编程产生浓厚的兴趣。

本章的知识架构及重难点如下：

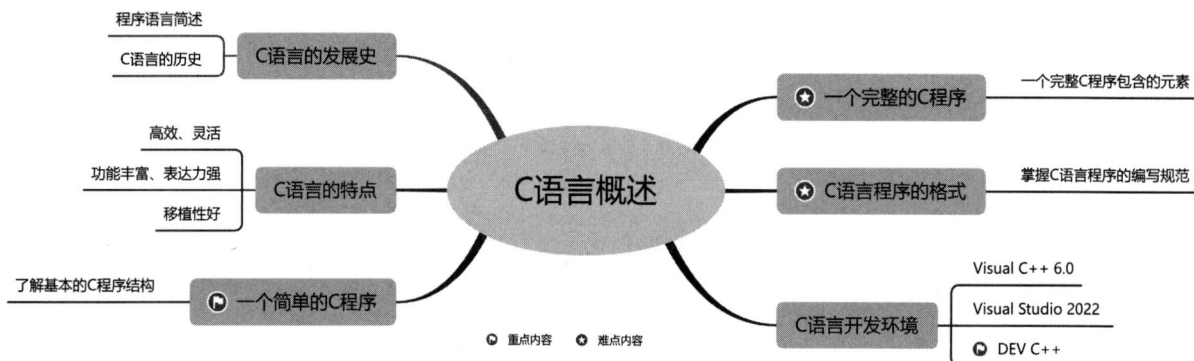

## 1.1  C 语言的发展史

### 1.1.1  程序语言简述

在介绍 C 语言之前，我们先来了解一下程序语言的发展历程。

**1．机器语言**

机器语言是低级语言，也称为二进制代码语言，是一种使用 0、1 表示的二进制代码编写指令，以执行计算机操作的语言。机器语言的特点是计算机可以直接识别，不需要进行任何翻译。

**2．汇编语言**

汇编语言是面向机器的程序设计语言。为了减轻开发者使用二进制代码编程的痛苦，用英文字母或符号串来替代机器语言的二进制码，这样就把不易理解和使用的机器语言变成了汇编语言。因此，汇编语言要比机器语言更便于阅读和理解。

### 3．高级语言

由于汇编语言依赖于硬件体系，并且助记符号数量比较多，所以其运用起来仍然不够方便。为了使程序语言能更贴近人类的自然语言，同时又不依赖于计算机硬件，于是产生了高级语言。这种语言，其语法形式类似于英文，并且因为不需要对硬件进行直接操作，因此易于被普通人所理解与使用。其中影响较大、使用普遍的高级语言有 Fortran、ALGOL、Basic、COBOL、LISP、Pascal、PROLOG、C、C++、VC、VB、Delphi、Java 等。

## 1.1.2　C 语言的发展历程

早期操作系统都是用汇编语言编写的，由于汇编语言依赖于计算机硬件，程序的可读性和可移植性都不是很好。为了提高可读性和可移植性，人们开始寻找一种语言，这种语言既要具有高级语言的特性，又不能失去低级语言的优点。于是，C 语言产生了。

C 语言是在 BCPL 语言（简称 B 语言）的基础上发展和完善起来的，其最早提出于 20 世纪 70 年代初期，由 AT&T Bell 实验室的程序员丹尼斯·里奇第一次把 B 语言改为 C 语言。

1983 年，美国国家标准委员会（ANSI）对 C 语言进行了标准化，于 1983 年颁布了第一个 C 语言草案（83ANSI C），后来于 1987 年又颁布了另一个 C 语言标准草案（87ANSI C），而 C 语言广泛应用于各个领域，则是基于 1989 年颁布的 C89 标准，该标准被称为是第一个完整的 C 语言标准，它在 1990 年被国际标准化组织（International Standard Organization，ISO）一字不改地采纳，因此也被称为 C90 标准，再后来，随着社会的进步和编程语言的不断发展，国际标准化组织也不断对 C 语言标准进行完善和更新，并分别于 1999 年颁布 C99 标准，2011 年颁布 C11 标准，2018 年颁布 C17 标准（也被称为 C18 标准，因为它是 2017 年编写，2018 年颁布），但由于后期的标准在工业界的普及程度相对较低，而且有的并未得到主流编译器厂商的支持，因此应用还不是特别广泛，但总体来说，C 语言的标准化历程经历了多个阶段，而每一次的完善更新，都是为了保证程序员能够更加规范地编写程序、更加方便地进行交流和开发。

C 语言使用起来简单，容易上手，通过几天的学习就能掌握基础知识，而且应用广泛，比如早期的 MS-DOS 操作系统，系统软件和实用程序都是用 C 语言编写的，而常见的 Windows 操作系统大部分也是用 C 语言编写的，所以，C 语言一直倍受初学者的青睐，在 2021 年的编程语言年度排行榜中登顶。如图 1.1 所示是 2023 年 5 月最新编程语言排行榜，由此可见，C 语言是许多程序员入门的首选编程语言。

| 2023年5月 | 编程语言 | 占有率 | 增长率 |
| --- | --- | --- | --- |
| 1 | Python | 13.45% | +0.71% |
| 2 | C | 13.35% | +1.76% |
| 3 | Java | 12.22% | +1.22% |
| 4 | C++ | 11.96% | +3.13% |
| 5 | C# | 7.43% | +1.04% |

图 1.1　2023 年 5 月编程语言排行榜 Top5

C 语言是一种面向过程的语言，同时具有高级语言和汇编语言的优点。C 语言可以广泛应用于不同的操作系统中，如 UNIX、MS-DOS、Microsoft Windows 及 Linux 等。

在 C 语言基础上发展起来的有支持多种程序设计风格的 C++语言，Web 开发中广泛使用的 Java 和 JavaScript，人工智能和数据分析中大显身手的 Python，以及微软的 C#语言等。也就是说，学好 C

语言之后，再学习其他语言就会比较轻松。

> **说明**
>
> 编译器就是将一种语言（通常为高级语言）翻译成另一种语言（通常为机器语言）的程序。常见的 C 语言编译器有 3 个，分别是 Microsoft C（又称 MS C）、Borland Turbo C（又称 Turbo C）和 AT&T C。

# 1.2　C 语言的特点

C 语言是一种通用的程序设计语言，主要用来进行系统程序设计，具有如下特点。

- ☑ 高效：从 C 语言的发展历程可以看到，它继承了低级语言的优点，代码运行效率高，并具有良好的可读性和编写性。一般情况下，C 语言生成的目标代码的执行效率只比汇编程序低 10%～20%，比任何其他高级语言都要高效。
- ☑ 灵活：C 语言中的语法不拘一格，可在原有语法基础上进行创造、复合，从而给程序员更多想象和发挥的空间。
- ☑ 功能丰富：除 C 语言中所具有的类型外，还可以使用丰富的运算符和自定义结构类型来表达复杂的数据类型，完成所需要的功能。
- ☑ 表达力强：C 语言的语法形式与人们惯用的自然语言相似，书写形式自由，结构规范，通过简单的控制语句即可轻松控制程序流程，完成烦琐的程序要求。
- ☑ 移植性好：作为高级语言，C 语言具有良好的可移植性。在不同的操作系统下，只需要简单地修改甚至不用修改，即可进行跨平台的程序开发操作。

正是由于 C 语言拥有上述优点，因此它在程序开发中备受青睐。

# 1.3　一个简单的 C 程序

下面通过一个简单的实例来看看 C 语言程序是什么样的。为了便于讲解，实例代码中专门标注了行号（真实程序中这些行号是不存在的）。

**【例 1.1】输出一行语句（实例位置：资源包\TM\sl\01\01）**

本实例程序的功能是显示一条信息"Welcome to MingRi"，通过这个程序可以初窥 C 程序的样貌。虽然这个简单的小程序只有 7 行，却充分说明了 C 程序是由什么位置开始、什么位置结束的。

```
1  #include<stdio.h>              /*包含头文件 stdio.h*/
2
3  int main()                     /*主函数 main，这里是程序入口*/
4  {
5      printf("Welcome to MingRi\n");   /*输出要显示的字符串*/
6      return 0;                  /*程序返回 0*/
7  }
```

运行程序，显示效果如图 1.2 所示。

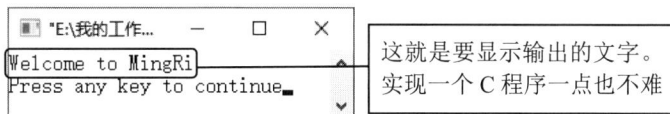

图 1.2　一个简单的 C 程序

### 1．#include 命令

实例代码的第 1 行是一个编译预处理命令，声明了在程序编译之前要预先处理的内容。

```
#include<stdio.h>                              /*包含头文件 stdio.h*/
```

其中，include 称为文件包含命令，后面尖括号中的内容称为头文件或首文件。本行代码的作用是声明本段代码已包含标准输入/输出库函数 stdio，后续可直接调用，不需要用户再进行定义。有关预处理的内容将在第 13 章中详细讲解，在此读者只需对相关概念有所了解即可。

### 2．空行

实例代码的第 2 行是一个空行。

C 语言是一个相对灵活的语言，格式并不是固定不变的。也就是说，空格、空行、跳格并不会影响程序的运行。有的读者会问：为什么要有这么多空格和空行呢？其实这就像生活中在纸上写字一样，虽然拿来一张白纸就可以在上面写字，但是通常还会在纸上印上一行行的方格或段落，隔开每一段文字，使书写更加美观和规范。合理、恰当地使用这些空格、空行，可以使编写出来的程序更加规范、干净和易于阅读。

> **注意**
>
> 并不是所有的空格都没用。比如，两个关键字之间要用空格隔开（else if），这种情况下如果将空格去掉，程序就不能通过编译。这里读者有个感性认识就好，在后续的学习中可以慢慢领悟。

### 3．main 函数声明

实例代码的第 3 行如下：

```
int main()                                     /*主函数 main，这里是程序入口*/
```

函数中，这一部分称为函数头部分。每个 C 程序都必须有一个 main 函数，表示程序的入口部分。也就是说，程序都是从 main 函数头开始执行的，然后进入 main 函数体中，执行其中的代码块。

本行代码的作用是声明 main 函数有一个整型返回值。其中的 int 称为关键字，该关键字代表的类型是整型。关于数据类型的内容将在第 3 章中讲解，关于函数的内容将在第 9 章中讲解。

### 4．函数体

实例代码中的第 4～7 行如下：

```
{
    printf("Welcome to MingRi\n");             /*输出要显示的字符串*/
    return 0;                                  /*程序返回 0*/
}
```

5

上面介绍 main 函数时，提到了一个名词"函数头"。既然有函数头，是不是也应该有函数体呢？没错，一个函数通常就分为两个部分：一是函数头，二是函数体。

程序代码的第 4 行和第 7 行是两个大括号，这对大括号以及其中的语句块就构成了函数体。第 5 行和第 6 行语句就是函数体中要执行的内容。其中，printf 函数就包含在标准输入/输出库文件 stdio 中，因为前面做了包含声明，所以这里开发者可以直接调用，进行字符串的输出操作。

### 5．执行语句

函数体中的第 5 行代码如下：

```
printf("Welcome to MingRi\n");        /*输出要显示的字符串*/
```

执行语句就是函数体中要执行的动作内容。本行代码是这个简单例子中最复杂的语句，但其实不难理解。printf 是格式化输出函数，用于向控制台输出文字或符号。括号中的内容称为函数参数，这里可以看到要输出的字符串为"Welcome to MingRi"。其中还可以看到"\n"这样一个符号，称之为转义字符，其作用是实现换行。关于转义字符的内容将第 3 章中介绍。

特别需要注意的是，语句的结尾一定要添加英文分号。

### 6．return 返回语句

函数体中的第 6 行代码：

```
return 0;        /*程序返回 0*/
```

本行语句使 main 函数终止运行，并向操作系统返回一个整型常量 0。前面介绍 main 函数时，说过它需要返回一个整型值，这里 0 就是要返回的整型值。可以将 return 语句理解成 main 函数的结束标志。

### 7．代码注释

在多句程序代码后，均可以看到一段由"/*""*/"括起来的文字描述。例如：

```
printf("Welcome to MingRi\n");        /*输出要显示的字符串*/
return 0;                             /*程序返回 0*/
```

这段对代码的解释描述性文字称为代码注释，作用是为了他人能快速理解程序代码的含义和设计思想。注释内容包含在"/*"和"*/"之间，其语法格式如下：

```
/*其中为注释内容*/
```

📢**注意**

编写规范的代码格式和添加详细的注释，是一名优秀程序员应该具备的好习惯。

**编程训练（答案位置：资源包\TM\sl\01\编程训练\）**

训练 1：打印经典语录　在控制台中输出马云在阿里巴巴上市时说的一句经典语录"梦想还是要有的，万一实现了呢！"。运行结果如下：

```
梦想还是要有的，万一实现了呢！
```

训练 2：输出田字格图案　使用 C 程序在控制台中输出一个田字格图案。运行效果如下：（提示：

可以使用搜狗输入法中的字符画）

# 1.4　一个完整的 C 程序

例 1.1 是一个简单的 C 程序，通过 7 行代码实现了显示一行字符串的功能。本节将在例 1.1 的基础上，对其内容进行扩充，使读者对 C 程序有一个更完整的认识。

【例 1.2】计算长方体的体积（**实例位置：资源包\TM\sl\01\02**）

某长方体，其高已经给出，为 10。要求从控制台输入长方体的长和宽，通过输入的长、宽以及给定的高度，计算出长方体的体积。

```
1    #include<stdio.h>                        /*包含头文件 stdio.h */
2    #define HEIGHT 10                         /*定义常量 HEIGHT，表示长方体高度 10 */
3    int calculate(int Length, int Width);     /*声明用户自定义函数 calculate */
4    int main()                                /*主函数 main*/
5    {
6        int m_Length;                         /*定义整型变量 m_Length，表示长方体长度*/
7        int m_Width;                          /*定义整型变量 m_Width，表示长方体宽度*/
8        int volume;                           /*定义整型变量 volume，表示长方体体积*/
9
10       printf("长方形的高度为：%d\n",HEIGHT);  /*提示信息*/
11
12       printf("请输入长度\n");                 /*提示信息*/
13       scanf("%d",&m_Length);                /*输入长方体的长度*/
14
15       printf("请输入宽度\n");                 /*提示信息*/
16       scanf("%d",&m_Width);                 /*输入长方体的宽度*/
17
18       volume=calculate(m_Length,m_Width);   /*调用 calculate 函数，计算长方体积*/
19       printf("长方体的体积是：");             /*提示信息*/
20       printf("%d\n",volume);                /*输出体积大小*/
21       return 0;                             /*程序返回 0*/
22   }
23
24   int calculate(int Length, int Width)      /*自定义函数 calculate，用于计算长方体的体积*/
25   {
26       int volume = Length*Width*HEIGHT;     /*计算长方体的体积*/
27       return volume;                        /*将计算的体积结果返回*/
28   }
```

运行程序，显示效果如图 1.3 所示。

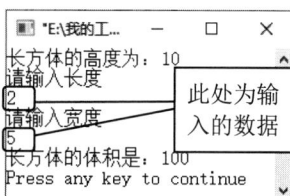

图 1.3　一个完整的 C 程序

本例的程序执行流程如图 1.4 所示，从中可以观察整个程序的运行过程。

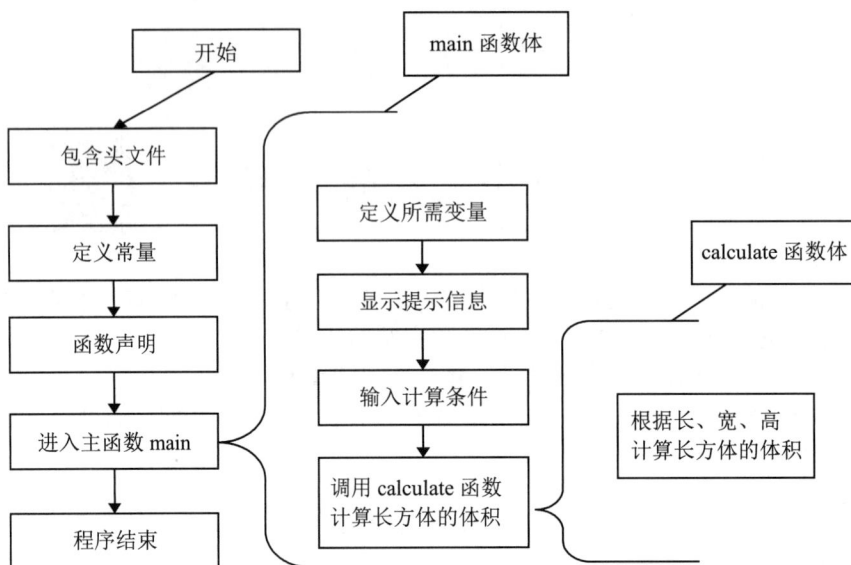

图 1.4　程序流程分析

1.3 节中已经介绍过#include 包含命令、main 函数、函数体、return 返回语句、代码注释等内容，这里不再进行重复说明。下面介绍程序中新出现的一些内容。

**说明**

　　给出例 1.1 和例 1.2，并不是为了讲解具体知识点，而是为了将 C 程序的概貌展示出来，使读者对其有一个快速了解。还记得我们小时候初学加减法时的情形吗？老师只会教授 1+1=2，却不会教授 1+1 为什么等于 2，以及如何证明 1+1=2 这样的问题。学习 C 语言也应该如此，开始阶段大家不要过于深究为什么，有个简单的了解即可，在后续的不断接触中你会逐渐对其熟悉，直到能熟练应用。

### 1. 定义常量

实例代码的第 2 行：

```
#define HEIGHT 10                          /*定义常量 HEIGHT，表示长方体高度 10 */
```

本行代码使用#define 定义了一个符号常量。#define 在这里的功能是设定用符号 Height 代表数值 10。这样在程序编译时，只要遇见 HEIGHT 标识符，就会被替换为数值 10。从而满足题设中"其高已给出"这个条件。

### 2. 函数声明

实例代码的第 3 行：

```
int calculate(int Length, int Width);        /*声明用户自定义函数 calculate */
```

本行代码的作用是对 calculate 函数进行声明。什么是函数声明呢？举例说明，两个公司合作，A

公司要派人到 B 公司洽谈业务，那么洽谈前 A 公司肯定会提前告知 B 公司自己要派人去，以及洽谈人员的基本情况。声明函数的作用，就类似于 A 公司告知 B 公司拟派人员信息的过程。也就是说，此处声明 calculate 函数，表示后面将给出 calculate 函数的具体定义内容。

### 3．定义变量

实例代码的第 6～8 行：

```
int m_Length;                          /*定义整型变量 m_Length，表示长方体长度*/
int m_Width;                           /*定义整型变量 m_Width，表示长方体宽度*/
int volume;                            /*定义整型变量 volume，表示长方体体积*/
```

这 3 行语句都是定义变量的语句。变量的作用就是存储数值，使得程序可利用变量进行计算。这就像在二元一次方程中，X 和 Y 就是变量，当为其赋值后，如 X 为 5，Y 为 10，这样 X+Y 的结果就等于 15。C 语言中，使用变量前必须先进行定义，编译器会根据变量类型为其分配内存空间。

### 4．输入语句

实例代码的第 13 行：

```
scanf("%d",&m_Length);                 /*输入长方体的长度*/
```

例 1.1 中曾介绍过格式化输出函数 printf，既然有输出函数，就一定有输入函数。C 语言中，scanf 函数用来接收键盘输入的内容，并将输入的内容保存在相应变量中。可以看到，在 scanf 函数的参数中，m_Length 就是之前定义的整型变量，作用是存储输入的信息内容；"&"符号是取地址运算符，其具体内容会在后续章节中介绍。

### 5．自定义函数

实例代码的第 24～28 行：

```
int calculate(int Length, int Width)   /*自定义函数 calculate，用于计算长方体的体积*/
{
    int volume = Length*Width*Height;  /*计算长方体的体积*/
    return volume;                     /*将计算的体积结果返回*/
}
```

本段代码定义了一个 calculate 函数，作用是计算长方体的体积。前面介绍过 main、printf、scanf 函数，它们都属于 C 语言标准库函数，由系统提前定义好，读者直接调用就行。但 calculate 函数是用户根据需要自行定义的函数，因此必须给出定义的函数体。定义之后，读者一样可随时调用它。有关函数的具体内容将在第 9 章中介绍。

### 6．数学运算语句

实例代码的第 26 行：

```
int volume = Length*Width*HEIGHT;      /*计算长方体的体积*/
```

本行代码在 calculate 函数体内，其功能是将变量 Length、Width、HEIGHT 三者相乘得到的结果保存在 volume 变量中。其中的"*"代表乘法运算符。

关于 C 语言程序，相信读者此时已经有了一定了解。下面再将例 1.2 的运行过程总结一下。

（1）包含程序所需要的头文件。

（2）定义一个常量 HEIGHT，代表长方体的高度 10。

（3）对 calculate 函数进行声明。

（4）进入 main 函数，程序开始执行。

（5）在 main 函数中，首先定义 3 个整型变量，分别代表长方体的长度、宽度和体积。

（6）显示提示文字，然后根据提示信息输入有关的数据。

（7）当长方体的长度和宽度都输入之后，会调用 calculate 函数，计算长方体的体积。

（8）定义 calculate 函数的位置在 main 函数的下面，在 calculate 函数体内将计算长方体体积的结果进行返回。

（9）在 main 函数中，volume 变量得到了 calculate 函数返回的结果。

（10）通过输出语句将长方体的体积显示出来。

（11）程序结束。

**编程训练（答案位置：资源包\TM\sl\01\编程训练\）**

训练 3：预测孩子身高　输入父亲和母亲的身高，通过公式"孩子身高=(父亲身高+母亲身高)×0.54"，预测孩子的身高。运行结果如下：

```
请输入父亲的身高：
1.8
请输入母亲的身高：
1.68
预测孩子的身高：1.88
```

训练 4：米尺转化　在商场买裤子时，常常会听到"这条裤子腰围是 2 尺 5"等类似的话。那么 2 尺 5 到底是多少米呢？试着编写程序实现米和尺之间的单位转换。运行结果如下：

```
请输入尺寸：
2.5
将尺转换成米是：0.83
```

# 1.5 C 语言程序的格式

通过前面两节的学习，可以看出使用 C 语言编写程序有一定的格式要求，具体如下。

（1）main 函数是 C 程序的入口。

C 程序都是从 main 函数开始执行的。也就是说，一个 C 程序必须有且只有一个 main 函数，但其位置没有强制要求，不论放在什么位置都不影响程序的执行。

（2）C 程序通常是由多个函数构成的。

除 main 函数外，还可以在程序中定义多个其他函数，并在这些自定义函数中完成特定的功能。虽然将所有程序代码全部放入 main 函数中也是可行的，但整个程序的可读性和扩展性将会变得很差。将一个 C 程序按功能分成多个块，每块使用一个函数来表示，整个程序将会具有结构性，既易于观察，又利于修改。

（3）函数体的内容放在"{}"中。

每个函数都可以执行特定的功能，那么如何才能看出一个函数的具体操作范围呢？答案就是寻找"{"和"}"这两个大括号。C 语言使用一对大括号来表示程序的结构层次，需要注意的是，左右大括号必须成对使用。

**技巧**

编写程序时，为了防止对应大括号的遗漏，每次都可以先将两个对应的大括号写出来，再向括号中添加代码。

（4）C 程序由语句组成，每个执行语句都以";"结尾。

C 程序中，一条语句经过编译后，会产生若干条机器指令。实际程序中通常包含若干条语句，用于完成一定的操作任务。观察前面的两个实例，会发现每个执行语句后都会用";"（英文分号）作为语句结束标志。

（5）英文字符的大小写不通用。

同一个字母，在 C 语言中其大小写的意义是不同的。注意，关键字和标准库函数名必须用小写。

（6）变量、常量、函数的命名遵循一定规范。

常量与变量命名，均须取与实际意义相关的名称，以便于理解。其中，常量通常采用大写字母；变量的首字母通常为大写，普通变量前可以添加表示类型的字母，如整型变量前添加 i，成员变量前添加 m_，指针变量前添加 p 等。例如：

```
#define AGE 28                    /*定义常量*/
int m_iAge;                       /*定义整型成员变量*/
int iNumber;                      /*定义普通整型变量*/
int * pAge;                       /*定义指针变量*/
```

定义函数时，函数名的首字母应该大写，其后的字母根据含义大小写混合。例如：

```
int AddTwoNum(int num1,int num2);
```

（7）要注意空格、空行的合理使用。

空格和空行的作用是增加程序的可读性，使得程序代码清晰、美观。例如，如下代码就非常不利于观察：

```
int Add(int Num1, int Num2) /*定义计算加法函数*/
{/*将两个数相加的结果保存在 result 中*/
int result =Num1+Num2;
return result;/*将计算的结果返回*/}
```

将其中的执行语句按层级依次进行缩进（使用 Tab 键，每次缩进 4 个字符），并将代码注释对齐，就会很有层次感。

```
int Add(int Num1, int Num2)            /*定义计算加法函数*/
{
    int result =Num1+Num2;             /*将两个数相加的结果保存在 result 中*/
    return result;                     /*将计算的结果返回*/
}
```

# 1.6　C 语言开发环境

欲善工事，先利其器。本节将详细介绍 3 个 C 语言开发环境，分别是 Visual C++ 6.0、Visual Studio 2022 和 Dev C++，读者可根据需要选择使用其中一种开发环境。

## 1.6.1　Visual C++ 6.0

Visual C++ 6.0 是一个功能强大的可视化软件开发工具，它将程序的代码编辑、程序编译、链接和调试等功能集于一身。其环境简单，界面友好，软件占用空间小，代码执行效率高，因此非常适合初学者学习使用。

### 1．Visual C++ 6.0 的安装

微软公司已经停止了对 Visual C++ 6.0 的技术支持，并且也不提供下载。由于兼容性的问题，Windows 10 系统需要安装 Visual C++ 6.0 的英文版。笔者采用的是在 Windows 10 系统下安装 Visual C++ 6.0 英文版，读者可以在网上搜索、下载合适的安装包并解压缩。下面介绍其安装过程。

（1）双击打开 Visual C++ 6.0 安装文件夹中的 SETUP.EXE 文件，如图 1.5 所示。

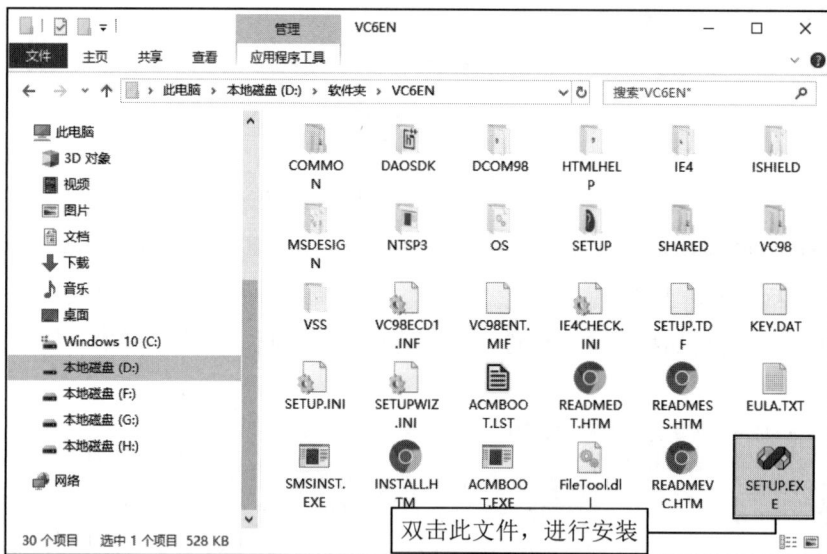

图 1.5　双击 SETUP.EXE 安装文件

（2）进入安装向导界面，如图 1.6 所示，单击 Next 按钮。进入 End User License Agreement（最终用户许可协议）界面，如图 1.7 所示，首先选中 I accept the agreement 单选按钮，然后单击 Next 按钮。

（3）进入 Product Number and User ID（产品号和用户 ID）界面，如图 1.8 所示。在安装包内找到 CDKEY.txt 文件，填写产品 ID。姓名和公司名称根据情况填写，可以采用默认设置，不对其修改，单击 Next 按钮。

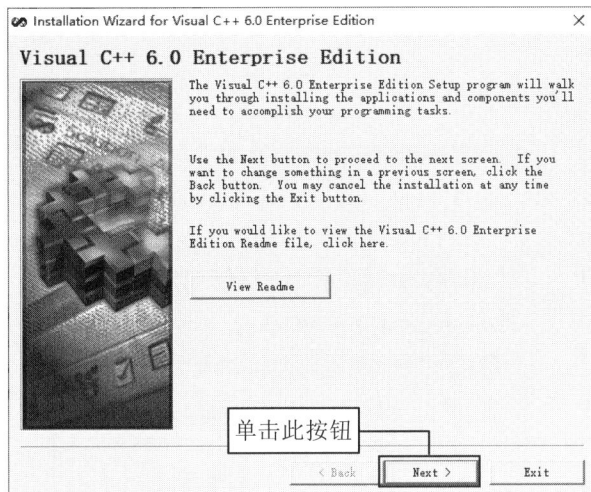

图 1.6　安装向导界面

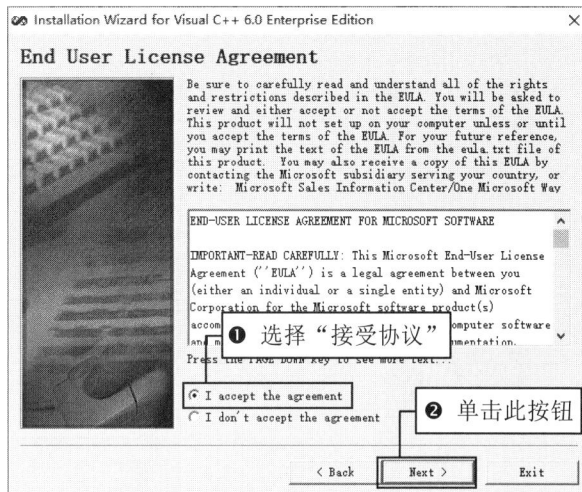

图 1.7　"最终用户许可协议"界面

（4）进入 Visual C++ 6.0 Enterprise Edition（Visual C++ 6.0 英文企业版）界面，如图 1.9 所示。选中 Install Visual C++ 6.0 Enterprise Edition 单选按钮，然后单击 Next 按钮。

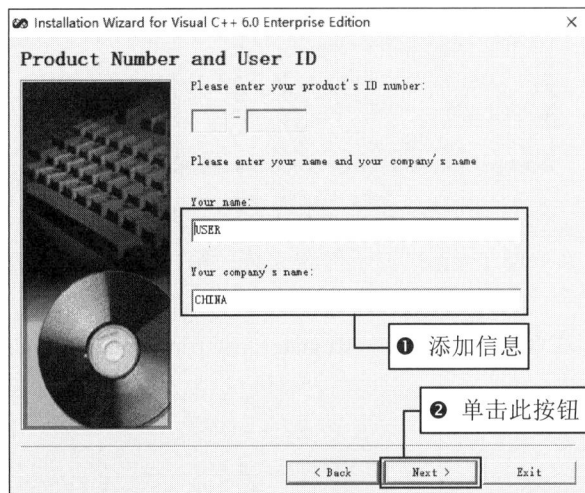

图 1.8　"产品号和用户 ID"界面

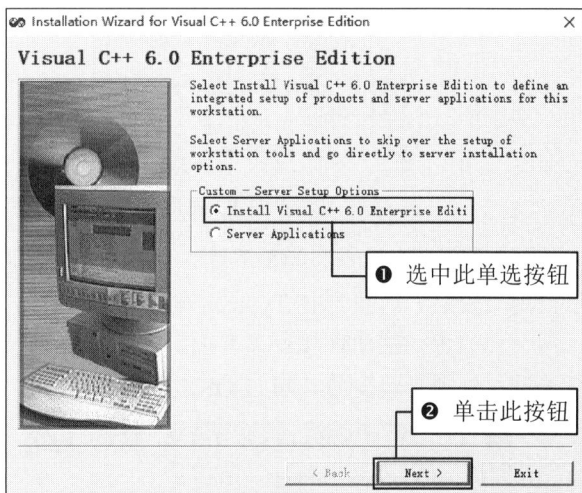

图 1.9　"Visual C++ 6.0 英文企业版"界面

（5）进入 Choose Common Install Folder（选择公用安装文件夹）界面，如图 1.10 所示。公用文件默认存储在 C 盘中，单击 Browse 按钮，选择安装路径，这里建议安装在磁盘空间剩余比较大的磁盘中，以节约系统盘（C 盘）空间。设置安装路径后，单击 Next 按钮。

（6）进入安装程序的欢迎界面中，如图 1.11 所示，单击"继续"按钮。

（7）进入产品 ID 确认界面，如图 1.12 所示，在此界面中，显示要安装的 Visual C++ 6.0 软件的产品 ID，在向 Microsoft 请求技术支持时，需要提供此产品 ID，单击"确定"按钮。

（8）如果读者计算机中安装过 Visual C++ 6.0，即便已经卸载了，重新安装时还是会提示如图 1.13 所示的信息。安装软件检测到系统之前安装过 Visual C++ 6.0，如果想要覆盖安装，单击"是"按钮；如果想将 Visual C++ 6.0 安装在其他位置，单击"否"按钮。这里单击"是"按钮，继续安装。

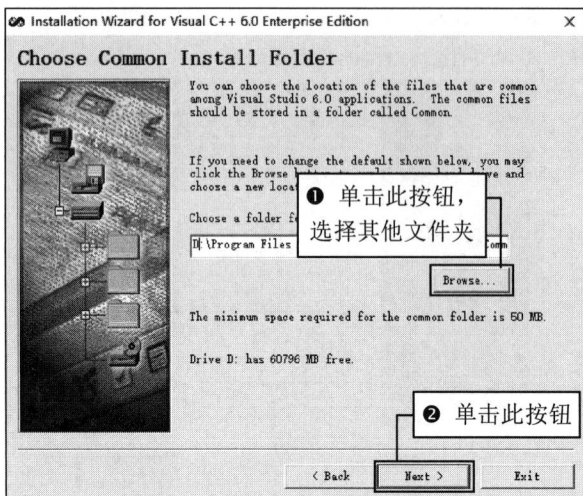

图 1.10　"选择公用安装文件夹"界面

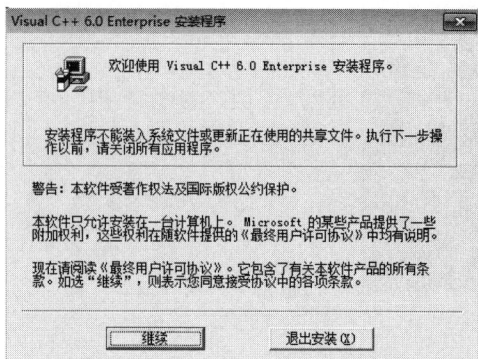

图 1.11　安装程序的欢迎界面

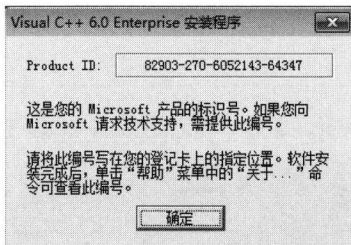

图 1.12　产品 ID 确认界面

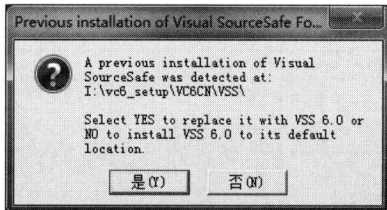

图 1.13　覆盖以前的安装

（9）进入选择安装类型界面，如图 1.14 所示。第一项 Typical 表示传统安装，第二项 Custom 表示自定义安装，这里选择 Typical 安装类型。

（10）进入注册环境变量界面，如图 1.15 所示，在此界面中，选中 Register Environment Variables 复选框，注册环境变量，单击 OK 按钮。

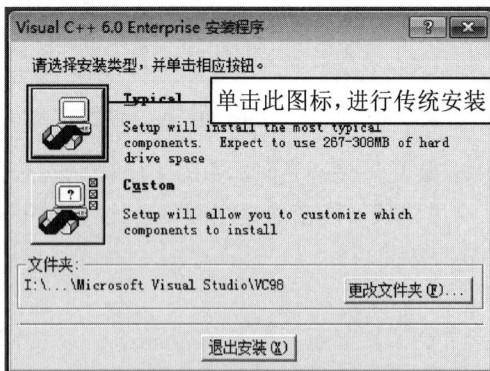

图 1.14　选择安装类型界面

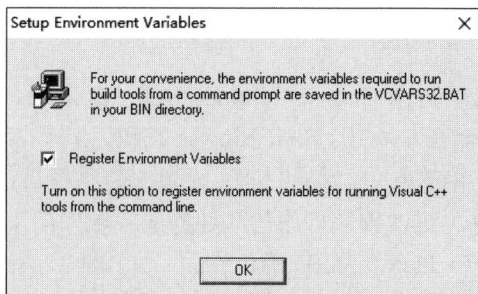

图 1.15　注册环境变量界面

（11）弹出数据更新提示，如图 1.16 所示，单击"是"按钮，开始安装 Visual C++ 6.0，如图 1.17 所示。

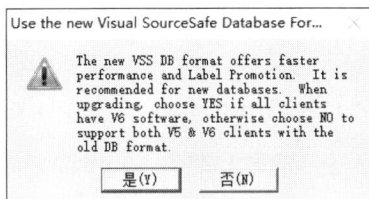

图 1.16　数据更新界面

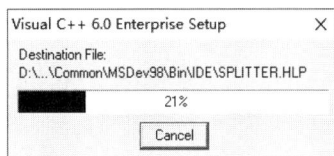

图 1.17　安装进度条

（12）当进度条达到 100%时，会进入如图 1.18 所示的界面，提示系统 NT 错误标志，这是由于 Windows 10 系统兼容性问题导致的，单击"确定"按钮即可。

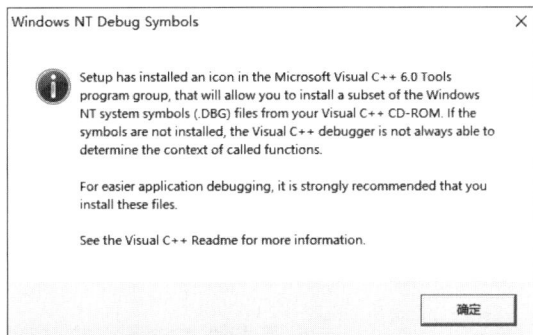

图 1.18　系统 NT 错误界面

（13）完成以上操作后，会进入如图 1.19 所示的未响应界面。出现这种情况，同样是由于 Windows 10 系统兼容性问题导致的。这时单击鼠标，会弹出如图 1.20 所示的提示框，单击"关闭程序"选项，然后在"开始"菜单中找到 Visual C++ 6.0 图标并单击，就可以正常使用 Visual C++ 6.0 了。

图 1.19　未响应界面

图 1.20　关闭程序界面

## 2. Visual C++ 6.0 的使用

Visual C++ 6.0 程序的主界面如图 1.21 所示，下面来创建一个 C 语言源程序文件。

（1）在菜单栏中选择 File→New 命令，如图 1.22 所示，或者按 Ctrl+N 快捷键。

（2）打开 New 对话框，选择 Files 选项卡，在左侧的列表框中选择 C++ Source File 选项，右侧的 File 文本框中输入文件名称，Location 文本框中设置文件保存地址，如图 1.23 所示，单击 OK 按钮，即可创建一个 C 源代码文件。

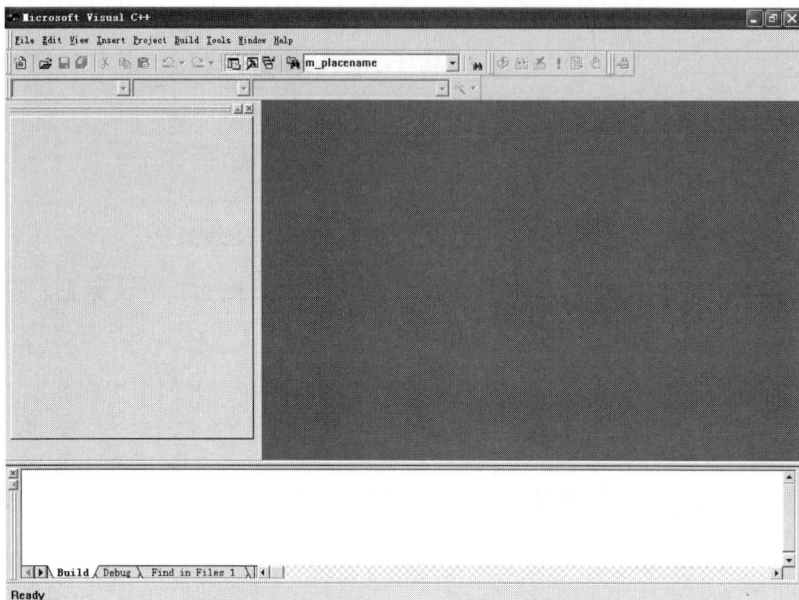

图 1.21　Visual C++ 6.0 界面

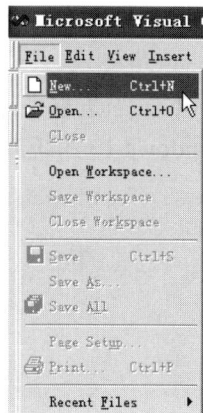

图 1.22　创建一个新文件

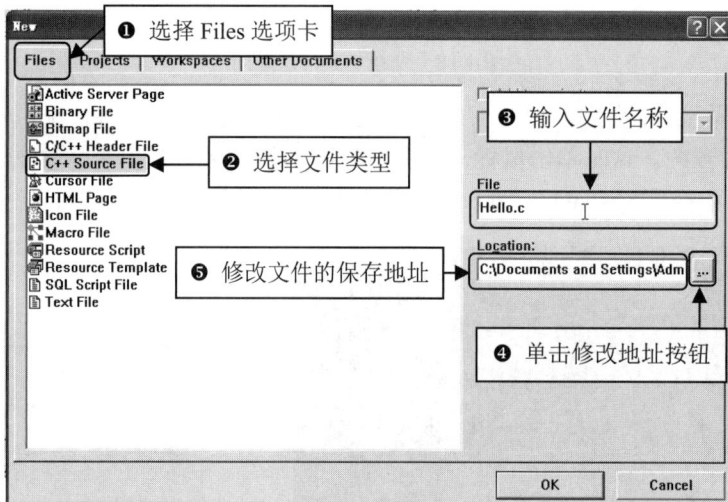

图 1.23　创建 C 源文件

**注意**

因为创建的是 C 源文件，所以 File 文本框中要将 C 源文件的扩展名一起输入。例如，创建名称为 Hello 的 C 源文件，文本框中应输入"Hello.c"。

（3）此时可在开发环境中看到刚才创建的 Hello.c 源文件，如图 1.24 所示。

（4）将例 1.1 的程序代码输入其中，如图 1.25 所示。

（5）程序编写完成后，需要进行编译。选择 Build→Compile 命令，如图 1.26 所示。

（6）弹出如图 1.27 所示的对话框，询问是否创建一个默认项目工作环境。单击"是"按钮，此时会询问是否要改动源文件的保存地址，如图 1.28 所示。

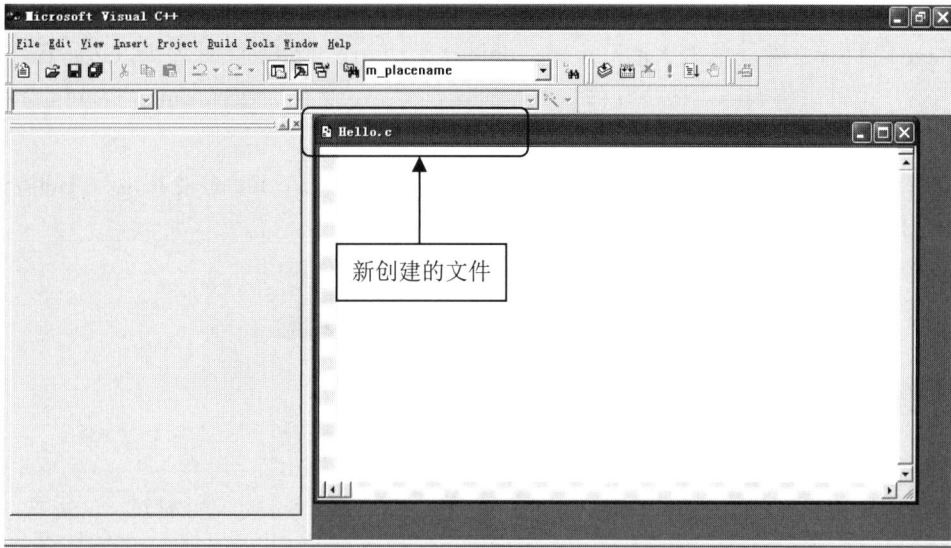

图 1.24　新创建的文件

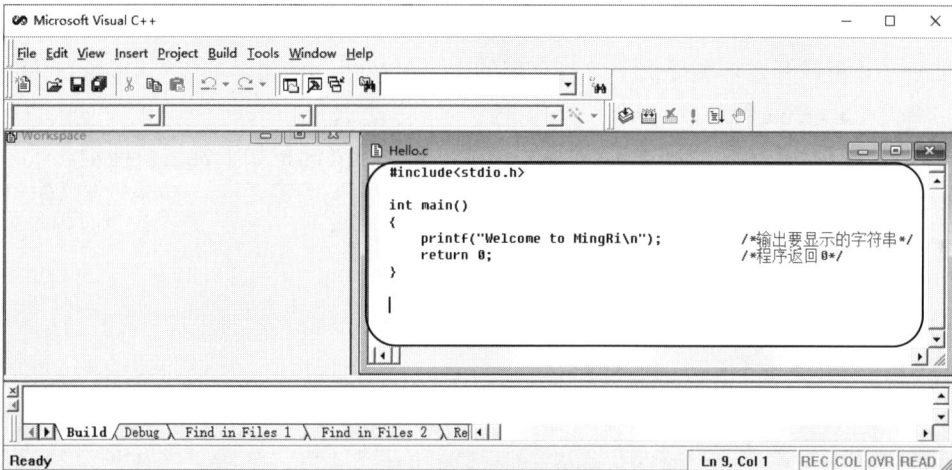

图 1.25　输入程序代码

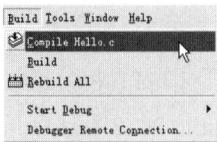

图 1.26　选择 Compile 命令

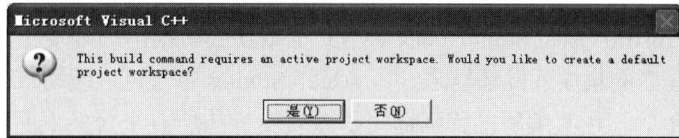

图 1.27　询问是否创建工作环境

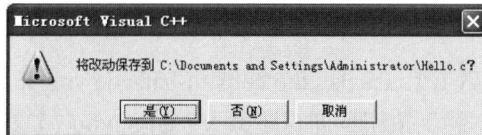

图 1.28　询问是否要改动源文件的保存地址

（7）单击"是"按钮后，编译程序。如果程序没有错误，即可被成功编译。虽然此时代码已经被编译，却还没有链接生成.exe 可执行文件，此时运行程序，会出现如图 1.29 所示的提示对话框，询问是否要创建.exe 可执行文件。单击"是"按钮，会链接生成.exe 文件，此时才可以运行程序。

（8）当然，也可以将编译、链接操作合并，直接创建.exe 文件。选择 Build→Build 命令，将直接创建.exe 文件，如图 1.30 所示。

（9）只有运行程序才可以看到程序运行结果，选择 Build→Execute 命令将运行 Hello.exe 程序，运行结果如图 1.31 所示。

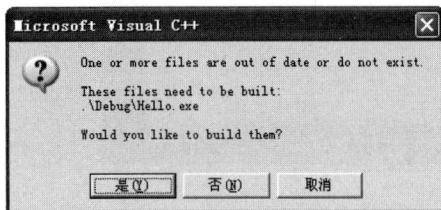

图 1.29　询问是否要创建.exe 文件　　　图 1.30　选择 Build 命令　　　图 1.31　程序运行结果显示

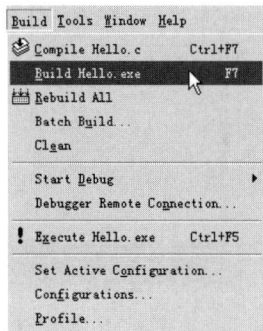

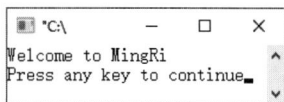

Visual C++ 6.0 集成开发环境提供了一些有用的工具栏按钮。例如，代表 Compile 操作，代表 Build 操作，代表 Execute 操作。

编写程序时，使用快捷键可加快程序的编写速度，建议读者熟记如下常用快捷键。

- ☑ Ctrl+N：创建一个新文件。
- ☑ Ctrl+]：检测程序中的括号是否匹配。
- ☑ F7：Build 操作。
- ☑ Ctrl+F5：Execute 操作。
- ☑ Alt+F8：整理多段不整齐的源代码。
- ☑ F5：调试操作。

## 1.6.2　Visual Studio 2022

Microsoft Visual Studio（简称 VS）是微软公司推出的开发工具集，也是目前最流行的 Windows 平台应用程序的集成开发环境之一。Visual Studio 不仅可以编写 C 语言程序，还可以开发 C++、C#、ASP.NET 等，用其编写的代码适用于微软支持的所有平台。下面以 Visual Studio 2022 社区版的安装为例，讲解具体的安装过程和使用方法。

### 1. Visual Studio 2022 的下载

在浏览器中输入地址 https://www.visualstudio.com/zh-hans/downloads/，打开如图 1.32 所示的下载页面，单击社区版下面的"免费下载"按钮，即可下载 Visual Studio 2022 社区版。

### 2．Visual Studio 2022 的安装

Visual Studio 社区版的安装文件是可执行文件（exe），其名称为 VisualStudioSetup.exe。下面介绍 Visual Studio 2022 社区版的安装过程。

（1）双击安装文件 VisualStudioSetup.exe，开始安装。

（2）Visual Studio 2022 的安装启动界面如图 1.33 所示，单击"继续"按钮。

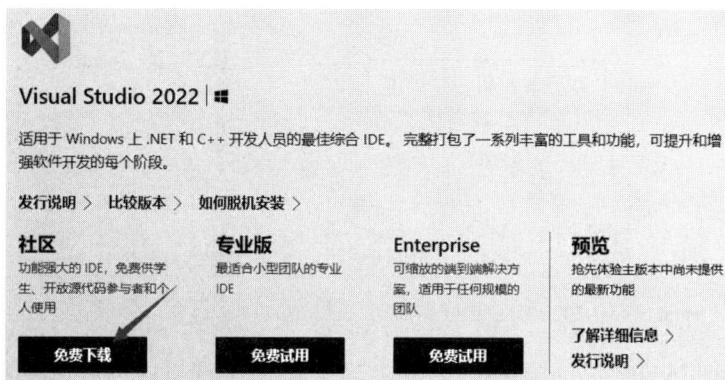

图 1.32　下载 Visual Studio 2022

图 1.33　Visual Studio 2022 安装启动界面

（3）程序加载完成后，自动跳转到安装选择界面，如图 1.34 所示。选中"使用 C++的桌面开发"和"通用 Windows 平台开发"复选框（其他复选框，读者可根据需要确定是否安装），在下面的"位置"处选择要安装的路径，这里不建议安装在系统盘上，可选择一个其他磁盘进行安装。设置完成后，单击"安装"按钮。

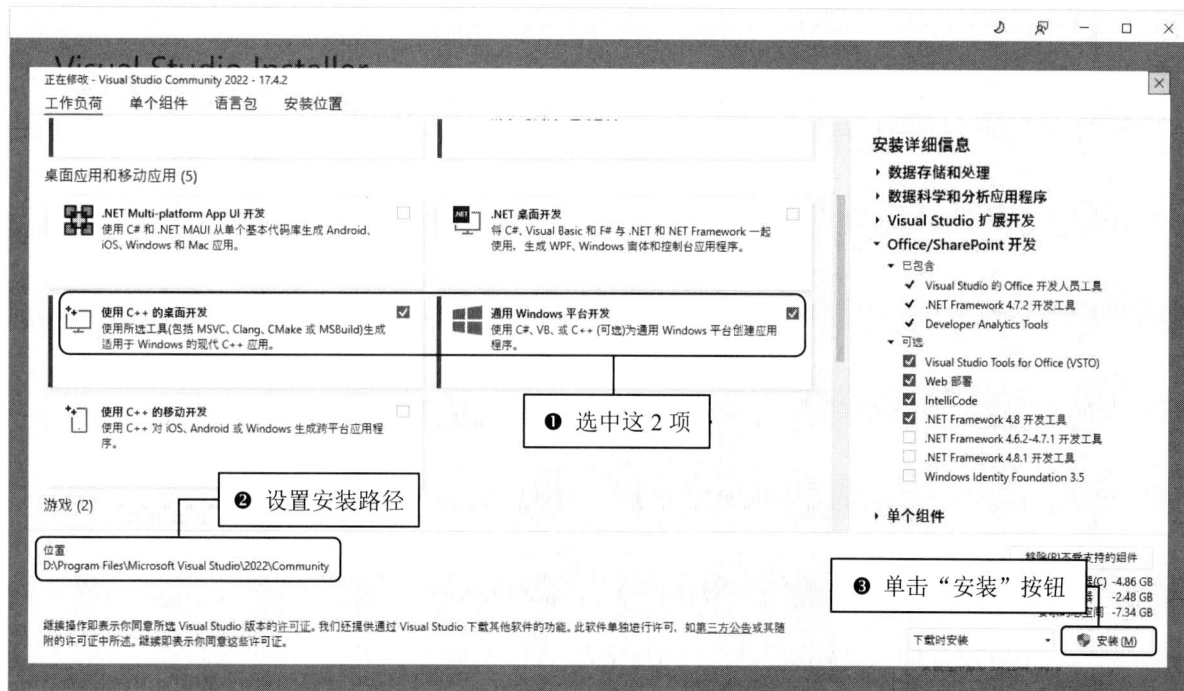

图 1.34　Visual Studio 2022 安装选择界面

（4）跳转到如图 1.35 所示的安装进度界面，等待一段时间后，即可完成安装。

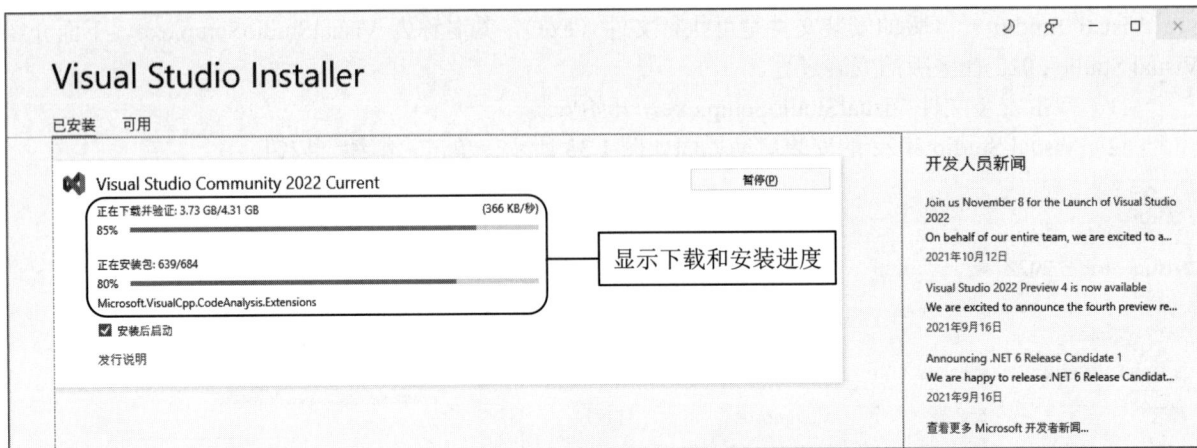

图 1.35　Visual Studio 2022 安装进度界面

（5）在系统"开始"菜单中选择 Visual Studio 2022 程序，如图 1.36 所示，启动 Visual Studio 2022。

**注意**

在安装 Visual Studio 2022 开发环境时，一定要确保计算机处于联网状态，否则无法正常安装。

如果是第一次启动 Visual Studio 2022，会出现如图 1.37 所示的提示框，单击"以后再说"超链接，进入 Visual Studio 2022 开发环境的"开始使用"界面，如图 1.38 所示。

图 1.36　启动 Visual Studio 2022 程序

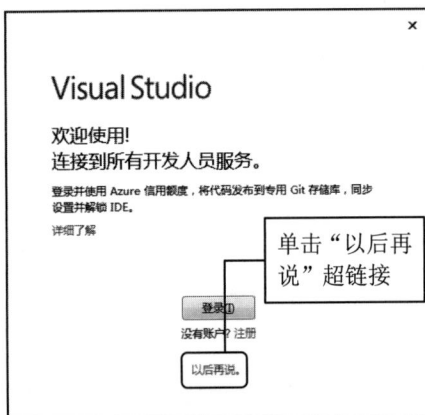

图 1.37　启动 Visual Studio 2022

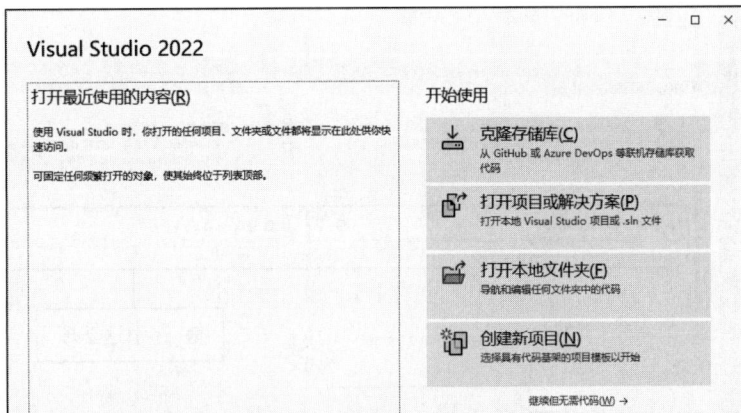

图 1.38　Visual Studio 2022"开始使用"界面

### 3．Visual Studio 2022 的使用

（1）打开 Visual Studio 2022 开发环境，单击"创建新项目"选项，然后在打开的界面中选择"空项目"选项，并单击"下一步"按钮，如图 1.39 所示。

（2）打开"配置新项目"对话框，在"项目名称"文本框中输入文件名称，在"位置"下拉列表框中设置文件保存地址（可通过 ▢ 按钮修改文件存储位置），如图 1.40 所示。最后单击"创建"按钮，打开如图 1.41 所示的窗口。

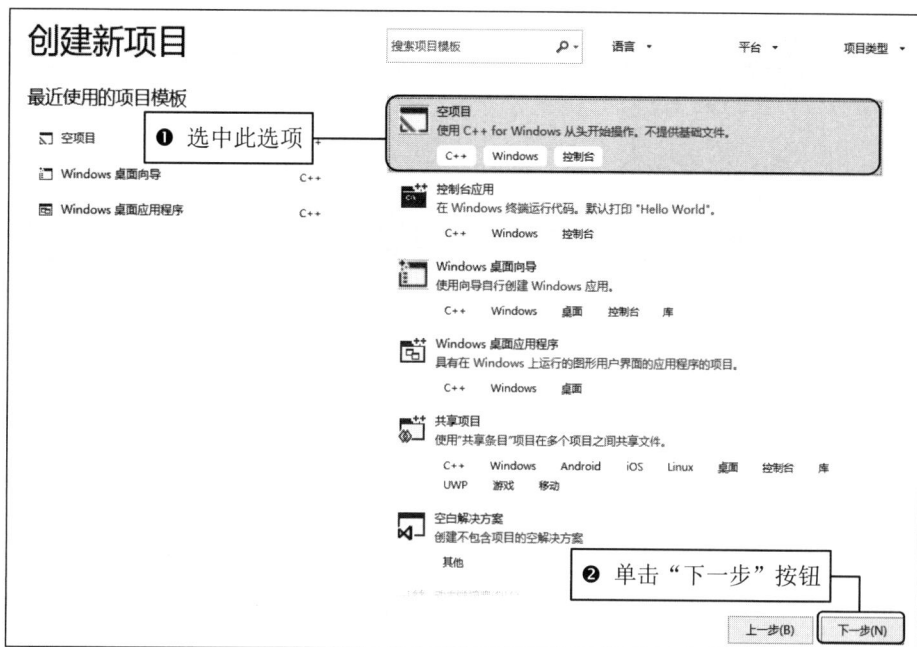

图 1.39　创建新文件

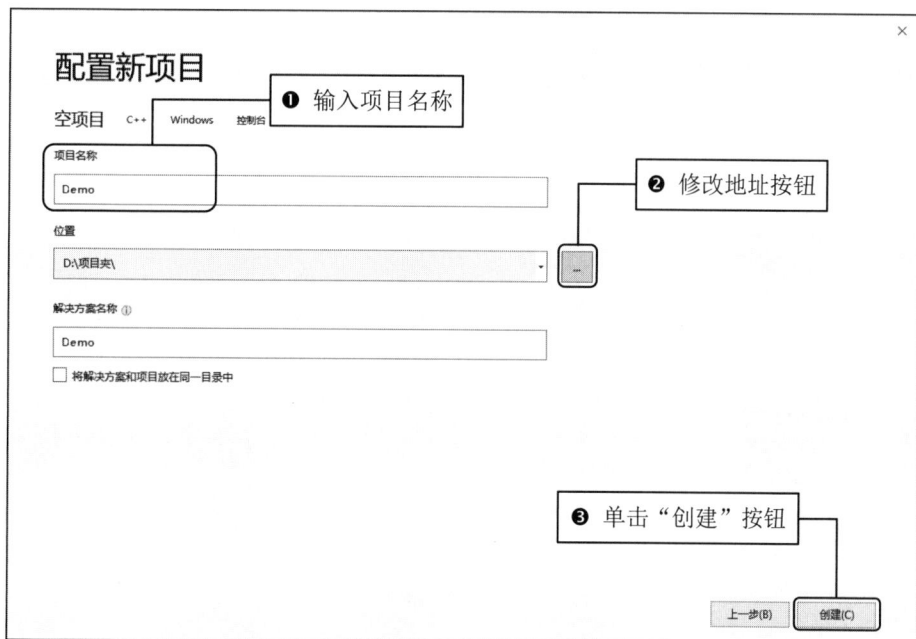

图 1.40　创建 C 源文件

（3）选择"解决方案资源管理器"中的 Demo，右击"源文件"选项，在弹出的快捷菜单中选择"添加"→"新建项"命令，如图 1.42 所示，或者按 Shift+Ctrl+A 组合键，打开"添加新项"对话框。

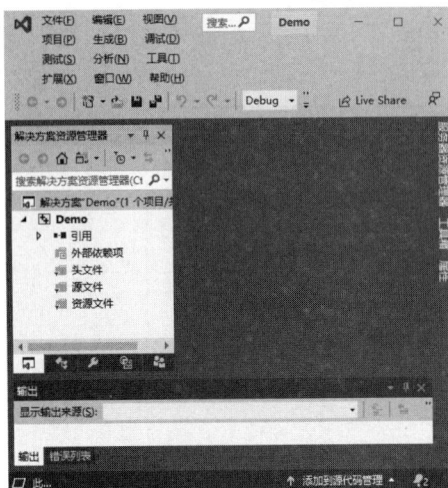

图 1.41　创建项目界面

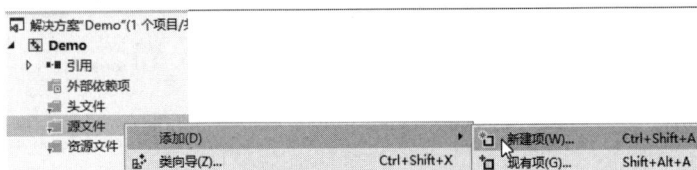

图 1.42　添加项目界面

（4）打开"添加新项"对话框，如图 1.43 所示，左侧选择 Visual C++选项，右侧列表框中将显示可创建的不同文件类型。因为要创建 C 源文件，因此这里选择 C++ 文件(.cpp) 选项，在下方的"名称"文本框中输入要创建的 C 文件名称，如 demo.c，在"位置"下拉列表框中设置文件的保存地址，最后单击"添加"按钮。

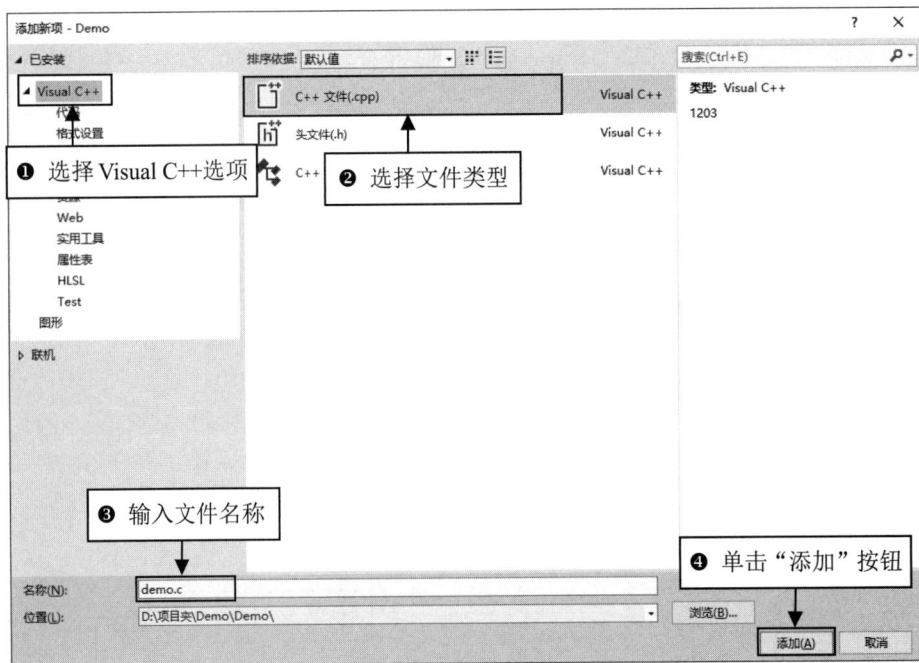

图 1.43　添加新项

**注意**

　　因为要创建 C 源文件，所以在文本框中将默认扩展名.cpp 改为.c。例如，创建名称为 demo 的 C 源文件，文本框中应改为 demo.c。

（5）此时已添加了一个 C 文件 demo.c，如图 1.44 所示。

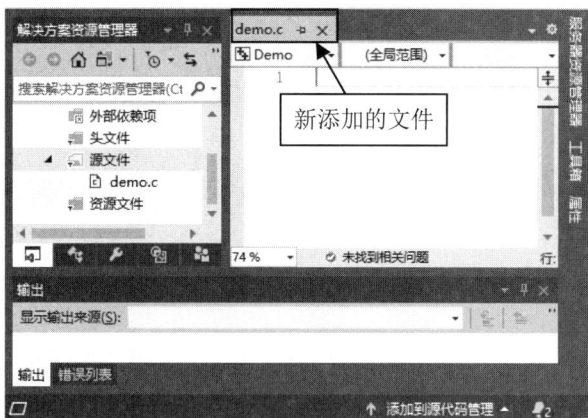

图 1.44　完成添加 C 文件

（6）将代码写入 demo.c 文件中，如图 1.45 所示。

（7）代码编写完之后，接下来就要编译程序了。在菜单栏中选择"生成"→"编译"命令，如图 1.46 所示，或者按 Ctrl+F7 快捷键，编译程序。

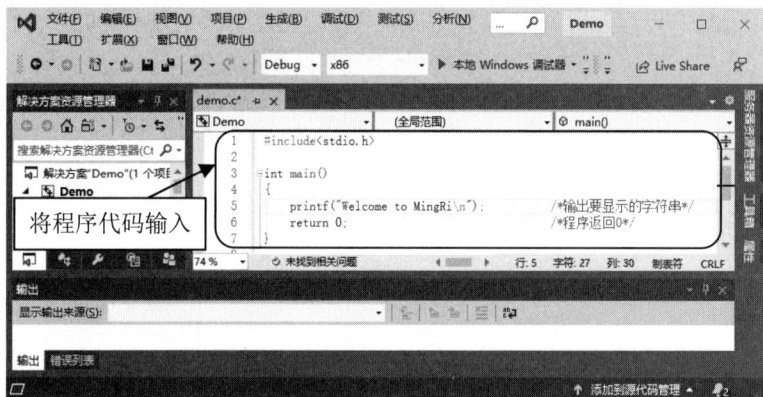

图 1.45　输入代码

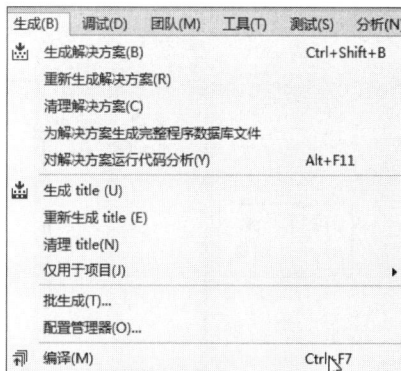

图 1.46　编译程序

（8）编译结束后，如在输出工作空间的位置输出"生成：成功 1 个，失败 0 个，最新 0 个，跳过 0 个"，则表示编译成功。此时将得到一个可执行文件。

（9）在菜单栏中选择"调试"→"开始执行（不调试）"命令，如图 1.47 所示，或者按 Ctrl+F5 快捷键，运行程序，结果如图 1.48 所示。

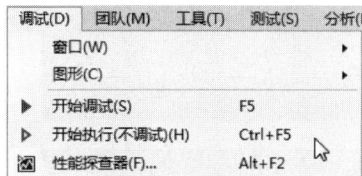

图 1.47　运行程序

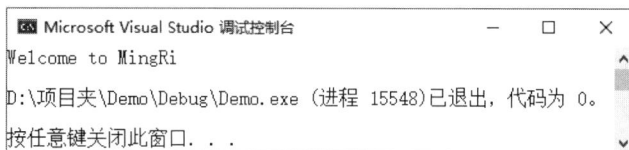

图 1.48　运行结果

## 1.6.3 Dev C++

Dev C++是 Windows 环境下的 C/C++开发环境，包括多页面窗口、工程编辑器、调试器等。在工程编辑器中集合了编辑器、编译器、链接程序和执行程序，提供高亮语法显示，适合初学者与编程高手的不同需求，是开发 C/C++时一款非常不错的工具。本书中使用 Dev C++编译所有 C 语言程序。

**说明**

2016 年后 Dev C++不再更新了，2020 年后出现了几个分支版本，初学者尽量不要选择分支版本。

Dev C++是免安装的，所以下面只介绍如何使用 Dev C++。

### 1. 了解 Dev C++的主界面

双击 Dev C++安装目录下的 devcpp.exe 文件，启动 Dev C++。然后选择"文件"→"新建"→"源代码"命令，新建一个 C 源代码文件。

Dev C++的主界面由菜单栏、工具栏、项目资源管理器视图、源程序编辑区、编译调试区和状态栏组成，如图 1.49 所示。

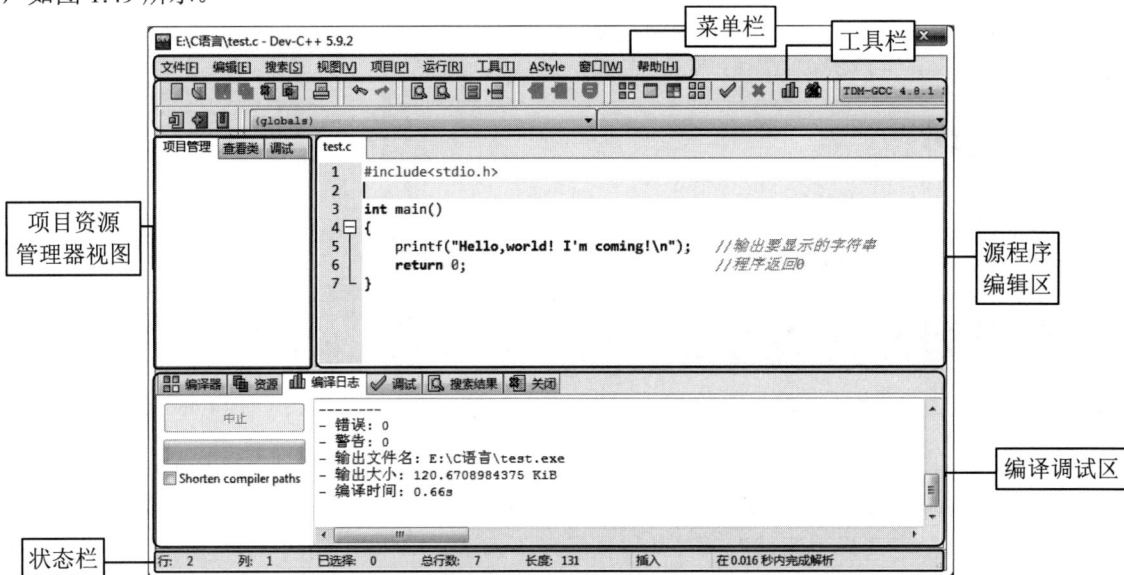

图 1.49　Dev C++的主界面

在源程序编辑区写好代码后，可以通过以下 3 种方式运行程序。

☑　在菜单栏中选择"运行"→"编译运行"命令。

☑　按 F11 键。

☑　单击▣图标。

程序运行无误后，可以选择"文件"→"保存"命令或按 Ctrl+S 快捷键，保存写好的 C 文件。

## 2．Dev C++的菜单简介

Dev C++的工具栏由许多小图标组成，其各自的用途如图 1.50 所示。

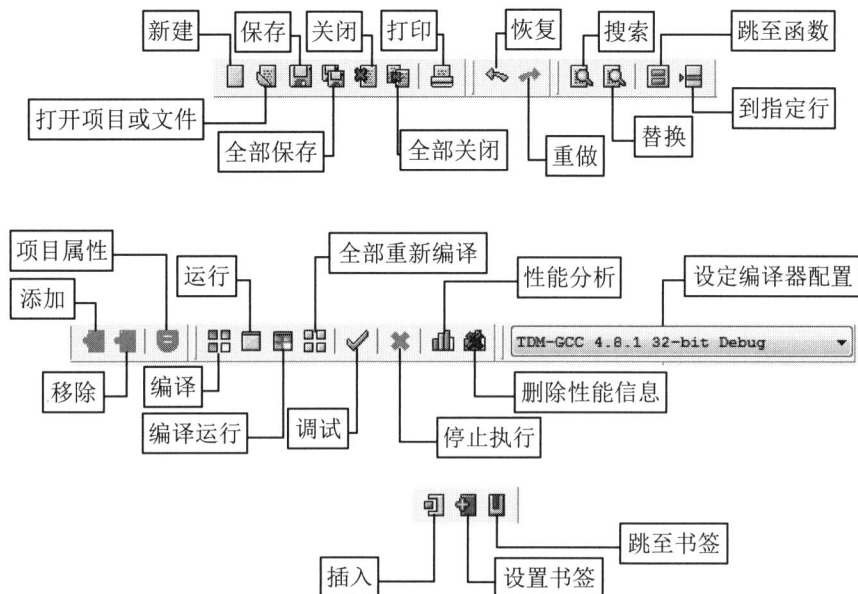

图 1.50　Dev C++的工具栏

为便于阅读代码，可修改程序运行结果的显示底色和文字，操作步骤如下。

（1）按 Ctrl+F5 快捷键，执行一个 C 程序，在程序标题栏上单击鼠标右键，在弹出的快捷菜单中选择"属性"命令，如图 1.51 所示。

（2）此时弹出"属性"对话框，在"颜色"选项卡中对"屏幕文字"和"屏幕背景"进行修改，如图 1.52 所示。在此读者可以根据自己的喜好设置屏幕和弹出窗口的显示效果。

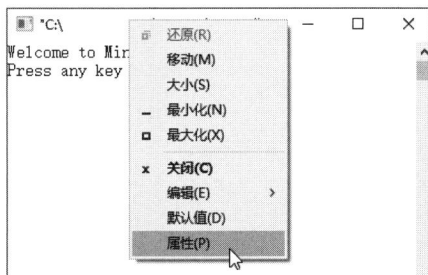

图 1.51　选择"属性"命令

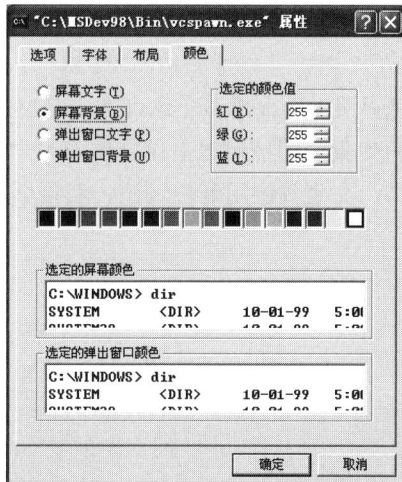

图 1.52　"颜色"选项卡

# 1.7 实践与练习

（答案位置：资源包\TM\sl\01\实践与练习\）

综合练习 1：输出丹尼斯·里奇的传奇人生　丹尼斯·里奇是现代计算机及网络技术的奠定者，也是 C 语言和 UNIX 之父。1973 年，丹尼斯·里奇和肯·汤姆森在玩模拟太阳系航行的 Space Trave 游戏时发现机器中没有操作系统，于是联合开发了 C 语言，并用 C 语言开发了 UNIX 操作系统，从而拉开了程序开发时代的序幕。编写程序，输出丹尼斯·里奇的传奇人生经历。实现效果如下：

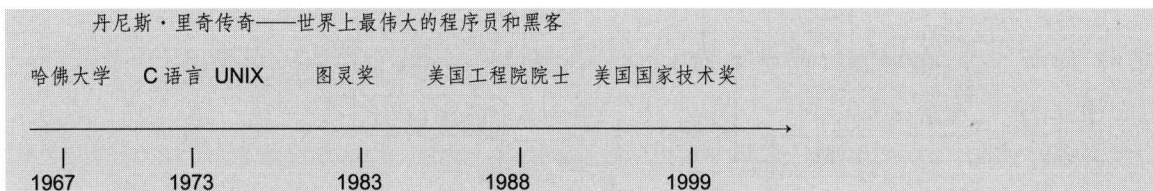

综合练习 2：输出"情人节快乐"　编写程序，输出如下图形。

综合练习 3：输出微信个性签名　微信提供了个性签名功能，每个人都可以设置属于自己的个性签名。应用 printf 函数输出如下个性签名。

综合练习 4：输出图书音像勋章　某网站设置了如图 1.53 所示的图书音像勋章，编写程序，模拟输出类似的效果。图标可以采用特殊符号"★、▲、◆、●"代替，也可以选用其他自己喜欢的小图标加以装饰，文字颜色用紫色输出，实现效果如图 1.54 所示。

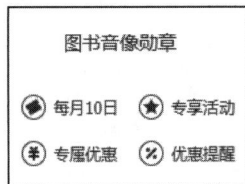

图 1.53　参考图片　　　　图 1.54　实现效果

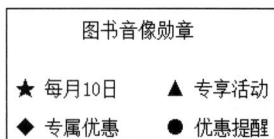

# 第 2 章

# 算法

开发一个应用程序，通常要解决算法、数据结构、程序设计方法以及语言工具和环境这 4 个问题。其中，算法是核心，解决的是"做什么"和"如何做"的问题。正是因为算法非常重要，所以这里单独列出一章来介绍算法的基本知识。

本章的知识架构及重难点如下：

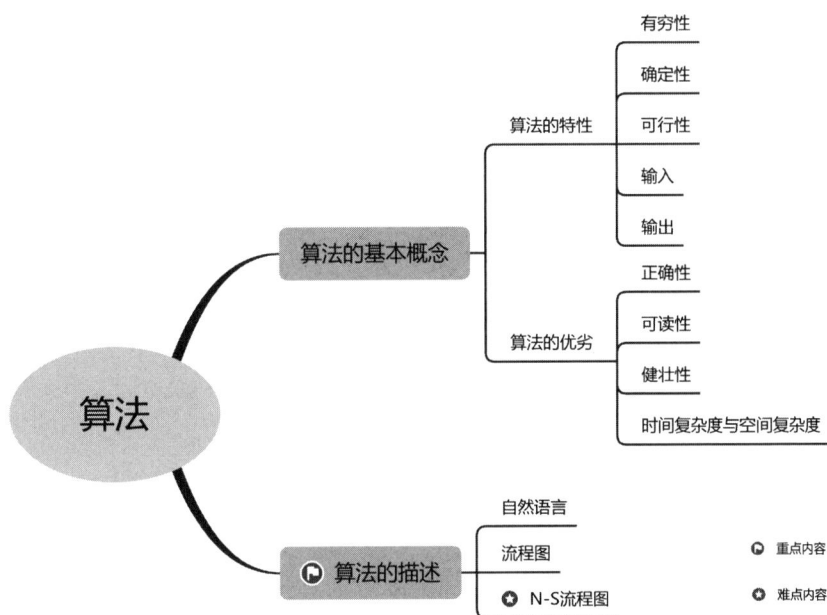

## 2.1 算法的基本概念

算法与程序设计及数据结构密切相关，是解决一个问题的完整的步骤描述，更是解决这个问题的策略、规则和方法。算法的描述形式有很多种，如传统流程图、结构化流程图及计算机程序语言等，下面就来介绍算法的相关内容。

### 2.1.1 算法的特性

算法是为解决某一特定类型的问题而制定的一个实现过程，它具有下列特性。

（1）有穷性。

一个算法必须在执行有穷步之后结束，且每一步都可在有穷时间内完成，不能无限地执行下去。如要编写一个由小到大整数累加的程序，就需要给出整数的上限，也就是加到哪个数为止。若没有上限，那么程序将无终止地运行下去，进入死循环。

（2）确定性。

算法的每一个步骤都应当有确切定义，每一个过程都不能有二义性，必须对将要执行的每个动作做出严格而清楚的规定。

（3）可行性。

算法中的每一步都应当能有效地运行，也就是说算法是可执行的，并能够最终得到正确的结果。例如，下面的代码中，"z=x/y;"是一个无效语句，因为 0 不可以做分母。

```
int x,y,z;
scanf("%d,%d,%d",&x,&y,&z);
if(y==0)
    z=x/y;
```

（4）有零个或多个输入。

一个算法应有零个或多个输入。输入就是执行算法时需要从外界取得的一些必要的（如算法所需的初始量等）信息。例如，下面的代码中有 3 个输入。

```
int a,b,c;
scanf("%d,%d,%d",&a,&b,&c);
```

下面的代码中需要零个输入。

```
main()
{
    printf("hello world!");
}
```

（5）有一个或多个输出。

一个算法应有一个或多个输出。什么是输出？输出就是算法最终所求的结果。编写程序的目的就是要得到一个结果，如果一个程序运行下来没有任何结果，那么这个程序本身也就失去了意义。

**误区警示**

需要注意的是，一个程序可能存在输入，也可能不存在输入，但一定存在输出。也就是说，至少存在一个输出。

## 2.1.2 算法的优劣

衡量一个算法的好坏，通常要从以下几个方面来分析。

☑ 正确性：指算法应满足具体问题的要求，即对任何合法的输入，算法都会得出正确的结果。

☑ 可读性：指算法被理解的难易程度。一个算法可读性的好坏十分重要，如果一个算法比较抽象，难以理解，那么这个算法就不易于进行交流和推广使用，其后续修改、扩展、维护都十分不方便。因此在编写算法时，要尽量将该算法写得简明、易懂。

☑ 健壮性：一个程序完成后，运行该程序的用户对程序的理解各有不同，并不能保证每一个人都能按照要求进行输入。健壮性就是指当输入的数据非法时，算法也会做出相应判断，而不会因为输入的错误造成瘫痪。

☑ 时间复杂度与空间复杂度：时间复杂度指算法运行所需要的时间，空间复杂度指算法运行所需要的存储空间大小。不同算法具有不同的时间复杂度，当一个程序较小时，不易感受到时间复杂度的重要性；但当一个程序非常大时，时间复杂度会变得非常关键。因此，如何写出更高效的算法，一直是算法优化的核心目标。随着计算机硬件的发展，空间复杂度已经不再显得那么重要。

# 2.2　算法描述

算法包含算法设计和算法分析两个方面。算法设计主要研究怎样针对某一特定类型的问题设计出求解步骤，算法分析则要讨论所设计出来的算法步骤的正确性和复杂性。

对于一些问题的求解步骤，需要一种表达方式，即算法描述。其他人可以通过这些算法描述来了解设计者的思路。就像人的思想和行动，只有描述出来才能够明白你的想法和举动，了解你在想什么，在做什么。描述一个算法，可以用自然语言、流程图以及 N-S 流程图等，下面分别进行介绍。

## 2.2.1　自然语言

自然语言就是人们日常所用的语言，这种表述方式通俗易懂，下面通过实例具体介绍。

【例 2.1】输入一个数 n，求 n!。

n!表示 n 的阶乘，其计算公式为：n!=1×2×3×…×n。算法描述步骤如下。

（1）定义 3 个变量 i、n 及 mul，为 i 和 mul 均赋初值 1。

（2）从键盘中输入一个数，赋给 n。

（3）将 mul 乘以 i 的结果赋给 mul。

（4）i 的值加 1，判断 i 的值是否大于 n，如果大于 n，则执行步骤（5），否则执行步骤（3）。

（5）将 mul 的结果输出。

【例 2.2】农夫、羊、狼及白菜过河。

一名农夫要将一只狼、一只羊和一袋白菜运到河对岸。农夫的船很小，每次只能载下农夫本人以及狼、羊、白菜中的一个。但是，他不能把羊和白菜留在岸边，因为羊会把白菜吃掉；也不能把狼和羊留在岸边，因为狼会吃掉羊。那么，农夫该怎样将这 3 样东西送过河呢？

算法描述步骤如下。

（1）先把羊运过去。

（2）回来运狼。

（3）把狼运到对岸后，把羊装上船运回来。

（4）把羊放到开始的地方，把白菜运过去。

（5）再把羊运过去。

自然语言描述的好处是通俗易懂，弊端是容易产生歧义。例如，将例 2.1 步骤（3）中的"将 mul 乘以 i 的结果赋给 mul"改为"mul 等于 i 乘以 mul"，这样就产生了歧义。并且，用自然语言来描述较为复杂的算法时，会显得不是很方便，因此一般情况下不采用自然语言来描述。

## 2.2.2 流程图

流程图用图框来代表不同性质的操作，用流程线来指示算法的执行方向。由于它直观形象，易于理解，所以应用广泛。

### 1. 流程图符号

在表 2.1 中列出了一些常见的流程图符号，其中，起止框用来标识算法的开始和结束；输入/输出框用来表示数据的输入和输出；判断框用来判断给定的条件，根据条件成立与否来决定如何执行后续操作；处理框用来表示变量的计算或赋值；流程线用于表示算法的流向；注释框用于表示算法的注释；连接点用于将画在不同地方的流程线连接起来。

表 2.1 流程图符号

| 程 序 框 | 名 称 | 功 能 |
|---|---|---|
| ⬭ | 起止框 | 表示算法的开始或结束 |
| 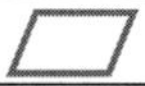 ▱ | 输入/输出框 | 表示算法中的输入或输出 |
|  ◇ | 判断框 | 表示算法的判断 |
|  ▭ | 处理框 | 表示算法中变量的计算或赋值 |
|  ｜ 或 — | 流程线 | 表示算法的流向 |
| 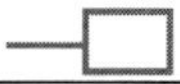 —▭ | 注释框 | 表示算法的注释 |
| ○ | 连接点 | 表示算法流向出口或入口的连接点 |

为了提高算法质量，Bohra 和 Jacopini 提出了 3 种基本结构，即顺序结构、选择结构和循环结构，且任何一个算法都可由这 3 种基本结构组成。这 3 种基本结构之间可以并列，也可以相互包含，但不允许交叉，即不允许从一个结构直接转到另一个结构的内部去。

### 2. 顺序结构

顺序结构是最简单的线性结构。在顺序结构的程序中，各操作按照它们出现的先后顺序执行。如图 2.1 所示，在执行完 A 框指定的操作后，接着执行 B 框指定的操作。顺序结构中只有一个入口点 A 和一个出口点 B。

【例 2.3】输出数学、语文成绩。

本实例要求输入两个数，代表数学、语文成绩，分别赋给变量 math 和 chinese，再将这两个数输出。其流程图可以采用顺序结构来实现，如图 2.2 所示。

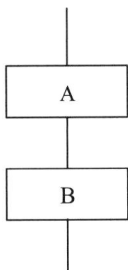

图 2.1　顺序结构

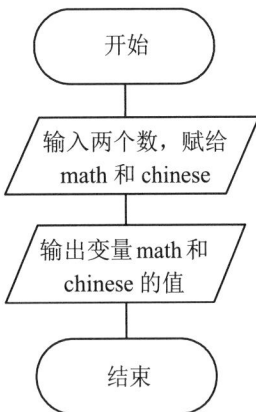

图 2.2　输出数学、语文成绩

### 3．选择结构

选择结构也称为分支结构，其常见形式有两种，如图 2.3 和图 2.4 所示。

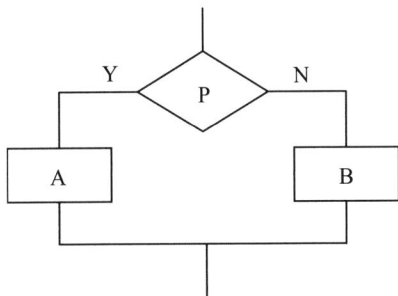

图 2.3　选择结构 1

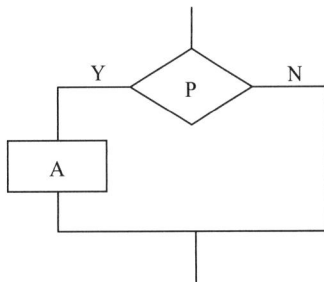

图 2.4　选择结构 2

选择结构中必须包含一个判断框。图 2.3 所代表的含义是：根据给定的条件 P 是否成立，选择执行 A 框还是 B 框。图 2.4 所代表的含义是：根据给定的条件 P 进行判断，如果条件成立则执行 A 框，否则什么也不做。

【例 2.4】判断输入的数是否为偶数。

本实例要求输入一个数，判断该数是否为偶数，并给出相应提示。其流程图可以采用选择结构来实现，如图 2.5 所示。

### 4．循环结构

在循环结构中，会反复地执行一系列操作，直到条件不成立时才终止循环。按照判断条件出现的位置，可将循环结构分为当型循环结构和直到型循环结构。

当型循环的流程结构如图 2.6 所示。先判断条件 P 是否成立，如果成立，则执行 A 框；执行完 A 框后，再判断条件 P 是否成立，如果成立，接着再执行 A 框；如此反复，直到条件 P 不成立为止，此时不执行 A 框，跳出循环。

直到型循环的流程结构如图 2.7 所示。先执行 A 框，然后判断条件 P 是否成立，如果条件 P 成立则再执行 A；然后判断条件 P 是否成立，如果成立，接着再执行 A 框；如此反复，直到条件 P 不成立，此时不执行 A 框，跳出循环。

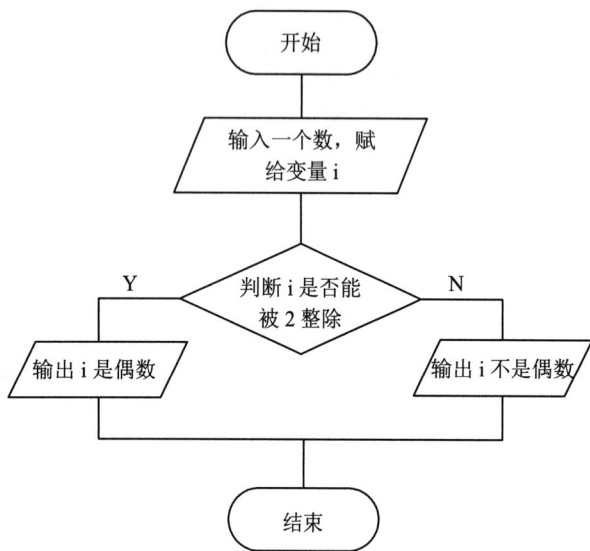

图 2.5 判断一个数是否为偶数

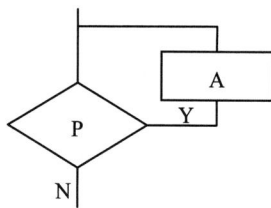

图 2.6 当型循环

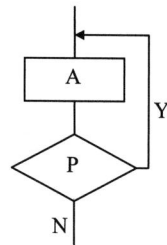

图 2.7 直到型循环

【例 2.5】计算 1+2+3+…+100 的结果。

本实例要求计算 1 和 100 之间（包括 1 和 100）所有整数之和。其流程图可以用当型循环结构来表示，如图 2.8 所示；也可以用直到型循环结构来表示，如图 2.9 所示。

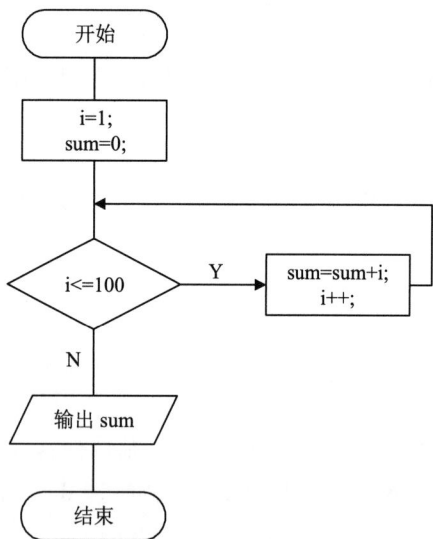

图 2.8 当型循环结构求和

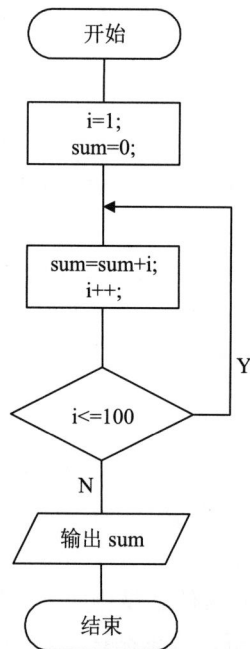

图 2.9 直到型循环结构求和

## 2.2.3 N-S 流程图

N-S 流程图是由美国人 I.Nassi 和 B.Shneiderman 提出的。其根据是：既然任何算法都可以由顺序、选择和循环 3 种结构组成，则各基本结构之间的流程线就是多余的，因此可以去掉流程线，将全部的算法写在一个矩形框内。

### 1．顺序结构

顺序结构的 N-S 流程图如图 2.10 所示。例 2.3 的 N-S 流程图如图 2.11 所示。

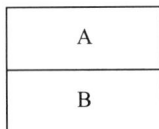

图 2.10　顺序结构

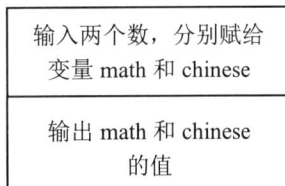

图 2.11　输出数学、语文成绩

### 2．选择结构

选择结构的 N-S 流程图如图 2.12 所示。例 2.4 的 N-S 流程图如图 2.13 所示。

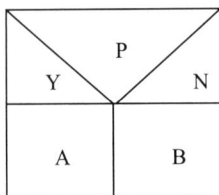

图 2.12　选择结构

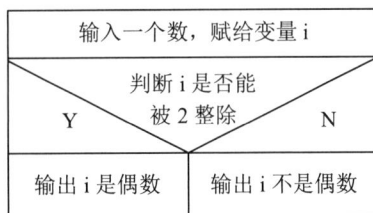

图 2.13　判断一个数是否为偶数

### 3．循环结构

当型循环的 N-S 流程图如图 2.14 所示。例 2.5 的当型循环的 N-S 流程图如图 2.15 所示。

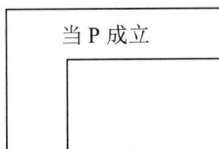

图 2.14　当型循环

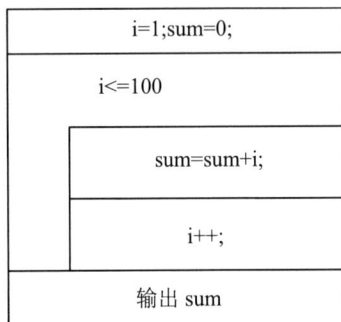

图 2.15　当型循环求和

直到型循环的 N-S 图如图 2.16 所示。例 2.5 的直到型循环的 N-S 流程图如图 2.17 所示。

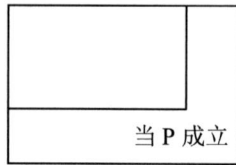

图 2.16　直到型循环

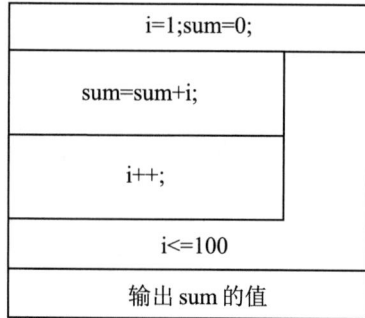

图 2.17　直到型循环求和

【例 2.6】计算 n!，使用流程图和 N-S 流程图进行算法描述。

本实例的流程图如图 2.18 所示，N-S 流程图如图 2.19 所示。

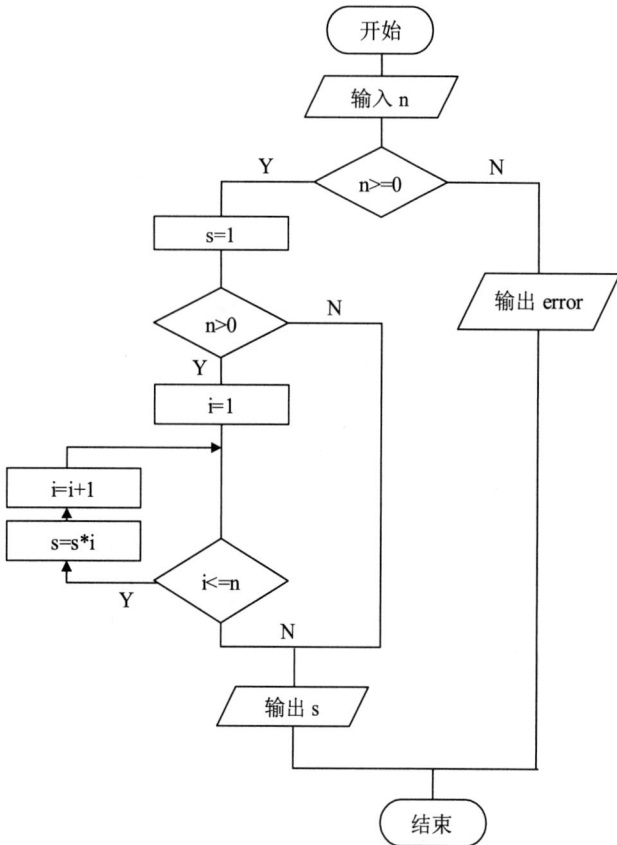

图 2.18　求 n!的流程图

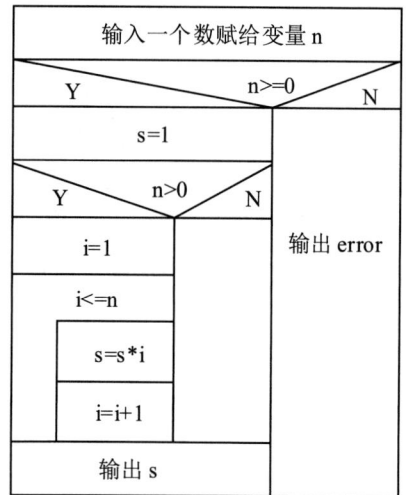

图 2.19　求 n!的 N-S 流程图

【例 2.7】求 a 和 b 的最大公约数。

任意输入 a、b 值，利用顺序结构、选择结构、循环结构求解 a、b 的最大公约数。分别用流程图和 N-S 图绘制其算法描述。

本实例的流程图如图 2.20 所示，N-S 流程图如图 2.21 所示。

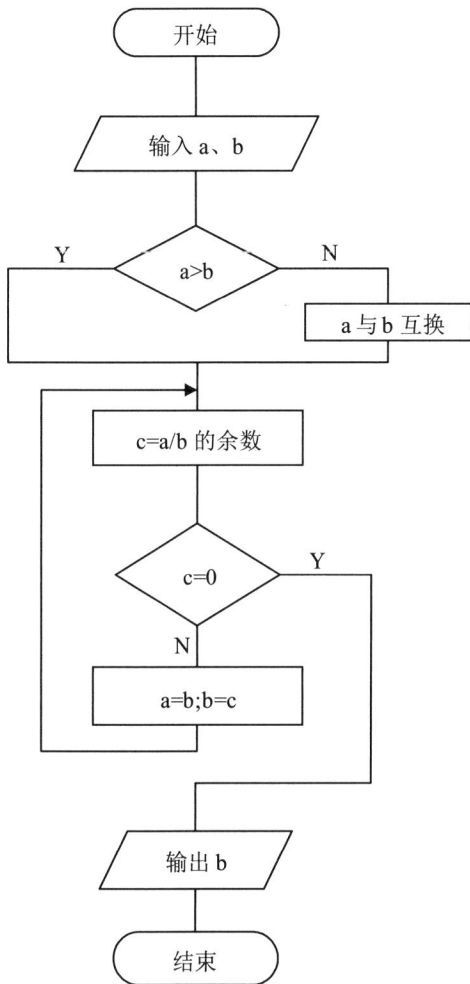

图 2.20　求最大公约数的流程图

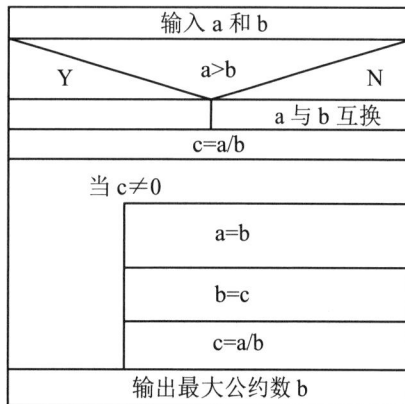

图 2.21　求最大公约数的 N-S 流程图

# 2.3　实践与练习

**（答案位置：资源包\TM\sl\02\实践与练习\）**

综合练习 1：评定成绩等级　某高校学生成绩等级评定规则如下：90～100 分为 A，80～89 分为 B，60～79 分为 C，60 分以下为 D。用流程图表示学生成绩等级评定的算法实现。

综合练习 2：面积之争　半径相等时，扇形和圆锥的面积哪个更大？用 N-S 流程图表示算法实现。

综合练习 3：可乐还是咖啡　数字 1 代表选择喝 CocaCola，否则代表选择喝 coffee，用流程图来表示其算法实现。

综合练习 4：农夫卖西瓜　农夫一共有 1020 个西瓜，第一天卖掉一半多 2 个，第二天卖掉剩下的一半多 2 个，如此循环下去，需要卖几天才能卖完。用流程图模拟此问题的算法实现。

# 第 3 章

# 数据类型

学好了 C 语言，会很容易掌握其他编程语言，这是因为不同的编程语言有着一些共性存在。本章致力于使读者掌握 C 语言中非常重要的一部分知识——数据类型、常量与变量。只有学懂了这些知识，才可以开始编写程序。

本章的知识架构及重难点如下：

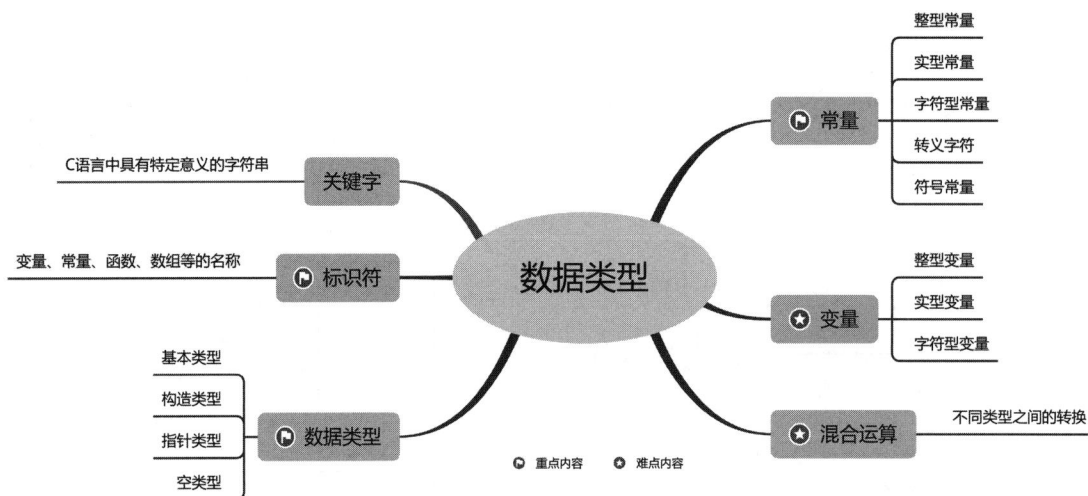

## 3.1 关 键 字

关键字（Keywords），又称为保留字，是 C 语言规定的具有特定意义的字符串。C 语言中有 32 个关键字，如表 3.1 所示。用户定义的常量、变量、函数等名称不能与关键字相同，否则会出现错误。

表 3.1　C 语言中的关键字

| auto | double | int | struct |
| --- | --- | --- | --- |
| break | else | long | switch |
| case | enum | register | typedef |
| char | extern | union | return |
| const | float | short | unsigned |
| continue | for | signed | void |
| default | goto | sizeof | volatile |
| do | while | static | if |

**注意**

这 32 个关键字不需要背诵。在 C 语言开发环境中编写代码时，关键字会自动显示为特殊字体（如变成蓝色）。今后的学习中会逐渐接触到这些关键字的具体使用方法，这里不需要死记硬背。

# 3.2　标　识　符

C 语言中，为了区分不同的变量、常量、函数、数组等，需要为其设定不同的名称，这些用于识别和区分的名称就是标识符。标识符的名称设定比较自由，开发者可以设定自己喜欢且容易理解的各类名称，但这并不意味着可以随意自由发挥。

下面介绍设定 C 语言标识符时应遵守的一些基本命名规则。

（1）标识符必须以字母或下画线开头，而不能以数字或者符号开头。例如：

```
int $num;          /*错误，标识符第一个字符不能为符号*/
int 2hao;          /*错误，标识符第一个字符不能为数字*/
int num;           /*正确，标识符第一个字符为字母*/
int _hao;          /*正确，标识符第一个字符为下画线*/
```

（2）标识符中，除开头外的其他字符可以由字母、下画线或数字组成。例如：

```
int good_way;      /*正确，标识符中可以有下画线*/
int bus7;          /*正确，标识符中可以有数字*/
int car6V;         /*正确*/
```

（3）C 语言区分大小写，也就是说，大写或小写的英文字母代表的是不同的标识符。例如，下面的代码给出了 3 个不同的标识符。

```
int mingri;        /*全部是小写*/
int MINGRI;        /*全部是大写*/
int MingRi;        /*一部分是小写，一部分是大写*/
```

可以看出，标识符中只要有一个字符不同，其代表的就是一个新的名称。

（4）标识符不能是关键字。例如，系统使用 int 关键字表示整型数据类型，因此用户定义的标识符就不能再使用 int，否则会提示编译错误。但将其中的某个字母改写成大写字母后，就可以通过编译。

```
int int;           /*错误，int 为系统关键字*/
int Int;           /*正确，Int 不再是关键字*/
```

（5）标识符应体现一定的功能含义，便于理解。通常采用所表述内容的英文、拼音等，这样即便是没有注释，只直观地查看代码，也能快速了解到其表述的作用及功能。

例如，定义一个长方体的长、宽和高时，如果将其简单定义为 a、b、c，则没有注释的情况下会很难理解。相比之下，iLength、iWidth、iHeight 这样的标识符更清晰、明了，推荐大家采用。

```
int a;             /*长方体的长*/
int b;             /*长方体的宽*/
int c;             /*长方体的高*/

int iLength;       /*长方体的长*/
int iWidth;        /*长方体的宽*/
int iHeight;       /*长方体的高*/
```

**误区警示**

标识符必须使用英文，是一个不精准的说法。开发环境不同，要求也不同。Visual C++ 6.0 中，使用中文标识符会出现错误，但 Visual Studio 2022 中使用中文标识符编译器并不会报错。综合考量，最好不要使用中文写代码，以免出现不必要的错误。另外，写代码时要多写注释，养成好习惯。

（6）按照 ANSI 标准，最初的 ANSI C 规定标识符长度不准超过 6 个字符，但在 C99 之后放宽到了 31 个字符。一般来说，长名字能更好地表达含义，所以函数名、变量名、类名长达十几个字符也不足为怪。

**注意**

编写代码和定义标识符时需要注意以下方面。

（1）书写标识符时，要注意大小写的区分。

（2）书写代码时，应先调整输入状态为"英文半角输入法"。

# 3.3 数据类型

程序要解决复杂的问题，就要处理不同的数据。不同的数据类型，如整型、字符型、实型等，在内存中占用的存储空间大小也不同。

C 语言中的数据类型包括基本类型、构造类型、指针类型和空类型等，如图 3.1 所示。

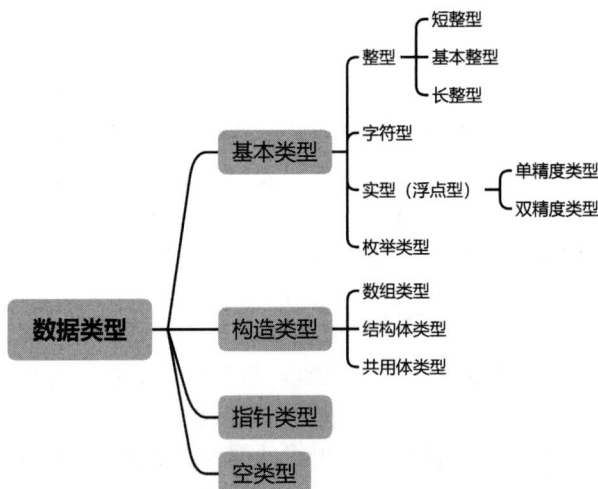

图 3.1　数据类型

## 1．基本类型

基本类型是 C 语言中的基础类型，包括整型、字符型、实型（浮点型）、枚举类型 4 类。例如：

```
int number;                              /*定义整型变量*/
float fFloat;                            /*定义浮点型变量*/
```

```
char cChar;                              /*定义字符型变量*/
enum Fruits(Watermelon,Mango,Grape,Orange,Apple);   /*定义枚举变量*/
```

### 2．构造类型

当基本类型不能满足需要时，开发者可以自行构造数据类型，即使用基本类型数据，或已构造好的数据类型，通过添加、设计、组合，形成能满足待解决问题需要的新的数据类型。

构造类型是由多种类型组合而成的新类型，其每个组成部分都称为成员。构造类型包括数组、结构体和共用体 3 类。例如：

```
int array[5];                            /*定义数组*/
struct Student student;                  /*定义结构体*/
union season s;                          /*定义共用体*/
```

### 3．指针类型

指针是 C 语言的精华。指针类型不同于其他类型，因为其值表示的是某个内存地址。例如：

```
int *p;                                  /*定义指针类型*/
```

### 4．空类型

函数一般具有一个返回值（返给调用者），这个返回值应该具有特定的类型，如整型 int。当函数不需要返回值时，就可以使用空类型进行设定。空类型的关键字是 void，例如：

```
void input()                             /*自定义无返回值函数*/
{
    语句;
}
```

# 3.4　常　　量

常量就是其值在程序运行过程中不可以改变的量，包括 3 类：数值型常量（包括整型常量和实型常量）、字符型常量和符号常量。下面分别进行说明。

## 3.4.1　整型常量

整型常量就是整型常数（没有小数部分），如 123、−456 等。有十进制、八进制和十六进制 3 种表示形式。

- ☑　十进制：我们日常所见到的整数都是十进制形式的，如 365、75 等。十进制数使用 0～9 来表示所有数，递进关系为逢十进一。注意，除了 0 本身，其他十进制数不能以 0 开头。
- ☑　八进制：使用 0～7 来表示所有的数，递进关系为逢八进一。八进制常量前要加上 0 作为前缀，如 0123、0432 等。
- ☑　十六进制：使用 0～9 和字母 A～F（或 a～f）来表示所有的数，递进关系为逢十六进一。十六进制常量前要加上 0x 作为前缀，如 0x123、0x3ba4。

整型常量可以是基本整型（int）、长整型（long int）或短整型（short int），还可以是无符号整型

（unsigned）或有符号（signed）整型。在常量后加上 L（或 l），表示该常量是长整型，如 1314L；加上 U（或 u），表示该常量为无符号整型，如 520U。

**注意**

整型常量所占的内存大小和数值范围取决于编译器。无符号整型可以存放的正数范围比有符号整型大一倍，因为有符号整型的最高位用于储存符号，而无符号整型所有位全部用来存储数字。

**技巧**

Windows 10 系统中，通过内置的计算器可进行八进制、十进制和十六进制之间的转换。打开计算器后，默认显示的是标准模式计算器，只能进行十进制运算。单击左上角的 ☰ 按钮，在菜单中选择"程序员"命令，可切换至程序员计算器模式，如图 3.2 所示。

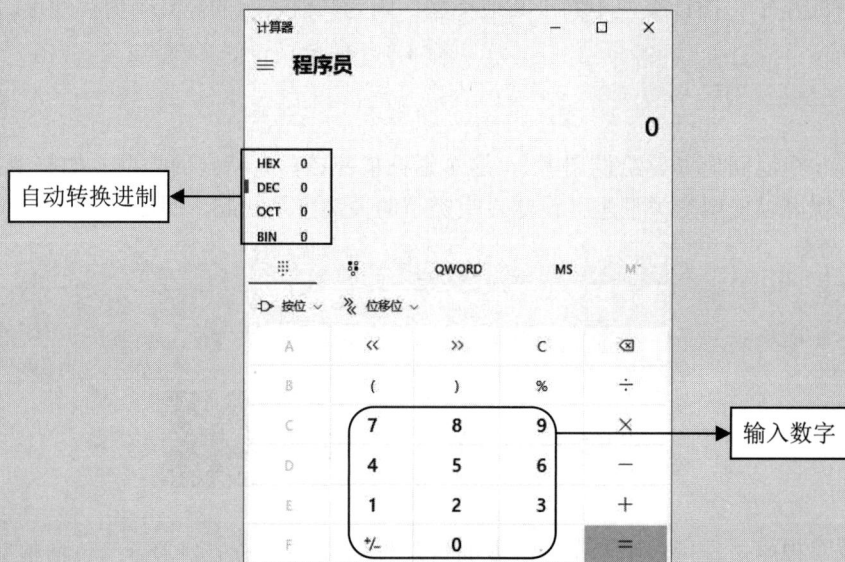

图 3.2  程序员计算器

### 3.4.2  实型常量

实型也称为浮点型，由整数和小数两部分组成，并用十进制的小数点进行分隔。表示实数的方式有小数和指数两种。

#### 1. 小数形式

小数形式就是使用十进制的小数方法描述实型，如 123.45、0.5458 等。

#### 2. 指数形式（科学计数形式）

当实型数非常大或非常小时，可使用指数形式（科学计数）来表示。使用字母 e 或者 E 表示指数形式，如 4.5e2 表示的是 $4.5×10^2$，即 450，4.5e-2 表示的是 $4.5×10^{-2}$，即 0.045。

> **注意**
>
> 实型常量中可以使用下画线进行分隔，这些下画线不会影响数字的值，仅起到分隔作用，以方便阅读。需要注意的是，下画线不能位于数字的开头和结尾，不可以写在二进制和十六进制前缀字母旁，也不可以写在小数点旁。

书写实型常量时，可以在常量后加上 F 或 L 后缀（大小写通用）。F 表示该常量是 float 单精度类型，L 表示该常量为 long double 长双精度类型。例如：

```
1.2345e2F;                /*单精度类型*/
5.458e-1L;                /*长双精度类型*/
```

如果不加后缀，则默认为 double 双精度类型。例如：

```
1.2345e2;                 /*默认为双精度类型*/
```

## 3.4.3　字符型常量

字符型常量与整型、实型有所不同，需要使用定界符进行限制。字符型常量包括两种：字符常量和字符串常量。

### 1．字符常量

使用一对单直撇引号（''）括起来的字符就是字符常量，如'A'、'#'、'b'等。

☑　字符常量只能包括一个字符，不能是字符串。例如，'A'是正确的，但用'AB'来表示字符常量就是错误的。

☑　字符常量是区分大小写的。例如，'A'和'a'代表的是不同的字符常量。

☑　'' 代表的是定界符，不属于字符常量的一部分。

【例 3.1】输出"Fine Day!"（**实例位置：资源包\TM\sl\03\01**）

在本实例中，使用 putchar 函数将多个字符常量依次输出，在控制台中显示"Fine Day!"。

```
#include <stdio.h>
int main()
{
    putchar('F');              /*输出字符常量 F*/
    putchar('i');              /*输出字符常量 i*/
    putchar('n');              /*输出字符常量 n*/
    putchar('e');              /*输出字符常量 e*/
    putchar('\0');             /*字符结束标志*/
    putchar('D');              /*输出字符常量 D*/
    putchar('a');              /*输出字符常量 a*/
    putchar('y');              /*输出字符常量 y*/
    putchar('!');              /*输出字符常量!*/
    putchar('\n');             /*进行换行*/
    return 0;
}
```

运行程序，显示效果如图 3.3 所示。

> 🔊 **注意**
>
> 给 char 型变量赋值时不可以使用 3 个单引号。这样写编译器会不知道从哪里开始，到哪里结束，进而产生错误。例如，下面的赋值语句会提示 "error C2001:newline in constant" 错误。
>
> char cChar='A';                               /*使用 3 个单引号为字符型赋值*/

### 2. 字符串常量

字符串常量是用一对双直撇引号（" "）括起来的若干字符序列。例如，"Have a good day! "和 "beautiful day"即为字符串常量。如果字符串中一个字符都没有，将其称作空串，此时字符串的长度为 0。

在 C 语言中存储字符串常量时，系统会在字符串的末尾自动添加一个 "\0"，作为字符串的结束标志。例如，字符串"welcome"在内存中的存储形式如图 3.4 所示。

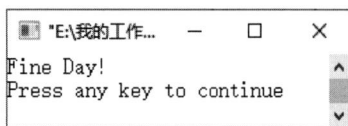

图 3.3　输出 "Fine Day!"

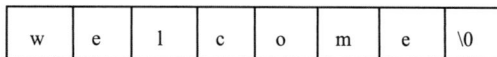

| w | e | l | c | o | m | e | \0 |
|---|---|---|---|---|---|---|----|

图 3.4　"\0" 为系统所加

【例 3.2】打印《静夜思》诗句（实例位置：资源包\TM\sl\03\02）

在本实例中，使用 printf 函数将字符串常量《静夜思》诗句在控制台输出显示。

```c
#include <stdio.h>                    /*包含头文件*/
int main()
{
    printf("窗前明月光\n");            /*输出字符串*/
    printf("疑是地上霜\n");
    printf("举头望明月\n");
    printf("低头思故乡\n");
    return 0;                         /*程序结束*/
}
```

运行程序，显示效果如图 3.5 所示。

字符常量和字符串常量的差别主要体现在以下几个方面。

- ☑ 定界符不同。字符常量使用的是' '，而字符串常量使用的是" "。
- ☑ 长度不同。字符常量只能有一个字符，长度为 1。字符串常量的长度可以是 0，也可以是任意值。即使字符串常量中的字符只有 1 个，长度也不是 1，而是 2。例如，字符串常量"F"，其在内存中的存储情况如图 3.6 所示（因为系统自动添加了结束字符 "\0"，所以其长度为 2）。

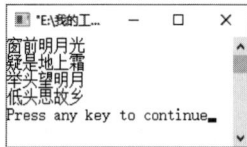

图 3.5　输出字符串

| F | \0 |
|---|----|

图 3.6　字符串 "F"

- ☑ 存储方式不同。字符常量中存储的是字符的 ASCII 码值；字符串常量不仅要存储有效的字符，还要存储结尾处的结束标志 "\0"。

ASCII 码到底是什么呢？在 C 语言中，所使用的字符被一一映射到一个表中，这个表称为 ASCII

码表，如表 3.2 所示。

表 3.2　ASCII 码表

| ASCII 值 | 缩写/字符 | 解　释 | ASCII 值 | 缩写/字符 | 解　释 |
|---|---|---|---|---|---|
| 0 | NUL（null） | 空字符（\0） | 17 | DC1（device control1） | 设备控制 1 |
| 1 | SOH（star to fhanding） | 标题开始 | 18 | DC2（device control2） | 设备控制 2 |
| 2 | STX（star to ftext） | 正文开始 | 19 | DC3（device control3） | 设备控制 3 |
| 3 | ETX（end of text） | 正文结束 | 20 | DC4（device control4） | 设备控制 4 |
| 4 | EOT（end of transmission） | 传输结束 | 21 | NAK（negative acknowledge） | 拒绝接收 |
| 5 | ENQ（enquiry） | 请求 | 22 | SYN（synchronousidle） | 同步空闲 |
| 6 | ACK（acknowledge） | 收到通知 | 23 | ETB（end of trans.block） | 传输块结束 |
| 7 | BEL（bell） | 响铃（\a） | 24 | CAN（cancel） | 取消 |
| 8 | BS（backspace） | 退格（\b） | 25 | EM（end of medium） | 介质中断 |
| 9 | HT（horizontal tab） | 水平制表符（\t） | 26 | SUB（substitute） | 替补 |
| 10 | LF（NL）（linefeed,newline） | 换行键（\n） | 27 | ESC（escape） | 溢出 |
| 11 | VT（verticaltab） | 垂直制表符 | 28 | FS（file separator） | 文件分割符 |
| 12 | FF（NP）（formfeed,newpage） | 换页键（\f） | 29 | GS（group separator） | 分组符 |
| 13 | CR（carriagereturn） | 回车键（\r） | 30 | RS（record separator） | 记录分离符 |
| 14 | SO（shift out） | 不用切换 | 31 | US（unit separator） | 单元分隔符 |
| 15 | SI（shift in） | 启用切换 | 32 | …… | （完整表参见附录 A） |
| 16 | DLE（data link escape） | 数据链路转义 | | | |

## 3.4.4　转义字符

在例 3.1 和例 3.2 中能看到"\n"符号，但输出结果中却不显示该符号，只是进行了换行操作，这种符号称为转义字符。

转义字符是一种特殊的字符，通常以反斜杠"\"开头，后面跟一个或几个字符。常用的转义字符及其含义如表 3.3 所示。

表 3.3　常用的转义字符表

| 转　义　字　符 | 意　义 | 转　义　字　符 | 意　义 |
|---|---|---|---|
| \n | 回车换行 | \\ | 反斜杠"\" |
| \t | 横向跳到下一制表位置 | \' | 单引号符 |
| \v | 竖向跳格 | \a | 鸣铃 |
| \b | 退格 | \ddd | 1～3 位八进制数所代表的字符 |
| \r | 回车 | \xhh | 1～2 位十六进制数所代表的字符 |
| \f | 走纸换页 | | |

## 3.4.5　符号常量

在例 1.2 中，程序的功能是求解一个长方体的体积。因为题设中长方体的高度是固定的，所以使用

---

符号名 HEIGHT 来代替固定的常量值 10，这里使用的符号名就称之为符号常量。使用符号常量的好处在于可以为编程和阅读带来方便。

**【例 3.3】小时和年之间的转换（实例位置：资源包\TM\sl\03\03）**

本实例使用符号常量来计算一年有多少个小时（一年按 365 天计算）。在控制台上显示文字，提示用户输入一个表示小时数的值。用户输入小时数后，经过计算得到对应的年数，并输出显示。

```c
#include <stdio.h>
#define HOUR 365*24                   /*定义符号常量 HOUR*/
int main()
{
    int h,result;                     /*定义变量*/
    printf("请输入小时：");            /*提示输入信息*/
    scanf("%d",&h);                   /*输入数据*/
    result=h/(HOUR);                  /*进行计算*/
    printf("一共有%d 年\n",result);    /*显示结果*/
    return 0;                          /*程序结束*/
}
```

运行程序，显示效果如图 3.7 所示。

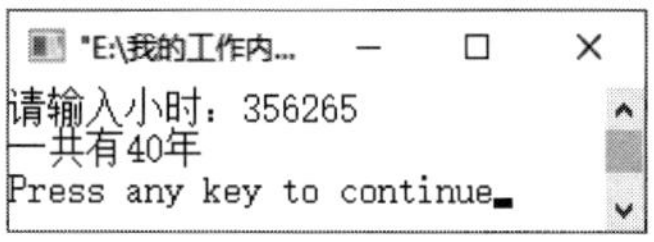

**编程训练（答案位置：资源包\TM\sl\03\编程训练\）**

训练 1：输出猪猪表情　使用字符型常量 '('、')'、'-'、'o' 组合成猪猪表情，用 putchar 函数输出。输出结果如下：

图 3.7　符号常量的使用

```
(-(oo)-)
```

训练 2：打印绕口令《白石塔》　使用字符串常量，用 printf 函数输出绕口令《白石塔》内容，输出结果如下：

```
白石塔，白石搭，
白石搭白塔，白塔白石搭，
搭好白石塔，白塔白又大。
```

# 3.5　变　　量

在前面的学习中，我们已经多次接触过变量。变量就是在程序运行期间其值可以变化的量，每个变量都属于某种类型，如整型、实型、字符型等，该类型定义了变量的格式和行为。一个变量应该有属于自己的名称，并且在内存中占有一定的存储空间，其所占空间大小取决于类型。

## 3.5.1　整型变量

整型变量是用来存储整型数值的变量。整型变量可以分为如表 3.4 所示的 6 种类型，其中基本类型的符号使用 int 关键字，在此基础上可以根据需要加上一些符号进行修饰，如关键字 short 或 long。

表 3.4　整型变量的分类

| 类　　型 | 关　键　字 | 类　　型 | 关　键　字 |
|---|---|---|---|
| 有符号基本整型 | [signed] int | 无符号短整型 | unsigned short [int] |
| 无符号基本整型 | unsigned [int] | 有符号长整型 | [signed] long [int] |
| 有符号短整型 | [signed] short [int] | 无符号长整型 | unsigned long [int] |

**说明**

表格中的[]为可选部分。例如，[signed] int 在书写时可以省略 signed 关键字，直接写为 int。

### 1．有符号基本整型

有符号基本整型的关键字是 signed int，其中 signed 可以省略。有符号基本整型在内存中占 4 个字节，取值范围是−2147483648～2147483647。

**说明**

通常说到的"整型"，都是指有符号基本整型 int。

定义一个有符号基本整型变量的方法是在变量前使用关键字 int。例如：

```
int iNumber;                        /*定义有符号基本整型变量 iNumber */
iNumber=-10;                        /*为变量赋值−10*/
```

或者在定义变量的同时为其赋值：

```
int iNumber=-10;                    /*定义有符号基本整型变量的同时进行赋值*/
```

**注意**

程序中用到的变量应集中定义，并放在变量赋值之前，否则会产生错误。例如：

```
/*正确的写法：*/
int iNumber1;                       /*先定义变量*/
int iNumber2;
iNumber1=6;                         /*再对变量赋值*/
iNumber2=7;

/*错误的写法：*/
int iNumber1;                       /*定义变量*/
iNumber1=6;                         /*为变量赋值，错误！！因为赋值语句在 iNumber2 变量定义之前*/
int iNumber2;                       /*定义变量*/
iNumber2=7;                         /*为变量赋值*/
```

【例 3.4】输出有符号 int 类型的取值范围（实例位置：资源包\TM\sl\03\04）

```
#include <stdio.h>
int main()
{
    signed int i,j;                 /*定义有符号基本整型变量*/
    i=-2147483648;                  /*为变量赋值*/
    j=2147483647;                   /*为变量赋值*/
    printf("有符号整型变量最小值是%d\n",i);  /*显示整型变量*/
```

```
    printf("有符号整型变量最大值是%d\n",j);        /*显示整型变量*/
    return 0;                                      /*程序结束*/
}
```

运行程序，显示效果如图 3.8 所示。

注意，如果赋值时 i 或 j 的值超出 int 型的取值范围 −2147483648～2147483647，将会发生截断处理（即超出 int 长度范围的高位字节会被自动截掉），产生错误的计算结果或逻辑错误。

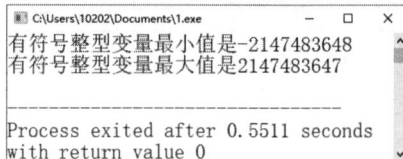

图 3.8　有符号基本整型

### 2．无符号基本整型

无符号基本整型使用的关键字是 unsigned int，其中 int 可以省略。无符号基本整型在内存中占 4 个字节，取值范围是 0～4294967295。

定义一个无符号基本整型变量的方法是在变量前使用关键字 unsigned。例如：

```
unsigned iUnsignedNum;                  /*定义无符号基本整型变量 iUnsignedNum */
iUnsignedNum=111;                       /*为变量赋值 111*/
```

### 3．有符号短整型

有符号短整型使用的关键字是 signed short int，其中 signed 和 int 可以省略。有符号短整型在内存中占两个字节，取值范围是−32768～32767。

定义一个有符号短整型变量的方法是在变量前使用关键字 short。例如：

```
short iShortNum;                        /*定义有符号短整型变量 iShortNum */
iShortNum=-521;                         /*为变量赋值−521*/
```

### 4．无符号短整型

无符号短整型使用的关键字是 unsigned short int，其中的关键字 int 在编写时可以省略。无符号短整型在内存中占两个字节，取值范围是 0～65535。

定义一个无符号短整型变量的方法是在变量前使用关键字 unsigned short。例如：

```
unsigned short iUnsignedShtNum;         /*定义无符号短整型变量 iUnsignedShtNum */
iUnsignedShtNum=222;                    /*为变量赋值 222*/
```

### 5．有符号长整型

有符号长整型使用的关键字是 signed long int，其中的关键字 signed 和 int 在编写时可以省略。有符号长整型在内存中占 4 个字节，取值范围是−2147483648～2147483647。

定义一个有符号长整型变量的方法是在变量前使用关键字 long。例如：

```
long iLongNum;                          /*定义有符号长整型变量 iLongNum */
iLongNum=-3333333L;                     /*为变量赋值−3333333*/
```

### 6．无符号长整型

无符号长整型使用的关键字是 unsigned long int，其中的关键字 int 在编写时可以省略。无符号长整型在内存中占 4 个字节，取值范围是 0～4294967295。

定义一个无符号长整型变量的方法是在变量前使用关键字 unsigned long。例如：

```
unsigned long iUnsignedLongNum;        /*定义无符号长整型变量 iUnsignedLongNum */
iUnsignedLongNum=6666666L;             /*为变量赋值 6666666*/
```

## 3.5.2　实型变量

实型变量也称为浮点型变量，是用来存储实型数值的变量，其中实型数值由整数和小数两部分组成。实型变量根据精度可以分为单精度类型、双精度类型和长双精度类型 3 种。

### 1．单精度类型

单精度类型使用的关键字是 float，它在内存中占 4 个字节，取值范围是 $1.17 \times 10^{-38} \sim 3.4 \times 10^{38}$。

定义一个单精度类型变量的方法是在变量前使用关键字 float。例如：

```
float fFloatStyle;        /*定义单精度类型变量 fFloatStyle */
fFloatStyle=3.14f;        /*为变量赋值 3.14*/
```

【例 3.5】存款一年后能取出多少钱（实例位置：资源包\TM\sl\03\05）

已知银行的年利率是 2.95%，如果在银行中存入 1000 元，一年后可以取出多少钱？具体代码如下：（提示：总额=本金+年利率*本金）

```
#include<stdio.h>
int main()
{
    float result;                      /*定义单精度类型变量*/
    result=1000+0.0295*1000;           /*计算一年后可取出的本金+利息总额*/
    printf("result=%f\n",result);      /*显示结果*/
    return 0;                          /*程序结束*/
}
```

运行程序，显示效果如图 3.9 所示。

### 2．双精度类型

双精度类型使用的关键字是 double，它在内存中占 8 个字节，取值范围是 $2.22 \times 10^{-308} \sim 1.79 \times 10^{308}$。

图 3.9　使用单精度类型变量

定义一个双精度类型变量的方法是在变量前使用关键字 double。例如：

```
double dDoubleStyle;      /*定义双精度类型变量 dDoubleStyle */
dDoubleStyle=5.321;       /*为变量赋值 5.321*/
```

【例 3.6】计算圆柱体的粮仓体积和屯粮量（实例位置：资源包\TM\sl\03\06）

一个圆柱体的粮仓，底面直径为 50 米，高为 15 米，该粮仓体积为多少立方米？如果每立方米能屯粮 896 千克，该粮仓一共可存储多少千克粮食？具体代码如下：（提示：体积=3.14×半径 $^2$×高）

```
#include<stdio.h>
int main()
{
    double d,h,v,res;         /*定义 4 个双精度类型变量*/
    d=50;                     /*对变量赋值，d 表示直径，h 表示高，v 表示体积*/
    h=15;
    v=3.14*(d/2)*(d/2)*h;     /*根据体积公式计算粮仓体积*/
```

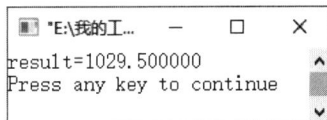

```
        printf("该粮仓体积为%f 立方米\n",v);              /*显示结果*/
        res=896*v;                                    /*计算屯粮量*/
        printf("该粮仓一共可储存%f 千克粮食\n",res);       /*显示结果*/
        return 0;                                     /*程序结束*/
}
```

运行程序，显示效果如图 3.10 所示。

### 3．长双精度类型

长双精度类型使用的关键字是 long double，它在内存中
通常占 10 个字节，也可能是 12 或 16 个字节，具体与平台和编
译器有关。取值范围是 $3.36 \times 10^{-4932} \sim 1.18 \times 10^{4932}$。

图 3.10　使用双精度类型变量

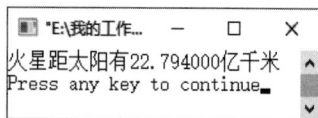

定义一个双精度类型变量的方法是在变量前使用关键字 long double。例如：

```
long double fLongDouble;                             /*定义长双精度类型变量 fLongDouble */
fLongDouble=46.257;                                  /*为变量赋值 46.257*/
```

**【例 3.7】记录太阳和火星之间的距离（实例位置：资源包\TM\sl\03\07）**

在本实例中，定义一个长双精度类型变量表示太阳和火星之间的距离，然后为其赋值 22.794，最
后通过输出语句将其显示在控制台。

```
#include<stdio.h>
int main()
{
        long double fLongDouble;                     /*定义长双精度变量*/
        fLongDouble=22.794;                          /*为变量赋值*/
        printf("火星距太阳有%Lf 亿千米\n",fLongDouble); /*将变量值进行输出*/
        return 0;                                    /*程序结束*/
}
```

运行程序，显示效果如图 3.11 所示。

## 3.5.3　字符型变量

图 3.11　使用长双精度类型变量

字符型变量是用来存储字符常量的变量。将一个字符常量存储
到一个字符变量中，实际上是将该字符的 ASCII 码值（无符号整数）存储到内存单元中。

字符型变量在内存空间中占一个字节，取值范围是-128～127。定义一个字符型变量需要使用关键
字 char。例如，要定义一个字符型变量 cChar，为其赋值'a'的方法如下：

```
char cChar;                                          /*定义字符型变量 cChar */
cChar= 'a';                                          /*为变量赋值'a' */
```

**说明**

字符型变量在内存中存储的是字符的 ASCII 码，即一个无符号整数，其形式与整数的存储形式
一样，因此 C 语言允许字符型数据与整型数据之间互相转换。

**【例 3.8】字符型和整型间的互换（实例位置：资源包\TM\sl\03\08）**

本实例为定义的字符型变量和整型变量进行不同的赋值，然后通过输出结果观察整型变量和字符
型变量之间的转换。

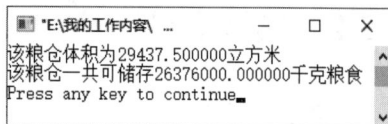

```
#include<stdio.h>
int main()
{
    char cChar1;                    /*定义字符型变量 cChar1*/
    char cChar2;                    /*定义字符型变量 cChar2*/
    int iInt1;                      /*定义整型变量 iInt1*/
    int iInt2;                      /*定义整型变量 iInt2*/

    cChar1='a';                     /*为变量赋值*/
    cChar2=97;
    iInt1='a';
    iInt2=97;

    printf("%c\n",cChar1);          /*显示结果为 a*/
    printf("%d\n",cChar2);          /*显示结果为 97*/
    printf("%c\n",iInt1);           /*显示结果为 a*/
    printf("%d\n",iInt2);           /*显示结果为 97*/
    return 0;                       /*程序结束*/
}
```

上述代码首先定义了 4 个变量，两个字符型，两个整型，然后分别赋值为'a'和 97。因为字符'a'在 ASCII 码中的值正好是 97，因此两者可以互相转换输出。运行程序，显示效果如图 3.12 所示。

下面对目前学过的所有数据类型进行一下概括总结，如表 3.5 所示。

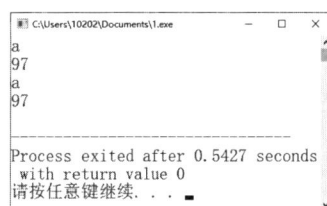

图 3.12　使用字符型变量

表 3.5　数值型和字符型数据的字节数和数值范围

| 类　　型 | 关　键　字 | 字　节 | 数　值　范　围 |
|---|---|---|---|
| 整型 | [signed] int | 4 | −2147483648～2147483647 |
| 无符号整型 | unsigned [int] | 4 | 0～4294967295 |
| 短整型 | short [int] | 2 | −32768～32767 |
| 无符号短整型 | unsigned short [int] | 2 | 0～65535 |
| 长整型 | long [int] | 4 | −2147483648～2147483647 |
| 无符号长整型 | unsigned long [int] | 4 | 0～4294967295 |
| 字符型 | [signed] char | 1 | −128～127 |
| 无符号字符型 | unsigned char | 1 | 0～255 |
| 单精度型 | float | 4 | $1.17×10^{-38}～3.4×10^{38}$ |
| 双精度型 | double | 8 | $2.22×10^{-308}～1.79×10^{308}$ |
| 长双精度型 | long double | 10 | $3.36×10^{-4932}～1.18×10^{4932}$ |

**编程训练（答案位置：资源包\TM\sl\03\编程训练\）**

训练 3：记录大毛的基本信息　使用整型变量保存大毛的年龄，使用字符型变量保存大毛的性别（W 表示女，M 表示男），用实型变量保存大毛的身高、体重，最后用 printf 函数输出。结果如下：

```
大毛基本信息如下：
年龄是：31 岁,性别是：M
身高是：1.680000 米,体重是：59.400000 千克
```

训练4：预测快递到货时长　假设某商品从广州市发货，预测其到达北京、上海、浙江、江苏、山东、湖南、辽宁、吉林、黑龙江等地的时长，使用整型变量存储预测的时长（即天数），用 printf 函数输出预测结果。输出结果如下：

```
快递预测时间：
从广州到湖南省、浙江省是2天
从广州到上海、北京、江苏省、山东省是3天
从广州到辽宁省、吉林省、黑龙江省是4天
```

# 3.6　混合运算

不同类型的数据之间可以进行混合运算，如 10+'a'-1.5+3.2*6。在进行这样的运算时，不同的数据类型要先转换成同一类型，然后再进行运算。类型之间的转换规律如图 3.13 所示。

**【例 3.9】**不同数据类型间的混合运算（**实例位置：资源包\TM\sl\03\09**）

在本实例中，计算(10+'a')-1.5+3.2*6 的结果，最后使用 printf 函数将其输出。

```c
#include<stdio.h>

int main()
{
    int iInt1=10;                              /*定义整型变量*/
    int iInt2=6;
    char cChar='a';                           /*定义字符变量，a 的 ASCII 码值为97*/
    float fFloat1=1.5f;                        /*定义单精度型变量*/
    float fFloat2=3.2f;
    double result=(iInt1+cChar)-fFloat1+fFloat2*iInt2;   /*进行混合运算*/
    printf("%f\n",result);                    /*输出混合运算结果*/
    return 0;                                  /*程序结束*/
}
```

运行程序，显示效果如图 3.14 所示。

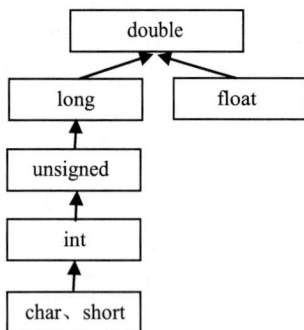

图 3.13　不同类型之间的转换规律

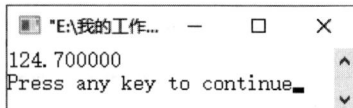

图 3.14　混合运算

**编程训练（答案位置：资源包\TM\sl\03\编程训练\）**

训练5：混合运算1　编写程序，计算 1.68+'s'+8-9*9+8+'d'，并使用 printf 函数输出混合运算结果。

训练6：混合运算2　编写程序，计算(1.68+'s'+8-9)*(9+8+'d')，并使用 printf 函数输出混合运算结果。

# 3.7　实践与练习

（答案位置：资源包\TM\sl\03\实践与练习\）

综合练习 1：模拟联通流量提醒　定义两个实型变量，表示已用流量（3.592）和剩余流量（3.408）。定义一个字符型变量，表示流量查询网址（http://我是网址）。输出结果如下：

```
中国联通流量提醒：
截至 10 月 21 日 24 时，
您当月共享国内通用流量已用 3.592GB，剩余 3.408GB；
其他流量使用情况请点击进入 http://我是网址
```

综合练习 2：输出饭店菜谱　编写程序，输出如图 3.15 所示的菜谱。

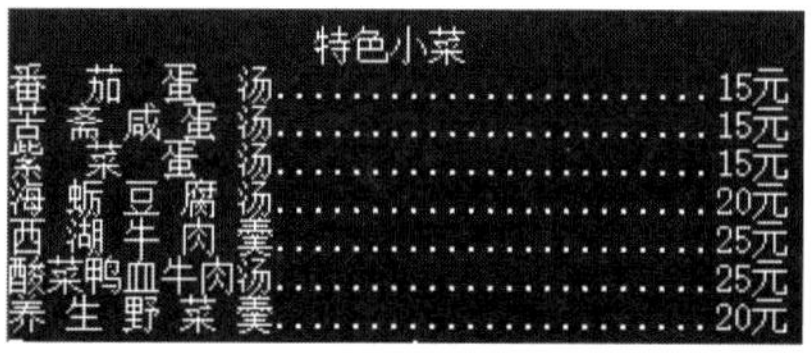

```
                特色小菜
番  茄  蛋  汤......................15元
古  斋  咸  蛋  汤..................15元
紫  菜  蛋  汤......................15元
海  蛎  豆  腐  汤..................20元
西  湖  牛  肉  羹..................25元
酸菜鸭血牛肉汤......................25元
养  生  野  菜  羹..................20元
```

图 3.15　输出菜谱

综合练习 3：输出狙击枪形状　利用字符串常量输出狙击枪形状，输出形状如下所示。（提示：利用搜狗特殊符号）

```
▄︻┻┳═一
```

综合练习 4：模拟超市结账　超市结账是我们经常会遇到的事情，假设某人去超市买商品的结果分别如下：56.75 元、72.91 元、88.50 元、26.37 元、68.51 元。接下来模拟超市结账场景。运行结果如下所示。（提示：利用搜狗特殊符号画★ ☆）。

```
★☆★☆★☆★☆★☆★☆
☆    实际应付 313.04 元    ★
★☆★☆★☆★☆★☆★☆
```

# 第 4 章

# 运算符与表达式

了解了程序中常用的数据类型后，还应该懂得如何操作这些数据。因此，掌握 C 语言中各种运算符与表达式是必不可少的。本章致力于使读者了解表达式的概念，掌握运算符及相关表达式的使用方法，其中包括赋值运算符、算术运算符、关系运算符、逻辑运算符、位逻辑运算符、逗号运算符和复合赋值运算符，并且通过实例进行相应的练习，加深印象。

本章的知识架构及重难点如下：

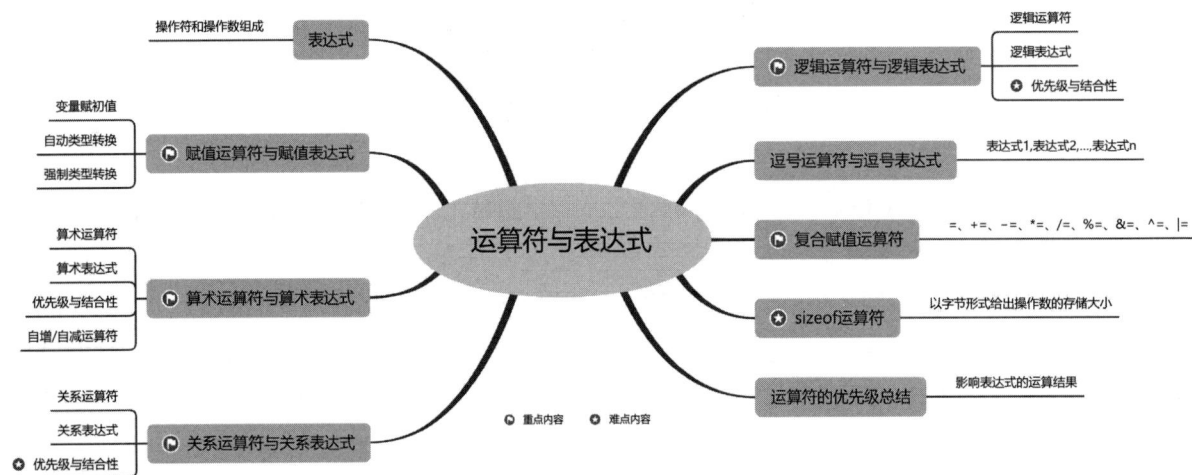

# 4.1 表 达 式

C 语言中，表达式由操作符和操作数组成。简单的表达式只包含一个操作符，复杂的表达式包含两个或两个以上操作符。例如：

```
25+25
num+29
iBase+(iPay*iDay)
```

表达式可出现在赋值语句的右侧或函数的参数中。表达式可返回一个结果，其数据类型取决于组成表达式的变量和常量的类型。

> **说明**
>
> 表达式的返回值具有逻辑特性：如果返回值非零，那么返回的是真值，否则返回的是假值。因此，可以将表达式放在流程控制语句中，形成条件表达式。

# 4.2　赋值运算符与赋值表达式

程序中常常遇到的赋值符号"＝"就是赋值运算符，其作用就是将一个数据赋给一个变量。例如：

```
iAge=520;
```

这就是一次赋值操作，将常量 520 赋给变量 iAge。也可以将一个表达式的值赋给一个变量，例如：

```
Total=Counter*3;
```

## 4.2.1　变量赋初值

声明变量时，可以为其赋一个初值，即将一个常数或者一个表达式的结果赋给它，变量中保存的就是这个常数或者表达式的值。这就是为变量赋初值。

### 1. 将常数赋值给变量

将常数赋值给变量的一般形式如下，其中的变量名也称为变量的标识符。

```
类型 变量名 = 常数;
```

变量赋初值的一般形式如图 4.1 所示，示例代码如下。

```
char cChar ='A';
int iFirst=100;
float fPlace=1450.78f;
```

### 2. 通过赋值表达式为变量赋初值

通过赋值语句，可把一个表达式的结果赋给一个变量。一般形式如下：

```
类型 变量名 = 表达式;
```

可以看到，与常数赋值的一般形式是相似的，如图 4.2 所示。

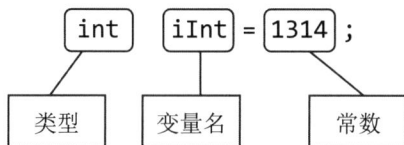

图 4.1　为变量赋值常数　　　　　图 4.2　为变量赋值一个表达式

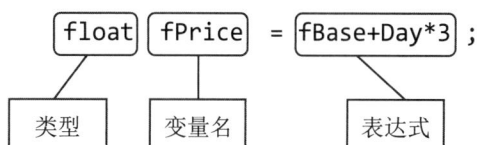

在图 4.2 中，得到赋值的变量 fPrice 称为左值，因为它出现在赋值语句的左侧；产生值的表达式称为右值，因为它出现在表达式的右侧。

在定义变量的同时直接为其赋值的操作称为赋初值，也就是变量的初始化。先定义变量，再进行变量的赋值操作也是可以的。例如：

```
int iMonth;                    /*定义变量*/
iMonth= 12;                    /*为变量赋值*/
```

【例 4.1】计算乘坐出租车的费用（实例位置：资源包\TM\sl\04\01）

出租车每千米路程需要 3 元，李女士要到 10 千米远的地方，后来发现走错了，之后又坐出租车返回 3 千米，计算她需要花多少钱才能到达目的地。代码如下：

```
#include<stdio.h>
int main()
{
        int price=3;                    /*定义变量，表示每千米路程的费用*/
        int journey1=10;                /*定义变量，表示目的地的距离*/
        int journey2=3;                 /*定义变量，表示返回路程的距离*/
        int money;                      /*定义变量，表示最终的费用*/
        money=journey1*price+journey2*price;  /*计算费用，将右侧表达式的计算结果赋给变量 money*/
        printf("总共花了%d 元\n",money); /*输出结果*/
        return 0;                       /*程序结束*/
}
```

（1）出租车费用的计算公式是"每千米路程的费用×路程"。因路线错误，需要返回 3 千米，因此需要定义 4 个变量来计算乘出租车的费用。price 表示每千米路程费用，journey1 表示距离目的地的路程，journey2 表示因走错返回的路程，money 表示乘出租车的总费用。

（2）每千米路程的费用是固定的（3 元），根据公式计算总车费，并将表达式的结果保存在 money 变量中。

（3）最后通过输出函数，将计算结果在屏幕上显示。

运行程序，显示效果如图 4.3 所示。

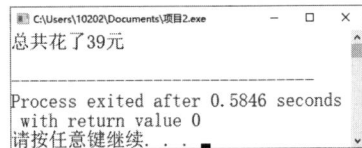

图 4.3　为变量赋初值

## 4.2.2　自动类型转换

数据类型有很多种，如字符型、整型、长整型、实型等，其长度和符号特性都不同，取值范围也不同。3.7 节中介绍了 C 语言默认的一些自动类型转换规则，根据这些规则，不同的数据类型变量之间可以进行混合运算。除此之外，不同数据类型变量间相互赋值时也会进行自动类型转换。

例如，把较短的数据类型变量的值赋给较长的数据类型变量时，较短的数据类型变量会自动升级为较长的数据类型，数据信息不会丢失。但把较长的数据类型变量的值赋给较短的数据类型变量时，数据会降低级别显示。当数据大小超过较短的数据类型的可表示范围时，就会发生数据截断。

有些编译器遇到这种情况时会发出警告信息。例如，把一个实型变量赋值给一个整型变量时：

```
float i=10.1f;
int j=i;                       /*把实型变量 i 赋给整型变量 j，会发生数据截断*/
```

此时编译器会发出警告，提示实型（float）转换为整型（int）时将发生数据截断，如图 4.4 所示。

```
warning C4244: 'initializing' : conversion from 'float ' to 'int ', possible loss of data
```

图 4.4　程序警告

**误区警示**

　　C 语言中，整数的默认类型是 int，浮点数的默认类型是 double。如果一个表达式中数字都是 int 型，则表达式结果也默认为是 int 型。例如，计算 5 除以 2，如果这么写：

```
double b = 5 / 2;                        /*b 的值为 2*/
```

　　计算后会发现 b 的值是 2.0，而不是 2.5。这是因为 5 和 2 都是 int 型，所以表达式 5/2 的结果默认也是 int 型，即 2。赋值给 b 后，因为 b 是 double 型，所以得到的结果是 2.0。

　　要想得到正确的结果 2.5，应该这样修改：

```
double b = 5.0 / 2;                      /*将其中一个数改为实型，b 的值为 2.5*/
```

## 4.2.3　强制类型转换

　　强制类型转换的一般形式如下：

```
(类型名)(表达式)
```

　　使用强制类型转换，把一个实型变量赋给一个整型变量时，编译器不会提示警告信息。例如：

```
float i=10.1f;
int j= (int)i;                           /*进行强制类型转换*/
```

　　在代码中可以看到，在变量前使用包含要转换类型的括号，就对变量进行了强制类型转换。

　　【例 4.2】计算载货区摆放箱子的数量（实例位置：资源包\TM\sl\04\02）

　　一辆货车运输箱子，载货区宽 2 米，长 4 米，一个箱子宽 1.5 米，长 1.5 米，计算可以运输多少个箱子。注意，箱子数必须为整数，不存在半个箱子。实现代码如下：

```
#include<stdio.h>                         /*包含头文件*/
int main()                               /*主函数 main*/
{
    int width=2,length=4,num;            /*定义变量，并赋初值，表示载货区规格*/
    float f=1.5f;                        /*表示箱子规格*/
    num= (int)(width/f) * (int)(length/f);   /*通过强制类型转换，计算最大箱子承载数*/
    printf("载货区一层可以放%d 个箱子\n",num);   /*显示结果*/
    return 0;                            /*程序结束*/
}
```

　　（1）程序中首先定义了 3 个整型变量，width 表示载货区宽度，length 表示载货区长度，num 表示计算结果。然后定义了一个实型变量，f 表示货物箱子的长和宽。最后用强制类型转换计算承载数。

　　（2）在强制类型转换代码行中，用载货区的宽度除以箱子的宽度再强制转换成 int 类型，载货区的长度除以箱子的长度再强制转换成 int 类型，两者相乘，即可计算出最大能装载的箱子数量。

　　（3）最后通过输出函数，将计算的结果在屏幕上显示。

　　运行程序，显示效果如图 4.5 所示。

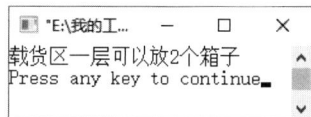

图 4.5　强制类型转换的结果

**误区警示**

如果某个表达式要进行强制类型转换，需要将该表达式用括号括起来，否则将只对表达式中的第一个变量或常量进行强制类型转换。例如：

```
float x=2.5f,y=4.7f;        /*定义两个实型变量并赋初值*/
int z=(int)(x+y);           /*将表达式 x+y 的结果强制转换为整型*/
int g=(int)x+y;             /*将 x 强制转换为整型，再与实数 y 相加*/
```

**编程训练（答案位置：资源包\TM\sl\04\编程训练\）**

**训练 1：求三角形第三边的长度范围**　　三角形中，任何一边的长度都大于其他两边之差，小于其他两边之和。一个三角形的两边分别是 13、16，求第三边的取值范围。输出结果如下：

```
三角形的两边长分别为：13,16
第三边的取值范围是：3<第三边<29
```

**训练 2：模拟超市抹零**　　购物时，如果买的东西总价多出 1 角、2 角，收银员会抹掉，只收取整钱。模拟超市抹零结账场景，输出结果如下：

```
实际应付 313.04 元
抹零之后支付 313 元
```

# 4.3　算术运算符与算术表达式

C 语言中，运算符分为单目运算符（使用一个操作数）和双目运算符（使用两个操作数）两种。其中，算术运算符用于实现正、负、加、减、乘、除、求余等运算。

## 4.3.1　算术运算符

算术运算符包括两个单目运算符（正和负）和 5 个双目运算符（即加法、减法、乘法、除法和求余）。具体符号和对应的功能如表 4.1 所示。

表 4.1　算术运算符

| 符　号 | 功　能 | 符　号 | 功　能 |
|---|---|---|---|
| + | 正 | % | 求余（取模） |
| − | 负 | + | 加法 |
| * | 乘法 | − | 减法 |
| / | 除法 | | |

其中，求余运算符"%"用于计算两个整数相除得到的余数，运算符的两侧均为整数，如 7%4 的结果是 3。"−"作为减法运算符用时为双目运算符，如 5−3；作负值运算符用时为单目运算符，如−5 等。

**说明**

单目正运算符是冗余的，只是为了与单目负运算符构成一对才存在。单目正运算符不会改变任何数值，更不会将一个负值表达式改为正值。

## 4.3.2　算术表达式

使用算术运算符的表达式称为算术表达式，例如：

```
Number=(3+5)/Rate;
Height= Top-Bottom+1;
Area=Height * Width;
```

需要说明的是，两个整数相除的结果为整数，如 7/4 的结果为 1，舍去的是小数部分。但是，如果其中的一个数是负数时会出现什么情况呢？此时机器会采取"向零取整"的方法，即为–1，取整后向 0 靠拢。

**注意**

> 参与算术运算的两个数中只要有一个为实型，整个表达式的结果就是 double 型，这是因为所有实数都是按 double 型进行设定的。

**【例 4.3】计算加速度（实例位置：资源包\TM\sl\04\03）**

平均加速度，即速度的变化量除以这个变化所用的时间。现有一辆轿车用了 8.7 秒从每小时 0 千米加速到每小时 100 千米，计算并输出这辆轿车的平均加速度。

在本实例中，在表达式中使用算术运算符完成加速度计算，然后显示结果。

```
#include<stdio.h>
int main()
{
    int v1=0/3600,v2=100000/3600;      /*定义两个变量，表示轿车的前后速度，并将单位 km/h 转换为 m/s*/
    float t=8.7f;                       /*定义变量，表示所用时间*/
    double a;                           /*定义变量，表示加速度*/
    a=(v2-v1)/t;                        /*计算加速度*/
    printf("加速度 a=%f\n",a);
    return 0;                           /*程序结束*/
}
```

（1）在主函数 main 中定义两个整型变量，v1 表示起始速度，v2 表示加速到最后的速度，并将单位由 km/h 转换成 m/s。

（2）再定义单精度类型变量 t 表示所用时间，双精度类型变量 a 表示加速度。

（3）利用公式"加速度=速度的变化量/所用的时间"计算加速度，将计算结果赋给变量 a。

（4）利用 printf 函数将最后的计算结果显示在控制台上。

运行程序，显示效果如图 4.6 所示。

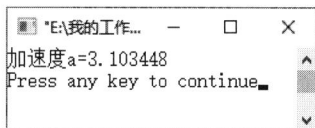

图 4.6　使用算术表达式计算加速度

## 4.3.3　优先级与结合性

### 1. 算术运算符的优先级

表达式求值时，通常会按照运算符的优先级别从高到低依次执行。算术运算符中，单目正和单目负的优先级最高；双目运算符中，"*""/""%"的优先级别高于"+""–"。例如：

```
R=x+y*z;
```

57

上述表达式中，先进行 y*z 的运算，最后再加上 x。这和数学中的计算顺序一致。

使用括号可以改变运算顺序。例如，将表达式改为(x+y)*z，可将"+"的运算级别提高，使其先进行运算。注意，括号在所有运算符中优先级别最高。

**2. 算术运算符的结合性**

当算术运算符的优先级相同时，结合方向为"自左向右"。例如：

a-b+c

这里，b 先与减号相结合，执行 a-b 的操作，然后执行加 c 的操作。这样的操作过程称为自左向右的结合性。

## 4.3.4　自增/自减运算符

C 语言中还有两个特殊的运算符，即自增运算符"++"和自减运算符"--"。自增、自减运算符对变量的操作效果分别是使变量增加 1 和减少 1。

自增、自减运算符可以放在变量的前面或者后面，放在变量前面的称为前缀，放在后面的称为后缀。例如：

```
--Counter;                              /*自减前缀符号*/
Grade--;                                /*自减后缀符号*/
++Age;                                  /*自增前缀符号*/
Height++;                               /*自增后缀符号*/
```

上述代码比较简单，只有变量的自增和自减，没有其他的表达式运算。因此，运算符无论是前缀还是后缀，得到的结果是一样的，自减就是变量减 1，自增就是变量加 1。

**注意**

当自增、自减运算符出现在表达式内部，作为运算的一部分时，前缀和后缀对运算结果的影响是不一样的。如果运算符放在变量前，那么变量将先完成自增或自减运算，再以增减后的结果参与表达式运算；如果运算符放在变量后，那么变量将先参加表达式运算，之后再进行自增或自减。

**【例 4.4】千变万化的自增、自减运算（实例位置：资源包\TM\sl\04\04）**

在本实例中定义一些变量，为变量赋相同的值，然后观察表达式中自增、自减运算符作为前缀和后缀时的不同结果。

```
#include<stdio.h>
int main()
{
        int iNumber1=3;                     /*定义变量 iNumber1，赋初值为 3*/
        int iNumber2=3;                     /*定义变量 iNumber2，赋初值为 3*/

        int iResultPreA,iResultLastA;       /*定义两个变量，存储自增运算的前缀和后缀结果*/
        int iResultPreD,iResultLastD;       /*定义两个变量，存储自减运算的前缀和后缀结果*/

        iResultPreA=++iNumber1;             /*前缀自增运算*/
        iResultLastA=iNumber2++;            /*后缀自增运算*/
```

```
        printf("The Addself ...\n");
        printf("the iNumber1 is :%d\n",iNumber1);          /*输出前缀自增运算后 iNumber1 的值*/
        printf("the iResultPreA is :%d\n",iResultPreA);    /*输出前缀自增表达式的结果*/
        printf("the iNumber2 is :%d\n",iNumber2);          /*输出后缀自增运算后 iNumber2 的值*/
        printf("the iResultLastA is :%d\n",iResultLastA);  /*输出后缀自增表达式的结果*/

        iNumber1=3;                                         /*恢复变量的值为 3*/
        iNumber2=3;

        iResultPreD=--iNumber1;                             /*前缀自减运算*/
        iResultLastD=iNumber2--;                            /*后缀自减运算*/

        printf("The Deleteself ...\n");
        printf("the iNumber1 is :%d\n",iNumber1);           /*输出前缀自减运算后 iNumber1 的数值*/
        printf("the iResultPreD is :%d\n",iResultPreD);     /*输出前缀自减表达式的结果*/
        printf("the iNumber2 is :%d\n",iNumber2);           /*输出后缀自减运算后 iNumber2 的数值*/
        printf("the iResultLastD is :%d\n",iResultLastD) ;  /*输出后缀自减表达式的结果*/

        return 0;                                           /*程序结束*/
}
```

（1）定义 iNumber1 和 iNumber2 两个变量用来进行自增、自减运算，分别赋初值 3。

（2）进行自增运算，分为前缀自增和后缀自增。通过程序最终的显示结果可以看到，自增变量 iNumber1 和 iNumber2 的结果同为 4，但是存储表达式结果的两个变量 iResultPreA 和 iResultLastA 的值却不一样。iResultPreA 的值为 4，iResultLastA 的值为 3，因为前缀自增使得 iResultPreA 变量先进行自增操作，然后进行赋值操作；后缀自增操作是先进行赋值操作，然后进行自增操作。因此两个变量得到表达式的结果值是不一样的。

（3）在自减运算中，前缀自减是先进行减 1 操作，然后赋值操作；而后缀自减是先进行赋值操作，再进行自减操作。因此，存储表达式结果的两个变量值也不同，一个是 2，一个是 3。

运行程序，显示效果如图 4.7 所示。

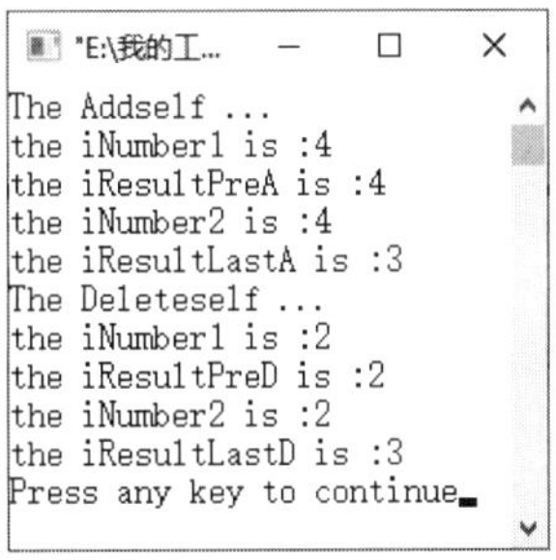

**注意**

自增、自减运算符是单目运算符，因此表达式和常量不可以进行自增、自减运算。例如，5++，(a+5)++都是不合法的。

```
"E:\我的工...      —    □    ×
The Addself ...
the iNumber1 is :4
the iResultPreA is :4
the iNumber2 is :4
the iResultLastA is :3
The Deleteself ...
the iNumber1 is :2
the iResultPreD is :2
the iNumber2 is :2
the iResultLastD is :3
Press any key to continue_
```

图 4.7　自增、自减运算符前缀与后缀

**编程训练（答案位置：资源包\TM\sl\04\编程训练\）**

训练 3：统计得票数　利用自增运算符模拟统计综艺节目《演员的诞生》中丫头的得票数。每个导师投一票，得票数就会增加。输出的结果如下：

```
观众投票之后丫头得 156 票
导师一投给丫头之后得 157 票
导师二投给丫头之后得 158 票
导师三投给丫头之后得 159 票
```

训练 4：统计剩余车位数量　一个新建小区内有 70 个停车位。现有一批新进住户购买车位，使用自减运算符在控制台中计算剩余的车位数。输出结果如下：

```
剩余停车位数：69
剩余停车位数：68
剩余停车位数：67
```

# 4.4 关系运算符与关系表达式

在数学中，经常需要比较两个数的大小。C 语言中，关系运算符的作用就是判断两个操作数的大小关系。

## 4.4.1 关系运算符

关系运算符包括大于、大于等于、小于、小于等于、等于和不等于 6 种运算符，如表 4.2 所示。

表 4.2 关系运算符

| 符 号 | 功 能 | 符 号 | 功 能 |
|---|---|---|---|
| > | 大于 | <= | 小于等于 |
| >= | 大于等于 | == | 等于 |
| < | 小于 | != | 不等于 |

## 4.4.2 关系表达式

关系运算符可对两个值进行比较，返回一个真值或者假值。真值为 1，表示指定的关系成立；假值为 0，表示指定的关系不成立。例如：

```
7>5                /*7 大于 5，该关系成立，表达式结果为真*/
416>=426           /*416 小于 426，该关系不成立，表达式结果为假*/
'a'<'b'            /*ASCII 码值'a'小于'b'，该关系成立，表达式结果为真*/
52.45<=45.5        /*52.45 大于 45.5，该关系不成立，表达式结果为假*/
'c'=='c1'          /*'c'不等于'c1'，该关系不成立，表达式结果为假*/
'y'!='t'           /*'y'不等于't'，该关系成立，表达式结果为真*/
```

### 误区警示

初学者要注意区分 "=" 和 "=="，这两个运算符的含义截然不同。前者是赋值运算符，用于将等号右边的值或表达式赋给左边；后者是等于运算符，用于判断左右两侧的值是否相等。

例如，i==3 中 "==" 是关系运算符，i=3 中 "=" 是赋值运算符。

关系运算符常用来构造条件表达式，用在流程控制语句中。

例如，下方的 if 条件语句中，if(iCount<10)用于判断 "iCount 小于 10" 这个关系是否成立，如果成立，则为真，执行大括号中的语句块；如果不成立，则为假，不执行大括号中的语句块。。

```
if(Count<10)
{
    ...            /*判断条件为真值时，执行此部分代码*/
}
```

注意

　　if 是一个条件判断语句，关于该语句的详细介绍参见第 6 章，这里读者先有个简单了解即可。在 if 语句中进行条件判断时，如果误用了 "="，例如：

```
if(Amount=100)
{ … }
```

　　上述代码希望能检验变量 Amount 是否等于常量 100，但事实上没有起到检验效果。因为表达式使用的是赋值运算符 "=" 而不是等于运算符 "=="。赋值表达式 "Amount=100" 本身也是表达式，其返回值是 100。既然是 100，说明是非零值也就是真值，则该表达式的值始终为真值，起不到条件判断的作用。如果赋值表达式右侧不是常量 100，而是变量，则赋值表达式的真值或假值就由这个变量的值决定。

　　构造条件表达式时，这两个运算符很容易被混淆，初学者一定要格外注意。

## 4.4.3　优先级与结合性

　　关系运算符的结合性是自左向右。使用关系运算符时常常会判断两个表达式的关系，由于运算符存在着优先级的问题，因此如果不小心就会出现错误。

　　例如，希望先对一个变量进行赋值，然后判断这个赋值的变量是否不等于一个常数。假设代码如下：

```
if(Number=NewNum!=10)
{
    …
}
```

　　因为 "!=" 运算符比 "=" 的优先级要高，所以 NewNum!=10 的判断操作会在赋值之前进行，变量 Number 得到的就是关系表达式的真值或者假值，与开发者的意愿相差甚远。

　　前文曾经介绍过括号运算符，其优先级具有最高性，因此应该使用括号来提升需要优先进行计算的表达式的优先级，例如：

```
if((Number=NewNum)!=10)
{
    …
}
```

　　这种写法比较清楚，不会产生混淆，没有人会对代码的含义产生误解。由于这种写法格式比较精确、简洁，因此被多数程序员所接受。

　　【例 4.5】可乐 vs 矿泉水（**实例位置：资源包\TM\sl\04\05**）

　　一个小孩跑完步去买水，如果他手里的零钱多于 2 元，卖家会说："你可以买可乐。"如果手里的零钱少于 2 元，卖家会说："你可以买矿泉水。"试用 if 语句模拟两人对话的场景。

　　在本实例中，定义一个变量表示钱数，使用 if 语句判断钱数与 2 的大小，通过 printf 函数输出建议信息，得到比较的结果。

```
#include <stdio.h>
int main()
{
```

```
    int money;                        /*定义变量，用来保存钱数*/
    printf("输入手里的钱数：\n");      /*提示信息*/
    scanf("%d",&money);               /*输入钱数*/
    if(money>=2)                      /*利用关系运算符判断钱数是否大于等于2*/
        printf("你可以买可乐\n");      /*提示信息*/
    if(money<2)                       /*利用关系运算符判断钱数是否小于2*/
        printf("你可以买矿泉水\n");    /*提示信息*/
    return 0;                         /*程序结束*/
}
```

（1）定义变量 money，用 scanf 函数输入 money 的值。

（2）利用 if 语句进行判断，在判断条件中使用了关系表达式，判断钱数是否使得表达式成立。如果成立，则返回真值；如果不成立，则返回假值。最后根据真值和假值选择不同的输出信息。

运行程序，显示效果如图 4.8 所示。

**编程训练（答案位置：资源包\TM\sl\04\编程训练\）**

训练 5：买口红　某明星主播购买口红时，如果口红价格在 500 元以下，就会买下；超过 500 元，就会放弃。利用关系运算符模拟这一场景，输出结果如下：

图 4.8　关系运算符的使用

结果一：

```
请输入口红的价格：
255
太便宜了，买它~~~~
```

结果二：

```
请输入口红的价格：
599
太贵了，买不起！！！
```

训练 6：面积之争　使用关系运算符比较扇形和圆锥谁的面积更大（两者的半径相等）。要求定义几个变量，用来保存半径、高等数据，输出结果如下：

```
圆锥的面积比扇形的面积大
圆锥的侧面积是 18.84 平方厘米
扇形的面积是 3.50 平方厘米
```

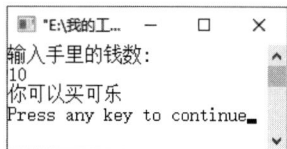

# 4.5　逻辑运算符与逻辑表达式

逻辑运算符可根据表达式的真假属性返回真值或假值。在 C 语言中，表达式的值非零，那么其值为真。非零的值用于逻辑运算，则等价于 1；假值总是为 0。

## 4.5.1　逻辑运算符

逻辑运算符有 3 种，如表 4.3 所示。

表 4.3 逻辑运算符

| 符 号 | 功 能 | 示 例 | 含 义 |
|---|---|---|---|
| && | 逻辑与 | A&&B | A、B 两个表达式都为真时，逻辑运算结果为真<br>A、B 两个表达式只要有一个为假，逻辑运算结果为假 |
| \|\| | 逻辑或 | A\|\|B | A、B 两个表达式都为假时，逻辑运算结果为假<br>A、B 两个表达式只要有一个为真，逻辑运算结果为真 |
| ! | 逻辑非 | !A | A 表达式为真，逻辑运算结果为假<br>A 表达式为假，逻辑运算结果为真 |

## 4.5.2 逻辑表达式

前文介绍过，关系运算符可用于对两个操作数进行比较。使用逻辑运算符，可以将多个关系表达式的结果合并在一起进行判断。其一般形式如下：

表达式　逻辑运算符　表达式

例如，使用逻辑运算符的几个示例：

```
Result= Func1&&Func2;        /*Func1 和 Func2 都为真时，Result 为真*/
Result= Func1||Func2;        /*Func1、Func2 只要有一个为真，Result 就为真*/
Result= !Func2;              /*如果 Func2 为真，则 Result 为假；如果 Func2 为假，则 Result 为真*/
```

逻辑与运算符和逻辑或运算符可用于复杂的表达式中。例如，在后面要学的 if、for、while 等流程控制语句中构造条件表达式。

在程序中，通常使用单目逻辑非运算符"!"把一个变量的数值转换为相应的逻辑真值或者假值，也就是 1 或 0。例如：

```
Result= !Value;              /*转换成逻辑值*/
```

## 4.5.3 优先级与结合性

"&&"和"||"是双目运算符，要求有两个操作数，结合方向自左至右；"!"是单目运算符，要求有一个操作数，结合方向自右向左。逻辑运算符的优先级从高到低依次为"!""&&""||"。

【例 4.6】模特公司招聘（实例位置：资源包\TM\sl\04\06）

某模特公司招聘，要求年龄大于或等于 25 岁且身高大于或等于 1.7 米，才通知参加面试和笔试，否则就不能进行面试和笔试。模拟此场景，实现代码如下：

```
#include<stdio.h>
int main()
{
    float height;                            /*定义变量，表示身高*/
    int age;                                 /*定义变量，表示年龄*/
    printf("请输入您的年龄和身高:\n");          /*输出提示信息*/
    scanf("%d %f", &age, &height);           /*输入年龄、身高*/
    if (age>=25&&height>=1.7)                /*如果年龄大于或等于 25 岁且身高大于或等于 1.7 米*/
    {
        printf("恭喜您通过了本公司的初选，请您及时到本公司参加面试和笔试。\n");  /*输出初选通过信息*/
    }
```

```
        else                                      /*不符合条件*/
        {
            printf("对不起，您不符合我们公司的要求!\n");    /*输出婉拒信息*/
        }
        return 0;                                  /*程序结束*/
}
```

（1）先定义两个变量，height 表示身高，age 表示年龄。利用 scanf 函数输入两个变量的值。

（2）利用 if 语句判断年龄是否大于或等于 25 岁，且身高大于或等于 1.7 米。使用逻辑与运算符来保证两个条件同时成立。如果满足条件，输出初选通过提示；只要有一个条件不满足，输出婉拒信息。

运行程序，显示效果如图 4.9 所示。

**编程训练（答案位置：资源包\TM\sl\04\编程训练\）**

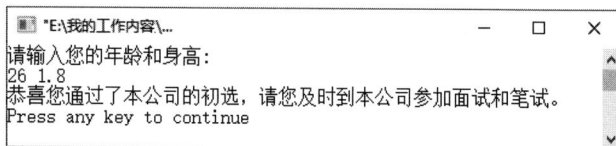

图 4.9　逻辑运算符的应用

训练 7：判断用户是否可以登录网站　在明日学院网站首页中，可以使用账户名登录，也可以使用手机号登录，还可以使用电子邮箱地址登录。请判断某用户是否可以登录。已知服务器中有如下记录，账户名：张三，手机号：1234567890，电子邮箱：zhangsan@163.com。输出结果如下：

```
1 is true,0 is false
用户是否可以登录：0
```

训练 8：模拟打折活动　某手机店在每周二上午 10～11 点、周五下午 14～15 点进行打折促销活动。使用逻辑运算符编写程序，模拟是否可参加手机店的打折活动。输出结果如下：

```
请输入星期几、时间：
2 11
恭喜你，可参加手机店的打折活动
```

# 4.6　逗号运算符与逗号表达式

C 语言中，可用逗号运算符将多个表达式分隔开来。逗号表达式的一般形式如下：

```
表达式 1,表达式 2,…,表达式 n
```

逗号表达式又称为顺序求值运算符，其求解过程是：先求解表达式 1，再求解表达式 2，一直求解到表达式 n。整个逗号表达式的值是表达式 n 的值。

但观察下面的逗号表达式：

```
Value=2+5,1+2,5+7;
```

上述语句中，Value 的值为 7，而非 12。为什么逗号表达式的值不是最后一个表达式的值 12 呢？问题在于优先级。赋值运算符的优先级比逗号运算符高，因此先执行赋值运算。如果要先执行逗号运算，则可以使用括号运算符，代码如下：

```
Value=(2+5,1+2,5+7);
```

使用括号之后，Value 的值为 12。

**【例 4.7】奇妙的逗号运算符（实例位置：资源包\TM\sl\04\07）**

在本实例中，通过逗号运算符将其他运算符结合在一起形成表达式，再将表达式的最终结果赋值给变量。根据变量的值分析逗号运算符的计算过程。

```
#include<stdio.h>
int main()
{
    int iValue1,iValue2,iValue3,iResult;        /*定义 4 个变量*/
    iValue1=10;                                 /*为变量赋值*/
    iValue2=43;
    iValue3=26;
    iResult=0;

    iResult=iValue1++,--iValue2,iValue3+4;      /*计算第一个逗号表达式*/
    printf("the result is :%d\n",iResult);      /*将结果输出显示*/

    iResult=(iValue1++,--iValue2,iValue3+4);    /*计算第二个逗号表达式*/
    printf("the result is :%d\n",iResult);      /*将结果输出显示*/
    return 0;                                   /*程序结束*/
}
```

（1）代码开始处，定义变量时使用了逗号运算符，分隔多个变量，然后分别进行赋值。

（2）在第一个逗号表达式中，赋值的变量进行各自的计算，变量 iResult 得到表达式的结果。这里需要注意的是，通过输出可以看到 iResult 的值为 10，从前面的讲解知道因为逗号表达式没有使用括号运算符，所以 iResult 得到第一个表达式的值。在第一个表达式中，iValue1 变量进行的是后缀自加操作，于是 iResult 先得到 iValue1 的值，iValue1 再进行自加操作。

（3）在第二个逗号表达式中，由于使用了括号运算符，因此 iResult 变量得到的是第三个表达式 iValue3+4 的值，iResult 变量赋值为 30。

运行程序，显示效果如图 4.10 所示。

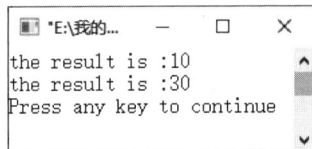

**编程训练（答案位置：资源包\TM\sl\04\编程训练\）**

图 4.10　奇妙的逗号运算符

训练 9：逗号运算 1　定义 3 个变量 x,y,z，分别赋值为 3,3,1。思考语句 prinf("%d,%d,%d ", (++x,y++),z+x+y+2)的输出结果。输出结果如下：

```
结果为：
3,9,4198768 或 3,11,4198768
```

训练 10：逗号运算 2　编写程序，用逗号运算符计算 n=((1+2,3),9)。输出结果如下：

```
((1 + 2, 3), 9)=9
```

# 4.7　复合赋值运算符

复合赋值运算符是 C 语言所独有的，实际这种操作是一种缩写形式，可使变量操作的描述方式更为简洁。例如，为变量 Value 赋值，值为 Value 自身与 3 相加的结果，代码如下：

```
Value=Value+3;
```

使用复合赋值运算符，可以实现同样的操作，但描述更为简洁。代码如下：

```
Value+=3;
```

使用复合赋值运算符不但可以简化程序，使代码更为精练，而且可以提高编译效率。对于简单赋值运算符，如 Value=Value+3 中，表达式 Value 计算两次；对于复合赋值运算符，如 Value+=3 中，表达式 Value 仅计算一次。一般来说，这种区别对于程序的运行没有太大的影响，但如果表达式中存在某个函数的返回值，那么函数将被调用两次。

**【例 4.8】**简化版赋值运算（实例位置：资源包\TM\sl\04\08）

在本实例中，定义一个整型变量 iValue =7，计算 iValue += iValue *= iValue /= iValue -5 的值。代码如下：

```
#include<stdio.h>                              /*包含头文件*/
int main()                                     /*主函数 main*/
{
    int iValue;                                /*定义变量 iValue*/
    iValue=7;                                  /*为变量 iValue 赋值*/
    iValue+=iValue*=iValue/=iValue-5;          /*计算得到 iValue 变量值*/
    printf("the result is %d\n",iValue);       /*将计算结果输出*/
    return 0;                                  /*程序结束*/
}
```

（1）代码第 6 行中使用复合赋值运算符，运算顺序从右往左，其中 iValue/=iValue-5 表示的意思是 iValue 的值等于 iValue/(iValue-5) 的结果，即 iValue=3。

（2）iValue*=iValue/=iValue-5 表示的意思是 iValue 的值等于（1）中 iValue 的结果乘以 iValue，即 iValue=9。

（3）"iValue+=iValue*=iValue/=iValue-5;"表示的意思是 iValue 的值等于（2）中 iValue 的结果加上 iValue，即最终结果 iValue=18。利用 printf 函数将结果输出。

运行程序，显示效果如图 4.11 所示。

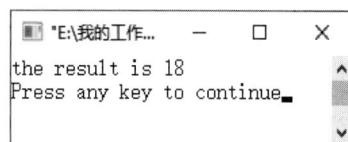

图 4.11　复合赋值运算符

**编程训练**（答案位置：资源包\TM\sl\04\编程训练\）

训练 11：简单的密码加密　设计一个程序，使用"*="赋值运算符实现一个简单的密码加密功能。用户可以输入任意的 6 位数字密码和 2 位秘钥，运行结果如下：

```
请输入 6 位数字密码:356232
请输入 2 位加密秘钥:23
加密后的密码：8193336
```

训练 12：计算 a+=a*=a/=a-5 的结果　定义一个变量 a，将输入的年龄赋给 a，再计算表达式 a+=a*=a/=a-5 的结果。输出结果如下：

```
请输入年龄值：
28
结果是 2
```

# 4.8　sizeof 运算符

C 语言中，sizeof 运算符以字节形式给出操作数的存储空间大小。操作数可以是数据类型，也可以是一个变量或一个表达式。下面介绍 sizeof 操作符的使用方法。

（1）用于计算数据类型的存储大小，语法形式如下：

```
sizeof(type)
```

其中，type 为数据类型，必须用括号括住，如 sizeof(int)。

- ☑ type 为 char 时，sizeof(char)的值为 1。
- ☑ type 为 int 时，sizeof(int)的值为 4。
- ☑ type 为 long int 时，sizeof(long int)的值为 4。
- ☑ type 为 float 时，sizeof(float)的值为 4。
- ☑ type 为 double 时，sizeof(double)的值为 8。
- ☑ type 为 long double 时，sizeof(long double)的值为 16，该值与平台和编译器有关。

（2）用于计算变量的存储大小，语法形式如下：

```
sizeof(var_name)
```

或者

```
sizeof var_name
```

**注意**

sizeof 操作符不能用于函数类型、不完全类型或位字段。不完全类型指具有未知存储大小的数据类型，如未知存储大小的数组类型、未知内容的结构或联合类型、void 类型等。

【例 4.9】使用 sizeof 运算符（实例位置：资源包\TM\sl\04\09）

```c
#include<stdio.h>
int main()
{
    char c;
    int charsize = sizeof(c);
    int a=5;
    int intsize = sizeof(a);
    int floatsize = sizeof(float);
    int doublesize = sizeof(double);
    printf("char sizeof is %d bytes\n",charsize);
    printf("int sizeof is %d bytes\n",intsize);
    printf("float sizeof is %d bytes\n",floatsize);
    printf("double sizeof is %d bytes\n",doublesize);
    return 0;
}
```

程序中一共使用了 4 次 sizeof 运算符，前两次计算的是变量 c、a 的空间大小，后两次计算的是数据类型 float、double 的空间大小。

运行程序，显示效果如图 4.12 所示。

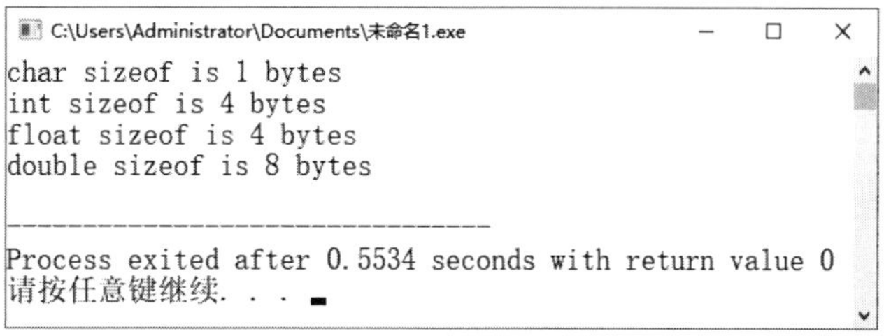

```
char sizeof is 1 bytes
int sizeof is 4 bytes
float sizeof is 4 bytes
double sizeof is 8 bytes

_____

Process exited after 0.5534 seconds with return value 0
请按任意键继续. . .
```

图 4.12　使用 sizeof 运算符

# 4.9　运算符的优先级总结

为了方便学习，下面按照优先级从小到大的顺序，列出 C 语言中所有运算符的优先级和结合性，如表 4.4 所示。

表 4.4　运算符的优先级和结合性

| 优　先　级 | 运　算　符 | 含　义 | 结　合　性 |
|---|---|---|---|
| 1 | () | 圆括号 | 自左向右 |
| | [] | 下标运算符 | |
| | –> | 指向结构体成员运算符 | |
| | . | 结构体成员运算符 | |
| 2 | ! | 逻辑非运算符（单目运算符） | 自右向左 |
| | ~ | 按位取反运算符（单目运算符） | |
| | ++ | 自增运算符（单目运算符） | |
| | —— | 自减运算符（单目运算符） | |
| | — | 负号运算符（单目运算符） | |
| | * | 指针运算符（单目运算符） | |
| | & | 地址与运算符（单目运算符） | |
| | sizeof | 长度运算符（单目运算符） | |
| 3 | *、/、% | 乘法、除法、求余运算符 | 自左向右 |
| 4 | +、— | 加法、减法运算符 | |
| 5 | <<、>> | 左移、右移运算符 | |
| 6 | <、<=、>、>= | 小于、小于等于、大于、大于等于运算符 | |
| 7 | ==、!= | 等于、不等于运算符 | |
| 8 | & | 按位与运算符 | |
| 9 | ^ | 按位异或运算符 | |
| 10 | \| | 按位或运算符 | |
| 11 | && | 逻辑与运算符 | |
| 12 | \|\| | 逻辑或运算符 | |
| 13 | ?: | 条件运算符（三目运算符） | 自右向左 |
| 14 | =、+=、—=、*=、/=、%=、>>=、<<=、&=、^=、\|= | 赋值运算符 | |
| 15 | , | 逗号运算符（顺序求值运算符） | 自左向右 |

表 4.4 中，有些运算符本章中并未介绍，但在后续学习中会逐渐接触到。这里大家了解即可，在后续遇到的时候再仔细揣摩。

# 4.10　实践与练习

（答案位置：资源包\TM\sl\04\实践与练习\）

综合练习 1：港珠澳大桥的长度　港珠澳大桥位于广东省伶仃洋区域内，桥隧全长 55 千米，其中主桥 29.6 千米，香港口岸至珠澳口岸 41.6 千米；桥面为双向六车道高速公路，设计速度 100 千米/小时。将港珠澳大桥的全长转换成古代的丈、尺单位（1 丈=10 尺，3 尺=1 米）表示。输出结果如下：

```
港珠澳大桥全长 378600.000000 尺
港珠澳大桥全长 37860.000000 丈
```

综合训练 2：换季买鞋　买鞋时，如果 37 码鞋小，38 码鞋大，则说明脚的尺寸是 37.5 码。因为没有 37.5 的鞋码，所以我们一般买 38 码的鞋子。利用强制类型转换来模拟此场景，输出结果如下：

```
您的脚是 37.5 码的尺寸
您应该买 38 码的鞋子
```

综合练习 3：计算表达式的值　使用复合赋值运算符计算 a+=a*=a/=a-6。其中，a 的初始值是 12。输出结果如下：

```
◇-◇-◇-◇-◇-◇-◇-◇
  the result is 8
◇-◇-◇-◇-◇-◇-◇-◇
```

综合练习 4：单细胞细菌繁殖实验　生物实验室做单细胞细菌繁殖实验，每代细菌数量都会成倍数增长，一代菌落中只有一个细菌，二代菌落中分裂成两个细菌，三代菌落中分裂成 4 个细菌，以此类推，计算第五代菌落中的细菌数量。输出结果如下：

```
☆→→→→→→→→→→→→☆
★   第五代菌落细菌数量 = 32   ★
☆→→→→→→→→→→→→☆
```

综合练习 5：比较计算结果的大小　比较"5 的 3 次方"是否大于"3 的 5 次方"，如果大于，输出 0，否则输出 1。输出结果如下：

```
5 的 3 次方大于 3 的 5 次方：0
```

综合练习 6：计算(x%=k)-(k%=5)的结果　k 和 x 均为 int 型变量，k=7，x=12，计算表达式(x%=k)-(k%=5)的结果。输出结果如下：

```
(x%=k)-(k%=5)的结果为：3
```

# 第 5 章

## 数据输入/输出

C 语言中，语句是用来向计算机系统发出操作指令的。当需要程序按照用户输入信息执行指令时，先要使用输入语句给程序发送指示。当程序解决了问题之后，还要使用输出语句将计算的结果显示出来。本章致力于使读者了解有关语句的概念，掌握如何对数据进行输入/输出操作。

本章的知识架构及重难点如下：

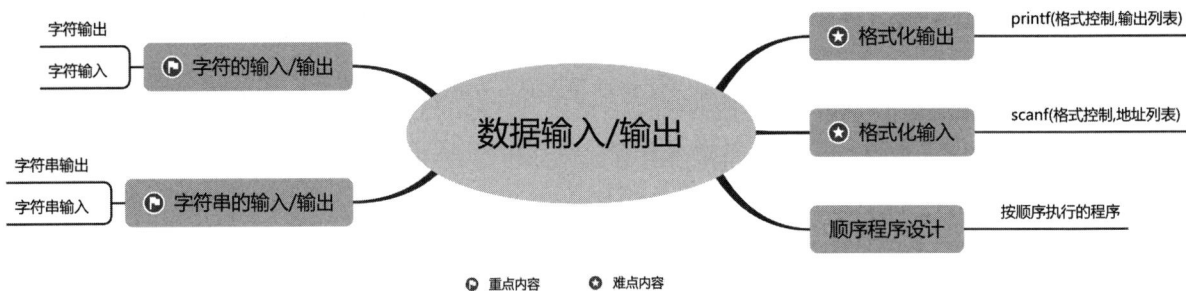

## 5.1　字符的输入/输出

本节将介绍标准 I/O 函数库中最简单也最容易理解的字符输入/输出函数 getchar 和 putchar。

### 5.1.1　字符输出

输出字符数据使用的是 putchar 函数，作用是向显示设备输出一个字符。其语法格式如下：

```
int putchar(int ch);
```

使用该函数时，要添加头文件 stdio.h。其中，参数 ch 为要输出的字符，可以是字符型变量或整型变量，也可以是常量。例如，输出字符 A 的代码如下：

```
putchar('A');
```

使用 putchar 函数也可以输出转义字符。例如，使用转义字符输出字符 A：

```
putchar('\101');
```

【例 5.1】打印喵喵字符画（**实例位置：资源包\TM\sl\05\01**）

在程序中使用 putchar 函数，输出喵喵字符画 "(=^_^=)"，并在输出完毕之后换行。

```
#include<stdio.h>
int main()
```

```
{
    putchar('(');                          /*输出多个字符常量*/
    putchar('=');
    putchar('^');
    putchar('_');
    putchar('^');
    putchar('=');
    putchar(')');
    putchar('\n');                         /*输出转义字符，实现换行*/
    return 0;
}
```

（1）要使用 putchar 函数，首先要包含头文件 stdio.h。

（2）putchar 函数一次只能输出一个字符。要输出字符画，就需要多次调用 putchar 函数。

（3）字符画输出完毕后，使用 putchar 函数输出转义字符
"\n"，进行换行操作。

运行程序，显示效果如图 5.1 所示。

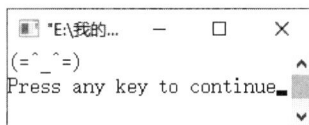

图 5.1　使用 putchar 函数打印字符画

## 5.1.2　字符输入

字符数据输入使用的是 getchar 函数，其作用是从终端（输入设备）输入一个字符。getchar 与 putchar 函数的区别在于 getchar 函数没有参数。

使用 getchar 函数时，需要先添加头文件 stdio.h。getchar 函数的语法格式如下：

```
int getchar();
```

函数的值就是从输入设备得到的字符。例如，从键盘输入一个字符并赋给变量 cChar，代码如下：

```
cChar=getchar();
```

### 注意

getchar 函数只能接收一个字符，该字符可以赋给一个字符变量或整型变量，也可以不赋给任何变量，只作为表达式的一部分，如"putchar(getchar());"。这里，getchar 函数作为 putchar 函数的参数，通过 getchar 函数从输入设备得到一个字符，然后通过 putchar 函数将字符输出。

【例 5.2】输出字符对应的 ASCII 码值（实例位置：资源包\TM\sl\05\02）

本实例中，使用 getchar 函数获取键盘输入的字符，然后利用字符型和整型之间的转换，输出字符对应的 ASCII 码值。

```
#include<stdio.h>
int main()
{
    char i;                                /*定义字符型变量 i*/
    printf("请输入字符:\n");
    i=getchar();                           /*将用户输入的字符赋给变量 i*/
    printf("对应的 ASCII 码值为%d\n",i);    /*输出对应的 ASCII 码值*/
    return 0;                              /*程序结束*/
}
```

（1）要使用 getchar 函数，首先要包括头文件 stdio.h。

（2）主函数中定义一个字符型变量 i，通过 getchar 函数得到输入的字符，赋值给 i，然后利用字符型和整型间的转换，用 printf 函数输出对应的 ASCII 码值。

运行程序，显示效果如图 5.2 所示。

【例 5.3】使用 getchar 函数获取回车符（**实例位置：资源包\ TM\sl\05\03**）

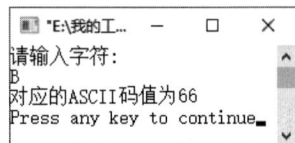

图 5.2　使用 getchar 函数输入字符

先来使用 getchar 函数实现字符数据输入，代码如下：

```c
#include<stdio.h>
int main()
{
    char cChar1;                /*定义字符型变量 cChar1*/
    cChar1 = getchar();         /*将用户输入的字符赋给变量 cChar1*/
    putchar(cChar1);            /*输出字符*/
    putchar('\n');              /*输出转义字符换行*/
    getchar();                  /*注意此行，getchar 输入字符*/
    putchar(getchar());         /*得到输入字符，直接输出*/
    putchar('\n');              /*换行*/
    return 0;                   /*程序结束*/
}
```

（1）首先定义一个字符变量，并记录使用 getchar 函数输入的值。

（2）使用 putchar 函数输出字符变量的值，并换行。

（3）再次使用 getchar 函数输入，并在 putchar 函数中使用 getchar 函数得到用户的输入进行输出，最后换行。

运行结果如下：

```
a
a
b
b
```

当把代码的第 8 行"getchar();"注释掉，就可以获取回车符。代码如下：

```c
#include<stdio.h>
int main()
{
    char cChar1;                /*定义字符型变量 cChar1*/
    cChar1=getchar();           /*将用户输入的字符赋给变量 cChar1*/
    putchar(cChar1);            /*输出字符*/
    putchar('\n');              /*输出转义字符换行*/
    /*getchar();   注意此行，getchar 函数被注释掉*/
    putchar(getchar());         /*得到输入字符，直接输出*/
    putchar('\n');              /*换行*/
    return 0;                   /*程序结束*/
}
```

上述代码中，由于对第 8 行代码的 getchar 函数进行了注释，这样在程序执行时，就不会再等待用户输入，而是直接通过 putchar 函数输出一个 getchar 函数表示的默认回车符。运行程序，显示效果如图 5.3 所示。可见，程序没有获取第二次的字符输入，而是进行了两次换行。

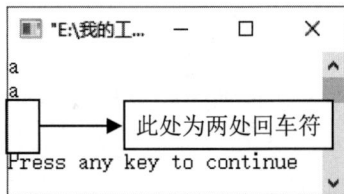

图 5.3　使用 getchar 函数获取回车符

**注意**

getchar 函数也可以不返回值，而是直接放在 printf 函数中使用。例如：

printf("%c\n",getchar());

**编程训练（答案位置：资源包\TM\sl\05\编程训练\）**

训练 1：输出笑脸　利用 putchar 函数输出笑脸，输出效果如下：

^_^

训练 2：输出大眼萌　在程序中使用 putchar 函数输出大眼萌表情"@_@"，并且在字符表情输出完毕之后进行换行。输出结果如下：

@_@

# 5.2　字符串的输入/输出

putchar 和 getchar 函数都只能对单个字符进行操作，如果要输入/输出字符串，则会很麻烦。C 语言提供了两个专门对字符串进行输入/输出的函数，分别为 gets 和 puts 函数。

## 5.2.1　字符串输出

使用 puts 函数时，先要在程序中添加 stdio.h 头文件。

字符串输出使用的是 puts 函数，作用是输出一个字符串到屏幕上。其语法格式如下：

int puts(char *str);

其中，形式参数 str 是一个字符指针变量，用来接收要输出的字符串。

例如，使用 puts 函数输出一个字符串：

puts("I LOVE CHINA!");　　　　　　　　/*输出一个字符串常量*/

上述语句首先会输出一个字符串，之后会自动进行换行操作。这与 printf 函数有所不同，在前几章的实例中，使用 printf 函数进行换行时，要在其中添加转义字符"\n"。

puts 函数会在字符串中判断"\0"结束符，遇到结束符时，后面的字符不再输出，并且自动换行。例如：

puts("I LOVE\0 CHINA!");　　　　　　　　/*输出一个字符串常量*/

在上面的语句中，加上"\0"字符后，puts 函数输出的字符串就变成了"I LOVE"。

**说明**

3.4.3 节介绍过，编译器会在字符串常量末尾自动添加"\0"结束符，因此 puts 函数会在输出字符串常量后自动进行换行操作。

**【例 5.4】** 打印各种各样的 "ILOVECHINA"（实例位置：资源包\TM\sl\05\04）

在本实例中，使用 puts 函数对字符串常量 "ILOVECHINA" 和字符串变量进行操作，在这些操作中观察 puts 函数的使用方式。

```c
#include<stdio.h>
int main()
{
    char* Char="ILOVECHINA";        /*定义字符串指针变量并赋初值*/

    puts("ILOVECHINA!");            /*输出字符串常量*/
    puts("I\0LOVE\0CHINA!");        /*输出字符串常量，其中加入两个结束符 "\0" */
    puts(Char);                     /*输出字符串变量的值*/
    Char="ILOVE\0CHINA!";           /*改变字符串变量的值*/
    puts(Char);                     /*输出改变后的字符串变量的值*/
    return 0;                       /*程序结束*/
}
```

（1）字符串常量赋值给字符串指针变量。有关字符串指针的内容将在第 10 章中介绍，此时可以将其看作整型变量。为其赋值后，就可以使用该变量。

（2）第一次使用 puts 函数输出的字符串常量中，由于在该字符串中没有结束符 "\0"，所以会完整输出整个字符串，直到最后编译器为其添加结束符 "\0" 为止。

（3）第二次使用 puts 函数输出的字符串常量中，人为添加了两个 "\0"，因此只能输出第一个结束符之前的字符，然后进行换行操作。

（4）第三次使用 puts 函数输出的是字符串指针变量，函数根据变量的值进行输出。因为在变量的值中没有结束符，所以会完整输出整个字符串，直至最后编译器为其添加结束字符，然后进行换行操作。

（5）改变变量的值，在使用 puts 函数输出变量时，由于变量的值中包含一个结束符 "\0"，因此将输出第一个结束符之前的所有字符，然后进行换行操作。

运行程序，显示效果如图 5.4 所示。

## 5.2.2　字符串输入

字符串输入使用的是 gets 函数，作用是将读取的字符串（即用户输入的字符串）保存在 str 变量中，直到出现新的一行为止。其新行的换行符将会转换为空终止符 "\0"。

图 5.4　使用 puts 函数输出字符串

使用 gets 函数前，需要先添加头文件 stdio.h。gets 函数的语法格式如下：

```c
char *gets(char *str);
```

其中，str 是一个字符指针变量，用来存储用户输入的字符串。例如，定义字符数组变量 cString，然后使用 gets 函数获取输入字符，代码如下：

```c
gets(cString);
```

上面的代码中，cString 变量获取了字符串，并将最后的换行符转换成了终止字符。

**【例 5.5】** 模拟用户注册系统（实例位置：资源包\TM\sl\05\05）

模拟用户注册系统。首先提醒用户输入账号、密码、姓名和身份证号，注册完毕后，显示用户输入的注册信息。代码如下：

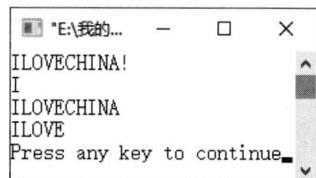

```
#include <stdio.h>
int main()
{
        char account[20],password[20],name[20],IDcard[20];        /*定义 4 个字符数组*/

        puts("请输入账号： ");                                     /*提示信息*/
        gets(account);                                            /*获取账号字符串*/
        puts("请输入密码： ");                                     /*提示信息*/
        gets(password);                                           /*获取密码字符串*/
        puts("请输入姓名： ");                                     /*提示信息*/
        gets(name);                                               /*获取姓名字符串*/
        puts("请输入身份证号： ");                                 /*提示信息*/
        gets(IDcard);                                             /*获取身份证号字符串*/

        puts("注册完成，信息如下： ");
        puts("您输入的账号为： ");                                 /*提示信息*/
        puts(account);                                            /*输出账号字符串*/
        puts("您输入的密码为： ");                                 /*提示信息*/
        puts(password);                                           /*输出密码字符串*/
        puts("您输入的姓名为： ");                                 /*提示信息*/
        puts(name);                                               /*输出姓名字符串*/
        puts("您输入的身份证号为： ");                             /*提示信息*/
        puts(IDcard);                                             /*输出身份证号字符串*/
        return 0;                                                 /*程序结束*/
}
```

（1）因为要接收用户输入的账号、密码、姓名、身份证号等信息，所以定义了 4 个可以接收字符串的变量。account、password、name、IDcard 为字符数组变量的标识符。关于字符数组的内容将第 8 章中介绍，此处知道此变量可以接收字符串即可。

（2）调用 gets 函数，函数参数为前面定义的 account、password、name、IDcard 4 个变量。调用 gets 函数后，程序会等待用户输入字符，用户输入完一个字符串并按 Enter 键确定时，gets 函数将获取字符串结束标志"\0"，并将对应的字符串保存到上述 4 个变量中。

（3）使用 puts 函数将获取的字符串依次输出。

运行程序，显示效果如图 5.5 所示。

图 5.5 使用 gets 函数获取注册信息

**编程训练（答案位置：资源包\TM\sl\05\编程训练\）**

训练 3：输出名人语录 曾经有人说过这么一句话："Stay hungry, Stay foolish."。编写程序，输出该条语录的英文版和中文版。输出效果如下：

```
ΦΦΦΦΦΦΦΦΦΦΦΦΦΦΦΦΦ
 Stay hungry    Stay foolish.
   求知若饥        虚心若愚
ΦΦΦΦΦΦΦΦΦΦΦΦΦΦΦΦ
```

训练 4：输出梁山好汉 编写程序，输出《水浒传》中的 10 个梁山好汉。输出效果如下：

```
~~~~~~~~~~~~~~~~~~~~~~~
①  呼保义   宋江
②  玉麒麟   卢俊义
③  智多星   吴用
④  入云龙   公孙胜
⑤  大刀     关胜
```

⑥　豹子头　林冲
⑦　霹雳火　秦明
⑧　双　鞭　呼延灼
⑨　小李广　花荣
⑩　小旋风　柴进

# 5.3　格式化输出

第 1 章中我们就接触到了 scanf 函数和 printf 函数。其中，printf 函数是格式输出函数。printf 函数的作用是向终端（输出设备）输出若干任意类型的数据，其语法格式如下：

```
printf(格式控制,输出列表)
```

格式控制是用双引号括起来的字符串，也称为转换控制字符串。其中包括普通字符和格式字符。
☑　普通字符：需要原样输出的字符，包括双引号内的逗号、空格和换行符。
☑　格式字符：用来进行格式说明的字符，作用是将输出的数据转换为指定的格式。格式字符通常以"%"开头。
输出列表列出的是要进行输出的一些数据，可以是变量或表达式。
例如，要输出一个整型变量，代码如下：

```
int iInt=10;
printf("this is %d",iInt);
```

执行上面的语句，输出的字符是"this is 10"。双引号中的字符"this is %d"，其中的"this is"字符串是普通字符，而"%d"是格式字符，表示输出的是后面的 iInt 数据。
printf 是函数，"格式控制"和"输出列表"都是函数参数，因此 printf 函数的一般形式可表示为：

```
printf(参数 1,参数 2,…,参数 n)
```

函数中的每个参数都必须按照给定的格式和顺序依次输出。例如，输出一个字符型变量和整型变量的代码如下：

```
printf("the Int is %d,the Char is %c",iInt,cChar);
```

表 5.1 列出了有关 printf 函数的格式字符。

表 5.1　printf 函数的格式字符

| 格 式 字 符 | 功 能 说 明 |
|---|---|
| %d, %i | 用来输出有符号的十进制整数 |
| %u | 用来输出无符号的十进制整数 |
| %o | 用来输出无符号的八进制整数 |
| %x, %X | 用来输出无符号的十六进制整数。%x 表示以小写形式输出；%X 表示以大写形式输出 |
| %c | 用来输出单个字符 |
| %s | 用来输出字符串 |
| %f | 用来输出实数，以小数形式输出 |
| %e, %E | 用来输出实数，以指数形式输出 |
| %g, %G | 以%f 或%e 中宽度较短的格式输出，不输出无意义的 0 |

**注意**

printf 函数中，除 X、E、G 外，其他格式字符必须使用小写字母，如%d 不能写成%D。

**【例 5.6】牛吃草问题**（实例位置：资源包\TM\sl\05\06）

一头牛可以吃 2 千克草，现有 45 千克草，可供几头牛吃饱。首先定义相应的变量，然后利用表达式计算结果，最后用 printf 函数对结果进行输出。具体代码如下：

```
#include <stdio.h>                        /*包含头文件*/
int main()                               /*主函数 main*/
{
    int graNum,graSum,num;               /*定义 3 个变量, graNum 为一头牛吃的草量, graSum 为总草量, num 为结果*/
    graNum=2,graSum=45;                   /*为变量赋值*/
    num=graSum/graNum;                    /*利用表达式计算结果*/
    printf("%d cows eat enought\n",num);  /*将结果输出*/
    return 0;                             /*程序结束*/
}
```

程序中定义了 3 个整型变量，并为变量赋值。第 6 行使用算术表达式计算结果，并将结果赋给变量 num。在 printf 函数中，使用格式符号"%d"进行输出。

运行程序，显示效果如图 5.6 所示。

另外，在格式说明中，在"%"符号和上述格式字符间可以插入如表 5.2 所示的几种附加符号。

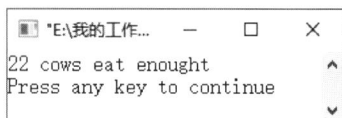

图 5.6 使用 printf 函数求解牛吃草

表 5.2　printf 函数的附加格式说明字符

| 附 加 字 符 | 功 能 说 明 |
|---|---|
| l | 用于输出长整型整数，可加在 d、o、x、u 的字母前面 |
| m | 指定输出数据的字段宽度，数字或字符在域内向右对齐 |
| n | 对实数，表示输出 n 位小数；对字符串，表示截取的字符个数 |
| - | 输出的数字或字符在域内向左对齐 |

如果想输出"%"符号，可在格式控制处使用"%%"进行输出。

**【例 5.7】打印变幻莫测的"MingRiKeJi"**（实例位置：资源包\TM\sl\05\07）

在本实例中，使用 printf 函数的附加格式说明字符，对输出的数据进行更为精准的格式设计。

```
#include<stdio.h>
int main()
{
    long iLong=100000;                         /*定义长整型变量, 为其赋值*/
    printf("the Long is %ld\n",iLong);         /*%ld, 输出长整型变量*/
    printf("the string is: %sKeJi\n","MingRi");      /*%s, 输出字符串"MingRi"（按实际长度输出）*/
    printf("the string is: %10sKeJi\n"," MingRi");   /*%10s, 输出宽度为 10, 右对齐, 左补空*/
    printf("the string is: %-10sKeJi\n"," MingRi");  /*%-10s, 输出宽度为 10, 左对齐, 右补空*/
    printf("the string is: %10.2sKeJi\n"," MingRi"); /*%10.2 s, 输出宽度为 10, 截取 2 个字符右对齐输出*/
    printf("the string is: %-10.2sKeJi\n"," MingRi");/*%-10.2 s, 输出宽度为 10, 截取 2 个字符左对齐输出*/
    return 0;
}
```

（1）在程序代码中，定义的长整型变量在使用 printf 函数输出时，应该用"%ld"格式字符。

（2）"%s"用来输出一个字符串的格式字符，在结果中可以看到输出了字符串"MingRi"。

（3）"%10s"格式为"%ms"，表示输出字符串占 m 列。如果字符串长度大于 m，则突破 m 的限制，将字符串全部输出；若字符串长度小于 m，则用空格进行左补齐。可以看到在字符串"MingRi"前存在 4 个空格。

（4）"%-10s"格式为"%-ms"，表示如果字符串长度小于 m，则在 m 列范围内，字符串向左对齐，右补空格。

（5）"%10.2s"格式为"%m.ns"，表示输出占 m 列，但只取字符串左端 n 个字符。这 n 个字符输出在 m 列的右侧，左补空格。

（6）"%-10.2s"格式为"%-m.ns"，其中 m、n 含义同上，n 个字符输出在 m 列的左侧，右补空格。如果 n>m，则 m 自动取 n 值，即保证 n 个字符正常输出。

运行程序，显示效果如图 5.7 所示。

```
"E:\我的工作内容\...        —     □     ×
the Long is 100000
the string is: MingRiKeJi
the string is:         MingRiKeJi
the string is:   MingRi    KeJi
the string is:         MiKeJi
the string is: Mi            KeJi
Press any key to continue_
```

图 5.7　在 printf 中使用附加格式说明字符

**编程训练（答案位置：资源包\TM\sl\05\编程训练\）**

训练 5：一日之计在于晨　定义两个变量"char* str="日之计在于晨""和"int num=1"，在控制台中输出"一日之计在于晨"。

训练 6：鸡兔同笼问题　鸡、兔关在同一只笼子里，已知有 35 个头、94 只脚，问笼子里几只鸡和几只兔。计算公式为：鸡的数量=(4*鸡兔总头数−鸡兔总脚数)/2；兔的数量=(鸡兔总脚数−2*鸡兔总头数)/2。运行结果如下。

笼中有 23 只鸡，有 12 只兔子！

# 5.4　格式化输入

与格式输出函数 printf 相对应的是格式输入函数 scanf。该函数的功能是按照指定的格式接收用户在键盘上输入的数据，最后将数据存储在指定的变量中。

scanf 函数的一般格式如下：

```
scanf(格式控制,地址列表)
```

其中，"格式控制"参数与 printf 函数相同，"%d"表示十进制整型，"%c"表示单个字符；"地址列表"参数用于给出接收数据变量的地址。

**注意**

> scanf 函数的"地址列表"参数要使用变量地址，而不能是变量的标识符，否则会编译报错。

例如，得到一个整型数据的代码如下：

```
scanf("%d",&iInt);                    /*得到一个整型数据*/
```

在上面的代码中，"&"是取地址符号，表示取 iInt 变量的地址。用户不用关心变量的地址具体是多少，只要在变量的标识符前加"&"，就可以表示取变量的地址。

**误区警示**

scanf 函数中，当输入的数据是基本类型，如整型、字符型、实型时，需要使用取地址符号。当输入的变量本身就是一个地址，如数组名、字符串指针时，不需要再使用"&"符号。

关于数组和指针的知识将在第 8 章和第 10 章中介绍，这里了解就行。

表 5.3 中列出了 scanf 函数中常用的格式字符。

表 5.3　scanf 函数的格式字符

| 格 式 字 符 | 功 能 说 明 |
|---|---|
| %d，%i | 用来输入有符号的十进制整数 |
| %u | 用来输入无符号的十进制整数 |
| %o | 用来输入无符号的八进制整数 |
| %x，%X | 用来输入无符号的十六进制整数（大小写作用相同） |
| %c | 用来输入单个字符 |
| %s | 用来输入字符串 |
| %f | 用来输入实数，以小数形式输入 |
| %e，%E | 用来输入实数，以指数形式输入 |
| %g，%G | 用来输入实数，与%f 和%e 作用相同 |

**说明**

格式字符"%s"用来输入字符串。将字符串送到一个字符数组中，在输入时以非空白字符开始，以第一个空白字符结束。字符串以结束标志"\0"作为最后一个字符。

【例 5.8】根据身高和体重计算 BMI 值（实例位置：资源包\TM\sl\05\08）

输入身高和体重，计算身体质量指数（BMI），计算公式为"BMI=体重/身高$^2$"。

在本实例中，利用 scanf 函数得到用户输入的两个数据，即身高和体重，因为 scanf 函数只能用于输入操作，所以若在屏幕上显示信息，还需要使用输出函数。

```
#include <stdio.h>
int main()
{
    float height,weight;                        /*定义 height 为身高，weight 为体重*/
    double BMI;                                 /*定义身体质量指数 BMI*/
    printf("请输入身高、体重：");                /*提示信息*/
    scanf("%f %f",&height,&weight);             /*输入身高、体重*/
    BMI=weight/(height*height);                 /*计算 BMI 值*/
    printf("您的身体质量指数（BMI）:%f\n",BMI);  /*输出 BMI 值*/
    return 0;                                   /*程序结束*/
}
```

（1）为了能接收用户输入的整型数据，定义了两个实型变量 height 和 weight。

（2）scanf 函数只能接收输入的数据，不能显示信息，所以先使用 printf 函数输出一段信息提示。

（3）调用 scanf 格式输入函数，在函数参数中使用双引号将格式字符括起来，"%f"表示输入的是十进制的小数。在参数中的地址列表位置使用"&"符号表示变量的地址。

（4）变量 height 和 weight 得到用户输入的数据后，根据公式计算 BMI 值，再调用 printf 函数将 BMI 值输出。注意，printf 函数使用的是变量的标识符，而不是变量地址。scanf 函数使用的是变量地址，而不是变量的标识符。

运行程序，显示效果如图 5.8 所示。

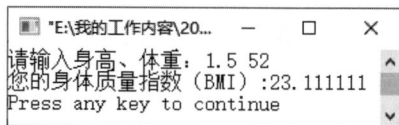

图 5.8　使用 scanf 函数获取用户数据

**说明**

程序是怎样将输入的内容分别保存到两个指定变量中的呢？scanf 函数使用空白字符分隔输入的数据，这些空白字符包括空格、换行和制表符（tab）。本例中使用换行作为空白字符。

**注意**

使用 scanf 函数输入数据时，实际输入的变量格式必须与 scanf 函数参数中指定的变量格式、顺序一一对应。例如：

```
scanf("%d %c %f ",&a,&b,&c);
```

这里要求输入 3 个变量，格式分别是整型、字符型和浮点型，数据间采用空格进行分隔。用户通过控制台实际输入时，也必须按照这样的格式及顺序进行。如果 scanf 函数里使用的格式列表是这样的 "%d#%c#%f"，那么在输入数据时，就需要使用 "#" 进行分隔。

相应地，scanf 函数中也有附加格式，用于更为具体的格式说明，如表 5.4 所示。

表 5.4　scanf 函数的附加格式说明字符

| 附 加 字 符 | 功 能 说 明 |
|---|---|
| l | 用于输入长整型数据（如%ld、%lo、%lx、%lu）以及 double 型数据（如%lf、%le） |
| h | 用于输入短整型数据（如%hd、%ho、%hx） |
| n | 用于指定输入数据的字段宽度，多余的数据将被忽略 |
| * | 表示指定的输入项在读入后不赋给相应的变量 |

**【例 5.9】输入不同类型的数据（实例位置：资源包\TM\sl\05\09）**

在本实例中，依次使用 scanf 函数的附加格式进行格式输入，对比输入前后的结果，观察附加格式的效果。

```c
#include<stdio.h>
int main()
{
    long iLong;                         /*定义长整型变量*/
    short iShort;                       /*定义短整型变量*/
    int iNumber1=1;                     /*定义整型变量，为其赋值 1*/
    int iNumber2=2;                     /*定义整型变量，为其赋值 2*/
    char cChar[10];                     /*定义字符型数组*/

    printf("Enter the long integer\n");  /*输出信息提示*/
    scanf("%ld",&iLong);                 /*%ld，输入长整型数据*/
    printf("Enter the short integer\n"); /*输出信息提示*/
    scanf("%hd",&iShort);                /*%hd，输入短整型数据*/
    printf("Enter the number:\n");       /*输出信息提示*/
```

```
        scanf("%d*%d",&iNumber1,&iNumber2);                    /*%d*%d，输入整型数据，忽略第 2 个输入的数*/
        printf("Enter the string but only show three character\n");   /*输出信息提示*/
        scanf("%3s",cChar);                                    /*%3s，输入字符串，只接收前 3 个字符*/

        printf("the long interger is: %ld\n",iLong);           /*输出长整型 iLong 的值*/
        printf("the short interger is: %hd\n",iShort);         /*输出短整型 iShort 的值*/
        printf("the Number1 is: %d\n",iNumber1);               /*输出整型 iNumber1 的值*/
        printf("the Number2 is: %d\n",iNumber2);               /*输出整型 iNumber2 的值*/
        printf("the three character are: %s\n",cChar);         /*输出字符串 cChar */
        return 0;
}
```

（1）为了 scanf 函数能接收数据，需要在程序代码中先定义所使用的变量。为了演示不同格式字符的情况，定义的变量类型有长整型、短整型和字符数组。

（2）使用 printf 函数显示提示信息，提示待输入的数据为长整型，调用 scanf 函数使变量 iLong 得到用户输入的数据。在 scanf 函数的格式控制部分，使用格式字符%ld 表示长整型。

（3）再使用 printf 函数显示提示信息，提示输入的数据为短整型。调用 scanf 函数时，使用格式字符%hd 表示短整型。

（4）使用格式字符"*"的作用是表示指定的输入项在读入后不赋给相应的变量。具体分析如下：第一个"%d"是输入 iNumber1 变量，第二个"%d"是输入 iNumber2 变量，但是在第二个"%d"前有一个"*"附加格式说明字符，这样第二个输入的值被忽略，也就是说，iNumber2 变量不保存输入的值。

（5）"%s"是用来表示字符串的格式字符，将一个整数 n 放入"%s"中间，可以指定数据的宽度。在程序中，scanf 函数中指定的数据宽度为 3，因此在输入字符串时只接收前 3 个字符。

（6）利用 printf 函数将获取的输入数据输出。

运行程序，显示效果如图 5.9 所示。

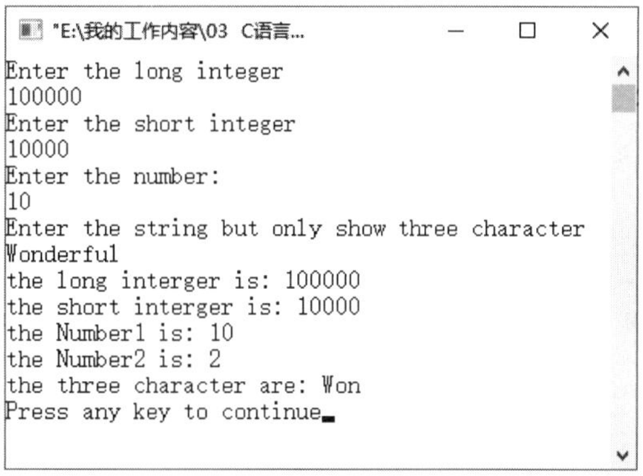

**编程训练（答案位置：资源包\TM\sl\05\编程训练\）**

图 5.9　在 scanf 函数中使用附加格式说明

训练 7：输出《拍手歌》　使用 scanf 函数输入数值，用 printf 函数输出《拍手歌》。例如，输入数值 1，输出"你拍 1，我拍 1"。运行结果如下：

```
请输入你想拍几：
1
你拍 1,我拍 1
```

训练 8：计算圆的周长和球的体积　使用 scanf 函数输入一个半径，计算对应圆的周长和对应球的体积。运行结果如下：

```
请输入半径：
2.5
周长是: 15.70
体积是: 49.06
```

# 5.5 顺序程序设计

本节将介绍几个顺序程序设计的实例，帮助读者巩固前面所讲的内容。

**【例 5.10】交换数值（实例位置：资源包\TM\sl\05\10）**

在本实例中，利用 scanf 函数输入 x,y 两个数值。交换后调用 printf 函数输出。具体代码如下：

```c
#include <stdio.h>                              /*包含头文件*/
int main()                                      /*主函数 main*/
{
    int x,y;                                    /*定义两个变量*/
    printf("please enter two numbers:\n");      /*提示信息*/
    scanf("x=%d,y=%d",&x,&y);                    /*输入 x,y*/
    x=y-x;                                       /*交换 x,y 的值*/
    y=y-x;
    x=y+x;
    printf("x=%d,y=%d\n",x,y);                   /*输出交换后的数据*/
    return 0;                                    /*程序结束*/
}
```

（1）使用 printf 函数显示一串提示信息，提示输入两个数据，调用 scanf 函数使变量 x,y 得到用户输入的数据。

（2）代码第 7～9 行实现了 x,y 两个数的交换。最后利用 printf 函数将调换后的两个数输出。

运行程序，显示效果如图 5.10 所示。

**【例 5.11】英文大小写字符互相转换（实例位置：资源包\TM\sl\05\11）**

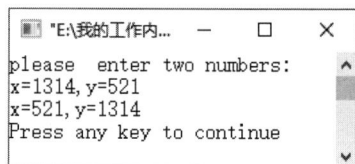

图 5.10　交换数值

要实现英文大、小写字符的相互转换，就需要对 C 语言的 ASCII 码有所了解。将大写字符的 ASCII 码加上 32，即可转换成小写字符的 ASCII 码。

```c
#include<stdio.h>
int main()
{
    char cBig;                                  /*定义字符变量，表示大写字符*/
    char cSmall;                                /*定义字符变量，表示小写字符*/

    puts("Please enter capital character:");    /*输出提示信息*/
    cBig=getchar();                             /*得到用户输入的大写字符*/
    puts("Minuscule character is:");            /*输出提示信息*/
    cSmall=cBig+32;                             /*将大写字符转换成小写字符*/
    printf("%c\n",cSmall);                      /*输出小写字符*/
    return 0;                                   /*程序结束*/
}
```

（1）为了将大写字符转换为小写字符，要为其定义变量并进行保存。cBig 表示要输入的大写字符变量，而 cSmall 表示要转换成的小写字符变量。

（2）输出信息，提示用户输入字符。因为得到一个输入字符即可，所以在此处使用 getchar 函数就可以满足程序的要求。

（3）大写字符与小写字符的 ASCII 码值相差 32。例如，字符 A 的 ASCII 值为 65，a 的 ASCII 值为 97。因此要将一个大写字符转换成小写字符，将大写字符的 ASCII 值加上 32 即可。

（4）字符变量 cSmall 得到转换的小写字符后，利用 printf 格式输出函数将字符输出，其中使用的格式字符为"%c"。

运行程序，显示效果如图 5.11 所示。

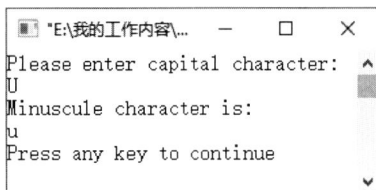

图 5.11　将大写字符转换成小写字符

**编程训练（答案位置：资源包\TM\sl\05\编程训练\）**

训练 9：显示菱形图案　使用 printf 函数的附加格式字符输出菱形图案，运行结果如下：

```
     *
  *  *  *
     *
```

训练 10：记录个人基本信息　使用 scanf 函数输入你的性别、年龄、体重（kg）和身高（m），运行结果如下：

```
请输入您的性别:W
请输入您的年龄:28
请输入您的身高:1.68
请输入您的体重:49.4
---您的基本信息----
性别：W
年龄：28
身高：1.68
体重：49.40
```

# 5.6　实践与练习

**（答案位置：资源包\TM\sl\05\实践与练习\）**

综合练习 1：模拟缴纳电费　编写程序，先模拟输出电费账单，然后要求用户输入缴费金额（大于 574 元），输出当前账户电费余额，输出结果如图 5.12 所示。

综合练习 2：秘密电文　为了防止敌方获取我方机密，需要以数字代替我方文件中的字母，即用字母的 ASCII 码值替换字母。编写程序，输入字母后，输出该字母对应的 ASCII 码值。输出结果如下：

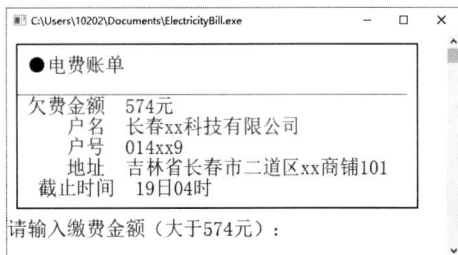

图 5.12　模拟账单效果

```
输入文件中字母：Z
☆ ☆ ☆ ☆ ☆  ☆
☆    替换为：90    ☆
☆ ☆ ☆ ☆ ☆  ☆
```

综合练习 3：挑战 10 秒　某商场推出"挑战 10 秒"打折促销活动，编写程序，实现效果如图 5.13 所示。

综合练习 4：小写变大写　使用 getchar 函数输入一个小写字母，输出对应的大写字母。输出结果如下：

```
请输入一个小写字母：
q
& & & & & & & & & & & &
&　转换以后的字母：Q　　&
& & & & & & & & & & & &
```

综合练习 5：模拟用户登录　利用 gets 函数输入用户的账号和密码，用 puts 函数输出对应的用户账号和密码，输出结果如下：

```
请输入账号：
mingrikeji
您输入的账号为：
mingrikeji
请输入密码：
1234***456
您输入的密码为：
1234***456
≈≈≈≈≈≈≈≈≈≈≈≈
|　您的账号登录成功　|
≈≈≈≈≈≈≈≈≈≈≈≈
```

综合练习 6：模拟手机充值　编写一个 C 语言程序，模拟手机充值信息提示。输出结果如下：

```
话费余额为：8 元
请输入充值金额:100
当前可用余额：108 元
```

综合练习 7：给图书打分　《C 语言入门到精通》是一本 C 语言学习书籍。编写程序，征集评分。打分时只能输入数字 1~9，输出根据用户打分形成的星级（*）评价。输出结果如下：

```
请你为《C 语言入门到精通》这本书打分（只能输入数字 1~9）：
8
你为《C 语言入门到精通》的评价为：此处有 8 个*
```

综合练习 8：能量兑换红包　某 app 提出了积分兑换红包的活动，定义浮点型变量表示红包金额，提示“请输入您的积分”，输入完成后使用 print 函数输出可以兑换的红包金额。实现效果如图 5.14 所示。

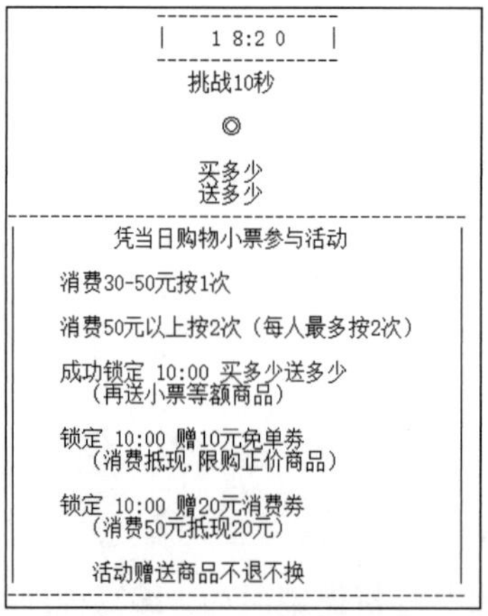

图 5.13　挑战 10 秒促销活动 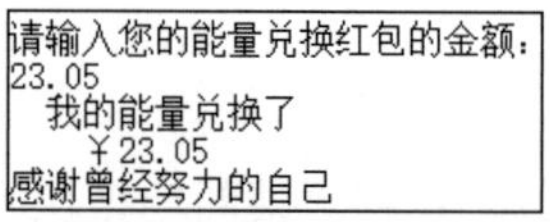　　　　图 5.14　实现效果

# 第 6 章

# 选择结构

顺序结构简单，却无法解决实际生活中存在的大量判断和选择性决策问题。选择结构（又称为分支结构）需要用到一些条件判断语句，可实现的程序功能更加复杂，程序的逻辑性与灵活性也更加强大。本章致力于使读者掌握使用 if 语句进行条件判断的方法，并掌握 switch 语句的使用方式。

本章的知识架构及重难点如下：

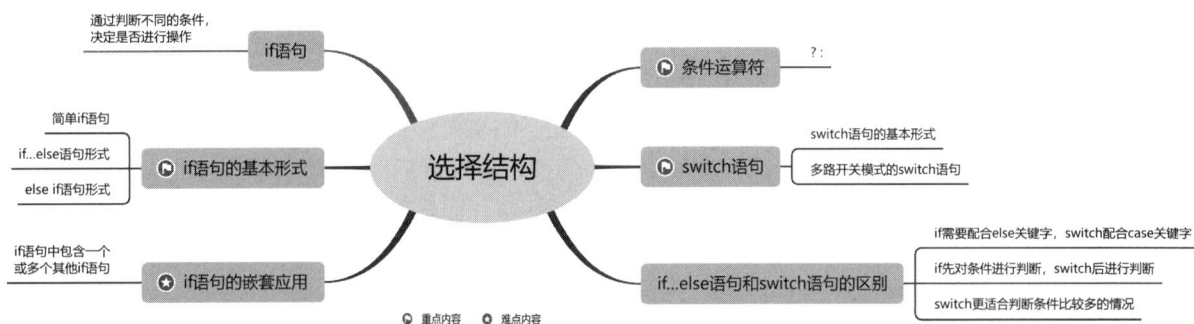

## 6.1　if 语句

日常生活中，为了使交通畅通有序，一般会在路口设立交通信号灯。信号灯为绿色时，车辆可以行驶通过；信号灯为红色时，车辆就要停止行驶。可见，信号灯给出了信号，人们通过不同的信号进行判断，然后根据判断的结果进行相应的操作。

在 C 语言程序中，要想完成这样的判断操作，利用的就是 if 语句。if 语句的功能就像路口的信号灯一样，通过判断不同的条件，决定是否进行操作。

程序开发中，会遇到许多类似于红绿灯这样的"决策"，可将其简化成对某个"条件"的检验，进而转换为判断某个表达式的值是真还是假，最后根据真假情况选择性地执行后续的操作。除了没有任何返回值的函数和返回无法判断真假的结构函数，几乎所有表达式的返回值都可以用来判断真假。

## 6.2　if 语句的基本形式

if 语句中，首先判断表达式的值，然后根据该值的真假情况决定后续程序流程。表达式的值不等于 0，就表示为真；否则，就是假值。if 语句有 if、if...else 和 else if 3 种形式，下面介绍每种形式的具体使用方式。

## 6.2.1 简单 if 语句

简单 if 语句的一般形式如下：

```
if(表达式)   语句
```

其中，括号中的表达式就是要进行判断的条件，语句则是要执行的对应操作。如果 if 判断括号中的表达式为真（非 0），就执行后面的语句；如果为假（等于 0），则不执行后面的语句。例如：

```
if(iNum)   printf("The truevalue");
```

上述代码中，如果变量 iNum 的值为真，则执行后面的 printf 输入语句；如果变量 iNum 的值为假，则不执行后面的 printf 语句。

用 if 语句解决红绿灯问题时，可以约定信号灯为 1 时表示绿灯，则判断代码为：

```
if(iSignal==1)   printf("the Signal Light is%d:",iSignal);
```

上述代码中，首先判断表达式 iSignal==1 是否成立，如果条件成立，那么判断结果是真值，执行后面的输出语句；如果条件不成立，那么判断结果为假值，不执行后面的输出语句。

前面两处示例代码中，if 后的执行部分都只有一个语句。如果有多个语句，又该怎么办呢？这时可以使用大括号将这多个语句括起来，使之成为一个语句块。例如：

```
if(iSignal==1)
{
    printf("the Signal Light is%d:\n",iSignal);
    printf("Cars can run");
}
```

将需要执行的多条语句都放在大括号中，这样当 if 语句判断条件为真时，语句块内的内容将会全部被执行。使用这种方式的好处是可以规范、清晰地表达出 if 语句包含的范围。建议大家在使用 if 语句时，都使用大括号将执行语句包括在内。if 语句的执行流程如图 6.1 所示。

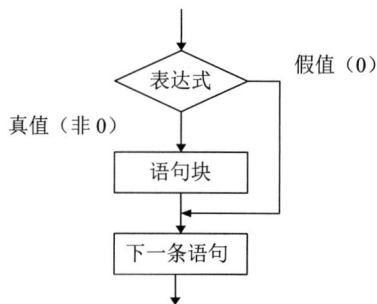

> **注意**
>
> if 语句的括号后一定不要加英文分号（;），否则将编译报错。例如：
>
> if(i > 100);
>
> 如果已经报错，可根据错误提示，找到差错并修改代码。

图 6.1　if 语句的执行流程

**【例 6.1】** 使用 if 语句模拟打卡签到（**实例位置：资源包\TM\sl\06\01**）

模拟此场景：某职工需要上班打卡，她的工位号是 13，密码是 111，输入正确，门禁卡会给出"谢谢，已签到"的提示。

本实例中，为了模拟打卡签到，要使用 if 语句判断工位号和密码。如果工位号是 13，同时密码是 111，则通过 printf 函数输出"谢谢，已签到"。

```
#include<stdio.h>
int main()
{
    int loc,ser;                              /*定义变量 loc 表示工位号，ser 表示密码*/
    printf("请输入工位号、密码：");
    scanf("%d,%d",&loc,&ser);                 /*输入工位号和密码*/
    if(loc==13&&ser==111)                     /*如果输入的工位号是 13 且密码是 111*/
        printf("谢谢，已签到\n");
    return 0;
}
```

（1）为了模拟打卡签到，要根据工位号和密码情况进行判断，这样就需要两个变量分别表示工位号和密码。在程序代码中，定义变量 loc 表示工位号，ser 表示密码。

（2）输出提示信息，提醒用户输入 loc、ser 变量的值。假设用户输入 "13，111"，表示工位号是13，密码是 111。

（3）使用 if 语句判断，如果判断条件为真，则表示签到成功；如果判断条件为假，则表示签到不成功。因为输入的变量 loc 的值为 13，ser 的值是 111，表达式 loc==13&&ser==111 成立，因此判断结果为真，打印输出 "谢谢，已签到"。

运行程序，显示效果如图 6.2 所示。

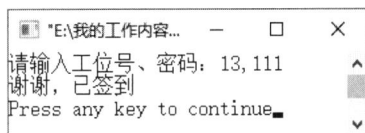

例 6.1 中，虽然使用 if 语句对输入的 loc、ser 变量进行了判断，却只给出了判断正确（即 loc 等于 13 且 ser 等于 111）时系统的反应。为了保证用户输入错误的工位号、密码时程序也能给出提示，可以再使用一次 if 语句。

图 6.2　使用 if 语句模拟打卡签到

【例 6.2】完善模拟打卡签到（**实例位置：资源包\TM\sl\06\02**）

在例 6.1 的基础上修改，新添加一个 if 语句，对打卡签到失败的情况给出提示。

```
#include<stdio.h>
int main()
{
    int loc,ser;                              /*定义变量 loc 为工位号，ser 为密码*/
    printf("请输入工位号、密码：");
    scanf("%d,%d",&loc,&ser);                 /*输入工位号和密码*/
    if(loc==13&&ser==111)                     /*如果输入的工位号是 13 且密码是 111*/
        printf("谢谢，已签到\n");             /*打卡成功*/
    if(loc!=13&&ser!=111)                     /*如果输入的工位号不是 13 或密码不是 111*/
        printf("对不起，工位号或密码有错误\n");  /*打卡失败提示*/
    return 0;
}
```

（1）第 9～10 行代码添加了一个新的 if 判断语句，表示当 loc!=13&&ser!=111 时要进行的操作。

（2）从程序开始处分析整个程序的运行过程。首先使用 scanf 函数输入数据，假设用户输入 "12、123"，表示工位号是 12，密码是 123。第一个 if 语句判断 loc==13&&ser==111 是否为真，很显然这里判断结果为假，因此不执行第一个 printf 语句中的内容。

（3）接下来在第二个 if 语句中判断 loc!=13&&ser!=111 是否为真，因为输入的值为 12、123，所以 loc!=13&&ser!=111 条件成立，执行第二个 printf 语句，给出工位号或密码错误提示信息。

运行程序，显示效果如图 6.3 所示。

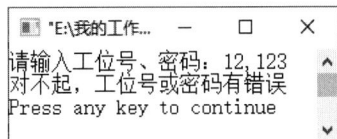

图 6.3　完善 if 语句的使用

**误区警示**

初学编程的人，常常会将下面的两个 if 判断语句弄混。

```
if(value)    {...}                    /*判断变量值是否为真，非 0 值为真，0 值为假*/
if(value==0) {...}                    /*判断表达式的值是否为真，表达式成立时为真，否则为假*/
```

这两行代码中都有 value 变量，value 值虽然相同，但是判断的结果却不同。第 1 行代码判断的是 value 的值是否为真，第 2 行代码判断的是 value==0 这个表达式是否成立。假定 value 的值为 0，那么在第一个 if 语句中，value 值为 0 即说明判断结果为假，所以不会执行 if 后的语句；第二个 if 语句中，判断的是 value 是否等于 0，因为 value 的值为 0，所以表达式成立，判断结果为真，执行 if 后的语句。

## 6.2.2　if...else 语句

简单 if 语句只给出了条件为真时要执行的操作，并未给出条件为假时具体要干什么。如果想在条件为真或为假时执行不同的代码，需要使用 if...else 语句。其一般形式如下：

```
if(表达式)
{
    语句块 1;
{
else
{
    语句块 2;
}
```

if...else 语句的执行流程如图 6.4 所示。首先判断 if 后表达式的值，如果判断结果为真，执行语句块 1；如果判断结果为假，执行语句块 2。也就是说，当 if 语句判断条件为假时，要执行 else 后面的语句或语句块。

**注意**

else 语句必须跟在一个 if 语句后面，不能独立使用。

【例 6.3】计算员工工资（实例位置：资源包\TM\sl\06\03）

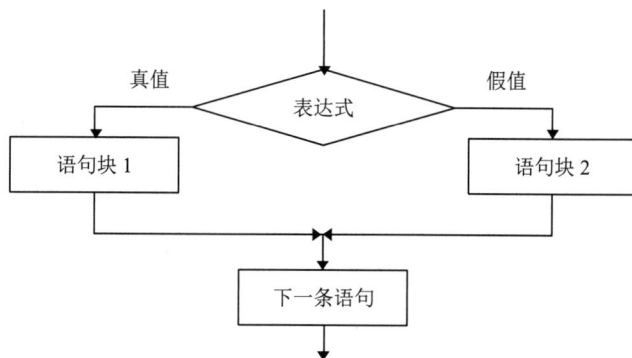

图 6.4　if...else 语句的执行流程

某公司的薪酬设计如下：工龄在 5 年以上，工资=基本工资+全勤奖+2 倍的全勤奖；否则，工资=基本工资+全勤奖。本实例利用 if...else 语句判断并计算工资，具体代码如下：

```
#include<stdio.h>
int main()
{
    int year,sal=5000,bon=300 ;           /*定义 3 个变量，分别表示工龄、基本工资和全勤奖*/
    printf("请输入您的工龄: ");
    scanf("%d",&year);                      /*输入工龄*/
```

```
    if(year>5)                                          /*如果工龄在 5 年以上*/
        printf("您的工资为：%d\n",sal+bon+2*bon);
    else                                                /*否则，工龄在 5 年以下*/
        printf("您的工资为：%d\n",sal+bon);
    return 0;
}
```

（1）程序运行时，首先利用 printf 函数显示一条信息，提示用户输入一个数据。假设用户输入数字 3，该数值将由变量 year 保存。

（2）if…else 语句判断表达式 year>5 的真假。如果判断的结果为真，说明工龄大于 5，则执行 if 后的语句，输出"基本工资+全勤奖+2 倍的全勤奖"的值；如果判断的结果为假，说明工龄小于等于 5，则执行 else 后的语句，输出"基本工资+全勤奖"的值。因为 year 的值为 3，所以 year>5 关系表达式结果为假，执行 else 后的语句，输出 5300。

运行程序，显示效果如图 6.5 所示。

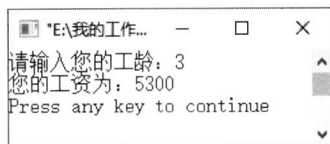

图 6.5　计算员工工资

**误区警示**

在使用 if 语句比较浮点数时，不要使用浮点值，否则会导致实际结果的偏差（因为浮点值属于近似值）。

## 6.2.3　else if 语句

利用 if 和 else 关键字的组合，可以实现 else if 语句。该语句可对一系列互斥的条件进行检验，从而解决较复杂的判断和决策问题。else if 语句的一般形式如下：

```
if(表达式 1)
{
    语句块 1
}
else if(表达式 2)
{
    语句块 2
}
…
else if(表达式 m)
{
    语句块 m
}
else
{
    语句块 n
}
```

else if 语句的执行流程如图 6.6 所示。首先对 if 语句中的表达式 1 进行判断，如果结果为真值，则执行语句块 1；如果结果为假，那么判断第一处 else if 语句中的表达式 2，如果表达式 2 为真值，那么执行语句块 2；如果结果为假，那么判断第二处 else if 语句中的表达式 3……以此类推，当前面所有的判断都不成立，也就是都为假值时，执行 else 后的语句块 n。

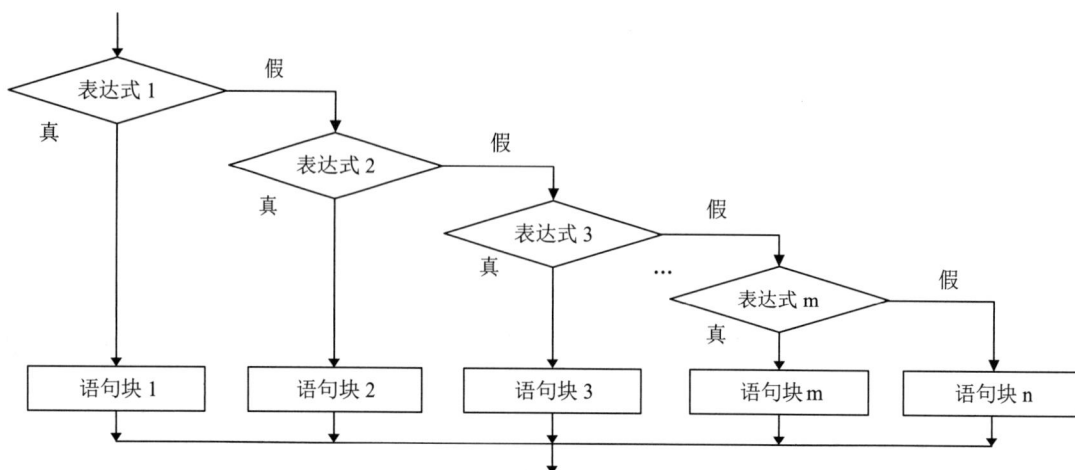

图 6.6 else if 语句的执行流程

**误区警示**

使用多个 else if 语句时，要格外注意下方的复合语句（即语句块）部分，大括号一定要保证成对匹配。

**【例 6.4】计算分段函数的值（实例位置：资源包\TM\sl\06\04）**

利用选择结构设计一个程序，使其能计算如下分段函数：

$$y = \begin{cases} x & (x<1) \\ 2x-1 & (1 \leqslant x<10) \\ 3x-11 & (x \geqslant 10) \end{cases}$$

当输入 x 值时，计算显示 y 值。具体实现代码如下：

```c
#include<stdio.h>
int main()
{
    int x,y;                          /*定义变量 x,y*/
    printf("请输入 x 的值：");
    scanf("%d",&x);                   /*输入 x 的数*/
    if(x<1)                           /*如果 x 小于 1*/
    {
        y=x;                          /*将 x 的值赋给 y*/
        printf("y=%d\n",y);           /*输出 y 的值*/
    }
    else if(x>=1&&x<10)               /*如果 x 大于等于 1 且小于 10*/
    {
        y=2*x-1;                      /*将 2*x-1 的值赋给 y*/
        printf("y=%d\n",y);           /*输出 y 的值*/
    }
    else                              /*否则，当 x 为其他数值时*/
    {
        y=3*x-11;                     /*将 3*x-11 的值赋给 y*/
        printf("y=%d\n",y);           /*输出 y 的值*/
    }
    return 0;
}
```

（1）程序中使用 printf 函数显示一条信息，提示用户输入 x。假设用户输入 5，变量 x 将输入的数值保存，用来执行后续判断。

（2）if 语句首先判断 x 是否小于 1，然后 else if 语句判断 x 是否大于等于 1 且小于 10，如果都不满足，则会执行 else 处的语句。因为 x 的值为 5，所以 x>=1&&x<10 关系表达式为真，执行相应 else if 处的语句块，输出提示信息。

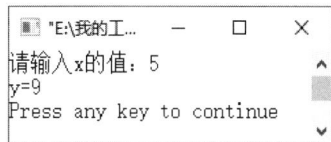

运行程序，显示效果如图 6.7 所示。

图 6.7　使用 else if 语句求解函数

【例 6.5】学生成绩等级划分（实例位置：资源包\TM\sl\06\05）

假设某校学生成绩的等级划分标准如下，使用 else if 语句，根据控制台输入的成绩，输出与该成绩对应的等级。

❶ 优秀：大于等于 90 分。

❷ 良好：大于等于 80 分，小于 90 分。

❸ 合格：大于等于 60 分，小于 80 分。

❹ 不合格：小于 60 分。

```c
#include<stdio.h>
int main()
{
    int score;                          /*定义变量 score，表示成绩*/
    printf("请输入成绩：");
    scanf("%d",&score);                 /*输入成绩*/
    if(score>=90)                       /*如果成绩大于等于 90 分*/
        printf("优秀\n");               /*输出"优秀"*/
    else if(score>=80&&score<90)        /*如果成绩大于等于 80 分且小于 90 分*/
        printf("良好\n");               /*输出"良好"*/
    else if(score>=60&&score<80)        /*如果成绩大于等于 60 分且小于 80 分*/
        printf("合格\n");               /*输出"合格"*/
    else                                /*否则，当成绩为其他分值时*/
        printf("不合格\n");             /*输出"不合格"*/
    return 0;
}
```

（1）程序中使用 printf 函数显示一条信息，提示用户进行输入成绩。假设输入的成绩是 72，变量 score 将输入的数值保存，用来执行后续判断。

（2）if 语句首先判断 score 是否大于等于 90，然后使用 else if 语句判断 score 大于等于 80 且小于 90 的情况，再使用 else if 语句判断 score 大于等于 60 且小于 80 的情况，如果都不满足则会执行 else 处的语句。因为 score 的值为 72，所以 score>=60&&score<80 关系表达式为真，执行第二个 else if 处的语句块，输出提示信息。

运行程序，显示效果如图 6.8 所示。

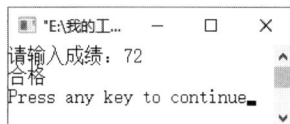

图 6.8　使用 else if 语句判断成绩等级

**编程训练（答案位置：资源包\TM\sl\06\编程训练\）**

训练 1：可乐还是咖啡　利用 if 语句判断用户输入的数值，输出对应的饮品。输入数字 1 代表喝 CocaCola，输入数字 2 代表喝 coffee。运行结果如下：

```
数字 1 代表喝 CocaCola，数字 2 代表喝 coffee，请选择：
2
您要喝的是 coffee
```

训练2：模拟交通信号灯情况　　"红灯停，绿灯行，黄灯等一等"是我们从小就熟知的安全通行口诀。当交通信号灯是红色时，停止通行；为绿灯时，可以通行；为黄灯时，需要等待。用代码模拟红绿灯的当前状态及通行情况，输出结果如下：

```
数字1表示红灯亮，数字2表示黄灯亮，数字3表示绿灯亮
请输入目前交通灯的状态：
3
目前交通灯是绿灯，可以通行
```

# 6.3　if 语句的嵌套应用

if语句中还可以包含一个或多个其他if语句，此种情况称为if语句的嵌套。一般形式如下：

```
if(表达式1)
{
    if(表达式2)
    { 语句块1 }
    else
    { 语句块2 }
}
else
{
    if(表达式3)
    { 语句块3 }
    else
    { 语句块4 }
}
```

使用if语句的嵌套形式，可将判断的条件进行细化，从而实现更复杂的判断和操作。

例如，每天早上醒来，我们通常会想一下今天是周几，如果是周末，就是休息日；如果不是周末，就要上班。同时，休息日可以是星期六，也可以是星期日，星期六我们可以和朋友去逛街，星期日我们可以陪家人在家。工作日如果是星期一，就要开工作例会，其他时间则正常上班。

如何用if语句来实现上述判断呢？这里就要用到if嵌套语句。外层if语句的表达式1用于判断今天是否是周末，如果判断结果为真，则用一个嵌套if…else语句，通过表达式2判断今天是否是星期日，然后再判断今天是不是星期六。如果为星期六，就陪朋友逛街；如果为星期日，就陪家人在家。接下来返回外层，用else语句给出不是周末时的情况。这里同样要嵌套一个if…else语句，通过表达式3判断是否是周一，如果是就开例会，否则就正常上班。代码如下：

```
if(iDay>Friday)                    /*判断是周末的情况*/
{
    if(iDay==Saturday)             /*如果是星期六*/
    { }
    else                           /*否则是其他周末时间（即是星期日）*/
    { }
}
else                               /*判断不是周末（即是工作日）的情况*/
{
    if(iDay==Monday)               /*如果是星期一*/
    { }
```

```
    else                                    /*否则是其他工作日*/
        { }
}
```

> if 语句、if...else 语句、else if 语句可以互相嵌套。在复杂的嵌套中，一定要注意 if 与 else 的配对情况。else 总是与其前面最近未配对的 if 进行配对。

6.2.1 节中曾介绍过，if 语句中如果要执行的操作只有一个语句，可以不写大括号。这里是否也可以呢？修改上面的代码，让其先判断是否为工作日，在工作日中只判断星期一的情况，然后再判断周末时的情况。代码如下：

```
if(iDay<=Friday)                            /*判断是工作日的情况*/
    if(iDay==Monday)                        /*如果是星期一*/
    { }
else                                        /*这里希望判断周末的情况*/
    if(iDay==Saturday)                      /*如果是星期六*/
    { }
    else
    { }
```

写这段代码时，我们的设想是先判断是否为工作日，如果是工作日，则判断是否为星期一；如果不是工作日，则判断是否是星期六，否则就是星期日。但因为 else 总是与其前面最近且未配对的 if 进行配对，所以第 4 行代码处的 else 不会与第一行的 if 语句（if(iDay<Friday)）配对，而是与第 2 行的 if 语句（if(iDay==Monday)）配对，从而形成一个整体内嵌语句块，偏离设计的初衷。此时的递进层次如下：

```
if(iDay<Friday)                             /*判断是工作日的情况*/
    if(iDay==Monday)                        /*如果是星期一*/
    { }
    else                                    /*实际上，这里判断的是其他工作日的情况*/
        if(iDay==Saturday)                  /*如果是星期六，注意这里逻辑上出现错误*/    ⎫
        { }                                                                          ⎬ 内嵌 if 语句块
        else                                                                         ⎭
        { }
```

为最外层 if 语句后的语句块加上大括号，就可避免出现这种情况了。因此，建议大家在条件判断中即使只有一条语句，也要使用大括号进行层次划分。

【例 6.6】购买粽子（实例位置：资源包\TM\sl\06\06）

粽子有甜的，有咸的。甜粽子有 5 元和 10 元的，咸粽子有 4 元和 12 元的。编写程序，根据输入的口味和钱数，判断能购买哪种粽子。其中，输入 1 代表选择甜粽子，其他数字代表选择咸粽子。

使用 if 嵌套语句实现该判断过程，具体代码如下：

```
#include<stdio.h>
int main()
{
    int type,money;                         /*定义变量 type 表示粽子口味，money 表示钱数*/
    printf("数字 1 表示甜粽子，否则就是咸粽子\n");
    printf("请输入粽子口味和可支付金额：");
    scanf("%d,%d",&type,&money);            /*输入粽子口味和手中的钱数*/
    if(type==1)                             /*输入 1，表示选择甜粽子*/
    {
```

```
        if(money>=5&&money<10)                    /*判断输入的钱数，如果大于等于 5 元且小于 10 元*/
            printf("您可以购买 5 元的甜粽子\n");
        else if(money>=10)                         /*判断输入的钱数，如果大于等于 10 元*/
            printf("您可以购买 10 元的甜粽子\n");
        else                                        /*输入的钱数不足 5 元*/
            printf("您不可以购买甜粽子\n");
    }
    else                                            /*输入其他数字，表示选择咸粽子*/
    {
        if(money>=4&&money<12)                     /*判断输入的钱数，如果大于等于 4 元且小于 12 元*/
            printf("您可以购买 4 元的咸粽子\n");
        else if(money>=12)                          /*判断输入的钱数，如果大于等于 12 元*/
            printf("您可以购买 12 元的咸粽子\n");
        else                                        /*输入的钱数不足 4 元*/
            printf("您不可以购买咸粽子\n");
    }
    return 0;
}
```

（1）定义变量 type 用来保存后面用户输入的粽子口味，定义变量 money 用来保存用户输入的钱数。

（2）程序运行时，假设用户输入"1"，表示选择甜粽子。if 语句首先判断表达式 type==1，如果成立，则表示选择的是甜粽子，否则执行 else 表示咸粽子的部分。甜粽子部分，再次利用 if 语句判断 money>=5&&money<10 的值，如果条件为真，输出"您可以购买 5 元的甜粽子"；else if 语句判断 money>=10 的值，如果为真，输出"您可以购买 10 元的甜粽子"；else 语句表示钱数不够，输出"您不可以购买甜粽子"。

（3）因为 type 保存的数值为 1，并且 money 大于 10，所以输出信息是"您可以吃到 10 元的甜粽子"。

运行程序，显示效果如图 6.9 所示。

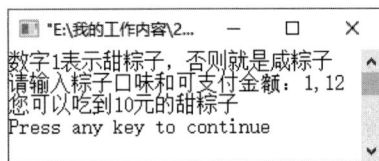

图 6.9　使用 if 嵌套语句选择粽子

**编程训练（答案位置：资源包\TM\sl\06\编程训练\）**

训练 3：销售等级划分　一个商品可能畅销，也可能滞销。使用 if 嵌套语句，根据输入的商品 7 天销售数据，输出该商品的销售等级。销售级别划分如下。

❶ 销售量大于 1000，级别 A。

❷ 销售量小于 1000 且大于等于 500，级别 B。

❸ 销售量小于 500 且大于等于 300，级别 C。

❹ 销售量小于 300，级别 D。

输出结果如下：

```
请输入商品 7 天销量：1526
本商品的销售等级为 A!!!
```

训练 4：人生不同阶段　利用 if 嵌套语句输出人生的不同阶段。

❶ 年龄小于 12 岁，且小于 1 岁，输出他是婴儿。

❷ 年龄小于 12 岁，且年龄在 1～6 岁，输出他是幼儿。

❸ 年龄小于 12 岁，且年龄在 6～12 岁，输出他是小学生。

❹ 年龄大于 12 岁，且年龄在 12～18 岁，输出他是中学生。

❺ 年龄大于 12 岁，且年龄在 18～60 岁，输出他是成年人。

❻ 年龄大于 12 岁，且年龄大于 60 岁，输出他是老年人。

定义一个变量 age，根据 age 的值，判断处于人生的哪个阶段。运行结果如下：

```
请输入年龄:
28
他是成年人
```

# 6.4 条件运算符

条件运算符 "? :" 可对一个表达式中值的真假情况进行检验，然后根据检验结果返回另外两个表达式中的一个。条件运算符的一般形式如下：

```
表达式 1?表达式 2:表达式 3;
```

条件运算中，首先对表达式 1 进行检验，如果值为真，返回表达式 2 的结果；如果值为假，返回表达式 3 的结果。

例如，前面我们学过如何用 if...else 语句查找两个数中的最大值，代码如下：

```
if(a>b)
    { max=a; }
else
    { max=b; }
```

上述代码可以用条件运算符 "? :" 来简化：

```
max=(a>b)?a:b;
```

该条件运算符中，首先判断表达式 a>b 是否成立，成立则说明结果为真，否则为假。当为真时，将 a 的值赋给 max 变量；如果为假，则将 b 的值赋给 max 变量。

【例 6.7】计算出租车费用（实例位置：资源包\TM\sl\06\07）

本实例要求计算出租车的收费情况。出租车行驶时，路径不足 3 千米，收取起步价 6 元；路程如果超过 3 千米，则会在起步价金额上加上超出部分的费用（按每千米 2 元收费）。使用条件运算符进行判断选择，具体代码如下：

```
#include<stdio.h>                          /*包含头文件*/
int main()                                 /*主函数 main*/
{
    int jour,fee;                          /*定义变量 jour 表示行驶路程，fee 表示车费*/
    printf("请输入出租车行驶的公里数:\n");
    scanf("%d",&jour);                     /*输入出租车行驶的公里数*/
    fee=(jour<3)?6:6+(jour-3)*2;           /*利用条件运算符计算费用*/
    printf("所花的费用是 %d 元\n",fee);
    return 0;                              /*程序结束*/
}
```

（1）定义变量 jour 表示公里数，fee 表示所花费用。

（2）根据提示信息，用户输入行驶公里数数据。假设用户输入 12，表示公里数超过 3。接下来使用条件运算符判断表达式 jour<3 是否成立，成立时为真，将 "?" 号后的值 6 赋给 fee 变量；否则将 "6+(jour-3)*2" 的值赋给 fee 变量。因为 jour<3 表达式不成立，所以 fee 的值为 24。

运行程序，显示效果如图 6.10 所示。

**编程训练（答案位置：资源包\TM\sl\06\编程训练\）**

训练 5：校园网收费标准　某校园网流量的收费标准是一元一天，如果购买时间超过 30 天，就按每天（包括 30 天）0.75 元收费，否则就按原价收费。学生输入自己想购买的天数，输出所要花费的费用。输出结果如下：

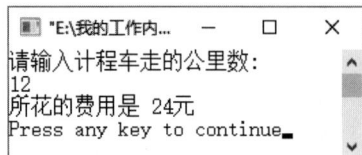

```
请输入天数：
65
所花费用是：48.75
```

训练 6：模拟某电商平台配送收费　模拟某电商平台的配送收费，满 99 元即包邮，不满 99 元加收 6 元快递费。利用条件运算符编写程序，运行结果如下：

```
您共计消费：
34
您实际需要付 40.0 元
```

图 6.10　计算出租车费用

# 6.5　switch 语句

在实际问题中，常需要进行多分支的判断和选择。当然，使用嵌套的 if 语句也可以实现多分支选择，但如果分支较多，就会使得嵌套的 if 语句层数过多，程序冗余，可读性也不好。C 语言中可以使用 switch 语句直接处理多分支选择的情况，提高程序代码的可读性。

## 6.5.1　switch 语句的基本形式

switch 语句是多分支条件选择语句。一般形式如下：

```
switch(表达式)
{
    case 情况 1:
        语句块 1;
    case 情况 2:
        语句块 2;
    …
    case 情况 n:
        语句块 n;
    default:
        默认语句块;
}
```

switch 语句的执行流程如图 6.11 所示。switch 后的表达式就是要进行判断的条件，case 关键字以及情况 1、情况 2 等表示不同的检验条件，其后的各语句块是对应的操作。其中还有一个 default 关键字，表示如果没有符合条件的情况，那么执行 default 后的默认语句。

switch 语句检验的条件必须是一个整型表达式，而 case 语句检验的值必须是整型常量，即常量表达式或者常量运算。

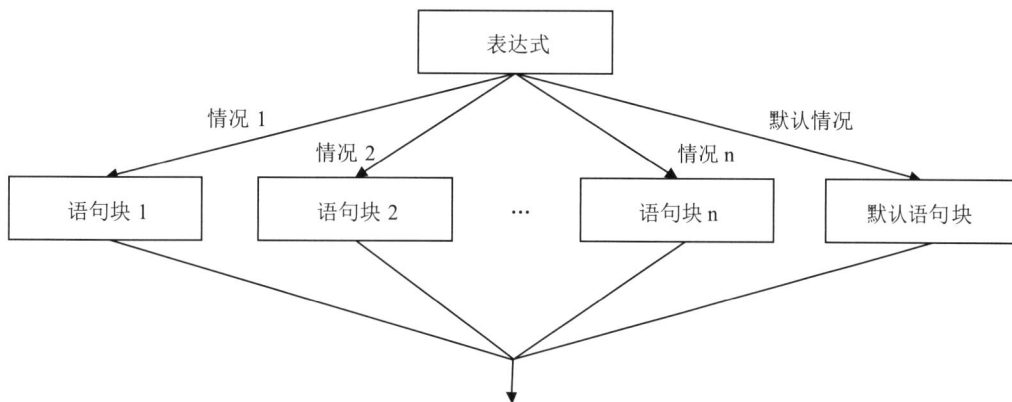

图 6.11  switch 语句的执行流程

📢**注意**

switch 语句中，任意两个 case 语句都不能使用相同的常量值，且每个 case 语句后都有一个英文冒号 ":"。一个 switch 语句中只能有一个 default 语句，而且 default 语句可以省略。

【例 6.8】使用 switch 语句模拟日程安排（**实例位置：资源包\TM\sl\06\08**）

还是 6.3 节中的例子，如果是周末就是休息日，如果不是周末就要上班。休息日可以是星期六，也可以是星期日，星期六我们可以和朋友去逛街，星期日我们可以陪家人在家。工作日里，星期一要开例会，其他时间安心上班。用 switch 语句来模拟此场景。

```c
#include<stdio.h>
int main()
{
    int iDay=0;                                    /*定义变量 iDay 表示输入的日期*/
    printf("enter a day of week to get course:\n");
    scanf("%d",&iDay);                             /*输入一个数字，表示星期几*/
    switch(iDay)
    {
        case 1:                                    /*iDay 值为 1，表示星期一*/
            printf("Have a meeting in the company\n");
            break;
        case 6:                                    /*iDay 值为 6，表示星期六*/
            printf("Go shopping with friends\n");
            break;
        case 7:                                    /*iDay 值为 7，表示星期日*/
            printf("At home with families\n");
            break;
        default:                                   /*iDay 值为其他数字时，表示其他工作日*/
            printf("Working with partner\n");
            break;
    }
    return 0;
}
```

（1）使用 switch…case 进行检验时，不要忘记 case 检验的条件只能是常量或者常量表达式，而不能是变量。

（2）每个 case 或 default 语句后都有一个 break 关键字。break 语句用于跳出 switch 结构，不再执行下面的代码。

运行程序，显示效果如图 6.12 所示。

**【例 6.9】** 计算商品折扣后的金额（实例位置：资源包\
**TM\sl\06\09**）

某大型商超为答谢新老顾客，当累计消费金额达到一定
数额时，顾客可享受不同的折扣。

❶ 累计未满 500 元，当前消费不享受任何折扣优惠。

❷ 累计满 500 元，当前消费可享 9 折优惠。

❸ 累计满 1000 元，当前消费可享 8 折优惠。

❹ 累计满 1500 元，当前消费可享 7 折优惠。

❺ 累计满 2000 元，当前消费可享 6 折优惠。

❻ 累计超 2500 元以上，当前消费可享 5 折优惠。

图 6.12　日程安排程序

根据顾客购物小票上的消费金额，在控制台上输出该顾客将会享受的折扣与打扣后需要支付的金
额。在本实例中，要求使用 switch 语句来判断打折后的金额。具体代码如下：

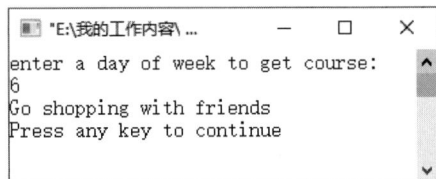

```c
#include<stdio.h>
int main()
{
    float money=1026,m;                 /*定义变量 money 表示购物金额，m 表示打折后的费用*/
    float rebate=0.0f;                  /*定义变量 rebate 表示顾客应享受的具体折扣*/
    int grade=(int)money/500;           /*定义变量 grade 表示折扣等级，注意其计算方法*/
    switch(grade)                       /*根据等级计算打折后的金额*/
    {
        case 0:                         /*如果折扣等级为 0，即顾客消费未满 500 元*/
            rebate=0.0f;                /*折扣为 0*/
            m=money;                    /*不打折，原价购买*/
            break;
        case 1:                         /*如果折扣等级为 1，即顾客累计消费满 500 元，但不满 1000 元*/
            rebate=0.9f;                /*折扣为 9 折*/
            m=money*rebate;             /*计算折扣之后的费用*/
            break;
        case 2:                         /*如果折扣等级为 2，即顾客累计消费满 1000 元，但不满 1500 元*/
            rebate=0.8f;                /*折扣为 8 折*/
            m=money*rebate;             /*计算折扣之后的费用*/
            break;
        case 3:                         /*如果折扣等级为 3，即顾客累计消费满 1500 元，但不满 2000 元*/
            rebate=0.7f;                /*折扣为 7 折*/
            m=money*rebate;             /*计算折扣之后的费用*/
            break;
        case 4:                         /*如果折扣等级为 4，即顾客累计消费满 2000 元，但不满 2500 元*/
            rebate=0.6f;                /*折扣为 6 折*/
            m=money*rebate;
            break;
        default:                        /*如果折扣等级为其他数字，即顾客累计消费 2500 元以上*/
            rebate=0.5f;                /*折扣为 5 折*/
            m=money*rebate;             /*计算折扣之后的费用*/
            break;
    }
    printf("原价是：%f\n 顾客将享受的折扣:%f\n",money,rebate);  /*输出原价和对应折扣*/
    printf("打扣后需支付的金额:%f\n",m);                        /*输出折扣后所花费用*/
    return 0;
}
```

（1）定义变量 grade 用来保存折扣等级。计算方法为"折扣等级=购物金额/500 元"，得到的数值取整。

（2）使用 switch 语句判断整型变量 grade，其中使用 case 关键字检验可能出现的级别情况，并且在每个 case 语句的最后使用 break 语句跳出。如果没有符合的情况，则会执行 default 默认语句。

运行程序，显示效果如图 6.13 所示。

需要注意的是，switch 语句中，每个 case 情况内都使用了 break 语句。猜想一下，如果不使用 break 语句，会出现什么情况？break 语句的作用是跳出 switch 语句，因此如果本例中没有 break 语句，程序中的各分支选项将会全部执行一遍。为了验证猜测是否正确，将上面程序中的 break 注释掉，运行程序，显示结果如图 6.14 所示。

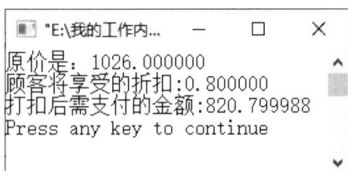

图 6.13　使用 switch 语句判断折扣等级

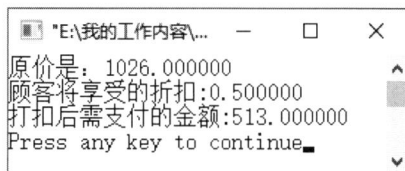

图 6.14　不添加 break 的情况

去掉 break 语句后，程序的执行流程为：依次计算各 case 语句下的费用 m，最后计算 default 语句下的费用 m，并打印输出。这个结果很明显是错误的。因此，break 语句在 case 语句中是不能缺少的。

## 6.5.2　多路开关模式的 switch 语句

将某个 case 语句后的语句块及 break 去掉之后，可以设计出多路开关模式的 switch 语句。例如：

```
switch(表达式)
{
    case 1:
    case 2:
        语句 1
        break;
    …
    default:
        默认语句
        break;
}
```

可以看到，如果在 case 1 后不使用 break 语句，那么符合 case 1 检验与符合 case 2 检验时的输出效果是一样的。也就是说，多路开关模式可使得多种检验条件执行同一个操作。

【例 6.10】判断一年四季（实例位置：资源包\TM\sl\06\10）

在本实例中，要求使用 switch 语句判断输入的月份属于哪个季节。已知 3、4、5 月是春季，6、7、8 月为夏季，9、10、11 月为秋季，12、1、2 月为冬季。

```
#include<stdio.h>
int main()
{
    int month;                          /*定义变量 month 表示月份*/
    printf("please enter a month:\n");
    scanf("%d",&month);                 /*输入月份*/
```

```
        switch(month)                                    /*根据月份判断季节*/
        {
            case 3:
            case 4:
            case 5:
                printf("%d is spring\n",month);          /*3,4,5 月是春季*/
                break;
            case 6:
            case 7:
            case 8:
                printf("%d is summer\n",month);          /*6,7,8 月是夏季*/
                break;
            case 9:
            case 10:
            case 11:
                printf("%d is autumn\n",month);          /*9,10,11 月是秋季*/
                break;
            case 12:
            case 1:
            case 2:
                printf("%d is winter\n",month);          /*12,1,2 月是冬季*/
                break;
            default:
                printf("error!!!\n");                    /*无此月份*/
        }
        return 0;                                        /*程序结束*/
}
```

本例程序使用多路开关模式，使得 month 的值为 3、4、5 这 3 种情况时，都会输出相同的结果。同时，利用 default 语句对不符合月份的数字输入提示错误。

运行程序，显示效果如图 6.15 所示。

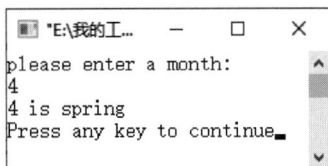

图 6.15　使用多路开关模式判断四季情况

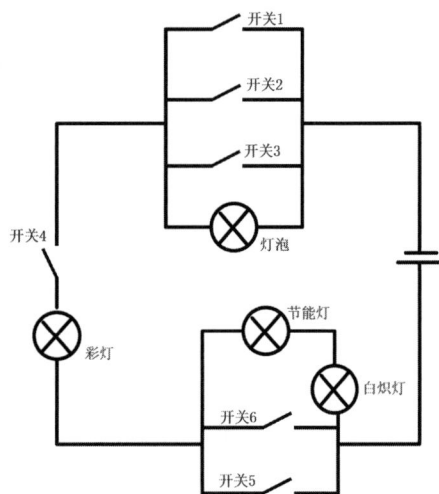

图 6.16　猜猜哪个灯能亮

**编程训练（答案位置：资源包\TM\sl\06\编程训练\）**

训练 7：猜猜哪个灯能亮　已知一个灯泡并联 3 个开关，分别为开关 1、开关 2、开关 3；另有一串彩灯，串联开关 4；开关 5 和开关 6 并联一个白炽灯和节能灯。电路如图 6.16 所示。问：随机按下开关，哪个灯能亮。输出结果如下：

```
输入开关编号：
4
彩灯亮
```

训练 8：高考填报志愿　高考是人生中最重要的考试。不同的分数可选择不同的大学。根据模拟分数线，输出可以报考哪些大学。（本例给出的高考分数仅作为训练参考，不能作为实际报考凭证）

❶ 671 分：北京大学。

❷ 661 分：清华大学。

❸ 668 分：复旦大学。

❹ 664 分：上海交通大学。

❺ 默认情况：其他大学。

利用 switch 语句编写程序，最终运行结果如下：

```
请输入您的高考成绩：664
选择上海交通大学
```

# 6.6　if…else 语句和 switch 语句的区别

if…else 语句和 switch 语句都可根据不同的情况检验条件，并做出相应的判断。那么 if…else 语句和 switch 语句有什么区别呢？下面从两者的语法和效率方面进行比较。

### 1．语法的比较

使用时，if 需要配合 else 关键字，switch 需要配合 case 关键字；if 语句是先对条件进行判断，而 switch 语句是后进行判断。

### 2．效率的比较

if…else 结构对少量的检验，判断速度比较快。但是随着检验深度的增长，会逐渐变慢，并且也不容易进行后续的条件添加和扩充。

switch 结构中，除 default 默认情况外，对其他每一项 case 的检验速度都是相同的。default 默认情况比其他情况都快。

当需要判定的情况较少时，使用 if…else 结构比使用 switch 结构检验速度快。也就是说，如果分支在 3 个或者 4 个以下，用 if…else 结构比较好，否则应选择 switch 结构。

# 6.7　实践与练习

（答案位置：资源包\TM\sl\06\实践与练习\）

综合练习 1：微信小程序，我该玩哪个　微信小程序由于不需要下载 App，深受大家青睐。利用 if 语句判断输入的数值，输出对应的微信小程序游戏。输出结果如下：

```
1 代表跳一跳，2 代表好友画我，3 代表头脑王者，请选择：
3
您现在选择的是 3
所以您要玩"头脑王者"游戏
```

综合练习 2：模拟自动售货机　在自动售货机上购买商品时，通常是通过按键选择商品。例如，按键 1 代表选择巧克力，按键 2 代表选择小面包，按键 3 代表选择可口可乐。利用 switch 语句模拟实现此场景，运行结果如下：

```
************************
*    可选择的按键：     *
*    1.巧克力          *
*    2.小面包          *
*    3.可口可乐        *
************************
从 1~3 中选择按键：
3
您选择了可口可乐
```

综合练习 3：输出玫瑰花语　女生都喜欢玫瑰花，因为每种玫瑰花都代表不同的含义。例如，红玫瑰代表"我爱你、热恋，希望与你永恒相爱"；白玫瑰代表"纯洁、谦卑、尊敬，我们的爱情是纯洁的爱"；粉玫瑰代表"初恋，喜欢你那灿烂的笑容，年轻漂亮"；蓝玫瑰代表"憨厚、善良"。选择不同的玫瑰，输出对应的花语，运行结果如图 6.17 和图 6.18 所示。

```
输入1：代表选择红玫瑰
输入2：代表选择白玫瑰
输入3：代表选择粉玫瑰
输入4：代表选择蓝玫瑰
请输入您的选择：
2
★★★★★★★★★★★★★★★★★★★★★★★
★         您选择的是白玫瑰              ★
★ 它代表纯洁、谦卑、尊敬，我们的爱情是纯洁的爱 ★
★★★★★★★★★★★★★★★★★★★★★★★
```

```
输入1：代表选择红玫瑰
输入2：代表选择白玫瑰
输入3：代表选择粉玫瑰
输入4：代表选择蓝玫瑰
请输入您的选择：
3
▽▽▽▽▽▽▽▽▽▽▽▽▽▽▽▽▽▽▽▽
         您选择的是粉玫瑰
 它代表初恋，喜欢你那灿烂的笑容，年轻漂亮
△△△△△△△△△△△△△△△△△△△△
```

图 6.17　输出白玫瑰花语　　　　　　　图 6.18　输出粉玫瑰花语

综合练习 4：寻找最大值　设计一个程序，通过键盘输入任意 3 个整数，输出其中最大的数。运行结果如下：

```
请输入 3 个数字：
87
9
65
最大值是 a：87
```

综合练习 5：自助服务　某商店支持自助服务，支付方式有 3 种，数字 1 代表网络支付，数字 2 代表银行卡支付，数字 3 代表现金支付，顾客可根据输入的数字选择一种支付方式。输出结果如下：

```
本店支持以下自助支付方式：
1、网络支付
2、银行卡支付
3、现金支付
请输入数字选择支付方式
^_^ ^_^ ^_^ ^_^ ^_^ ^_^
1
请用微信或支付宝扫描对应二维码以完成支付
```

综合练习 6：输出某外卖待支付金额　利用条件运算符输出某外卖订单。订单金额满 15 元可免费配送，否则就要加上 5 元的配送费。运行程序，结果如图 6.19 和图 6.20 所示。

```
您的订单餐费是：
13
您的订单共计18元，请支付
```

```
您的订单餐费是：
20
您的订单共计20元，请支付
```

图 6.19　订单金额小于 15 元　　　　　图 6.20　订单金额大于 15 元

综合练习 7：空气质量指数　空气质量指数 AQI（Air Quality Index）是定量描述空气质量状况的

指数，分为 6 级，对应空气质量的 6 个类别，其数值越大，说明空气污染状况越严重。表 6.1 为空气质量等级、指数范围及相应的空气质量状况对应表。

表 6.1　空气质量等级、指数范围及相应的空气质量状况对应表

| 空气质量等级 | 空气质量指数 | 空气质量状况 | 建　　议 |
|---|---|---|---|
| 1 | 0～50 | 优秀 | 可多参加户外活动，呼吸新鲜空气 |
| 2 | 51～100 | 良好 | 除少数对某些污染物特别容易过敏的人群外，其他人群可以正常进行室外活动 |
| 3 | 101～150 | 轻度污染 | 敏感人群需减少体力消耗较大的户外活动 |
| 4 | 151～200 | 中度污染 | 敏感人群应尽量减少外出，一般人群适当减少户外活动 |
| 5 | 201～300 | 重度污染 | 敏感人群应停止户外活动，一般人群尽量减少户外活动 |
| 6 | >300 | 严重污染 | 除有特殊需要的人群外，尽量不要留在室外 |

编写程序，输入所在城市的空气质量指数，输出空气质量状况和出行建议，效果如图 6.21 和图 6.22 所示。

```
请输入您所在城市的空气质量指数：
25
您所在的空气质量为：优秀
➡➡➡➡➡➡➡➡➡
可多参加户外活动，呼吸新鲜空气！
```

```
请输入您所在城市的空气质量指数：
123
您所在的空气质量为：轻度污染
➡➡➡➡➡➡➡➡➡
敏感人群需减少体力消耗较大的户外活动！
```

图 6.21　空气质量指数为 25　　　　图 6.22　空气质量指数为 123

综合练习 8：判断是否为酒后驾车　国家质量监督检验检疫总局发布的《车辆驾驶人员血液、呼气酒精含量阈值与检验》中规定：车辆驾驶人员 100ml 血液中的酒精含量小于 20mg 不构成饮酒驾驶行为；大于等于 20mg 且小于 80mg 为饮酒后驾车；大于等于 80mg 为醉酒后驾车。编写程序，输入血液中的酒精含量，判断是否为酒驾。运行结果如下：

```
为了您和他人的安全，严禁酒后驾车
请输入每 100 毫升血液的酒精含量：
90

已经达到醉酒驾驶标准，千万不要开车！
```

# 第 7 章

# 循环控制

生活中总会有许多简单而重复的工作，为完成这些重复性工作，需要花费很多时间。使用循环语句来处理程序开发中简单、重复性的工作是最好不过的了。本章致力于使读者了解 while、do…while 和 for 3 种循环结构的特点，以及转移语句的相关内容。

本章的知识架构及重难点如下：

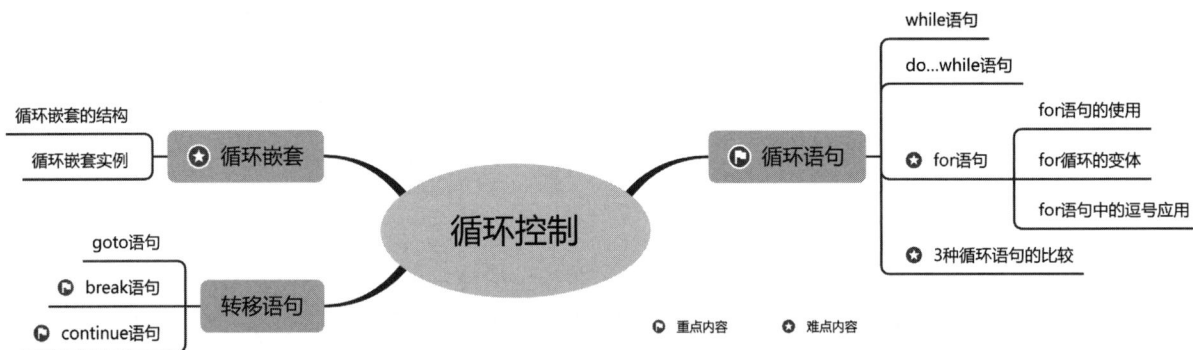

## 7.1 循 环 语 句

程序在运行时可以通过判断、检验条件做出选择，帮我们解决许多问题。此处，程序还必须能够重复，也就是能反复执行一段指令，直到满足某个条件为止。例如，要计算一个公司的月消费额，就要将所有的消费金额依次相加。如果要计算全年的消费总额，还需要将 1～12 月的消费金额依次相加。

这种重复的过程就称为循环。C 语言中有 3 种循环语句，即 while、do…while 和 for 循环语句。循环是结构化程序设计的基本结构之一，读者必须熟练掌握。

## 7.2 while 语句

使用 while 语句可以解决当某个条件满足时需要反复执行某个循环体的问题。其一般形式如下：

```
while(表达式)
{
    语句块 (循环体)
}
```

while 语句的执行流程如图 7.1 所示。

while 语句首先检验一个条件，也就是括号中的表达式。当条件为真时，就执行紧跟其后的循环语句块。每执行一遍循环，程序都将回到 while 语句处，重新检验条件是否满足。如果一开始条件就不满足，则跳过循环体中的语句，直接执行后面的程序代码。如果第一次检验时条件满足，那么在第一次或其后的循环过程中，必须得有使条件为假的操作，否则循环将无法终止。

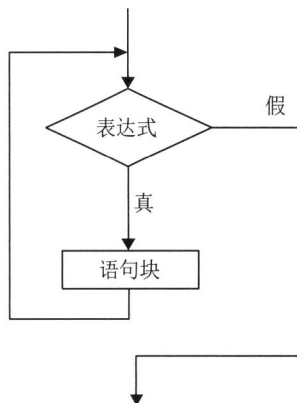

**说明**

无法终止的循环常被称为死循环或者无限循环。

图 7.1 while 语句的执行流程

例如下面的代码：

```
while(iSum<100)
{
    iSum+=1;
}
printf("iSum 为：%d",iSum);
```

在这段代码中，while 语句首先判断 iSum 变量是否小于常量 100，如果小于 100，为真，那么执行紧跟其后的循环语句块；如果不小于 100，为假，那么跳过循环语句块中的内容直接执行 printf 语句。在循环语句块中，可以看到对其中的变量执行加 1 运算，使 iSum 不会一直小于 100，否则程序会一直循环下去。

**误区警示**

初学者很容易在 while 语句后添加英文分号（;），从而导致编译报错。一定要注意，if、if...else、while 语句的判断表达式后是没有分号的。

【例 7.1】计算 n～100 的累加和（while 版）（实例位置：资源包\TM\sl\07\01）

用户输入一个值，从这个值开始，依次与之后的连续若干个自然数相加，当该自然数大于 100 时结束，并输出这若干个自然数的和。这里用到 while 循环，代码如下：

```
#include<stdio.h>
int main()
{
    int n,sum=0;                        /*定义变量 n 表示输入的数据，sum 表示累加和*/
    printf("请输入一个自然数:");
    scanf("%d",&n);                     /*输入自然数 n*/
    while(n<=100)                       /*使用 while 循环，当 n 小于等于 100 时*/
    {
        sum=sum+n;                      /*进行累加，并将累加和保存在 sum 中*/
        n++;                            /*n 自增运算，表示后续一个自然数*/
    }
    printf("结果为：%d\n",sum);         /*输出 n～100 的累加和*/
    return 0;
}
```

（1）在程序代码中，因为要计算 n～100 的累加结果，所以要定义两个变量，n 表示用户输入的数据，sum 表示累加的和。

（2）使用 while 语句判断 n 是否小于等于 100，如果条件为真，则执行其后语句块中的内容；如果条件为假，则跳过语句块执行后面的内容。当用户输入 90 时，表示 n 的初始值为 90，判断的条件为真，因此执行累加操作。

（3）在 while 语句块中，总和 sum 等于先前计算的总和结果加上现在 n 表示的数字，完成累加操作，n++通过自身加 1 操作表示下一个自然数。语句块执行结束后，while 会再次判断新的 n 值。也就是说，"n++;"语句可以使得循环停止。

（4）当 n 大于 100 时，循环操作结束，将结果 sum 输出。

运行程序，显示效果如图 7.2 所示。

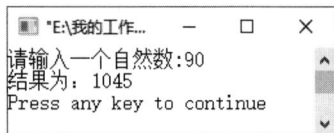

图 7.2 计算 n～100 的累加和

**误区警示**

使用 while 语句时，很容易多执行一次或少执行一次循环，这类错误被称为"差一错误"。例如，把"number <= 20"写作"number < 20"，就会少执行一次循环，因此一定要给出正确的循环条件。

**【例 7.2】**细菌的繁殖数量（while 循环实现）（**实例位置：资源包\TM\sl\07\02**）

生物实验室做单细胞细菌繁殖实验。一代菌落中只有一个细菌，二代菌落中分裂成两个细菌，三代菌落中分裂成 4 个细菌，以此类推，每代细菌数量都会成倍数增长。计算第十二代菌落中的细菌数量。使用 while 循环语句实现，具体代码如下：

```
#include<stdio.h>
int main()
{
    int x=1;                              /*定义变量 x，表示菌落的代数，初始为一代*/
    int num=1;                            /*定义变量 num，表示细菌数量，初始为一个*/
    while(x<=12)                          /*检验条件，代数小于等于 12*/
    {
        num*=2;                          /*细菌成倍数增长*/
        x++;                             /*代数增加*/
    }
    printf("第十二代菌落中的细菌数量是%d\n",num);   /*将结果输出*/
    return 0;
}
```

（1）在程序代码中，因为要计算 1～12 代的细菌成倍繁殖结果，所以要定义两个变量，x 表示代数，num 表示计算的细菌数量。

（2）使用 while 语句判断 x 是否小于等于 12，如果条件为真，则执行其后语句块中的内容；如果条件为假，则跳过语句块执行后面的内容。初始 x 值为 1，判断的条件为真，因此执行语句块。

（3）在语句块中，num 等于先前计算的结果乘以 2，完成细菌数量成倍操作，x++表示代数自身加 1 操作。语句块执行结束后，while 会再次判断新的 x 值。也就是说，"x++;"语句可以使循环停止。

（4）当 x 大于 12 时，循环操作结束，将结果 num 输出。

运行程序，显示效果如图 7.3 所示。

**编程训练（答案位置：资源包\TM\sl\07\编程训练\）**

训练 1：农夫卖瓜　编写程序，模拟农夫卖西瓜。农夫一共有 1020 个西瓜，第一天卖掉一半多 2 个，第二天卖掉剩下的一半多 2

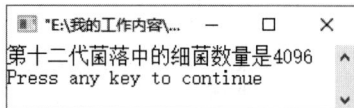

图 7.3 计算细菌的繁殖数量

个，如此循环下去，需要卖几天才能卖完。输出结果如下：（提示：剩余的数量=原来数量/2−2，且每次循环，天数都要自增 1，直到西瓜的数量为 0，跳出循环，输出天数）

这些西瓜，一共卖 8 天

训练 2：打印 100 次名字　利用 while 循环，输出 100 个自己的名字。

# 7.3　do…while 语句

在有些情况下，不论条件是否满足，循环过程必须执行至少一次，这时可以采用 do…while 语句。do…while 语句的特点就是先执行循环体语句块中的内容，然后再判断循环条件是否成立。其一般形式如下：

```
do
{
    语句块 (循环体)
} while(表达式);
```

do…while 语句的执行流程如图 7.4 所示。

do…while 语句是这样执行的，首先执行一次循环体语句中的内容，然后判断表达式，当表达式的值为真时，返回重新执行循环体语句，然后再次判断表达式，直到表达式的值为假，此时循环结束。

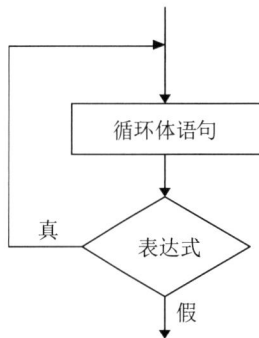

**说明**

while 语句和 do…while 语句的区别在于：while 语句在每次循环之前检验条件，do…while 语句在每次循环之后检验条件。这也可以从两种循环结构的代码上看出来，while 语句中 while 出现在循环体的前面，do…while 语句中 while 出现在循环体的后面。

图 7.4　do…while 语句的执行流程

例如下面的代码：

```
do
{
    iNumber++;
} while(iNumber<100);
```

在上面的代码中，首先执行 iNumber++的操作，也就是说，不管 iNumber 是否小于 100，都会执行一次循环体中的内容。然后判断 while 后括号中的内容，如果 iNumber 小于 100，则再次执行循环语句块中的内容；条件为假时，执行后续的程序操作。

**注意**

在使用 do…while 语句时，条件表达式要放在 while 关键字后面的括号中，最后必须加上一个分号（;），这里和 while 语句不同，初学者一定要格外注意。

**【例 7.3】** 计算 n～100 的累加和（do...while 版）（**实例位置：资源包\TM\sl\07\03**）

在例 7.1 中，计算 n～100 所有数字的累加方法使用的是 while 语句，在本实例中使用 do...while 语句实现相同的功能。编写代码时，仔细体会两者的区别。

```c
#include<stdio.h>
int main()
{
    int n,sum=0;                      /*定义变量 n 表示输入的数据，sum 表示累加和*/
    printf("请输入一个自然数:");
    scanf("%d",&n);                   /*输入数据 n*/
    do                                /*使用 do...while 循环*/
    {
        sum=sum+n;                    /*进行累加*/
        n++;                          /*增加数字*/
    } while(n<=100);                  /*while 循环条件*/
    printf("结果为：%d\n",sum);        /*将结果输出*/
    return 0;
}
```

（1）在程序中，同样定义 n 表示用户输入的数字，而 sum 表示计算的总和。

（2）do 关键字之后是循环语句，在语句块中进行累加操作，并对 n 变量进行自增操作。语句块下方是 while 语句检验条件，如果检验为真，则继续执行上面的语句块操作；为假时，程序执行下面的代码。

（3）在循环操作完成之后，将结果输出。

运行程序，显示效果如图 7.5 所示。

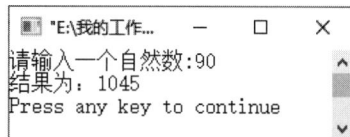

**编程训练**（**答案位置：资源包\TM\sl\07\编程训练\**）

**训练 3：验证高斯的猜想** 10 岁的高斯很快算出了 1～100 之

和，他利用算术结合律，把前后的数字一对一对地凑在一起，巧妙地算出了 1～100 之和。用 do...while 语句验证 1～100 之和是否是高斯所计算的结果 5050。输出结果如下：

```
1～100 的和是：5050
```

**训练 4：猴子摘桃** 猴子第一天摘下若干个桃子，当即吃了一半，还不过瘾，又多吃了一个。第二天早上将第一天剩下的桃子吃掉一半，又多吃了一个。以后每天早上都要吃掉前一天剩下桃子的一半零一个。到第 10 天早上想再吃时，发现只剩下一个桃子了。编写程序，求解猴子第一天共摘了多少个桃子。利用 do...while 语句进行计算，输出结果如下：

```
一共有 1534 个桃子
```

图 7.5　计算 n～100 的累加和

# 7.4　for 语句

C 语言中，使用 for 语句也可以控制一个循环，并且在每次循环时修改循环变量。在循环语句中，for 语句的应用最为灵活，可以用于循环次数确定的情况，还可以用于循环次数不确定但给出了循环结束条件的情况。下面将对 for 语句的循环结构进行详细的介绍。

## 7.4.1　for 循环语句

for 语句的一般形式如下:

```
for(表达式 1;表达式 2;表达式 3;)
{
    语句块 (循环体)
}
```

　　每条 for 语句包含 3 个用分号隔开的表达式, 这 3 个表达式用一对圆括号括起来, 其后紧跟着循环语句或语句块。for 语句中, 程序首先执行第 1 个表达式为一个循环变量赋初值; 接着检验第 2 个表达式是否为真, 如果为真, 就执行循环体中的内容, 并计算第 3 个表达式; 然后继续检验第 2 个表达式是否为真, 为真则继续执行循环; 如此反复, 直到第 2 个表达式的值为假, 退出循环。

　　for 语句的执行流程如图 7.6 所示。其执行过程如下。

　　(1) 求解表达式 1。

　　(2) 求解表达式 2, 若其值为真, 则执行 for 语句中的循环语句块, 然后执行步骤 (3); 若为假, 则结束循环, 转到步骤 (5)。

　　(3) 求解表达式 3。

　　(4) 回到步骤 (2), 继续执行。

　　(5) 循环结束, 执行 for 语句下面的一个语句。

　　为便于理解, for 语句的形式也可以简单表示为:

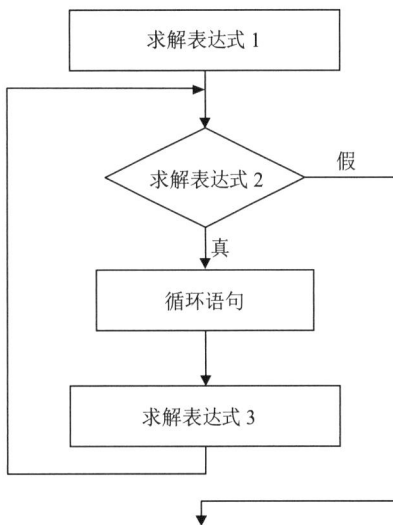

图 7.6　for 语句的执行流程

```
for(循环变量赋初值;循环条件;循环变量改变)
{
    语句块(循环体)
}
```

例如, 实现一个循环输出操作:

```
for(i=1;i<100;i++)
{
    printf("the i is:%d",i);
}
```

　　在上面的代码中, 表达式 "i=1" 用于对循环变量 i 进行赋初值操作; 表达式 "i<100" 用于检验循环条件是否为真, 因为 i 的初值为 1, 小于 100, 判断为真, 所以执行大括号中的语句块; 表达式 "i++" 用于在每次循环结束后, 对循环变量进行自增操作。一次循环完成后, 会再次判断表达式 "i<100" 的状态, 为真时, 继续执行语句块; 为假时, 循环结束, 执行后面的程序代码。

C 语言从入门到精通（第 6 版）

## 误区警示

使用 for 语句时，常常犯的错误是将 for 语句括号内的表达式用逗号隔开。例如：

for(i=1,i<100,i++) {...}

这句代码就是错误的。切记，3 个表达式之间应用分号隔开。

**【例 7.4】** 计算小球反弹高度（实例位置：资源包\TM\sl\07\04）

一个小球从 80 米高度自由落下，每次落地后反弹的高度为原高度的一半，计算小球第 6 次反弹的高度。在本实例中，要求使用 for 循环语句计算小球反弹高度。具体代码如下：

```c
#include<stdio.h>
int main()
{
    int high=80;                        /*定义变量 high，表示高度*/
    int i;                              /*定义变量 i，作为循环变量*/
    for(i=0;i<6;i++)                    /*使用 for 语句循环*/
    {
        high/=2;                        /*每次反弹高度为原高度的一半*/
        printf("当前高度是 %d\n",high);  /*输出当前反弹高度*/
    }
    printf("第 6 次反弹高度 %d\n",high);  /*输出第 6 次反弹高度*/
    return 0;                           /*程序结束*/
}
```

（1）在程序代码中，定义变量 high。在 for 语句中先对 i 赋值，然后判断 i<6 的条件是否为真，再根据判断的结果选择是否执行循环语句。

（2）在循环语句中计算每次反弹高度，即用当前高度除以 2，再用 printf 输出当前反弹高度。

（3）在 for 语句外，用 printf 函数输出第 6 次反弹高度。

运行程序，显示效果如图 7.7 所示。

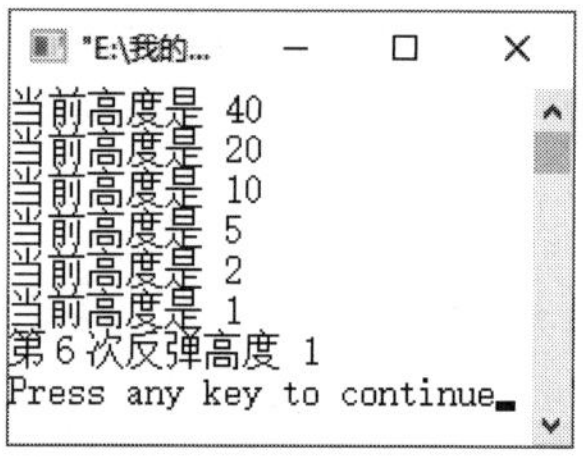

for 循环的执行过程也可以使用 while 循环来表示：

图 7.7 使用 for 语句计算小球反弹高度

```c
表达式 1;
while(表达式 2)
{
    语句块
    表达式 3;
}
```

上面就是使用 while 循环表示 for 循环的一般形式，其中的 3 个表达式对应着 for 语句括号中的 3 个表达式。下面通过一个实例来比较下这两种操作。

**【例 7.5】** 计算 n～100 的累加和（for 版+while 版）（实例位置：资源包\TM\sl\07\05）

在本实例中，先使用 for 语句实现一个 n～100 循环累加的操作，再使用 while 语句实现相同的功能。注意观察实例中 for 语句表达式与 while 语句表达式应用中的差别。

```c
#include<stdio.h>
int main()
{
    int n,sum=0;                        /*定义变量 n 表示输入的数据，sum 表示累加和*/
```

110

```
    int i,n1,sum1=0;                          /*定义变量 n1 表示输入的数据，sum1 表示累加和*/
    printf("请输入一个自然数:");
    scanf("%d",&n1);                          /*输入数据 n1*/
    for(i=n1;i<=100;i++)                      /*使用 for 循环计算累加和*/
    {
        sum1=sum1+i;                          /*进行累加*/
    }
    printf("结果为：%d\n",sum1);              /*将结果输出*/

    printf("请输入一个自然数:");
    scanf("%d",&n);                           /*输入数据 n*/
    while(n<=100)                             /*使用 while 循环计算累加和*/
    {
        sum=sum+n;                            /*进行累加*/
        n++;                                  /*循环变量自增*/
    }
    printf("结果为：%d\n",sum);               /*将结果输出*/
    return 0;
}
```

（1）定义变量 n、n1 表示用户输入的数字，变量 sum 表示计算的累加和，变量 i 用作 for 循环语句的循环变量。

（2）使用 for 语句执行循环操作，括号中表达式 "i=n" 为循环变量赋值。表达式 "i<=100" 为判断条件，条件为真，执行 for 循环体中的内容；条件为假，不进行循环操作。

（3）在 for 循环语句块中进行累加运算，然后执行 for 括号中的第 3 个表达式 "i++"，对循环变量进行自增操作。循环操作后，将保存有计算结果的变量 sum 进行输出。

（4）在使用 while 语句之前要恢复变量的值。再次输入变量 n1，就相当于 for 语句中第一个表达式的作用，为变量设置初值。然后在 while 括号中的表达式 "n<=100" 与 for 语句中第二个表达式相对应。最后的 n++ 自增操作与 for 语句中的最后一个表达式相对应。

运行程序，显示效果如图 7.8 所示。

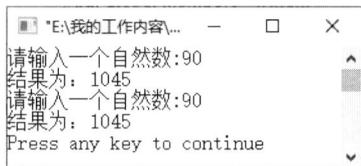

图 7.8　比较 while 语句和 for 语句

## 7.4.2　for 循环的变体

通过上面的学习可知，for 语句的一般形式中有 3 个表达式。这 3 个表达式都是必不可少的，还是可以根据情况进行省略呢？接下来对不同情况进行讲解。

### 1．for 语句中省略表达式 1

表达式 1 的作用是对循环变量设置初值，如果省略了表达式 1，就会影响对表达式 2（即循环条件）的判断。为保证程序正常运行，应在 for 语句之前先给循环变量赋值。例如：

```
for(;iNumber<10;iNumber++)
```

省略表达式 1 时，其后的分号不能省略，要格外注意。

【例 7.6】求 n!（实例位置：资源包\TM\sl\07\06）

在本实例中，根据用户输入的数据计算其阶乘，并且将 for 语句中第一个表达式省略。具体代码如下：

```
#include<stdio.h>
int main()
{
    int n,i=1,result=1;              /*定义变量，为变量 i, result 赋初始值，其中 i=1 代替了 for 语句中的表达式 1*/
    printf("请输入 n 的值:\n");       /*提示用户输入数据*/
    scanf("%d",&n);                  /*输入数据*/
    for(;i<=n;i++)                   /*for 循环，省略表达式 1*/
    {
        result*=i;                   /*计算阶乘*/
    }
    printf("%d!=%d\n",n,result);     /*输出结果*/
    return 0;                        /*程序结束*/
}
```

在代码中可以看到，在定义 i 变量时直接为其赋了初值，这样在使用 for 语句循环时就不用再为 i 赋初值，从而可以省略表达式 1。

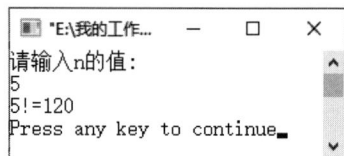

运行程序，显示效果如图 7.9 所示。

**2．for 语句中省略表达式 2**

表达式 2 给出的是循环条件，不能省略，如果表达式 2 省略，则无法判断循环条件，也即默认表达式 2 始终为真，因此循环将无终止地进行下去。例如：

图 7.9　省略 for 语句中的表达式 1

```
for(iCount=1; ;iCount++)          /*缺少循环结束条件，陷入死循环*/
{
    sum=sum+iCount;
}
```

括号中，表达式"iCount=1"为赋值表达式，第二个表达式是空缺的，这样就相当于使用了如下 while 语句：

```
iCount=1;
while(1)
{
    sum=sum+iCount;
    iCount++;
}
```

可见，for 语句中表达式 2 是不能省略的。

**3．for 语句中省略表达式 3**

表达式 3 用于改变循环变量，可以省略，但此时应在循环体内增加类似功能的语句，以保证循环能正常结束，否则程序也会无终止地循环下去。例如：

```
for(iCount=1;iCount<50;)          /*for 循环，省略表达式 3*/
{
    sum=sum+iCount;
    iCount++;                     /*此处语句可代替表达式 3 的功能*/
}
```

## 7.4.3　for 循环中的逗号应用

在 for 语句中，表达式 1 和表达式 3 处除了可以使用简单的表达式，还可以使用逗号表达式，即包含一个以上的简单表达式，中间用逗号间隔。例如，在表达式 1 处为变量 iCount 和 iSum 设置初始值：

```
for(iSum=0,iCount=1;iCount<100;iCount++)
{
    iSum=iSum+iCount;
}
```

或者在表达式 3 处执行循环变量自增操作两次：

```
for(iCount=1;iCount<100;iCount++,iCount++)
{
    iSum=iSum+iCount;
}
```

也就是说，表达式 1 和表达式 3 都可以是逗号表达式。在逗号表达式内按照自左至右顺序求解，整个逗号表达式的值为其最右侧表达式的值。例如：

```
for(iCount=1;iCount<100;iCount++,iCount++)
```

就相当于：

```
for(iCount=1;iCount<100;iCount=iCount+2)
```

【例 7.7】计算 1～100 所有偶数的累加和（**实例位置：资源包\TM\sl\07\07**）

在本实例中，为变量赋初值的操作放在 for 语句中，并且对循环变量进行两次自增操作，这样所求出的结果就是所有偶数的和。

```
#include<stdio.h>
int main()
{
    int iCount,iSum;                    /*定义变量*/
    /*在 for 循环中，为两个变量赋初值，并对循环变量进行两次自增运算*/
    for(iSum=0,iCount=0;iCount<=100;iCount++,iCount++)
    {
        iSum=iSum+iCount;               /*进行累加计算*/
    }
    printf("the result is:%d\n",iSum);  /*输出结果*/
    return 0;
}
```

在程序代码中，在 for 语句中对变量 iSum、iCount 进行初始化赋值。每次循环语句执行完后进行两次 iCount++ 操作，最后将结果输出。运行程序，显示效果如图 7.10 所示。

**误区警示**

浮点数的误差是不可避免的。如果在 for 循环的条件表达式中使用浮点数，那么将导致数值错误。因此，不建议开发者使用浮点类型定义 for 语句的循环变量。

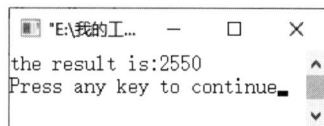

```
"E:\我的工...   —    □    ×
the result is:2550
Press any key to continue
```

图 7.10 计算 1～100 所有偶数的累加结果

**编程训练（答案位置：资源包\TM\sl\07\编程训练\）**

训练 5：数学计算 用 for 语句求解 1–3+5–7+9–…–99+101 的结果，输出结果如下：

```
sum=51
```

训练 6：模拟用公积金买房子 使用公积金买房，贷款的利息比商业贷款低很多，能够为买房者省下很大一笔钱。模拟用公积金分期付款买房子，计算每个月需要还的月供金额，假设公积金利率按照当前 5 年期以上年利率 3.1%计算，还款方式采用等额本金方式，则每月还款金额计算公式为：每月月供额=每月应还本金+当月应还利息=(贷款本金÷还款期数)+(贷款本金-已归还本金累计额)×月利率。输出结果如下：

```
请输入你想买房子的总价格：670000
房子的总价是：670000.0
首付 370000 元之后还剩 300000.0 元
等额本金还款法第 1 月应还本息为：1605.85
等额本金还款法第 2 月应还本息为：1603.70
等额本金还款法第 3 月应还本息为：1601.54
……
```

# 7.5  3 种循环语句的比较

前面介绍了 3 种可以执行循环操作的语句。一般情况下，这 3 种循环之间可以相互替换。下面是这 3 种循环语句在不同情况下的比较。

☑  while 和 do…while 循环只在 while 后面指定循环条件，在循环体中应包含使循环趋于结束的语句（如 i++或者 i=i+1 等）。for 循环可以在表达式 3 中包含使循环趋于结束的操作。因此，for 语句的功能更强，凡用 while 循环能完成的功能，用 for 循环都能实现。

☑  用 while 和 do…while 循环时，循环变量初始化的操作应在 while 和 do…while 语句之前完成；而 for 语句可以在表达式 1 中实现循环变量的初始化。

☑  while 循环、do…while 循环和 for 循环都可以用 break 语句跳出循环，用 continue 语句结束本次循环（break 语句和 continue 语句将在 7.7 节中进行介绍）。

# 7.6  循环嵌套

一个循环体内还可以包含一个或多个其他循环结构，这称之为循环的嵌套。如果嵌套的循环有多层，这就是多层循环。不管在什么语言中，关于循环嵌套的概念都是一样的。

例如，我们在电影院中寻找座位（见图 7.11）时，一般会依次查看各排的号码，找到第 2 排，然后在第 2 排中依次查看各座位号，找到第 3 列。这个先循环排（外层循环），再在排中循环列（内层循环），寻找座位的过程就类似于循环嵌套。

## 7.6.1  循环嵌套结构

while 循环、do…while 循环和 for 循环之间可以互相嵌套。例如，下面几种嵌套方式都是正确的。

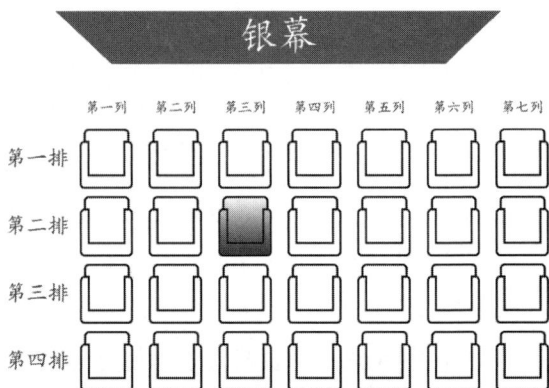

图 7.11  寻找座位的过程就类似循环嵌套

（1）while 循环中嵌套 while 循环。

```
while(表达式)
{
    语句块
    while(表达式)
    {
        语句块
    }
}
```

（2）do…while 循环中嵌套 while 循环。

```
do
{
    语句块
    while(表达式);
    {
        语句块
    }
}
while(表达式);
```

（3）for 循环中嵌套 for 循环。

```
for(表达式;表达式;表达式)
{
    语句块
    for(表达式;表达式;表达式)
    {
        语句块
    }
}
```

（4）do…while 循环中嵌套 for 循环。

```
do
{
    语句块
    for(表达式;表达式;表达式)
    {
        语句块
    }
}
while(表达式);
```

类似的嵌套形式还有很多种，在此不一一列举。读者只要将每种循环结构的方式把握好，就可以正确写出一个循环嵌套。

## 7.6.2　循环嵌套实例

【例 7.8】百钱买鸡（**实例位置：资源包\TM\sl\07\08**）

中国古典《算经》中有一道著名的百钱买鸡问题：鸡翁一，值钱五；鸡母一，值钱三；鸡雏三，值钱一；一百钱买鸡，问翁母雏各几只。利用循环嵌套输出结果，具体实现代码如下：

```
#include<stdio.h>
int main()
```

```
{
    int x,y,z;                                      /*定义变量 x 为鸡翁，y 为鸡母，z 为鸡雏*/
    for(x=0;x<20;x++)                               /*外层 for 循环，100 钱最多可以买 20 只鸡翁*/
    {   for(y=0;y<33;y++)                           /*内层 for 循环，100 钱最多可以买 33 只鸡母*/
        {
            z=100-x-y;                              /*鸡雏的数量，三者满足 100 只鸡*/
            if(5*x+3*y+z/3.0==100)                  /*如果 3 种鸡共需花费 100 钱*/
                printf("鸡翁=%d,鸡母=%d,鸡雏=%d\n",x,y,z);  /*输出结果*/
        }
    }
    return 0;
}
```

在代码中可以看到，首先定义 3 个变量 x,y,z，分别代表鸡翁、鸡母和鸡雏的数量。然后是两层 for 循环，外层 for 循环计算最多买多少只鸡翁，内层 for 循环计算最多买多少只鸡母，再用"100-鸡翁-鸡母"计算出可以买多少只鸡雏。最后用 if 语句判断这 3 种鸡的价格是否正好需要花 100 钱，如果为真，则用 printf 函数输出结果。运行效果如图 7.12 所示。

**【例 7.9】** 打印乘法口诀表（实例位置：资源包\TM\sl\07\09）

本实例要求打印出乘法口诀表，每一项都是行和列的相乘算式，使用循环嵌套打印输出。

```
#include<stdio.h>
int main()
{
    int iRow, iColumn;                              /*定义变量 iRow 为行，iColumn 为列*/
    for(iRow = 1; iRow <= 9; iRow++)                /*for 循环，先逐行循环*/
    {
        for(iColumn = 1; iColumn <= iRow; iColumn++)  /*再逐列循环，且列数小于等于行数*/
        {
            printf("%d*%d=%d ", iRow,iColumn,iRow *iColumn);  /*输出乘法口诀*/
        }
        printf("\n");                               /*进行换行*/
    }
    return 0;
}
```

本实例中用到两个 for 循环，第一个 for 循环可看成乘法口诀表的行数，同时也是每行进行乘法运算的第一个因子；第二个 for 循环范围的确定建立在第一个 for 循环的基础上，即第二个 for 循环的最大取值是第一个 for 循环中变量的值。

运行程序，显示效果如图 7.13 所示。

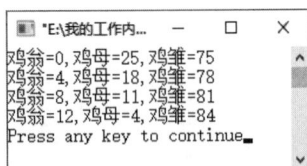

图 7.12　百钱买百鸡

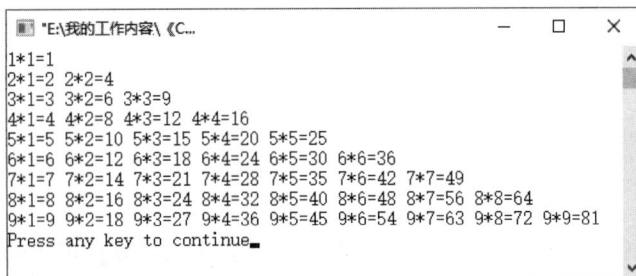

图 7.13　打印乘法口诀表

**编程训练（答案位置：资源包\TM\sl\07\编程训练\）**

训练 7：打印杨辉三角　用 for 语句的嵌套循环结构编写程序，打印杨辉三角（输出前 5 行）。输出结果如下：

```
1
1 1
1 2 1
1 3 3 1
1 4 6 4 1
```

训练 8：输出金字塔形状　利用嵌套循环输出金字塔形状。输出一个三角形要考虑 3 点：首先要控制输出三角形的行数，其次控制三角形的空白位置，最后将三角形输出显示。输出结果如下：

```
    *
   ***
  *****
 *******
*********
```

# 7.7 转 移 语 句

转移语句包括 goto 语句、break 语句和 continue 语句。通过这 3 种语句，程序的执行流程会发生一定的转移。下面对这 3 种语句的使用方式进行详细介绍。

## 7.7.1 goto 语句

goto 语句为无条件转移语句，可以使程序立即跳转到函数内部的任意一条可执行语句处。goto 关键字后面带一个标识符，该标识符是同一个函数内某条语句的标号。标号可以出现在任何可执行语句的前面，并且以一个冒号"："作为后缀。goto 语句的一般形式如下：

```
goto 标识符;
```

goto 后的标识符就是要跳转的目标，当然这个标识符要在程序的其他位置给出，并且其标识符要位于函数内部。函数的内容将会在后面章节进行介绍，在此对其简单了解即可。例如：

```
goto Show;
printf("the message before ShowMessage");
Show:
    printf("ShowMessage");
```

在上述代码中，goto 后的 Show 为跳转的标识符，第 3 行的"Show:"代码表示 goto 语句要跳转的位置，因此第 2 行的 printf 函数不会被执行，而会执行第 4 行的 printf 函数。

**注意**

> 跳转的方向可以向前，也可以向后；可以跳出一个循环，也可以跳入一个循环。

【例 7.10】"下一步"还是"退出"（实例位置：资源包\TM\sl\07\10）
本实例要求在执行循环操作的过程中，当用户输入退出指令后，程序跳转到循环外部。

```
#include<stdio.h>
int main()
```

```
{
    int iStep;                              /*定义变量，表示外层 for 循环的步骤号*/
    int iSelect;                            /*定义变量，保存用户输入的选项*/
    for(iStep=1;iStep<10;iStep++)           /*外层 for 循环，记录循环的次数（步骤号）*/
    {
        printf("步骤号:%d\n",iStep);        /*输出当前循环的步骤号*/
        do                                  /*内层 do...while 循环，保证用户输入 0 或 99*/
        {
            printf("请输入一个选择序号：\n");  /*输出提示信息*/
            printf("(0 是退出,99 是下一步)\n");
            scanf("%d",&iSelect);           /*用户输入选择*/
            if(iSelect==0)                  /*判断输入的是否为 0*/
            {
                goto exit;                  /*如果是 0，执行 goto 语句，跳转到 exit 处*/
            }
        }
        while(iSelect!=99);                 /*判断用户输入，只要不是 99 就重新输入序号*/
    }
    exit:                                   /*跳转语句执行位置*/
        printf("退出程序!\n");
    return 0;
}
```

（1）程序运行时，外层 for 循环控制程序步骤，输出的循环步骤为 1。信息提示输入数字，其中 0 表示退出，99 表示下一个步骤。

（2）在 for 循环中使用 do...while 语句判断用户输入，当条件为假时，循环结束并执行 for 循环的下一步。假如用户输入数字 3，既不退出也不执行下一步骤，而是继续提醒输入序号。当输入数字为 99 时，跳转到下一步，显示提示信息"步骤号:2"。

（3）如果用户输入的是 0，那么通过 if 语句判断为真，执行其中的 goto 语句进行跳转，其中 exit 为跳转的标识符。循环的外部使用"exit:"表示 goto 跳转的位置，输出"退出程序！"。

运行程序，显示效果如图 7.14 所示。

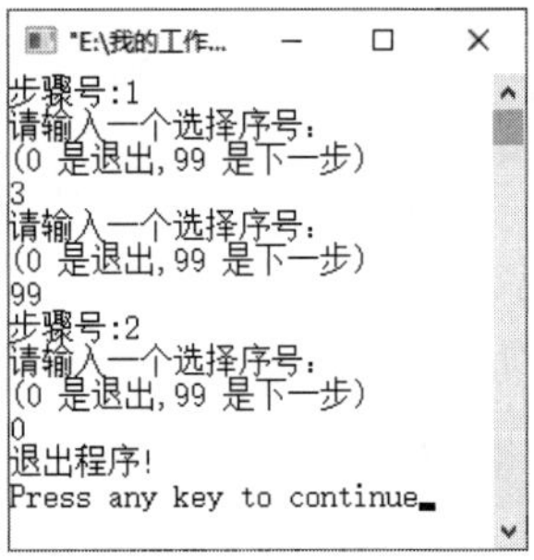

图 7.14　使用 goto 语句跳出循环

## 7.7.2　break 语句

在学习 switch 语句时，我们已经接触过 break 语句。通过 break 语句可以跳出 switch 多分支结构，继而执行后续的其他语句。

除了 switch 语句，在循环结构中也可以使用 break 语句，作用是终止并跳出当前循环，然后继续执行后面的代码。例如，在 while 循环语句中使用 break 语句：

```
while(1)
{
    printf("Break");
    break;
}
```

在上述代码中，while 语句是一个条件永远为真的循环，但由于在其中使用了 break 语句，使得程序可以跳出循环。

break 语句不能用于除 switch 语句和循环语句之外的任何其他语句中。另外，在多层循环嵌套的情况下，使用 break 语句只能跳出当前所在层次的循环，这点一定要注意。

【例 7.11】寻找 break（**实例位置：资源包\TM\sl\07\11**）

使用 for 语句执行 10 次循环，在循环体中判断输出的次数。当循环变量为 5 次时，使用 break 语句跳出循环，终止循环输出操作。

```
#include<stdio.h>
int main()
{
    int iCount;                          /*定义循环控制变量*/
    for(iCount=0;iCount<10;iCount++)     /*执行 10 次循环*/
    {
        if(iCount==5)                    /*判断条件，如果 iCount 等于 5，则跳出*/
        {
            printf("Break here\n");
            break;                       /*跳出循环*/
        }
        printf("the counter is:%d\n",iCount);   /*输出循环的次数*/
    }
    return 0;
}
```

变量 iCount 在 for 语句中被赋值为 0，因为 iCount<10，所以可循环执行 10 次。在循环语句中使用 if 语句判断当前 iCount 的值。当 iCount 值为 5 时，if 判断为真，使用 break 语句跳出循环。最终，循环只执行了 4 次。

运行程序，显示效果如图 7.15 所示。

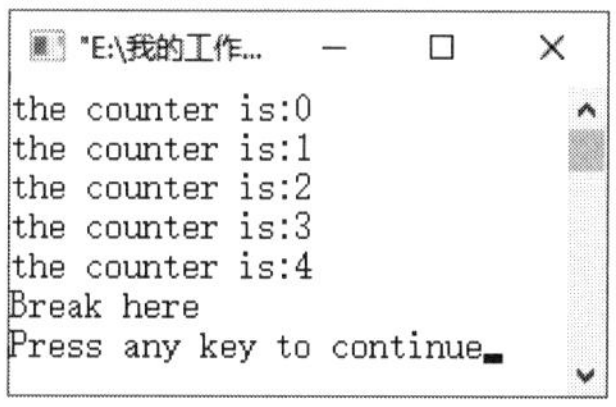

图 7.15　使用 break 语句跳出循环

## 7.7.3　continue 语句

在某些情况下，程序需要返回到循环头部继续执行，而不是跳出循环，此时可以使用 continue 语句。continue 语句的一般形式如下：

```
continue;
```

其作用就是结束本次循环，即跳过循环体中尚未执行的部分，直接执行下一次的循环操作。

**注意**

continue 语句和 break 语句的区别是：continue 语句只结束本次循环，而不是终止整个循环的执行；break 语句则是结束整个循环过程，不再判断执行循环的条件是否成立。

【例 7.12】寻找 Continue（**实例位置：资源包\TM\sl\07\12**）

本实例与例 7.11 基本相似，区别在于将使用 break 语句的位置改写成了 continue。因为 continue 语句只结束本次循环，所以剩下的循环还是会继续执行。

```
#include<stdio.h>
int main()
{
    int iCount;                          /*定义循环控制变量*/
    for(iCount=0;iCount<10;iCount++)     /*执行 10 次循环*/
    {
        if(iCount==5)                    /*判断条件，如果 iCount 等于 5，则跳出*/
        {
            printf("Continue here\n");
```

```
            continue;                                    /*跳出本次循环*/
        }
        printf("the counter is:%d\n",iCount);            /*输出循环的次数*/
    }
    return 0;
}
```

　　运行程序，显示效果如图 7.16 所示。可以看到在 iCount
等于 5 时，调用 continue 语句使得当次的循环结束。但是循
环本身并没有结束，因此程序会继续执行。

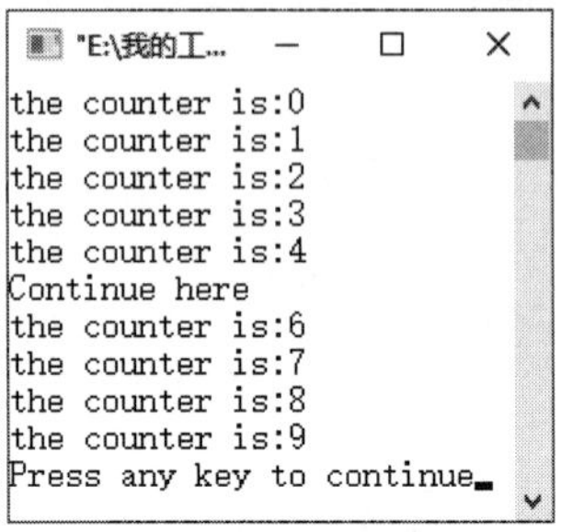

**编程训练（答案位置：资源包\TM\sl\07\编程训练\）**

　　训练 9：健身房邂逅　　假设一个正在跑步的男生邂逅了
一个女生，这个男生跑到 10 分钟的时候就停止跑步，去询
问女生要微信号，请用 break 语句来模拟此场景。输出结果
如下：

```
已经跑了 1 分钟
已经跑了 2 分钟
已经跑了 3 分钟
已经跑了 4 分钟
已经跑了 5 分钟
已经跑了 6 分钟
已经跑了 7 分钟
已经跑了 8 分钟
已经跑了 9 分钟
看见美女了，我要与她约会
```

图 7.16　使用 continue 语句结束本次循环

　　训练 10：自动售货机收费系统　　自动售货机内有 3 种饮料，价格分别为 3 元、5 元和 7 元。该售
货机仅支持 1 元硬币支付。请编写该自动售货机的收费系统，输出结果如下：

```
正在售卖的饮料及其价格: 1: 3元        2: 5元        3: 7元
请输入要购买的饮料编号：
2
本自动售卖机仅支持 1 元硬币支付，请投币：
1
少于 5 元！请继续投币……
2
请您投入 1 元硬币！
1
少于 5 元！请继续投币……
1
少于 5 元！请继续投币……
1
少于 5 元！请继续投币……
1
已支付全款！请拿走您的饮料。
```

# 7.8　实践与练习

**（答案位置：资源包\TM\sl\07\实践与练习\）**

　　综合练习 1：手机分期付款　　输入想购买的手机价格，减掉首付 300 元，剩下的钱分 6 个月分期付款。

已知 6 个月分期付款时，每个月的利息是 0.6%，计算每个月需要还多少钱。运行程序，输出结果如下：

```
请输入你想买的手机价格：2699
手机的总价格是：2699.0 元
首付 300 之后还剩 2399.0 元
将所剩 2399.0 元进行分 6 期付款：
从我买手机开始，接下来的 6 个月每月需要还 414.4 元钱
```

综合练习 2：测测你的星座    星座有 12 个，每个月对应一个星座（这里做了简化，假设每个星座都对应一个自然月）。编写程序，输入（循环输入）出生月份，就可以知道对应的星座，还可以知道幸运数字。运行结果如下：

```
请输入你的出生月份：
8
你的星座是狮子座
幸运数是 1
请输入你的出生月份：
7
你的星座是巨蟹座
幸运数是 2
请输入你的出生月份：
```

综合练习 3：模拟在自动售货机买饮料    自动售货机中矿泉水 1 元，碳酸饮料 3 元，果汁 4 元。编写程序，模拟在自动售货机上买饮料，运行结果如下：

```
------------ 自动售货机------------
请输入（1:矿泉水 2:碳酸饮料 3:果汁 4:结算）：
2
您选择的是碳酸饮料。
请支付 3 元
请输入（1:矿泉水 2:碳酸饮料 3:果汁 4:结算）：
1
您选择的是矿泉水。
请支付 1 元
请输入（1:矿泉水 2:碳酸饮料 3:果汁 4:结算）：
4
一共为 4 元
```

综合练习 4：查询银行名称    如图 7.17 所示为各大银行的 LOGO，编写程序，输入要查询的银行号码，输出对应的银行名称。运行结果如图 7.18 所示。

综合练习 5：猜数字游戏    编写一个猜数字的小游戏，随机生成一个 1～10（包括 1 和 10）的数字作为基准数，玩家每次通过键盘输入一个数字，如果输入的数字和基准数相同，则成功过关，否则重新输入。运行结果如下：

```
请输入一个数字：
200
你猜大了,请重新输入：
150
你猜大了,请重新输入：
140
你猜小了,请重新输入：
145
你猜小了,请重新输入：
147
恭喜你,猜对了！！
```

综合练习 6：客车承载量提醒    一辆客车只能承载 25 人，如果超过 25 人，就给出座位已满提示信

息。编写程序，提醒客车还能承载多少人。运行结果如下：

```
目前车上已有的乘客数量是:20
还能承载 5 人,
还能承载 4 人,
还能承载 3 人,
还能承载 2 人,
还能承载 1 人,
还能承载 0 人,
座位已满, 不能再承载了。
```

综合练习 7：剧院卖票　某剧院发售演出门票，演播厅观众席有 4 行，每行有 10 个座位。为了不影响观众视角，在发售门票时，屏蔽掉最左一列和最右一列的座位，其他座位均可售出。编写程序，模拟剧院卖票，显示效果如图 7.19 所示。

图 7.17　各大银行 LOGO

```
1 对应银行为：ICBI
2 对应银行为：ABC
3 对应银行为：CCB
4 对应银行为：BOC
5 对应银行为：CMB
6 对应银行为：CEB
7 对应银行为：CMBC
8 对应银行为：CIB
9 对应银行为：BCM
---------银行全称查询系统---------
请输入要查询的数据：
5
5 对应银行为：招商银行
请输入要查询的数据：
1
1 对应银行为：中国工商银行
请输入要查询的数据：
9
9 对应银行为：中国交通银行
请输入要查询的数据：
0
您的输入有误，请重新输入……
```

图 7.18　查询银行名称

```
电影院可售票情况如下:
第 1 排第 2 列可售
第 1 排第 3 列可售
第 1 排第 4 列可售
第 1 排第 5 列可售
第 1 排第 6 列可售
第 1 排第 7 列可售
第 1 排第 8 列可售
第 1 排第 9 列可售
第 2 排第 2 列可售
第 2 排第 3 列可售
第 2 排第 4 列可售
第 2 排第 5 列可售
第 2 排第 6 列可售
第 2 排第 7 列可售
第 2 排第 8 列可售
第 2 排第 9 列可售
第 3 排第 2 列可售
第 3 排第 3 列可售
第 3 排第 4 列可售
第 3 排第 5 列可售
第 3 排第 6 列可售
第 3 排第 7 列可售
第 3 排第 8 列可售
第 3 排第 9 列可售
第 4 排第 2 列可售
第 4 排第 3 列可售
第 4 排第 4 列可售
第 4 排第 5 列可售
第 4 排第 6 列可售
第 4 排第 7 列可售
第 4 排第 8 列可售
第 4 排第 9 列可售
```

图 7.19　剧院售票

综合练习 8：模拟 10086 查询功能　10086 是中国移动的客户服务热线，用户可以拨打 10086 查询手机号码的套餐情况。编写程序，查询当前话费余额、剩余流量、剩余通话时长等信息。运行结果如下：

```
————————10086 查询功能————————
输入 1，查询当前话费余额
输入 2，查询当前剩余流量
输入 3，查询当前剩余通话
输入 0，退出自助查询系统! 请输入：
1
当前话费余额为：999 元
请输入：
2
当前剩余流量为：5G
请输入：
3
当前剩余通话为：189 分钟
请输入：
0
退出自助查询系统!
```

# 第 2 篇
## 基础进阶

本篇介绍 C 语言的三大基础核心内容：数组、函数和指针。数组就是同一类型数据的组合；函数是程序模块的重要组成部分，一个功能复杂的程序通常是从简单的函数开始设计的；指针是 C 语言的灵魂，掌握了指针，才谈得上真正掌握了 C 语言。

**基础进阶**

- 数组 —— 通过数组能快速、大批量地处理同类型的数据

- 函数 —— C程序设计从函数开始，任何C程序都由一个主函数和若干个子函数组成

- 指针 —— 指针是C语言独有的，通过指针可以直接操作内存空间。本章是初学者的痛点和难点

# 第8章

# 数组

编写程序过程中，有时会用到大量相同类型的数据。如果每个变量都需要单独定义，编程过程将会变得极其烦琐。使用数组可以很好地解决这个问题。本章致力于使读者掌握一维数组和二维数组的应用，能利用所学知识解决一些实际问题；掌握字符数组的使用及其相关操作；并能通过数组掌握常见的排序算法。

本章的知识架构及重难点如下：

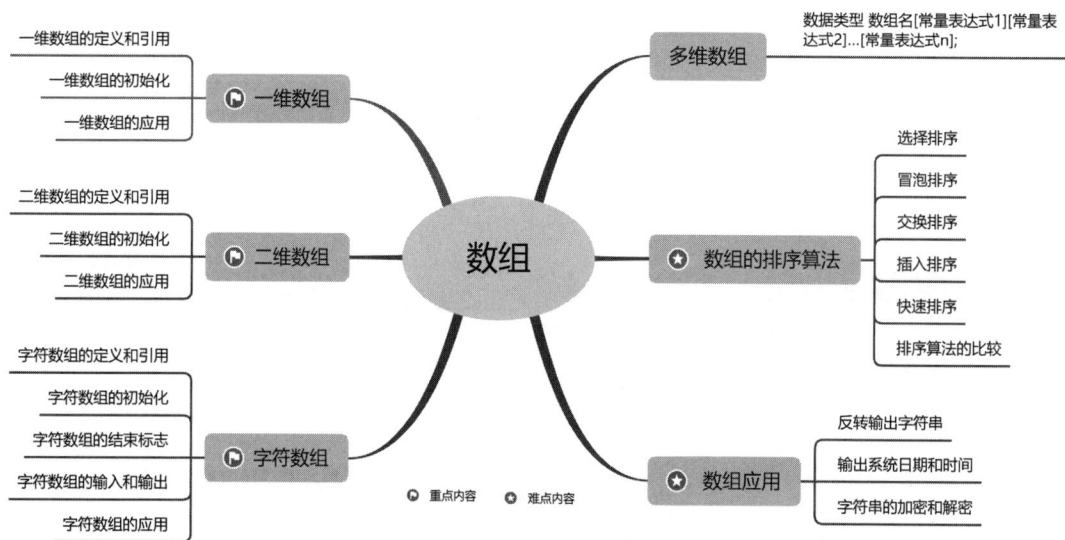

## 8.1 一 维 数 组

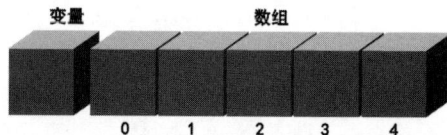

数组是一个由若干相同类型变量组成的集合，引用这些变量可以使用同一个名字。数组均由连续的存储单元组成，最低地址对应于数组的第一个元素，最高地址对应于数组的最后一个元素。数组可以是一维数组，也可以是多维数组。

### 8.1.1 一维数组的定义和引用

一维数组实际上是一组相同类型数据的线性集合，其示意图如图 8.1 所示。

图 8.1 一维数组示意图

## 1. 一维数组的定义

一维数组的定义形式如下：

```
类型说明符 数组标识符[常量表达式];
```

- ☑ 类型说明符：表示数组中元素的类型。
- ☑ 数组标识符：表示该数组变量的名称，命名规则与变量名一致。
- ☑ 常量表达式：定义了数组中存放的数据元素个数，即数组长度。

例如，定义一个包含 5 个整型元素的数组，代码如下：

```
int iArray[5];
```

代码中的 int 为数组元素的类型，iArray 为数组变量名，括号中的 5 表示数组中包含 5 个元素。

**注意**

int [3]={1,3,4}，这样定义是错误的。在定义数组时必须要有数组标识符。

## 2. 一维数组的引用

数组定义后，可以引用其中的数组元素，引用方式为"数组标识符[下标]"。数组下标可以是整型常量或整型表达式。

例如，引用数组 iArray 中的第 3 个变量，格式为 iArray[2]。其中，iArray 是数组变量名，2 为数组下标。有的读者会问：为什么引用第 3 个数组元素使用的是下标 2 呢？这是因为数组下标是从 0 开始的，iArray[0]表示第一个元素，iArray[1]表示第 2 个数组元素，iArray[2]表示第 3 个数组元素。

**注意**

在数组 iArray[5]中，只能使用 iArray[0]、iArray[1]、iArray[2]、iArray[3]、iArray[4]，而不能使用 iArray[5]。若使用 iArray[5]，会出现下标越界错误。

【例 8.1】使用数组保存手机号（实例位置：资源包\TM\sl\08\01）

在本实例中，使用数组保存用户输入的手机号，并输出显示。

```c
#include<stdio.h>
int main()
{
    int iArray[11], index;              /*定义数组及变量为基本整型*/
    printf("请输入手机号:\n");
    for (index= 0; index< 11; index++)  /*逐个输入手机号码，保存为数组元素*/
    {
        scanf("%d",&iArray[index]);
    }
    printf("手机号是:\n");
    for (index = 0; index< 11; index++)  /*循环输出数组中的元素*/
    {
        printf("%d", iArray[index]);
    }
    printf("\n");
    return 0;
}
```

（1）定义 index 表示循环控制变量，定义数组 iArray[11]用来保存 11 位手机号码。

（2）通过一个 for 循环，依次输入 11 位手机号码（用空格隔开），存储到各数组元素对应的地址中。这里，iArray[index]就是对数组元素的引用，"&"为取地址符。

（3）循环输出各数组元素，得到完整的手机号码。

运行程序，显示效果如图 8.2 所示。

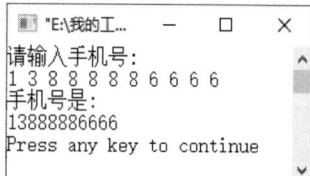

图 8.2　使用数组保存手机号

## 8.1.2　一维数组的初始化

一维数组的初始化，可以用以下 3 种方法实现。

（1）定义数组时直接对数组元素赋初值（数组元素值放在一对大括号中）。例如：

```
int i,iArray[6]={1,2,3,4,5,6};
```

定义和初始化之后，iArray[0]=1，iArray[1]=2，iArray[2]=3，iArray[3]=4，iArray[4]=5，iArray[5]=6。

（2）如果只给一部分数组元素赋值，则未赋值的元素默认为被赋值 0。例如：

```
int iArray[6]={0,1,2};
```

数组 iArray 包含 6 个元素，但初始化时只给出了 3 个值，结果是数组前 3 个元素得到赋值，后 3 个元素被默认赋值为 0。

（3）当对全部数组元素都赋初值时，可以不指定数组长度。例如：

```
int iArray[]={1,2,3,4};
```

上述代码的大括号中有 4 个元素，因此系统会默认该数组变量的长度为 4。

【例 8.2】计算篮球平均成绩（实例位置：资源包\TM\sl\08\02）

记分员记录了某球员在 10 场篮球比赛中的成绩，求该球员的平均成绩。

```
#include<stdio.h>
int main()
{
    int grade[10]={12,5,21,15,32,10,25,14,30,20};    /*定义数组，存放球员的 10 场比赛成绩*/
    int total=0;                                      /*定义变量 total，表示总成绩*/
    int i;
    float avg;                                        /*定义变量 avg，表示平均成绩*/
    for(i=0;i<10;i++)                                 /*循环累计总成绩*/
    {
        total+=grade[i];
    }
    avg=((float)total/10);                            /*计算平均成绩，计算前将 total 强制转化为实数*/
    printf("篮球比赛的平均成绩是：%f\n",avg);
    return 0;
}
```

程序中首先定义一个数组 grade，初始化数值为 10 场球赛的成绩；定义整型变量 total，用来保存总成绩；定义浮点型变量 avg，用来保存平均成绩。接着通过一个 for 循环，使 10 场球赛成绩累加，相加结果赋给 total。最后计算平均成绩，赋给 avg，并用 printf 函数输出结果。

运行程序，显示效果如图 8.3 所示。

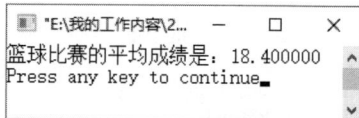

图 8.3　计算平均成绩

## 8.1.3　一维数组的应用

一个班级中往往有很多学生，使用数组来保存这些学生的姓名、编号等，管理起来非常方便。

【例 8.3】输出插队之后的编号（**实例位置：资源包\TM\sl\08\03**）

体育课上，老师按身材高矮给 20 名同学编号。刚编完号，一位男生姗姗来迟，老师比对身高后将他排在 8 号位置，并重新排列后面的同学。使用数组，输出男生插队后有变化的学生编号。代码如下：

```
#include<stdio.h>
int main()
{
        /*定义数组及变量为基本整型*/
        int iArray[20]={1,2,3,4,5,6,7,8,9,10,11,12,13,14,15,16,17,18,19,20}, index;
        int iArray1[21]={1,2,3,4,5,6,7,8,9,10,11,12,13,14,15,16,17,18,19,20,21}, index1;
        printf("体育老师按身材高矮排队编号，老师排好编号是:\n");   /*提示信息*/
        for (index = 0; index< 20; index++)                          /*循环输出插队前所有学生的编号*/
        {
                printf("%d ", iArray[index]);
        }
        printf("\n");
        printf("重新排列插队男生及后面的同学，他们的编号是:\n");    /*男生插入后，从 8 号开始重新编号*/
        for (index1 = 7; index1< 21; index1++)                       /*从下标 7 开始，循环输出后续编号*/
        {
                printf("%d ", iArray1[index1]);
        }
        printf("\n");
        return 0;
}
```

可以看出，要想从第 8 名同学开始编号，就应该从下标 7 开始。运行程序，效果如图 8.4 所示。

**编程训练（答案位置：资源包\TM\sl\08\编程训练\）**

训练 1：保存语、数、外成绩　编写程序，输入语文、数学、英语 3 门学科的成绩，使用数组保存并输出。运行效果如下：

```
请输入语文、数学、英语的成绩:
89 95 96
语文、数学、英语的成绩分别如下:
89 95 96
```

训练 2：双十一购物　模拟输出小莉的双十一购物车清单。运行效果如下：

```
购物车清单:

====生活用品类:====
纸抽,纸巾,收纳箱,水杯,垃圾袋,剪刀,挂钩,拖鞋,小闹钟

====化妆品类:====
保湿套装,气垫 cc,隔离霜,防晒霜,眉粉,眼影色盘,睫毛膏

====运动类商品:====
运动服,球鞋,护腕,护膝,护掌,排球,瑜伽垫,瑜伽球
```

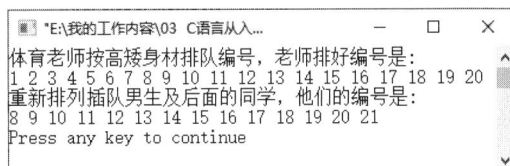

图 8.4　重新输出编号

====保健类商品:====
蛋白粉,口服液,眼部按摩仪,血压计,脚底按摩器

# 8.2　二　维　数　组

一维数组的下标只有一个，如果下标有两个呢？C 语言中，将下标有两个的数组称为二维数组。二维数组包含行、列两个维度，如 iArray[m][n]就表示一个包含 m 行 n 列，共计 m×n 个元素的数组。同样，通过行下标和列下标，可以快速地定位二维数组中的任意一个元素。

例如，图 8.5 所示的房间号索引图就可以看作是一个 4 行 7 列的二维数组。要想找到 4104 房间，需要先定位行，找到 4 楼，再定位列，找到第 4 列，就可以准确找到 4104 房间。

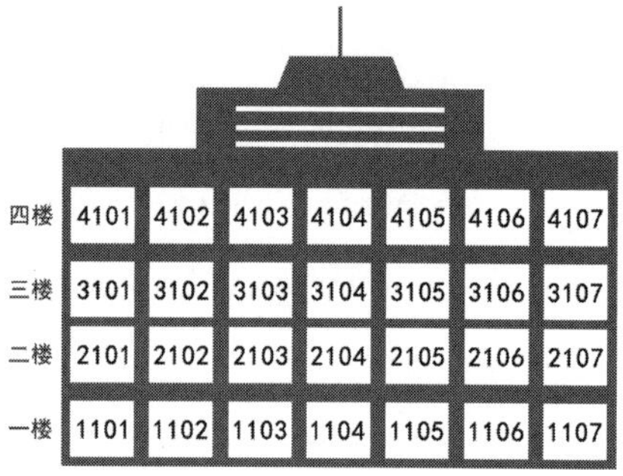

图 8.5　房间号索引示意图

## 8.2.1　二维数组的定义和引用

### 1. 二维数组的定义

二维数组可以看作是特殊的一维数组，其各元素仍然是一个数组。其定义形式如下：

```
数据类型 数组名[常量表达式 1][常量表达式 2];
```

其中，"常量表达式 1"定义了二维数组的行数，"常量表达式 2"定义了二维数组的列数。

不管是行下标还是列下标，其索引都是从 0 开始的。因此，一个 m 行 n 列的二维数组 array[m][n]，其行下标取值范围为 0～m-1，列下标取值范围为 0～n-1，最大下标元素是 array[m-1][n-1]。

例如，定义一个 3 行 4 列的整型数组，代码如下：

```
int array[3][4];
```

二维数组 array[3][4]共包含 12 个数组元素（3×4），分别为 array[0][0]、array[0][1]、array[0][2]、array[0][3]、array[1][0]、array[1][1]、array[1][2]、array[1][3]、array[2][0]、array[2][1]、array[2][2]和array[2][3]。

可见，C 语言中数组是按行排列的，数组 array[3][4]在内存中先按行顺次存放，依次为 array[0]行、array[1]行和 array[2]行，每行有 4 个元素，也依次存放。

### 2. 二维数组的引用

二维数组元素的引用形式为"数组名[下标][下标]"。例如，array[1][2]表示对 array 数组的第 2 行第3 个元素进行引用。

和一维数组一样，二维数组也要注意下标越界的问题。例如：

```
int array[2][4];            /*定义一个 2 行 4 列的二维数组*/
…                           /*对数组元素进行赋值*/
array[2][4]=9;              /*错误，下标越界! */
```

## 8.2.2  二维数组的初始化

二维数组赋初值，有以下 4 种情况。

（1）将所有数据写在一个大括号内，按照数组元素排列顺序对元素赋值。例如：

```
int array[2][2] = {1,2,3,4};
```

如果大括号内的数据少于数组元素的个数，则系统会默认后面未被赋值的元素值为 0。

（2）为所有元素赋初值时，可以省略行下标，但不能省略列下标。例如：

```
int array[][3] = {1,2,3,4,5,6};
```

系统会根据数据的个数进行分配，一共有 6 个数据，而数组分为 3 列，因此数组有 2 行。

（3）分行给数组元素赋值。例如：

```
int a[2][3] = {{1,2,3},{4,5,6}};
```

在分行赋值时，可以只对部分元素赋值。例如，下面的代码中，a[0][0]=1，a[0][1]=2，a[0][2]=0，a[1][0]=4，a[1][1]=5，a[1][2]=0。

```
int a[2][3] = {{1,2},{4,5}};
```

（4）直接对数组元素赋值。例如：

```
int a[2][3];
a[0][0] = 1;
a[0][1] = 2;
```

【例 8.4】魔方阵数据（实例位置：资源包\TM\sl\08\04）

一个 3×3 的网格，将 1～9 的数字放入方格中。通过键盘为二维数组元素赋值，并显示二维数组。

```
#include<stdio.h>
int main()
{
    int a[3][3];                    /*定义一个3行3列的二维数组*/
    int i,j;                        /*定义两个循环控制变量*/
    for(i=0;i<3;i++)                /*先行后列，依次输入数据，为数组元素赋值*/
    {
        for(j=0;j<3;j++)
        {
            printf("a[%d][%d]=",i,j);
            scanf("%d",&a[i][j]);
        }
    }
    printf("输出二维数组:\n");
    for(i=0;i<3;i++)                /*先行后列，循环输出所有数组元素的值*/
    {
        for(j=0;j<3;j++)
        {
            printf("%d\t",a[i][j]);  /*使用制表符"\t"控制间距，使排列更整齐*/
        }
        printf("\n");                /*使数组元素分行显示*/
    }
    return 0;
}
```

（1）程序先依次输入相应的数组元素值，然后将这个 3 行 3 列的数组输出。

（2）给数组赋值时，使用了 for 循环嵌套，第一层循环行，第二层循环列，用 printf 函数输出元素名，用 scanf 函数输入数据，赋给对应的数组元素。

（3）输出数组时，也使用了 for 循环嵌套，第一层循环行，第二层循环列，用 printf 函数逐行输出数组元素。为了使输出的数据更整齐，使用制表符 "\t" 来控制间距。

运行程序，显示效果如图 8.6 所示。

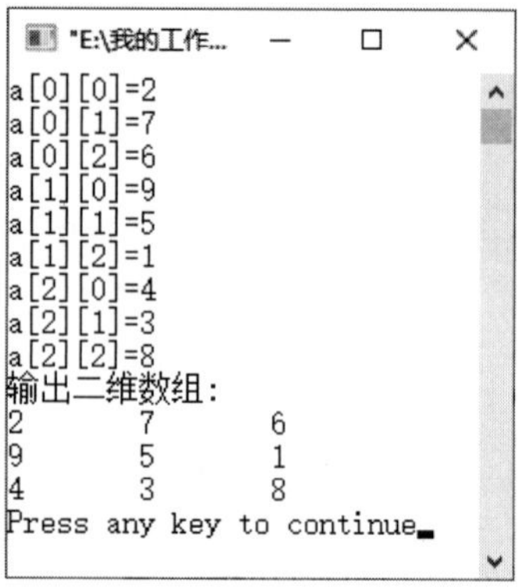

图 8.6　使用二维数组保存数据

## 8.2.3　二维数组的应用

【例 8.5】将矩阵行列对换（实例位置：资源包\TM\sl\08\05）

本实例中，把二维数组中各行的元素换成列元素，各列的元素换成行元素，生成一个新的二维数组。代码如下：

```c
#include<stdio.h>
int main()
{
    int a[2][3],b[3][2];               /*定义两个二维数组*/
    int i,j;                           /*定义两个循环控制变量*/

    for(i=0;i<2;i++)                   /*先行后列，输入数据，为数组 a 的各元素赋值*/
    {
        for(j=0;j<3;j++)
        {
            printf("a[%d][%d]=",i,j);
            scanf("%d",&a[i][j]);
        }
    }
    printf("输出二维数组:\n");
    for(i=0;i<2;i++)                   /*先行后列，循环输出数组 a 中的元素*/
    {
        for(j=0;j<3;j++)
        {
            printf("%d\t",a[i][j]);
        }
        printf("\n");                  /*使数组元素分行显示*/
    }
    for(i=0;i<2;i++)                   /*将数组 a 转置后存入数组 b 中*/
    {
        for(j=0;j<3;j++)
        {
            b[j][i] = a[i][j];         /*通过行列互换，使得 b 为 a 的转置数组*/
        }
    }
    printf("输出转换后的二维数组:\n");
    for(i=0;i<3;i++)                   /*先行后列，循环输出转置数组 b 中的元素*/
    {
        for(j=0;j<2;j++)
        {
```

130

```
            printf("%d\t",b[i][j]);
        }
        printf("\n");                    /*使数组元素分行显示*/
    }
    return 0;
}
```

（1）利用双层 for 循环为 2 行 3 列的数组赋值，然后分行显示其元素。

（2）通过一个双层 for 循环，将二维数组 a 中的元素赋值到转置后的二维数组 b 中。

（3）通过循环控制，将转置后的二维数组 b 中的元素输出。

运行程序，显示效果如图 8.7 所示。

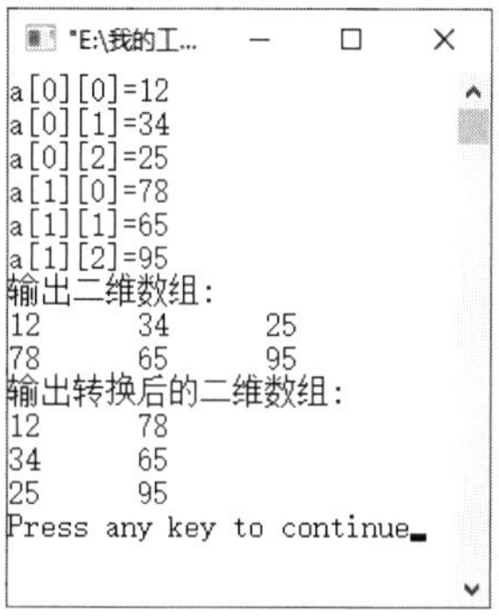

**编程训练（答案位置：资源包\TM\sl\08\编程训练\）**

训练 3：打印数组对角线上的字符　有如下二维数组：

```
char ccArray[5][5] = {
        {'a','b','c','d','e'},
        {'b','a','8','d','d'},
        {'c','d','a','e','c'},
        {'d','j','f','a','b'},
        {'e','d','a','f','a'},
};
```

图 8.7　矩阵转置运行图

编写程序，打印数组对角线（左上至右下）上的字符。输出结果如下：

```
对角线上的字符是:a
对角线上的字符是:a
对角线上的字符是:a
对角线上的字符是:a
对角线上的字符是:a
```

训练 4：求平均成绩　用二维数组求表 8.1 中各科的平均成绩。

表 8.1　成绩表

|  | 宋小美 | 张大宝 | 高心心 | 彭果 | 邓丽 |
|---|---|---|---|---|---|
| 数学 | 93 | 87 | 90 | 76 | 70 |
| 语文 | 90 | 76 | 60 | 80 | 81 |
| 英语 | 70 | 88 | 72 | 77 | 96 |

运行结果如下：

```
请输入成绩：
array[0][0]=93
array[0][1]=87
array[0][2]=90
array[0][3]=76
array[0][4]=70
array[1][0]=90
array[1][1]=76
array[1][2]=60
array[1][3]=80
array[1][4]=81
array[2][0]=70
array[2][1]=88
array[2][2]=72
array[2][3]=77
array[2][4]=96
```

数学的平均成绩是（取整数）:83
语文的平均成绩是（取整数）:77
英语的平均成绩是（取整数）:80

# 8.3　字　符　数　组

数组中的元素类型为字符型时，称为字符数组。字符数组中的每个元素可以存放一个字符。字符数组的定义和引用方法与其他数组类型相似。

## 8.3.1　字符数组的定义和引用

C 语言中没有专门的字符串变量，没有 string 类型，通常使用字符数组来存放字符串。字符数组实际上是一系列的字符集合，不严谨地说就相当于字符串。例如，定义一个字符数组 iArray[6]，按照如图 8.8 所示的初始化形式，将会在控制台上输出"MingRi"。

char iArray[6]

iArray[0] iArray[1] iArray[2] iArray[3] iArray[4] iArray[5]

图 8.8　定义一个字符数组 iArray[6]

字符数组的定义形式如下：

char 数组标识符[常量表达式]

例如，下述代码定义了一个字符数组 cArray，该数组中包含 5 个字符型的变量元素。

char cArray[5];

字符数组的引用也采用下标的形式。例如，cArray[2]表示对 cArray 数组中第 3 个字符进行引用。也可以在引用数组元素的同时进行赋值。

```
cArray[0]='h';
cArray[1]='e';
cArray[2]='l';
cArray[3]='l';
cArray[4]='o';
```

## 8.3.2　字符数组的初始化

在对字符数组进行初始化操作时，有以下几种方法。

（1）逐个字符赋给数组中的元素。这是最容易理解的初始化字符数组的方式。

例如，下述代码定义了一个包含 5 个元素的字符数组，在初始化大括号中为每个数组元素赋值。

char cArray[5]={'H','e','l','l','o'};

（2）定义字符数组的同时进行初始化，此时可以省略数组长度。

如果初值个数与预定的数组长度相同，在定义时可以省略数组长度，系统会自动根据初值个数来确定数组长度。例如，上面初始化字符数组的代码可以写成：

char cArray[]={'H','e','l','l','o'};

代码中定义的 cArray[] 没有给出数组大小，但系统会自动根据初值的个数确定数组长度为 5。

（3）利用字符串给字符数组赋初值。

字符数组可用来存放字符串。因此，也可以用字符串的方式对字符数组进行初始化赋值。例如：

```
char cArray[]={"Hello"};
```

或者将 "{}" 去掉，写成：

```
char cArray[]="Hello";
```

**【例 8.6】打印停车场标志（实例位置：资源包\TM\sl\08\06）**

本实例将利用字符数组输出 "Park"。定义一个字符数组，通过初始化操作保存一串字符，然后通过循环引用将每一个数组元素输出。

```
#include<stdio.h>
int main()
{
    char cArray[5]={'P','a','r','k'};        /*定义字符数组并初始化*/
    int i;                                   /*定义循环控制变量*/
    for(i=0;i<5;i++)                         /*循环输出字符数组元素*/
    {
        printf("%c",cArray[i]);
    }
    printf("\n");                            /*输出换行*/
    return 0;                                /*程序结束*/
}
```

初始化字符数组时要注意，每个元素都要使用一对单引号（''）括起来。在 for 循环中，因为输出的类型是字符型，所以 printf 函数中使用的是 "%c" 格式符。通过循环变量 i，cArray[i] 实现了对数组中不同元素的引用。

运行程序，显示效果如图 8.9 所示。

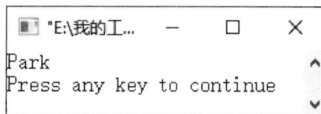

图 8.9  使用字符数组输出一个字符串

## 8.3.3  字符数组的结束标志

C 语言中，使用字符数组保存字符串时，系统会自动为其添加 "\0" 作为结束符。也就是说，用字符串方式赋值比用字符逐个赋值要多占一个字节，多占的这个字节用于存放字符串结束标志 "\0"。

例如，使用下述代码可以初始化一个字符数组：

```
char cArray[]="Hello";
```

上面的字符数组 cArray 在内存中的实际存放情况如图 8.10 所示。

"\0" 是由 C 编译系统自动加上的。因此上面的赋值语句等价于：

| H | e | l | l | o | \0 |
|---|---|---|---|---|----|

图 8.10  cArray 在内存中的实际存放情况

```
char cArray[]={'H','e','l','l','o','\0'};
```

字符数组并不要求最后一个字符为 "\0"，甚至可以不包含 "\0"。因此下面的写法也是合法的：

```
char cArray[5]={'H','e','l','l','o'};
```

是否加 "\0"，应根据需要来决定。由于系统对字符串常量会自动加一个 "\0"，因此，为了使处理方法一致，且便于测定字符串的实际长度，在字符数组中也常常人为地加上一个 "\0"。例如：

```
char cArray[6]={'H','e','l','l','o','\0'};
```

**注意**

如果一个字符数组需要先后存放多个不同长度的字符串，则应使数组长度大于最长的那个字符串的长度。

## 8.3.4　字符数组的输入和输出

字符数组的输入和输出可以使用两种格式字符："%c" 和 "%s"。

使用格式字符 "%c"，可逐个输入与输出数组中的字符，类似于一维数组。例如，下述代码逐个输出字符数组 cArray 中的元素。

```
for(i=0;i<5;i++)                            /*进行循环*/
{
    printf("%c",cArray[i]);                 /*逐个字符输出数组元素*/
}
```

使用格式字符 "%s"，可将整个字符串输入或输出。例如，下述代码输出字符串"GoodDay!"。

```
char cArray[]="GoodDay!";                   /*初始化字符数组*/
printf("%s",cArray);                        /*输出字符串*/
```

使用格式字符 "%s" 输出字符串时，需要注意以下几种情况。

☑　输出字符中不包括结束符 "\0"。

☑　printf 函数中的输出项是字符数组名 cArray，而不是数组中的元素名 cArray[0]等。

☑　即使数组长度大于字符串实际长度，也只会输出到 "\0" 为止。

☑　如果一个字符数组中包含多个 "\0" 结束字符，则在遇到第一个 "\0" 时输出就结束。

**【例 8.7】输出一条心灵鸡汤（实例位置：资源包\TM\sl\08\07）**

输出名言 "Education is the door to freedom"（教育是通向自由之门）。对定义的字符数组初始化，然后采用两种方式输出字符数组中保存的数据，先逐个字符输出数组元素，再直接将字符串整体输出。

```
#include<stdio.h>
int main()
{
    int iIndex;                                         /*循环控制变量*/
    char cArray[33]="Education is the door to freedom"; /*定义字符数组，用于保存字符串*/
    char cArray2[100]="教育是通向自由之门";

    for(iIndex=0;iIndex<33;iIndex++)
    {
        printf("%c",cArray[iIndex]);                    /*逐个字符输出数组元素*/
    }
    printf("\n%s\n",cArray2);                           /*将字符串整体输出*/
    return 0;
}
```

在代码中，对数组元素逐个字符输出时，使用的是循环方式。直接输出字符串时，使用的是格式

字符 "%s"。要注意，直接输出字符串时不能使用格式字符 "%c"。

运行程序，显示效果如图 8.11 所示。

　　C 语言中只存在字符类型，不存在字符串类型。字符类型只能存放单个字符，如果要存放字符串，就需要使用字符数组。当然，也可以使用字符型指针存放字符串（详见第 10 章）。

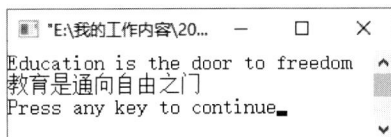

图 8.11　使用两种方式输出字符串

## 8.3.5　字符数组的应用

**【例 8.8】**求解字符串长度（**实例位置：资源包\TM\sl\08\08**）

随机输入一个字符串，求解该字符串的长度。

```
#include<stdio.h>
int main()
{
    int iIndex;                              /*循环控制变量*/
    int length=0;                            /*定义变量 length，保存字符串长度*/
    char cArray[80];                         /*定义字符数组，保存用户输入的字符串*/
    printf("请输入字符串：\n");
    gets(cArray);                            /*用 gets 函数输入字符串*/
    for(iIndex=0;cArray[iIndex]!='\0';iIndex++)  /*循环字符数组，直到遇到 "\0" 结束*/
    {
        length++;                            /*每遍历一个字符，字符串长度加 1*/
    }
    printf("字符串长度是：%d\n",length);      /*输出字符串长度*/
    return 0;
}
```

使用 gets 函数将输入的字符串保存在 cArray 字符数组中。使用 for 循环判断当前数组元素是否为结束符 "\0"，如果不是，则字符串长度加 1；如果是，则退出循环。

运行程序，显示效果如图 8.12 所示。

**编程训练（答案位置：资源包\TM\sl\08\编程训练\）**

训练 5：统计单词个数　用户输入一行字符，然后统计其中有多少个单词。要求每个单词之间用空格分隔开，且最后的字符不能为空格。输出结果如下：

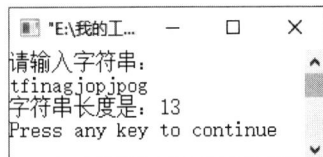

图 8.12　计算字符串长度

```
请输入字符串：
I Love China
一共有 3 个单词
```

训练 6：确定男女主角　利用字符数组保存男女主角的名字，使用 for 循环遍历字符数组，通过两种形式分别输出男女主角的名字。输出结果如下：

```
这部电影的男主角分别是：
雨石,玉轩,团子
这部电影的女主角分别是：
小点,紫轩,若美
```

# 8.4  多维数组

多维数组的声明和二维数组相同，只是下标更多。其一般形式如下：

```
数据类型 数组名[常量表达式 1][常量表达式 2]...[常量表达式 n];
```

例如，下面的代码中定义了一个三维数组 iArray1 和一个四维数组 iArray2。

```
int iArray1[3][4][5];
int iArray2[4][5][7][8];
```

由于数组元素的位置可以通过偏移量计算出来，因此对于三维数组 a[m][n][p]来说，元素 a[i][j][k]所在的地址是从 a[0][0][0]算起到 i*n*p+j*p+k 个单位的位置。

# 8.5  数组的排序算法

数组是一组有序数据的集合。这里，"有序"指的是数组元素在内存中的存放方式是有序的，其引用方式也有规律可循，而不是说数组元素在数组中是按照数值大小有序排列的。那么，有没有可能让数组元素按照数值大小有序排列呢？当然可以，下面就一起来学习下数组的各种常用排序算法。

## 8.5.1  选择排序

选择排序的原理如下：每次在待排序数组中查找最大或最小的数组元素，将其与前面没有进行过排序的数组元素互换。这里，由大到小排序应查找最大值，由小到大排序则应查找最小值。

下面以数字 9、6、15、4、2 为例，利用选择法使其从小到大排序，每次交换后的数字顺序如图 8.13 所示。

可以发现，第一次排序过程中，将第一个数字 9 和整个数组中最小的数字 2 进行了位置互换；第二次排序过程中，将第二个数字 6 和剩下数字中最小的数字 4 进行了位置互换；依此类推，每次都将下一个数字和剩余数字中最小的数字进行位置互换，直到将一组数字按从小到大排序。

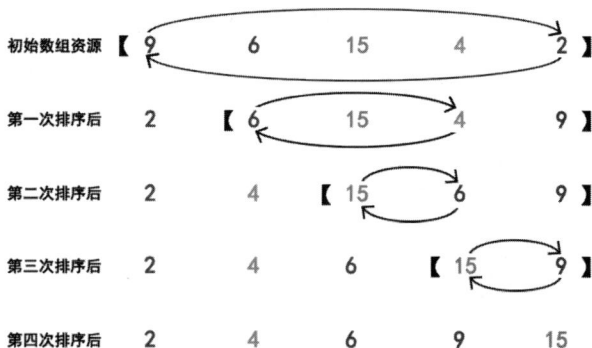

图 8.13  选择排序示意图

【例 8.9】选择法从小到大排序（实例位置：资源包\TM\sl\08\09）

本实例中，声明了一个整型数组和两个整型变量。其中，整型数组用于存储用户输入的 10 个数值，而整型变量用于存储数值最小的数组元素和该元素的位置。通过双层循环进行选择法排序，最后将排好序的数组元素输出。

```c
#include <stdio.h>
int main()
{
    int i,j;
    int a[10];                          /*定义数组，存储用户输入的 10 个数*/
    int iTemp;                          /*定义变量，表示最小的数组元素*/
    int iPos;                           /*定义变量，表示元素位置*/
    printf("为数组元素赋值: \n");
    for(i=0;i<10;i++)                   /*输入 10 个数，为数组元素赋值*/
    {
        printf("a[%d]=",i);
        scanf("%d", &a[i]);
    }

    /*使用选择法对数组元素从小到大排序*/
    for(i=0;i<9;i++)                    /*设置外层循环下标为 0～8，表示前 9 个数组元素*/
    {
        iTemp = a[i];                  /*假设当前元素为最小值*/
        iPos = i;                      /*记录最小元素位置*/
        for(j=i+1;j<10;j++)            /*设置内层循环下标为 i+1～9，表示剩下的未排序数组元素部分*/
        {
            if(a[j]<iTemp)             /*如果后续的元素中有数比前面设定的最小值还小*/
            {
                iTemp = a[j];          /*重新设定最小值*/
                iPos = j;              /*修正最小元素位置*/
            }
        }
        a[iPos] = a[i];                /*此两行代码用于将最小的数组元素和当前排序次数对应的数组元素互换*/
        a[i] = iTemp;
    }
    printf("排序结果如下: \n");
    for(i=0;i<10;i++)                  /*输出数组*/
    {
        printf("%d\t",a[i]);           /*用制表位分隔数据*/
        if(i == 4)                     /*如果是第 5 个元素*/
            printf("\n");              /*输出换行*/
    }
    printf("\n");
    return 0;                          /*程序结束*/
}
```

（1）声明一个整型数组，并通过键盘输入为数组元素赋值。

（2）设置一个嵌套循环，第一层循环为前 9 个数组元素，并在每次循环时将对应当前次数的数组元素设置为最小值（如果当前是第 3 次循环，那么将数组中第 3 个元素，也就是下标为 2 的元素设置为当前的最小值）；在第二层循环中，循环比较该元素之后的各个数组元素，并将每次比较结果中较小的数设置为最小值，在第二层循环结束时，将最小值与开始时设置为最小值的数组元素进行互换。当所有循环都完成以后，就将数组元素按照从小到大的顺序重新排列了。

（3）循环输出数组中的元素，并在输出 5 个元素以后换行，在下一行输出后面的 5 个元素。

运行程序，显示效果如图 8.14 所示。

图 8.14 选择排序结果

137

## 8.5.2　冒泡排序

冒泡排序的原理如下：依次比较数组中相邻两个数组元素的值，每次都将较小的数排在较大的数前面，可实现数组元素从小到大排序；每次都将较大的数排在较小的数前面，可实现数组元素从大到小排序。

仍以数字 9、6、15、4、2 为例，对这几个数字进行冒泡排序，使其从小到大排列。每次排序后的顺序如图 8.15 所示。

可以发现，在第一次冒泡排序过程中，将最小的数字 2 移动到第一的位置（"冒泡"上浮），并将其他数字依次向后移动；在第二

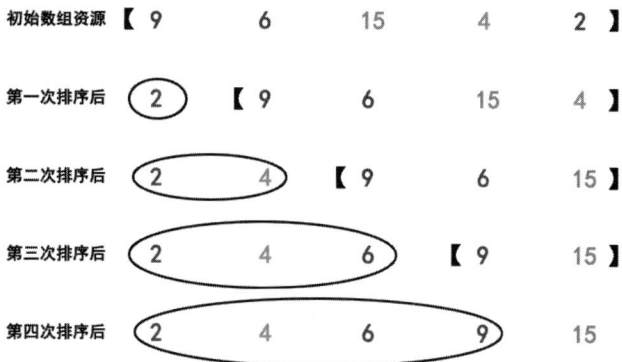

图 8.15　冒泡排序示意图

次冒泡排序过程中，从第二个数字开始的剩余数字中选择最小的数字 4，并将其移动到第二的位置，剩余数字依次向后移动；依此类推，每次都将剩余数字中最小的数字移动到当前剩余数字的最前方，直到将一组数字按从小到大排序为止。

【例 8.10】冒泡法从小到大排序（实例位置：资源包\TM\sl\08\10）

声明一个整型数组和一个整型变量，整型数组用于存储用户输入的数字，整型变量作为两个元素交换时的中间变量，通过双层循环进行冒泡排序，最后将排好序的数组输出。

```
#include<stdio.h>
int main()
{
    int i,j;
    int a[10];
    int iTemp;
    printf("为数组元素赋值: \n");
    for(i=0;i<10;i++)                    /*输入 10 个数，为数组元素赋值*/
    {
        printf("a[%d]=",i);
        scanf("%d", &a[i]);
    }

    /*采用冒泡法使数组元素从小到大排序*/
    for(i=1;i<10;i++)                    /*外层循环元素的下标为 1~9，表示后 9 个数组元素*/
    {
        for(j=9;j>=i;j--)               /*内层循环元素的下标为 9~i，表示从最后一个元素开始向前循环*/
        {
            if(a[j]<a[j-1])             /*如果前一个数比后一个数大*/
            {
                /*交换两个数组元素的值，使小数前移，如同冒泡*/
                iTemp = a[j-1];
                a[j-1] = a[j];
                a[j] = iTemp;
            }
        }
    }
```

```
        printf("排序结果如下: \n");
        for(i=0;i<10;i++)                       /*输出数组*/
        {
                printf("%d\t",a[i]);            /*用制表位分隔数据*/
                if(i == 4)                      /*如果是第 5 个元素*/
                        printf("\n");           /*输出换行*/
        }
        printf("\n");
        return 0;                               /*程序结束*/
}
```

（1）声明一个整型数组，并通过键盘输入为数组元素赋值。

（2）设置一个嵌套循环，第一层循环为后 9 个数组元素。在第二层循环中，从最后一个数组元素开始向前循环，直到前面第一个没有进行排序的数组元素。循环比较这些数组元素，如果在比较中后一个数组元素的值小于前一个数组元素的值，则将两个数组元素的值进行互换。当所有循环都完成以后，就将数组元素按照从小到大的顺序重新排列了。

（3）循环输出数组中的元素，并在输出 5 个元素以后进行换行，在下一行输出后面的 5 个元素。

运行程序，显示效果如图 8.16 所示。

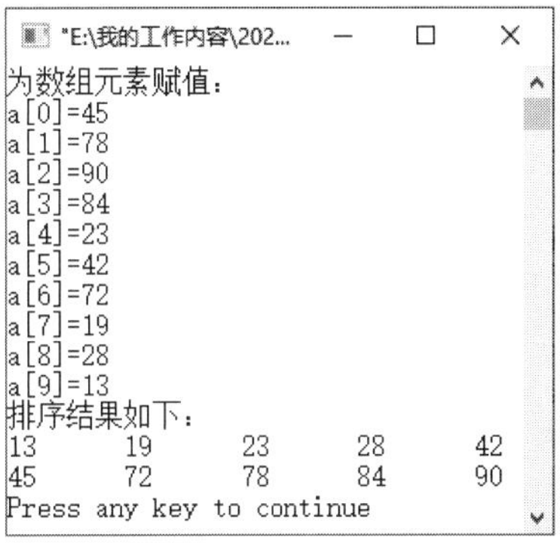

图 8.16　冒泡排序结果

## 8.5.3　交换排序

交换排序的原理如下：将每一位数与其后的所有数一一比较，如果发现符合条件的数据，则交换数据。首先，用第一个数依次与其后的所有数进行比较，如果存在比其值大（小）的数，则交换这两个数，继续向后比较其他数直至最后一个数；然后再使用第二个数与其后面的数进行比较，如果存在比其值大（小）的数，则交换这两个数；继续向后比较其他数，直至最后一个数比较完成。

下面以数字 9、6、15、4、2 为例，采用交换法实现数字按从小到大进行排序，每次排序的结果如图 8.17 所示。

可以发现，在第一次排序过程中将第一个数字 9 与后边的数依次进行比较。首先比较 9 和 6，9 大于 6，交换两个数的位置，然后数字 6 成为第一个数字；用 6 和 15 进行比较，6 小于 15，保持原来的位置；然后用 6 和 4 进行比较，6 大于 4，交换两个数字的位置；再用当前数字 4 与最后的数字 2 进行比较，4 大于 2，交换两个数字的位置，从而得到图 8.16 中第一次的排序结果。然后使用相同的方法，从当前第二个数字 9 开始，继续和后面的数字依次比较，如果遇到比当前数字小的数字则交换位置。依此类推，直到将一组数字全部按从小到大排序为止。

| | | | | |
|---|---|---|---|---|
| 初始数组资源 【9 | 6 | 15 | 4 | 2】 |
| 第一次排序后 2 | 【9 | 15 | 6 | 4】 |
| 第二次排序后 2 | 4 | 【15 | 9 | 6】 |
| 第三次排序后 2 | 4 | 6 | 【15 | 9】 |
| 第四次排序后 2 | 4 | 6 | 9 | 15 |

图 8.17　交换排序示意图

**【例 8.11】** 交换法从小到大排序（**实例位置：资源包\TM\sl\08\11**）

声明一个整型数组和一个整型变量，其中整型数组用于存储用户输入的数字，整型变量则作为两个元素交换时的中间变量，然后通过双层循环进行交换法排序，最后将排好序的数组输出。

```c
#include<stdio.h>
int main()
{
    int i,j;
    int a[10];
    int iTemp;
    printf("为数组元素赋值：\n");
    for(i=0;i<10;i++)                    /*输入 10 个数，为数组元素赋值*/
    {
        printf("a[%d]=",i);
        scanf("%d", &a[i]);
    }

    /*采用交换法使数组元素从小到大排序*/
    for(i=0;i<9;i++)                     /*外层循环元素下标为 0～8，表示前 9 个数组元素*/
    {
        for(j=i+1;j<10;j++)             /*内层循环元素下标为 i+1～9，表示后面的待比较数组元素*/
        {
            if(a[j] < a[i])             /*如果后一个数比前一个数小*/
            {
                iTemp = a[i];          /*交换两个数组元素的值，使小数前移*/
                a[i] = a[j];
                a[j] = iTemp;
            }
        }
    }
    printf("排序结果如下：\n");
    for(i=0;i<10;i++)                    /*输出数组*/
    {
        printf("%d\t",a[i]);           /*用制表位分隔数据*/
        if(i == 4)                      /*如果是第 5 个元素*/
            printf("\n");              /*输出换行*/
    }
    printf("\n");
    return 0;                            /*程序结束*/
}
```

（1）声明一个整型数组，并通过键盘输入为数组元素赋值。

（2）设置一个嵌套循环，第一层循环为前 9 个数组元素，然后在第二层循环中，将第一个数组元素与后面的数组元素依次进行比较，如果后面的数组元素值小于当前数组元素值，则交换两个元素值，然后使用交换后的第一个数组元素继续与后面的数组元素进行比较，直到本次循环结束。将最小的数组元素值交换到第一个数组元素的位置，然后从第二个数组元素开始，继续与后面的数组元素进行比较。依此类推，直到循环结束，就将数组元素按照从小到大的顺序重新排列了。

（3）循环输出数组中的元素，并在输出 5 个元素以后进行换行，在下一行输出后面的 5 个元素。

运行程序，显示效果如图 8.18 所示。

图 8.18　交换排序结果

## 8.5.4　插入排序

插入排序较为复杂，其基本原理是：抽出一个数据，在前面的数据中寻找相应的位置插入，然后继续下一个数据，直到完成排序。

下面以数字 9、6、15、4、2 为例，使用插入法使其从小到大排序。排序过程如图 8.19 所示。

可以发现，在第一次排序过程中将第一个数字 9 取出来，并放置在第一个位置。然后取出第二个数字 6，并与第一个数字进行比较，如果第二个数字小于第一个数字，则将第二个数字排在第一个数字之前，否则排在第一个数字之后。然后取出第 3 个数字，先与排在最后面的数字进行比较，如果当前数

| | | | | | |
|---|---|---|---|---|---|
| 初始数组资源 | 【 9 | 6 | 15 | 4 | 2 】 |
| 第一次排序后 | 9 | | | | |
| 第二次排序后 | 6 | 9 | | | |
| 第三次排序后 | 6 | 9 | 15 | | |
| 第四次排序后 | 4 | 6 | 9 | 15 | |
| 第五次排序后 | 2 | 4 | 6 | 9 | 15 |

图 8.19　插入排序示意图

字比较大，则继续排在最后；如果当前数字比较小，还要与之前的数字进行比较。如果当前数字比前面的数字小，则将其排在比它小的数字和比它大的数字之间；如果没有比当前数字小的数字，则将当前数字排在最前方。依此类推，不断取出未进行排序的数字，与排好序的数字进行比较，并插入相应的位置，直到将一组数字全部按从小到大实现排序为止。

【例 8.12】插入法从小到大排序（实例位置：资源包\TM\sl\08\12）

声明一个整型数组和两个整型变量，其中整型数组用于存储用户输入的数字，一个整型变量作为两个元素交换时的中间变量，一个用于记录数组元素的位置，然后通过双层循环进行交换法排序，最后将排好序的数组输出。

```
#include<stdio.h>
int main()
{
    int i;
    int a[10];
    int iTemp;
    int iPos;
    printf("为数组元素赋值：\n");
    for(i=0;i<10;i++)                       /*输入 10 个数，为数组元素赋值*/
    {
        printf("a[%d]=",i);
        scanf("%d", &a[i]);
    }

    /*采用插入法使数组元素从小到大排序*/
    for(i=1;i<10;i++)                       /*外层循环元素下标为 1～9，表示后 9 个数组元素*/
    {
        iTemp = a[i];                       /*设置插入值*/
        iPos = i-1;
        while((iPos>=0) && (iTemp<a[iPos]))  /*内层循环，寻找插入值的位置*/
        {
            a[iPos+1] = a[iPos];            /*插入数值*/
            iPos--;
```

```
        }
            a[iPos+1] = iTemp;
    printf("排序结果如下：\n");
    /*输出数组*/
    for(i=0;i<10;i++)
    {
        printf("%d\t",a[i]);                      /*用制表位分隔数据*/
        if(i == 4)                                /*如果是第 5 个元素*/
            printf("\n");                         /*输出换行*/
    }
    printf("\n");
    return 0;                                     /*程序结束*/
}
```

（1）声明一个整型数组，并通过键盘输入为数组元素赋值。

（2）设置一个嵌套循环，第一层循环为后 9 个数组元素，将第二个元素赋值给中间变量，并记录前一个数组元素的下标位置。在第二层循环中，首先要判断是否符合循环的条件，允许循环的条件是记录的下标位置必须大于等于第一个数组元素的下标位置，并且中间变量的值小于之前设置下标位置的数组元素，如果满足循环条件，则将设置下标位置的数组元素赋值给当前的数组元素，然后将记录的数组元素下标位置向前移动一位，继续进行循环判断。内层循环结束以后，将中间变量中保存的数值赋值给当前记录的下标位置之后的数组元素，继续进行外层循环，将数组中下一个数组元素赋值给中间变量，再通过内层循环进行排序，依此类推，直到循环结束，就将数组元素按照从小到大的顺序重新排列了。

（3）循环输出数组中的元素，并在输出 5 个元素以后进行换行，在下一行输出后面的 5 个元素。

运行程序，显示效果如图 8.20 所示。

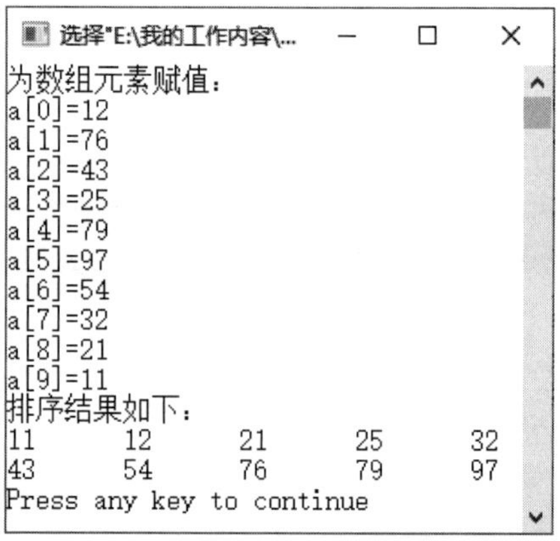

## 8.5.5 快速排序

图 8.20 插入排序结果

快速排序算法，又称为分割交换算法，它基于分治法原理，是一种高效的排序算法。

快速排序的基本思想是：通过选择一个基准元素，将数组分为两个子数组，其中一个数组包含所有比基准元素小的元素，另一个数组包含所有比基准元素大的元素。然后对这两个子数组递归地执行快速排序。例如，假设有 n 项数据，数据值用 K1，K2，…，Kn 来表示，用快速排序算法对其排序的步骤如下：

（1）先在数据中假设一个虚拟中间值 K（为了方便，一般取第一个位置上的数据）。

（2）从左向右查找数据 Ki，使得 Ki>K，Ki 的位置数记为 i。

（3）从右向左查找数据 Kj，使得 Kj<K，Kj 的位置数记为 j。

（4）若 i<j，则将数据 Ki 与 Kj 交换位置，并重复执行步骤（2）和步骤（3）。

（5）若 i≥j，则将数据 K 与 Kj 交换，并以 j 为基准点将数组分割成左右两个子数组。

（6）针对分割后的两个子数组分别重复执行步骤（1）~（5），直到两个子数组的长度均为 0 或 1。

下面以数字 9，6，15，4，2 为例，对这几个数字使用快速排序法从小到大排序。每次排序均选取数组（子数组）左边第一个元素为基准元素，每次排序后的顺序如图 8.21 所示。

| 初始数组资源 【 | 9 | 6 | 15 | 4 | 2 】 |
|---|---|---|---|---|---|
| 第一次排序后 | 2 | 4 | 6 | 9 | 15 |
| 第二次排序后 | 2 | 4 | 6 | 9 | 15 |
| (后续子数组本身有序, 不再有变化) | | | | | |
| 最终结果 | 2 | 4 | 6 | 9 | 15 |

图 8.21　快速排序示意图

【例 8.13】快速排序法从小到大排序（**实例位置：资源包\TM\sl\08\13**）

在本实例中声明了一个整型数组并进行初始化，然后通过自定义的函数对其进行快速排序，最后将排序好的数组输出。

```c
#include <stdio.h>

/*交换数组中的两个元素*/
void swap(int* a, int* b) {
    int t = *a;
    *a = *b;
    *b = t;
}

/*分区操作，返回基准元素的索引位置*/
int partition(int arr[], int low, int high) {
    int pivot = arr[high];                    /*选择最右边的元素作为基准元素*/
    int i = (low - 1);                        /*指向最小元素的指针*/
    int j;
    for (j = low; j <= high - 1; j++) {
        /*如果当前元素小于或等于基准元素*/
        if (arr[j] <= pivot) {
            i++;                              /*增加最小元素的索引*/
            swap(&arr[i], &arr[j]);
        }
    }
    swap(&arr[i + 1], &arr[high]);
    return (i + 1);
}

/*快速排序函数*/
void quickSort(int arr[], int low, int high) {
    if (low < high) {
        /*pi 是分区操作后基准元素的索引位置*/
        int pi = partition(arr, low, high);
        /*分别对基准元素左右的子数组进行递归排序*/
        quickSort(arr, low, pi - 1);
```

```
        quickSort(arr, pi + 1, high);
    }
}

/*测试快速排序函数*/
int main() {
    int arr[] = {9, 6, 15, 4, 2};                    /*定义初始数组*/
    int i, n = sizeof(arr) / sizeof(arr[0]);         /*获取数组长度*/
    printf("排序前：\n");
    for (i=0; i <n; i++)
        printf("%d ", arr[i]);
    quickSort(arr, 0, n - 1);                         /*调用自定义函数进行快速排序*/
    printf("\n-------------\n");
    printf("排序后：\n");
    for (i=0; i <n; i++)
        printf("%d ", arr[i]);
    return 0;
}
```

（1）自定义一个 swap()函数，用于交换数组中的两个元素。

（2）自定义一个 partition()函数，其主要用于执行分区操作。该函数中，选择一个基准元素，并重新排列数组，使得基准元素左边的元素都比它小，右边的元素都比它大。

（3）自定义一个 quickSort()函数，用来实现快速排序算法，该函数接收一个数组以及需要排序部分的起始和结束索引。该函数中，首先调用自定义的 partition()函数进行分区操作，然后递归调用 quickSort()函数分别对基准元素左右的子数组进行排序。

（4）在 main()主函数中定义一个整型数组，并进行初始化。最后调用自定义的 quickSort()函数对其进行快速排序，并分别输出排序前和排序后的结果

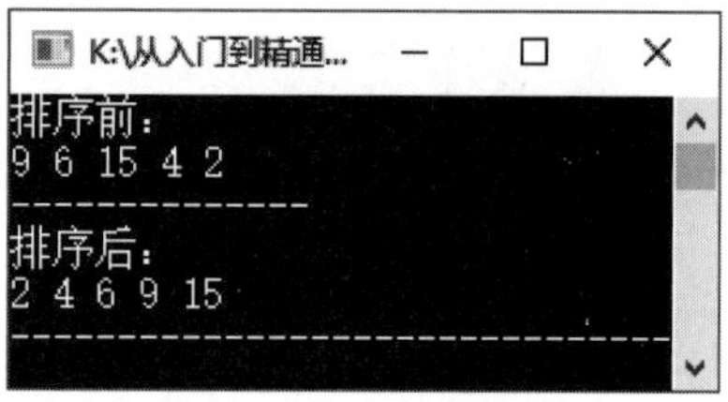

运行程序，结果如图 8.22 所示。

图 8.22　快速排序结果

## 8.5.6　排序算法的比较

前面介绍了 5 种排序算法，在具体应用时应该怎么选择呢？下面对 5 种排序算法的擅长方向进行总结。

☑　选择排序：简单、容易实现，适用于数据量较小的排序。排序过程中需要进行 $n(n-1)/2$ 次比较，互相交换 $n-1$ 次。

☑　冒泡排序：相对稳定的排序方法，当待排序列有序时，效果比较好。最好的情况是正序，只要比较一次即可；最坏的情况是逆序，需要比较 $n^2$ 次。

☑　交换排序：和冒泡排序类似，正序时最快，逆序时最慢，排列有序数据时效果最好。

☑　插入排序：要经过 $n-1$ 次插入过程，如果数据恰好位于插入序列的最后端，则不需要移动数据，可节省时间。因此，若原始数据基本有序，具有较快的运算速度。

☑　快速排序：当对较大规模的数据集合进行排序时，相较于一些时间复杂度较高的简单排序算法（如冒泡排序、插入排序等），快速排序能够在更短的时间内完成排序任务。因此通常来说，

n 值越大，其排序效率越高；当 n 值很小时，它比其他排序算法要效率低。

总之，插入排序、冒泡排序、交换排序的速度较慢，但当参加排序的序列局部或整体有序时，这几种排序方法能达到较快的速度；在这种情况下，快速排序反而会显得速度慢了。当 n 值较小，对稳定性不作要求时，宜选用选择排序；对稳定性有要求时，宜选用插入排序或冒泡排序。

**编程训练（答案位置：资源包\TM\sl\08\编程训练\）**

训练 7：电视剧收视率排名　利用交换排序法将以下电视剧收视率从高到低排序。

| 《Give up,hold on to me》 | 收视率：1.4% |
| 《The private dishes of the husbands》 | 收视率：1.343% |
| 《My father-in-law will do martiaiarts》 | 收视率：0.92% |
| 《North Canton still believe in love》 | 收视率：0.862% |
| 《Impossible task》 | 收视率：0.553% |
| 《Sparrow》 | 收视率：0.411% |
| 《East of dream Avenue》 | 收视率：0.164% |
| 《The prodigal son of the new frontier town》 | 收视率：0.259% |
| 《Distant distance》 | 收视率：0.394% |
| 《Music legend》 | 收视率：0.562% |

程序运行结果如下：

```
1.4000   1.3930   0.9200   0.8620   0.5620
0.5530   0.4110   0.3940   0.2590   0.1640
```

训练 8：公司股票排名　分析 10 家公司的股票数据，判断哪家更值得投资。声明一个整型数组和一个整型变量，其中整型数组用于存储用户输入的数字，而整型变量则作为两个元素交换时的中间变量，然后通过双层循环进行冒泡排序，最后将排好序的数组输出。输出结果如下：

```
各公司股票数据如下：
a[0]=546789
a[1]=543879
a[2]=234780
a[3]=357698
a[4]=345275
a[5]=875422
a[6]=875606
a[7]=567548
a[8]=459078
a[9]=438997
234780   345275   357698   438997   459078
543879   546789   567548   875422   875606
```

## 8.6　数组应用

本节将运用数组知识，通过 3 个实例讲解实际开发中常遇到的一些问题。

## 8.6.1　反转输出字符串

【例 8.14】反转输出字符串（**实例位置：资源包\TM\sl\08\14**）

以字符串 mrsoft 为例，其反转的结果为 tfosrm。其算法实现过程如图 8.23 所示。定义两个字符数组，一个表示源字符串，另一个表示反转后的目标字符串。在源字符串中从第一个字符开始遍历，将第一个字符赋给目标字符串的最后一个字符，将第二个字符赋给目标字符串的倒数第二个字符，依此类推，就实现了字符串的反转。

```c
#include<stdio.h>
int main()
{
    int i;
    char String[7] = {"mrsoft"};          /*定义源字符串*/
    char Reverse[7] = {0};                /*定义反转字符串*/
    int size;
    size = sizeof(String);                /*计算源字符串长度*/
    for(i=0;i<6;i++)                       /*循环读取字符*/
    {
        Reverse[size-i-2] = String[i];    /*源字符串倒序存入反转字符串*/
    }
    printf("输出源字符串：%s\n",String);    /*输出源字符串*/
    printf("输出目标字符串：%s\n",Reverse); /*输出目标字符串*/
    return 0;                             /*程序结束*/
}
```

运行程序，显示效果如图 8.24 所示。

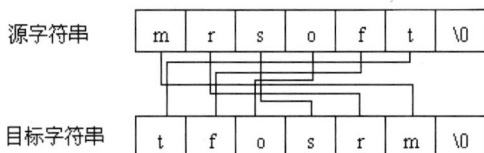

图 8.23　字符串反转示意图

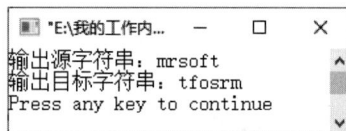

图 8.24　反转输出字符串

## 8.6.2　输出系统日期和时间

【例 8.15】输出系统日期和时间（**实例位置：资源包\TM\sl\08\15**）

设计一个程序，当用户输入 0 时显示帮助信息，输入 1 时显示系统日期，输入 2 时显示系统时间，输入 3 时退出系统。

要实现上述功能，需要解决两个问题：一是要不断地保持程序运行，等待用户输入命令，防止 main 函数结束；二是要获取系统日期和时间。第一个问题可使用一个无限循环语句来实现，在循环语句中等待用户输入，如果用户输入的是 3，则终止循环，结束应用程序。第二个问题需要使用时间函数 time 和 localtime 来实现。

在 main 函数中将各个控制命令保存在数组中，然后使用 while 语句设计一个无限循环。在循环中让用户输入命令，并判断用户输入的命令是否和数组中存储的命令相同。如果相同，执行相应的语句。

```c
#include<stdio.h>                        /*包含头文件 stdio.h*/
#include<time.h>                         /*包含头文件 time.h*/
```

```
int main()
{
    int command[4] = {0,1,2,3};                    /*定义一个数组*/
    int num;
    struct tm *sysTime;
    printf("如需帮助可输入数字 0! \n");              /*输出提示信息*/
    printf("请输入命令符: \n");

    while (1)                                       /*通过 while 循环，使系统始终等待用户输入*/
    {
        scanf("%d", &num);                          /*用户输入数字*/
        /*判断用于输入的字符*/
        if(command[0] == num)                       /*如果用户输入数字 0*/
        {
            /*输出帮助信息*/
            printf("输入数字 1 显示系统日期，输入数字 2 显示系统时间，输入数字 3 退出系统! \n");
        }
        else if(command[1] == num)                  /*如果用户输入数字 1*/
        {
            time_t nowTime;
            time(&nowTime);                         /*获取系统日期*/
            sysTime= localtime(&nowTime);           /*转换为本地日期*/
            printf("系统日期: %d-%d-%d \n",1900 + sysTime->tm_year,sysTime->tm_mon + 1,sysTime-> tm_mday);
                                                    /*输出信息*/
        }
        else if(command[2] == num)                  /*如果用户输入数字 2*/
        {
            time_t nowTime;
            time(&nowTime);                         /*获取系统时间*/
            sysTime = localtime(&nowTime);          /*转换为本地时间*/
            printf("系统时间: %d:%d:%d \n",sysTime->tm_hour ,sysTime->tm_min ,sysTime-> tm_sec);
                                                    /*输出信息*/
        }
        else if(command[3] == num)                  /*如果用户输入数字 3*/
        {
            return 0;                               /*退出系统*/
        }
        printf("请输入命令符: \n");                  /*输出提示信息*/
    }
    return 0;                                        /*程序结束*/
}
```

运行程序，输出系统日期和时间的实例效果如图 8.25 所示。

**说明**

time.h 是 C 语言中的一个日期和时间头文件，其提供了获取日期时间相关的函数，该文件中提供了一个 localtime 函数，用来获取一个 tm 结构表达的机器时间信息，其中包含时、分、秒、月份、年份、星期等信息；另外，还有一个比较常用的time 函数,用来获取系统当前的日历时间，返回的类型为time_t类型,该类型的值为 unsigned long，表示从 1970-01-01 00:00:00 到现在的秒数。

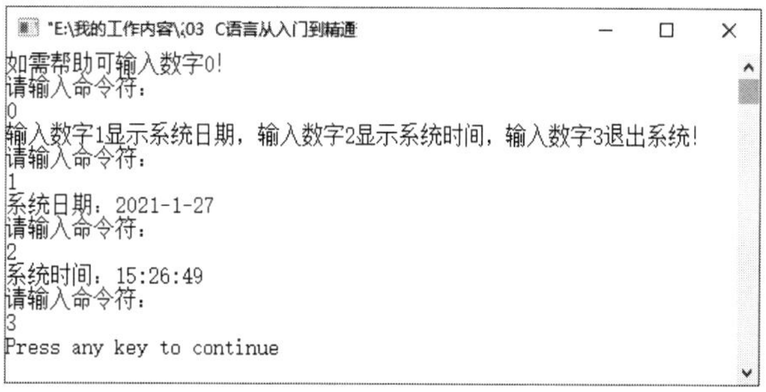

图 8.25  输出系统日期和时间

### 8.6.3 字符串的加密和解密

设计应用程序时，为了防止一些敏感信息泄漏，通常需要对这些信息进行加密。以用户登录密码为例，如果密码以明文形式存储在数据表中，很容易被人发现；如果密码以密文形式存储，即使别人从数据表中发现了密码，也是加密之后的密码，根本不能够使用，因此能提高系统的安全性。

【例 8.16】字符串的加密和解密（**实例位置：资源包\TM\sl\08\16**）

设计一个加密和解密算法，对一个指定的字符串加密后，再利用解密函数对密文解密，显示明文信息。加密的方式是将字符串中每个字符加上它在字符串中的位置和一个偏移值 5。以字符串 "mrsoft" 为例，第一个字符 m 在字符串中的位置为 0，那么它对应的密文是'm'+0+5，即 r。

在 main 函数中使用 while 语句设计一个无限循环，并声明两个字符数组，用来保存明文和密文字符串。在首次循环中，要求用户输入字符串，将明文加密成密文，之后的操作则是根据用户输入的命令字符进行判断：输入 1 加密新的明文，输入 2 对之前加密的密文进行解密，输入 3 退出系统。

```c
#include<stdio.h>                              /*包含头文件 stdio.h*/
#include<string.h>                             /*包含头文件 string.h*/

int main()
{
    int result = 1;
    int i;
    int count = 0;
    char Text[128] = {'\0'};                   /*定义一个明文字符数组*/
    char cryptograph[128] = {'\0'};            /*定义一个密文字符数组*/
    while (1)                                   /*通过 while 循环，使系统始终等待用户输入*/
    {
        if(result == 1)                         /*如果用户输入 1，加密明文*/
        {
            printf("请输入要加密的明文：\n");    /*输出提示信息*/
            scanf("%s", &Text);                 /*获取输入的明文*/
            count = strlen(Text);
            for(i=0; i<count; i++)              /*遍历明文字符串*/
            {
                cryptograph[i] = Text[i] + i + 5;  /*加密后得到密文字符串*/
            }
            cryptograph[i] = '\0';              /*设置字符串结束标记*/
            printf("加密后的密文是：%s\n",cryptograph);  /*输出密文信息*/
        }
        else if(result == 2)                    /*如果用户输入 2，解密字符串*/
        {
            count = strlen(Text);
            for(i=0; i<count; i++)              /*遍历密文字符串*/
            {
                Text[i] = cryptograph[i] - i - 5;  /*解密后得到明文字符串*/
            }
            Text[i] = '\0';                     /*设置字符串结束标记*/
            printf("解密后的明文是：%s\n",Text);  /*输出明文信息*/
        }
        else if(result == 3)                    /*如果用户输入 3，退出系统*/
        {
            break;                              /*跳出循环*/
        }
        else
```

```
        {
            printf("请输入命令符: \n");              /*输出提示信息*/
        }
        printf("输入 1 加密新的明文，输入 2 对刚加密的密文进行解密，输入 3 退出系统: \n");
        printf("请输入命令符: \n");              /*输出提示信息，提示用户输入指令*/
        scanf("%d", &result);              /*获取输入的命令字符*/
    }
    return 0;              /*程序结束*/
}
```

运行程序，字符串的加密和解密效果如图 8.26 所示。

**编程训练（答案位置：资源包\TM\sl\08\编程训练\）**

训练 9：升序排列字符串  将已按升序排好的字符串 a 和字符串 b 按升序归并到字符串 c 中，并输出。运行结果如下：

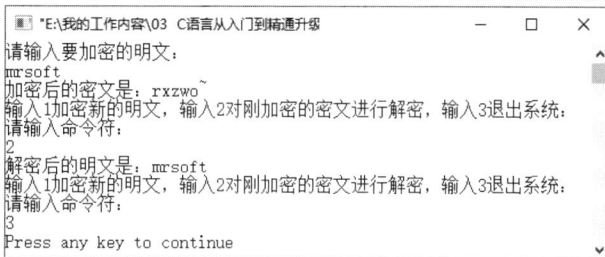

图 8.26  字符串的加密和解密

```
请输入排序好的 a:
abcegikln
请输入排序好的 b:
dfmopsyz
输出排序好的 c:
abcdefgiklmnopstyz
```

训练 10：竞选班长  班级竞选班长，共有 3 个候选人。输入参加选举的人数及每个人推举的候选人编号，输出 3 个候选人最终的票数及无效选票数。输出结果如下：

```
请输入参加投票人数:
15
输入每个人推举的候选人（输入 1、2、3 即可）
1 2 3 2 2 3 3 5 6 1 1 2 2 3 1
结果如下:
候选人 1:4
候选人 2:5
候选人 3:4
无效票数:2
```

# 8.7  实践与练习

（答案位置：资源包\TM\sl\08\实践与练习\）

综合练习 1：十二星座速配  巨蟹座和十二星座的爱情匹配分值（星座名/速配值）为：白羊座 50；金牛座 90；双子座 70；巨蟹座 80；狮子座 75；处女座 89；天枰座 55；天蝎座 100；射手座 40；摩羯座 60；水瓶座 45；双鱼座 99。利用插入排序法，将 12 个速配值从小到大排序，运行结果如下：

```
巨蟹座与哪个星座匹配，匹配分数由低到高如下:
40    45    50    55    60
70    75    80    89    90
```

综合练习 2：统计数字出现的次数  用户输入 0～9 内任意 10 个数字，统计各数字出现的次数。运行结果如下：

```
请输入 10 个 0~9 的数组元素：
1 5 6 8 2 1 4 5 8 5

---------------------------
|   0 出现的次数 0      |
|   1 出现的次数 2      |
|   2 出现的次数 1      |
|   3 出现的次数 0      |
|   4 出现的次数 1      |
|   5 出现的次数 3      |
|   6 出现的次数 1      |
|   7 出现的次数 0      |
|   8 出现的次数 2      |
|   9 出现的次数 0      |
---------------------------
```

综合练习 3：成绩单公布　某班期中考试后，根据"总成绩=智育成绩*60%+德育成绩*30%+体育成绩*10%"的计算方式，将班级前 12 名同学的总成绩进行排名。输入每个人的总成绩，输出从高到低排序后的成绩。运行结果如下：

```
输入成绩：
a[0]=95
a[1]=85
a[2]=90
a[3]=77
a[4]=88
a[5]=100
a[6]=96
a[7]=93
a[8]=80
a[9]=79
a[10]=89
a[11]=92
成绩排名如下：
100      96       95       93       92
90       89       88       85       80       79       77
```

综合练习 4：平安夜卖苹果　平安夜，父亲推出一车苹果（共 2520 个），分给 6 个儿子卖。父亲先按事先写在纸上的数字把苹果分完，每个人拿到的苹果数量都不同。然后他说："老大，把你的苹果分 1/8 给老二。老二连同原来的苹果，分 1/7 给老三。老三连同原来的苹果，分 1/6 给老四。依此类推，最后老六拿到后，连同原来的苹果分 1/3 给老大。这样，你们每个人手中的苹果就一样多了。"兄弟 6 人原来各有多少苹果呢？编写程序计算一下。输出结果如下：

```
x[1]=240
x[2]=460
x[3]=434
x[4]=441
x[5]=455
x[6]=490
```

综合练习 5：谁被@了　QQ 群或微信群里，要是找某个人有急事，就会@他。编写程序，输出被@的人员列表。输出结果如下：

```
被@的列表：
明日科技    你被@了
扎克伯格    你被@了
比尔盖茨    你被@了
```

# 第 9 章

# 函数

大型程序一般会被分为若干个程序模块，每个模块实现一个特定的功能。C 语言中，由函数实现子程序，由子程序实现模块功能。本章致力于使读者了解函数的概念，掌握函数的定义及调用方式；了解内部函数和外部函数的作用范围，能区分局部变量和全局变量的不同；最后能将函数应用于程序中，将程序分成不同的功能模块。

本章的知识架构及重难点如下：

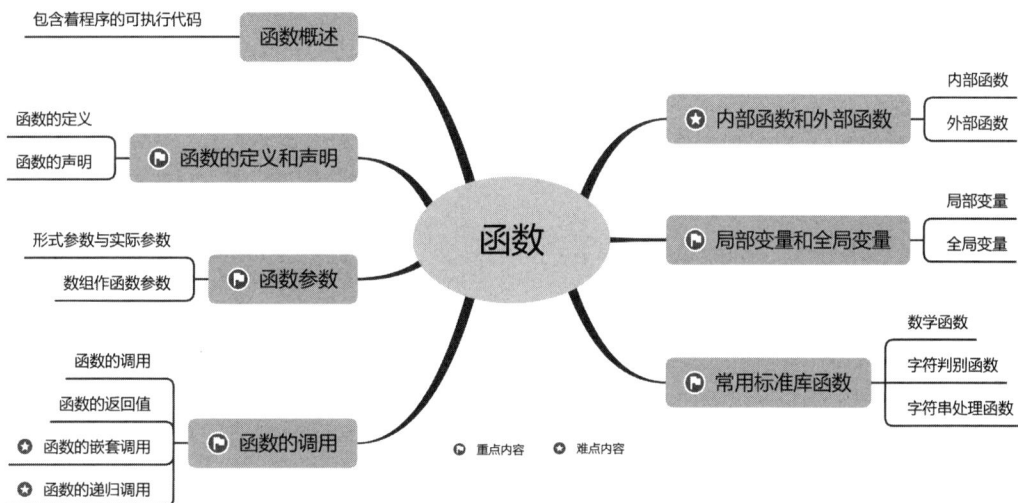

## 9.1 函 数 概 述

构成 C 程序的基本单元是函数，函数中包含着程序的可执行代码。

每个 C 程序的入口和出口都位于 main 函数中，但并不需要把所有指令都放在 main 函数中。一般的做法是将程序划分成若干个模块，每个模块完成一部分功能，不同的程序模块可以由不同的人来完成，从而提高软件开发的效率。

这就好比盖楼房，一栋摩天大楼是不可能靠一个人完成的，而要靠多部门、多工种之间协力完成。通常是有一个总工程师，在他的指挥下，有部门运输建筑材料，有部门建造楼房主体，还有部门粉刷内外墙涂料。编写程序的道理与盖楼是一样的，主函数就像总工程师一样，控制着整体程序的推进和执行，其中定义的其他函数就好比参与盖楼的多个部门或工种，他们要通过某种调度（函数调用）才能完成特定的功能。

主函数可以调用其他函数，其他函数间也可以相互调用。函数可以有参数和返回值，通过它们实现数据间的传递。在主函数中调用其他函数，这些函数执行完毕之后会返回 main 函数中。通常把这些被调用的函数称为下层函数。函数调用发生时，立即执行被调用的函数，而调用者则进入等待的状态，直到被调用函数执行完毕。

【例 9.1】编写 3 个函数：做饭，钓鱼，写诗（**实例位置：资源包\TM\sl\09\01**）

在本实例中，定义 3 个函数来完成做饭、钓鱼、写诗等特定的功能，然后在主函数中调用它们。为了简化函数的功能，这里只让其输出一条提示信息。读者可通过本实例对函数有一个直观的认识。

```c
#include<stdio.h>            /*包含头文件*/
void Cook();                 /*声明 Cook 函数*/
void Fish();                 /*声明 Fish 函数*/
void Poem();                 /*声明 Poem 函数*/
int main()                   /*主函数 main*/
{
    Cook();                  /*调用 Cook 函数*/
    Fish();                  /*调用 Fish 函数*/
    Poem();                  /*调用 Poem 函数*/
    return 0;                /*程序结束*/
}
void Cook()                  /*自定义 Cook 函数*/
{
    printf("会做饭\n");
}

void Fish()                  /*自定义 Fish 函数*/
{
    printf("会钓鱼\n");
}

void Poem()                  /*自定义 Poem 函数*/
{
    printf("会写诗\n");
}
```

在分析本实例之前，我们先来了解一下什么是 C 程序源文件、库函数和用户自定义函数。。

☑ 源文件：由一个或者多个函数组成。C 语言以源程序为单位进行编译，而不是以函数为单位进行编译。

☑ 库函数：由 C 语言系统提供，用户无须定义，调用前也不必做类型说明，但需要在程序开始部分包含有该函数原型的头文件。例如，要使用能在控制台显示信息的 printf 函数，需在程序开始时包含 stdio.h 头文件；要使用字符串操作函数 strlen、strcmp 等时，需在程序开始时包含 string.h 头文件。

☑ 用户自定义函数：用户编写的用来实现特定功能的函数。例如，Cook、Fish 和 Poem 函数都是自定义函数。

在本例程序中，首先包含了 stdio.h 头文件，然后声明了 3 个自定义函数，最后在主函数 main 中调用了这 3 个函数。在主函数 main 外，可以看到这 3 个函数的定义。

运行程序，显示效果如图 9.1 所示。

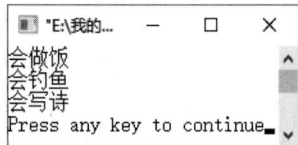

图 9.1　在主函数中调用其他函数

# 9.2　函数的定义和声明

C 语言的库函数可以直接调用，如 printf 输出函数。而自定义函数则必须由用户进行定义，确定其要实现的功能，这样才能被其他函数调用。

## 9.2.1　函数的定义

一个函数应包括函数头和函数体。定义一个函数的语法格式如下：

```
返回值类型 函数名(参数列表)
{
    函数体                          /*函数实现特定功能的过程*/
}
```

首先来看一段代码，然后通过分解，了解函数的构成。

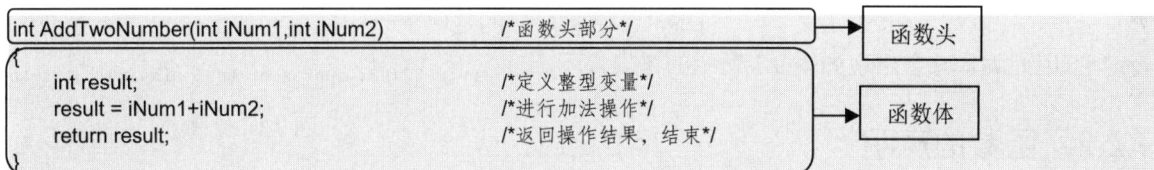

```
int AddTwoNumber(int iNum1,int iNum2)    /*函数头部分*/             函数头

    int result;                          /*定义整型变量*/
    result = iNum1+iNum2;                 /*进行加法操作*/           函数体
    return result;                       /*返回操作结果，结束*/
```

### 1．函数头

函数头是函数的入口，标志着一段函数代码的开始。函数头包括返回值类型、函数名和参数列表 3 个部分，如图 9.2 所示。

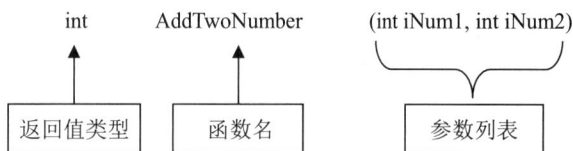

图 9.2　函数头组成

- ☑　返回值类型：函数返回值的类型，必须是 C 语言中的某个数据类型。这里是一个 int 型。
- ☑　函数名：函数的标识符，在一个 C 程序中应保持唯一。因为是标识符，所以函数名要遵守标识符命名规则。这里，函数名是 AddTwoNumber，可以推测出该函数的功能是两数相加求和。
- ☑　参数列表：调用函数时，用于将主调函数中的实际参数复制到该列表对应的形式参数中。可以没有参数，也可以有多个参数。这里定义了两个 int 变量，表示要相加的两个数。

### 2．函数体

函数体位于函数头的下方位置，由一对大括号括起来，大括号决定了函数体的范围。函数要实现的特定功能，都是在函数体部分通过代码语句完成的，最后通过 return 语句返回实现的结果。

在上面的代码中，函数体内首先定义了一个 int 型变量，用来保存加法的计算结果，之后利用传递进来的参数进行加法操作，并将结果保存在 result 变量中，最后函数要将所得到的结果进行返回。通过这些语句的操作，实现了求解两数和的特定功能。

在定义函数时会出现以下几种特殊的情况。

☑ 无参函数：没有参数列表的函数。如例 9.1 中的 Cook、Fish、Poem 都是无参函数。

☑ 空函数：没有任何内容，也没有什么实际功能的函数。空函数的形式如下：

```
类型说明符 函数名()
{
}
```

实际开发中，有时某个函数还未编好，或者后续要拓展某个函数，这时就会先用一个空函数代替，先占个位置，待后续时机成熟再用编好的函数取代它。

注意，C 语言中，函数的定义是互相平行、独立的。也就是说，函数体内不能再包含其他函数的定义。例如，下面的定义形式是错误的：

```
int main()
{
    void Display()                    /*错误！不能在函数体内定义另一个函数*/
    {
        printf("I want to show the Nesting function");
    }
    return 0;
}
```

这里，主函数 main 中定义了一个 Display 函数，目的是输出一句提示。由于 C 语言不允许进行嵌套定义，因此编译时会出现如图 9.3 所示的错误提示。

```
error C2143: syntax error : missing ';' before '{
```

图 9.3 错误提示

## 9.2.2 函数的声明

定义函数前，要先对函数进行声明。函数定义是为了让编译器知道函数的功能，而函数声明是为了让编译器预先知道有这么一个函数，以及函数的名称、参数、返回值类型等信息。声明函数的代码和定义函数时的函数头基本一致，但末尾要添加分号 ";"。

函数声明的一般形式如下：

```
返回值类型 函数名(参数列表);
```

例如，声明前述 AddTwoNumber 函数的代码如下：

```
int AddTwoNumber(int iNum1,int iNum2);
```

【例 9.2】交换两个数值（实例位置：资源包\TM\sl\09\02）

通过本实例了解函数声明与函数定义的位置，及其在程序中的作用。

```
#include<stdio.h>
void exchange(int a,int b);               /*声明 exchange 函数*/
int main()
{
    int a=3,b=4;                          /*定义两个整数*/
    printf("交换之前的值 a=%d,b=%d\n",a,b);   /*输出提示信息*/
    exchange(a,b);                        /*调用 exchange 函数*/
    return 0;
}
void exchange(int a,int b)                /*定义 exchange 函数，用于交换两个数*/
{
    int c;                                /*交换数值*/
    c=a;
```

```
    a=b;
    b=c;
    printf("交换后的值 a=%d,b=%d\n",a,b);          /*输出交换之后的数据*/
}
```

（1）观察上面的程序，可以看到在 main 函数前先进行了 exchange 函数的声明，声明的作用是告知其函数将在后面进行定义。

（2）在 main 函数体中，首先定义两个整型变量 a、b，之后输出一条提示消息，然后调用 exchange 函数。

（3）在 main 函数的定义之后可以看到 exchange 函数的定义，功能是实现两个数的数值互换。

运行程序，结果如图 9.4 所示。

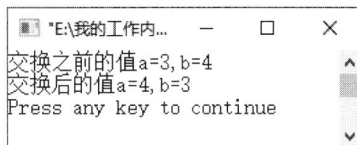

图 9.4  函数的定义与声明

**注意**

编译器对 C 代码是顺序编译的，而且总是从 main 函数开始。因此，如果自定义函数位于 main 函数后，则必须在 main 函数前先声明该函数（即调用之前先声明）；但如果自定义函数位于 main 函数前，则不用再进行函数声明，此时函数定义已包含了函数声明的作用。

**编程训练**（答案位置：资源包\TM\sl\09\编程训练\）

训练 1：输出谚语  编写一个程序，调用函数，输出"最大的挑战和突破在于用人，而用人最大的突破是信任人"。运行效果如下：

最大的挑战和突破在于用人，而用人最大的突破是信任人

训练 2：打印新年菜单  春节是中国最重要的节日，家家户户都会张灯结彩，丰盛的年夜饭更是必不可少的。定义一个函数，打印 2021 年新年菜单，再在主函数中调用函数。运行结果如下：

```
-----新年菜单如下------
1.凉菜
2.红烧鱼
3.煮虾
4.酱猪蹄
5.红烧排骨
6.孜然牛肉
7.木须柿子
8.水煮肉片
----------------------
```

# 9.3  函  数  参  数

多数情况下，主调函数和被调函数之间存在着数据传递关系，这种数据传递是通过函数参数来实现的。函数参数的作用是传递数据给函数使用，函数利用接收到的数据进行具体的操作处理。

## 9.3.1  形式参数与实际参数

函数的参数分为两种：形式参数和实际参数。同为参数，读者要仔细体会其中的区别。

### 1．形式参数

声明和定义函数时，函数名后面括号中的参数称为形式参数。这些参数只是定义了类型，在实际参数传入前并没有实际意义，因此叫作形式参数，简称形参。

### 2．实际参数

调用函数时，函数名后面括号中的参数称为实际参数。调用函数的过程就是真正使用这个函数的过程，此时调用者会传递一些要实际参与运算的参数给被调用函数，这些实际参与运算的参数就是实际参数，简称实参。

通过图 9.5 可以更好地理解形参和实参。

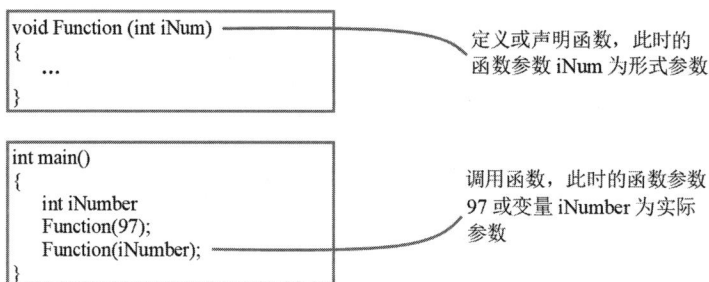

```
void Function (int iNum)          定义或声明函数，此时的
{                                函数参数 iNum 为形式参数
    ...
}

int main()
{
    int iNumber                  调用函数，此时的函数参数
    Function(97);                97 或变量 iNumber 为实际
    Function(iNumber);           参数
}
```

图 9.5　形式参数与实际参数

函数参数可以是常量、变量、数组、指针等，也可以是表达式。常量和变量作为函数参数，在前面的示例中我们已经见过很多，下面重点介绍数组作为函数参数的情况。有关指针做函数参数的知识将在第 10 章中介绍。

## 9.3.2　数组作函数参数

### 1．数组元素作为函数参数

数组元素作为函数实参，与普通变量作为函数实参一样，是单向的值传递。

**【例 9.3】输出数组元素（实例位置：资源包\TM\sl\09\03）**

定义一个数组并为其赋值，然后将数组元素作为函数实参进行传递。自定义函数体中，形参得到实参传递的数值后，将其显示输出。

```
#include<stdio.h>
void ShowMember(int iMember);            /*声明 ShowMember 函数，形参为一个整型数*/

int main()
{
    int iCount[10];                      /*定义一个整型数组*/
    int i;                               /*定义循环变量*/
    for(i=0;i<10;i++)                    /*for 循环，对数组元素逐个赋值*/
    {
        iCount[i]=i;
    }
    for(i=0;i<10;i++)                    /*for 循环，依次调用用户自定义函数*/
    {
```

```
        ShowMember(iCount[i]);            /*调用 ShowMember 函数，实参为数组元素*/
    }
    return 0;
}

void ShowMember(int iMember)              /*自定义 ShowMember 函数，形参为一个整型数*/
{
    printf("Show the member is%d\n",iMember);   /*输出数据*/
}
```

（1）首先进行函数声明，在主函数 main 中定义一个整型数组和一个整型变量 i。

（2）使用 for 循环语句对数组中的元素依次赋值，在这里，变量 i 既是循环条件，也是引用数组元素的下标。

（3）通过 for 循环语句调用 ShowMember 函数，显示数据。

运行程序，显示效果如图 9.6 所示。

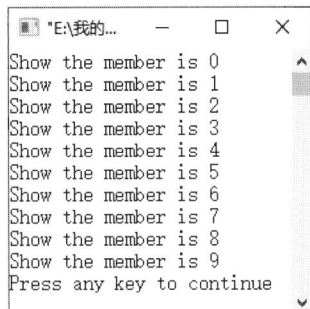

图 9.6   数组元素作为函数参数

### 2. 数组名作为函数参数

C 语言中，数组名表示的是数组中第一个元素的地址。因此，当数组名作为函数实参时，传递的是数组的地址。这点和数组元素做实参时是不一样的，注意体会其中的不同。

【例 9.4】数组名作为函数参数（实例位置：资源包\TM\sl\09\04）

在本实例中，使用数组名作为函数的实参和形参，实现数组的赋值和输出。

```
#include<stdio.h>
void Evaluate(int iArrayName[10]);        /*声明 Evaluate 函数，形参为数组名*/
void Display(int iArrayName[10]);         /*声明 Display 函数，形参为数组名*/

int main()
{
    int iArray[10];                       /*定义一个具有 10 个元素的整型数组*/
    Evaluate(iArray);                     /*调用 Evaluate 函数，数组名为实参*/
    Display(iArray);                      /*调用 Display 函数，数组名为实参*/
    return 0;
}

void Display(int iArrayName[10])          /*定义 Display 函数，将数组元素输出，形参为数组*/
{
    int i;
    for(i=0;i<10;i++)                     /*for 循环，依次输出数组元素*/
    {
        printf("the member number is %d\n",iArrayName[i]);
    }
}
void Evaluate(int iArrayName[10])         /*定义 Evaluate 函数，为数组元素赋值，形参为数组*/
{
    int i;
    for(i=0;i<10;i++)                     /*for 循环，依次为数组元素赋值*/
    {
        iArrayName[i]=i;
    }
}
```

（1）首先对 Evaluate 函数和 Display 函数进行声明，在声明语句中可以看到数组名作为形参。

（2）在主函数 main 中定义一个具有 10 个元素的整型数组 iArray。

（3）调用 Evaluate 函数，数组名 iArray 作为函数实参，传递的是数组的地址。在 Evaluate 函数中，使用数组 iArrayName 作为形参，接受对应的地址空间，并对数组进行赋值操作。

（4）调用 Display 函数，将数组输出，可以看到在函数参数中使用的也是数组名称。

运行程序，显示效果如图 9.7 所示。

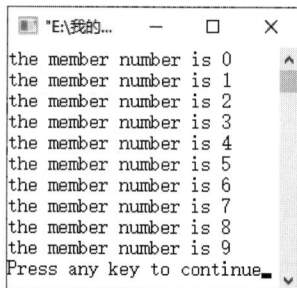

图 9.7　数组名作为函数参数

### 3．长度可变数组作为函数参数

数组作为函数参数时，如果未指明数组大小，就属于长度可变的数组作为函数参数。

【例 9.5】不使用库函数，实现字符串连接功能（**实例位置：资源包\TM\sl\09\05**）

在本实例中，不使用编译器提供的库函数，自行编写函数，实现两个字符串连接的功能。其中，自定义函数的参数为长度可变数组。具体代码如下：

```c
#include<stdio.h>
void _strcat(char str1[],char str2[])        /*定义_strcat 函数，形参为两个长度可变的数组*/
{
    int i,j;
    for(i=0;str1[i]!='\0';i++);              /*字符数组 1 中循环*/
    for(j=0;str2[j]!='\0';j++)               /*字符数组 2 中循环*/
    str1[i+j]=str2[j];                       /*将字符串 2 逐字符添加到字符串 1 的后续空间中，实现字符串连接*/
    str1[i+j]='\0';                          /*为字符串添加结束标志'\0'*/
}

int main()                                   /*主函数 main*/
{
    char str1[100],str2[100];                /*定义两个字符数组*/
    printf("请输入字符串 1:\n");
    gets(str1);                              /*输入字符串 1*/
    printf("请输入字符串 2:\n");
    gets(str2);                              /*输入字符串 2*/
    _strcat(str1,str2);                      /*调用_strcat 函数，连接两个字符串*/
    printf("连接之后的字符串是：%s\n",str1);   /*输出连接后的字符串*/
    return 0;                                /*程序结束*/
}
```

（1）首先定义一个_strcat 函数，该函数中使用两个 for 循环分别遍历两个字符数组，并将两个字符数组连接在一起，并添加结束标志'\0'。

（2）在主函数 main 中定义两个字符数组，并分别使用 gets 函数输入。

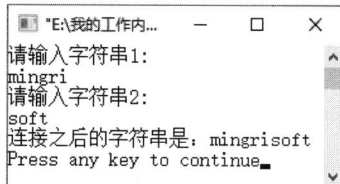

（3）调用自定义的_strcat 函数连接两个字符数组的内容，并输出连接后的内容。

运行程序，显示效果如图 9.8 所示。

图 9.8　可变长度数组作为函数参数

**编程训练（答案位置：资源包\TM\sl\09\编程训练\）**

训练 3：用户登录验证　编写登录函数，函数有两个形参：账号名和密码。如果账号名为"张三"，

密码为"123",则登录成功,否则登录失败。运行结果如下:

```
登录成功
```

训练 4:自定义运算函数 编写函数 fun(int a[][N], int n),使数组左下半边角的元素值均乘以 n。例如,n = 3, a = {{1,9,7},{2,3,8},{4,5,6}},运行程序后得到{{3,9,7},{6,9,8},{12,15,18}}。运行结果如下:

```
a[0][0]=1
a[0][1]=9
a[0][2]=7
a[1][0]=2
a[1][1]=3
a[1][2]=8
a[2][0]=4
a[2][1]=5
a[2][2]=6
左下半边角元素中的值乘以 n 的结果是:
3        9        7
6        9        8
12       15       18
```

# 9.4 函数的调用和返回

通过前面的学习,我们已经知道,使用函数的过程就是调用函数的过程。

## 9.4.1 函数的调用

函数的调用方式有 3 种,包括语句调用、表达式调用和函数参数调用。

### 1. 语句调用

函数调用作为一个独立语句出现,就称为语句调用。这是最常用的函数调用方式,可以有返回值,也可以没有返回值。例如:

```
Display();                          /*通过语句调用 Display 函数*/
```

### 2. 表达式调用

当函数调用出现在一个表达式中时,函数必须返回一个确定的值,作为表达式运算的一部分。例如:

```
iResult=iNum3*AddTwoNum(3,5);       /*函数调用出现在表达式中,返回值参与乘法运算*/
```

这条语句中,AddTwoNum 函数的功能是进行两个数相加,该函数的返回值 8 将与 iNum3 执行乘法,得到的结果赋值给 iResult 变量。

### 3. 函数参数调用

函数调用还可以出现在函数参数中。此时,函数的返回值将作为参数使用。例如:

```
iResult=AddTwoNum(10,AddTwoNum(3,5));   /*函数调用出现在函数参数中*/
```

这条语句中，AddTwoNum 函数的功能还是进行两个数相加，内层 AddTwoNum 函数将相加的结果 8 作为外层 AddTwoNum 函数的一个参数，iResult 的最终结果是 18。

## 9.4.2　函数的返回值

在函数体中常会看到这样一条 return 语句。

```
return 0;
```

这就是返回语句。return 语句的作用有两个，下面进行详细介绍。

### 1．退出函数，返回主调程序中

C 程序中，有两种方法可以终止函数执行，返回到调用函数位置。

- ☑　函数体中的所有语句都已执行完毕，遇到结束符号"}"后自动返回。
- ☑　遇到 return 语句，随即返回。

### 2．返回一个值，供主调函数使用

用户调用函数时，通常是希望得到一个确定的返回值。该返回值是通过 return 语句实现的。

返回值也需要约定类型，因此定义函数时，需要明确指定函数返回值的类型。例如：

```
int Max(int iNum1,int iNum2);              /*函数返回值为 int 类型*/
double Min(double dNum1,double dNum2);     /*函数返回值为 double 类型*/
char Show(char cChar);                     /*函数返回值为 char 类型*/
```

如果函数返回值的类型和 return 语句中表达式的值不一致，则以函数返回值的类型为准。数值型数据可以自动进行类型转换，即函数定义的返回值类型决定最终返回值的类型。

注意，return 语句后面的括号可以省略，即 return 0 和 return(0)是相同的。另外，函数也可以没有返回值。例如，返回值类型为 void 的函数就没有返回值。

【例 9.6】判断体温是否正常（**实例位置：资源包\TM\sl\09\06**）

本实例中，通过 getTemperature 函数获取体温值，将返回的体温数据交给 judgeTemperature 函数，作为参数使用。具体代码如下：

```
#include<stdio.h>
void judgeTemperature(float temperature);    /*声明 judgeTemperature 函数*/
float getTemperature();                       /*声明 getTemperature 函数*/

int main()                                    /*主函数 main*/
{
    judgeTemperature(getTemperature());       /*调用 judgeTemperature 函数，实参为 getTemperature 函数的返回值*/
    return 0;                                 /*程序结束*/
}
float getTemperature()                        /*定义 getTemperature 函数*/
{
    float temperature;
    printf("请输入温度值:\n");                 /*输出提示信息*/
    scanf("%f",&temperature);                 /*输入体温*/
    printf("当前体温是：%.1f\n",temperature);  /*输出当前体温值*/
    return temperature;                       /*返回体温值*/
}
```

```
void judgeTemperature(float temperature)          /*定义 judgeTemperature 函数*/
{
    if(temperature<=37.3f&& temperature>=36)      /*判断体温值是否正常*/
        printf("体温正常\n");
    else
        printf("体温不正常\n");
}
```

（1）首先对 judgeTemperature 函数和 getTemperature 函数进行声明。

（2）在 getTemperature 函数中，首先提示用户输入温度值，并记录，然后输出温度值，并返回输入的温度值。

（3）在 judgeTemperature 函数中，判断参数中传入的温度值是否在 36～37.3℃，如果在，输出"体温正常"，否则输出"体温不正常"。

（4）在主函数 main 中调用 judgeTemperature 函数，该函数的参数通过 getTemperature 函数传入。

运行程序，显示效果如图 9.9 所示。

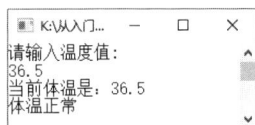

## 9.4.3 函数的嵌套调用

图 9.9 函数参数调用

C 语言虽然不允许函数进行嵌套定义，但却可以嵌套调用，即可在一个函数体内调用另外一个函数。例如，在 main 函数中调用 Display 函数，在 Display 函数中调用 ShowMessage 函数，这种就叫作嵌套调用。调用时，一般从最外层 main 函数开始，一层层地调用，直到深入最内层的函数。嵌套调用返回时恰好相反，从最内层的函数开始，一层层地返回，直到返回最外层的主调函数中。

这就好比某公司要完成业绩，CEO 需要将运营指标交代给总经理，总经理将工作分拆给各部门经理（副经理），部门经理们再将工作分拆给下属职员，职员按照上级指示完成具体工作。之后，职员将完成结果汇报给部门经理，部门经理汇总后将结果汇报给总经理，总经理再汇总后将结果汇报给 CEO。

【例 9.7】CEO 下达工作内容（**实例位置：资源包\TM\sl\09\07**）

在本实例中，利用嵌套函数模拟 CEO 分派工作的过程。这里简化任务的完成过程，只输出一条语句表示逐级分派任务（即调用函数）的过程。

```
#include<stdio.h>

void CEO();                               /*声明 4 个函数*/
void Manager();
void AssistantManager();
void Clerk();

int main()                                /*main 函数*/
{
    CEO();                                /*调用 CEO 函数*/
    return 0;
}
void CEO()                                /*定义 CEO 函数*/
{
    printf("CEO 交代给总经理\n");
    Manager();                            /*调用 Manager 函数*/
}
```

```
void Manager()                              /*定义 Manager 函数*/
{
    printf("总经理交代给部门经理\n");
    AssistantManager();                     /*调用 AssistantManager 函数*/
}
void AssistantManager()                     /*定义 AssistantManager 函数*/
{
    printf("部门经理交代给各个职员\n");
    Clerk();                                /*调用 Clerk 函数*/
}
void Clerk()                                /*定义 Clerk 函数*/
{
    printf("职员开始执行\n");
}
```

（1）首先在程序中声明将要使用的 4 个函数，其中的 CEO 代表公司总裁，Manager 代表总经理，AssistantManager 代表副经理，Clerk 代表职员。

（2）main 函数下是 4 个函数的定义。先来看一下 CEO 函数，通过输出一条信息来表示这个函数的功能和作用，然后嵌套调用 Manager 函数。Manager 和 CEO 函数运行的步骤是相似的，最后在其函数体内调用 AssistantManager 函数。在 AssistantManager 函数中调用 Clerk 函数。

（3）在主函数 main 中，调用了 CEO 函数，于是程序的整个流程按照步骤（2）进行，直到"return 0"语句返回，程序结束。

运行程序，显示效果如图 9.10 所示。

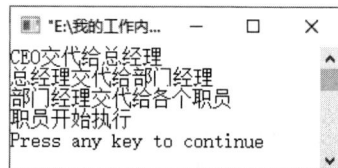

图 9.10　函数的嵌套调用

## 9.4.4　函数的递归调用

所谓递归调用，就是函数自己调用自己。从定义中可以看出，函数递归调用是函数嵌套调用的一种特殊形式。

函数可以直接调用自己，也可以间接调用自己，如图 9.11 所示。所谓间接调用，就是在递归函数的下层函数中调用自己。

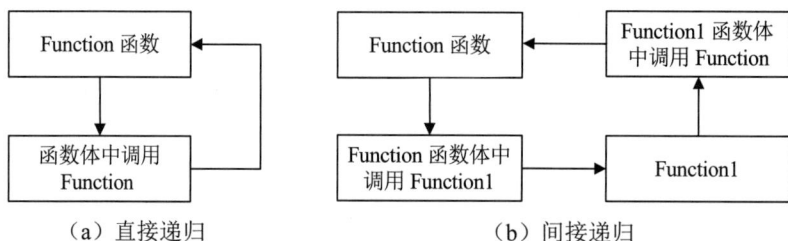

（a）直接递归　　　　　　（b）间接递归

图 9.11　递归调用过程

递归之所以能实现，是因为函数的每个执行过程在栈中都有自己的形参和局部变量副本，这些副本和该函数的其他执行过程不发生关系。这种机制是当代大多数程序设计语言实现子程序结构的基础。

例如，有 5 个人坐在一起，猜第五个人的年龄，他说比第四个人大 2 岁，问第四个人的岁数，他说比第三个人大 2 岁，问第三个人的岁数，他说比第二个人大 2 岁，问第二个人的岁数，他说比第一个人大 2 岁，问第一个人的岁数，他说他 10 岁，如图 9.12 所示是岁数的示意图，一层调用一层。

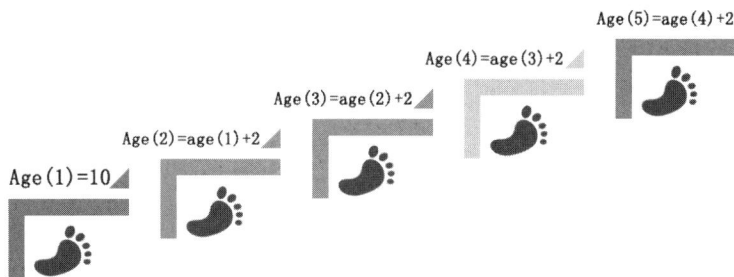

图 9.12　递归调用示意图

【例 9.8】倒序输出名单（**实例位置：资源包\TM\sl\09\08**）

在本实例中，定义一个字符串数组，为其赋值一系列名称，通过递归函数调用，逆序显示名单。注意，本例之所以能逆序输出名单，是因为嵌套函数返回时是从最内层到最外层逐层返回。

```c
#include<stdio.h>
void DisplayNames(char** cNameArray);          /*声明 DisplayNames 函数*/

char* cNames[]=                                /*定义字符串数组*/
{
    "Aaron",
    "Jim",
    "Charles",
    "Sam",
    "Ken",
    "end"                                      /*设定一个结束标志*/
};

int main()
{
    DisplayNames(cNames);                      /*调用 DisplayNames 函数*/
    return 0;
}

void DisplayNames(char** cNameArray)           /*定义 DisplayNames 函数*/
{
    if(*cNameArray=="end")                      /*判断是否是结束标志*/
    {
        return ;                               /*如果是，函数结束返回*/
    }
    else
    {
        DisplayNames(cNameArray+1);            /*如果不是，递归调用自身*/
        printf("%s\n",*cNameArray);            /*输出字符串*/
    }
}
```

如图 9.13 所示为程序的调用流程，通过此图读者可对递归调用过程有一个更直观的认识。

（1）首先声明递归函数 DisplayNames，其参数声明为指针的指针（第 10 章中将介绍，这里不用深究）。

（2）定义一个全局字符串数组，并且为其进行赋值。其中，字符串"end"作为数组的结尾标志。

（3）在主函数 main 中调用递归函数 DisplayNames。

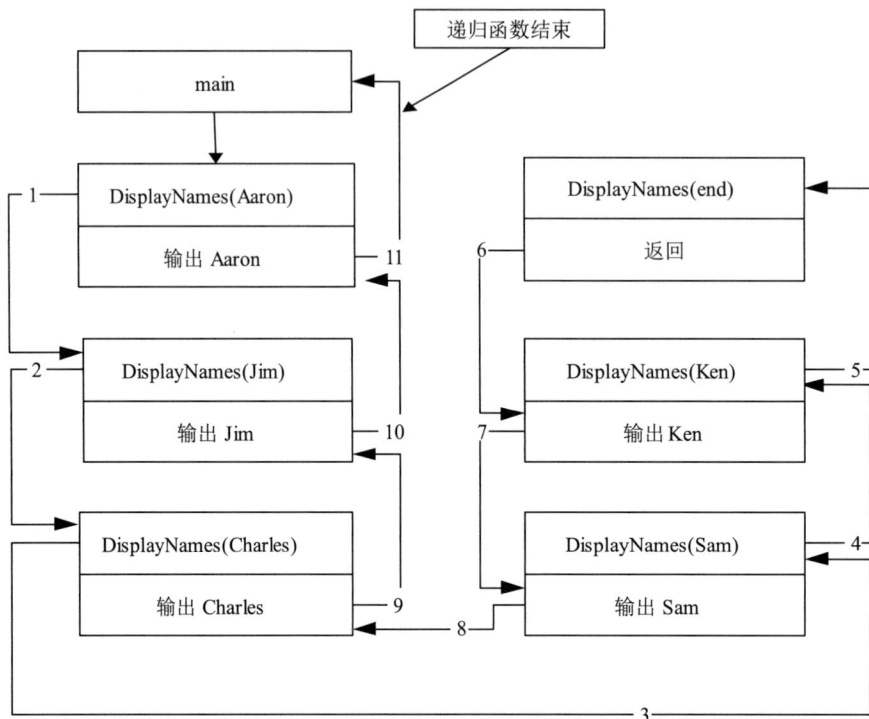

图 9.13　程序调用流程图

（4）在 DisplayNames 的函数体中，通过 if 语句判断当前要输出的字符串是否是结束字符"end"，如果是，则使用 return 语句返回。否则，执行下面的 else 语句，调用递归函数，在函数参数处可以看到传递的字符串数组元素发生改变，传递下一个数组元素。调用递归函数后，仍然要先判断传递进来的字符串是否是数组的结束标志。最后输出字符串数组的元素。

运行程序，显示效果如图 9.14 所示。

**编程训练（答案位置：资源包\TM\sl\09\编程训练\）**

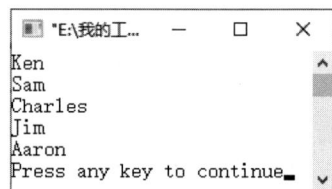

图 9.14　函数的递归调用

训练 5：判断某个数是否为回文数　编写函数，判断字符串是否为回文数（即顺读和倒读是一样的）。若是，函数返回 1，否则返回 0。运行结果如下：

```
请输入一个数：
12321
是回文数
```

训练 6：判断血压是否正常　正常的血压收缩压是 90～140mmHg，舒张压是 60～90mmHg。如果收缩压低于 90mmHg 或舒张压低于 60mmHg，属于低血压。如果收缩压高于 140mmHg 或舒张压高于 90mmHg，属于高血压。编写程序，判断舒张压是否正常，运行结果如下：

```
请输入舒张压数值：
88
当前舒张压是：88
血压正常
```

# 9.5 内部函数和外部函数

函数是 C 程序中的最小单位，可以把一个或多个函数保存为一个文件，这个文件就称为 C 源文件。当一个 C 源程序由多个 C 源文件组成时，多个文件之间的函数可以相互调用。当然我们也可以将其设置为内部函数，禁止其他文件调用。因此，根据能不能被其他文件调用，C 语言又把函数分为两类：一类是内部函数，另一类是外部函数。

## 9.5.1 内部函数

定义一个函数，如果该函数只能被所在的源文件使用，那么就称这样的函数为内部函数。内部函数又称为静态函数。使用内部函数，可以使函数只局限在函数所在的源文件中，如果在不同的源文件中有同名的内部函数，则这些同名函数间是互不干扰的。

例如，有两个重名的学生，虽然他们的名字相同，但所在班级不同，因此不会相互干扰（见图 9.15）。在定义这两个学生名字函数时，要在函数返回值和函数名前面加上关键字 static 进行修饰：

**static** 返回值类型 函数名(参数列表)

图 9.15 重名小朋友

例如，定义一个功能为加法运算且返回值是 int 型的内部函数，代码如下：

static int Add(int iNum1,int iNum2)

在函数的返回值类型 int 前加上关键字 static，可将原来的函数指定成内部函数。

**技巧**

使用内部函数的好处是，不同开发者编写函数时，不必再担心函数是否会与其他源文件中的函数同名。因为内部函数只在所在源文件中有效，不同源文件中即使有相同的函数名，也没有关系。

**【例 9.9】**显示"Hello MingRi!"（实例位置：资源包\TM\sl\09\09）
在本实例中使用两个内部函数，一个函数对字符串赋值，另一个函数将字符串输出显示。

#include<stdio.h>

```
static char* GetString(char* pString)                    /*定义字符串赋值函数 GetString */
{
    return pString;                                        /*返回字符*/
}
static void ShowString(char* pString)                    /*定义字符串输出函数 ShowString */
{
    printf("%s\n",pString);                               /*显示字符串*/
}

int main()
{
    char* pMyString;                                      /*定义字符串变量*/
    pMyString=GetString("Hello    MingRi!");              /*调用 GetString 函数，为字符串赋值*/
    ShowString(pMyString);                                /*调用 ShowString 函数，输出显示字符串*/
    return 0;
}
```

在程序中，使用 static 关键字对函数进行修饰，使其只能在其源文件中进行调用。

运行程序，显示效果如图 9.16 所示。

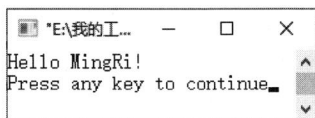

图 9.16　内部函数的调用

## 9.5.2　外部函数

外部函数是可以被其他源文件调用的函数。定义外部函数时，使用关键字 extern 进行修饰。同样，使用外部函数时，要先用 extern 声明所用的函数是外部函数。

例如，外部函数的函数头可以写成下面的形式：

```
extern int Add(int iNum1,int iNum2);
```

这样，Add 函数就可以被其他源文件调用，进行加法运算。

**注意**

C 语言中，定义函数时如果未指明是内部函数还是外部函数，系统将默认此函数为外部函数。也就是说，定义外部函数时可以省略关键字 extern。本书中多数实例使用的函数都为外部函数。

**【例 9.10】求三角形的内角度数（实例位置：资源包\TM\sl\09\10）**
一个三角形的 3 个内角度数之比为 2∶3∶3，求各内角的度数。使用外部函数编写程序求解。

```
/*//////////////////////////////////////////////////////////////////////*/
/*                        cal1.c 文件                                    */
/*//////////////////////////////////////////////////////////////////////*/
#include<stdio.h>
extern void GetAngle(int a,int b,int c)                  /*定义 GetAngle 函数，该函数位于 cal1.c 文件中*/
{
    float a1=0,b1=0,c1=0;                                 /*定义 3 个变量，用来表示三角形的 3 个内角*/
    a1=(float)180*a/(a+b+c);                              /*求每个内角的度数*/
    b1=(float)180*b/(a+b+c);
    c1=(float)180*c/(a+b+c);
    printf("内角的度数分别是：%.1f,%.1f,%.1f\n",a1,b1,c1); /*输出内角度数*/
}
```

```
/*//////////////////////////////////////////////////////////////////////////////*/
/*                          Cal.c                                     */
/*//////////////////////////////////////////////////////////////////////////////*/
#include<stdio.h>
extern void GetAngle(int a,int b,int c);                    /*声明外部函数*/
int main()
{
    GetAngle(2,3,3);                                 /*调用 cal1 文件中的 GetAngle 函数*/
    return 0;
}
```

主函数 main 在源文件 Cal.c 中。首先声明一个函数，其中使用 extern 关键字说明函数为外部函数。然后在 main 函数体中调用这个函数。在 cal1.c 源文件中对 GetAngle 函数进行定义，通过对传入的参数执行返回操作，完成对变量的赋值功能。

运行程序，显示效果如图 9.17 所示。

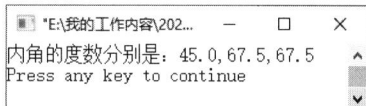

图 9.17　外部函数的调用

**编程训练（答案位置：资源包\TM\sl\09\编程训练\）**

训练 7：嵌套计算　利用嵌套函数计算 $s=1^2!+2^2!+3^2!$。运行结果如下：

计算的结果是：362905

训练 8：输出名言　编写外部函数并调用，输出名言"我们必须在别人改变之前改变自己"。

# 9.6　局部变量和全局变量

在讲解局部变量和全局变量的知识之前，先来了解一下作用域。作用域决定了程序中变量的作用范围：局部变量的作用域是局部的，如函数体内；全局变量的作用域是整个程序。下面具体看一下有关局部变量和全局变量的内容。

## 9.6.1　局部变量

在函数内部定义的变量是局部变量。我们前面学习的实例中绝大多数变量都只是局部变量，这些变量声明在函数内部，无法被其他函数所使用。函数的形式参数也属于局部变量，作用范围仅限于函数内部的所有语句块。

除此之外，在各类语句块（如 if 语句、while 语句、for 语句等）中定义的变量也是局部变量，作用范围仅限于语句块内部（当然也包括嵌套在其中的子语句块）。

图 9.18 表示的是不同情况下局部变量的作用域。

C 语言中，位于不同作用域的变量可以使用相同的标识符，也就是变量名可以相同。如果内层作用域中定义的变量和已经声明的某个外层作用域中的变量有相同名称，在内层中使用这个变量名，此时的变量名表示的是外层变量还是内层变量呢？答案是：内层作用域中的变量将屏蔽外层作用域中的同名变量，直到内层作用域结束为止。这就是局部变量的屏蔽作用。

```
int Function1(int iA)
{
        ...


}
```
iA 的作用域范围

```
float Function2(int iB)
{
        float fB1,fB2;
        ...

}
```
iB、fB1 和 fB2
的作用域范围

```
int main()
{
        int iC;
        float fC1,fC2;
        ...
        return 0;

}
```
iC、fC1 和 fC2
的作用域范围

```
int main()
{

        int iD;
        for(iD=1;iD<10;iD++)
        {
                char cD;
                ...
        }
        return 0;

}
```
cD 的作用
域范围

iD 的作用
域范围

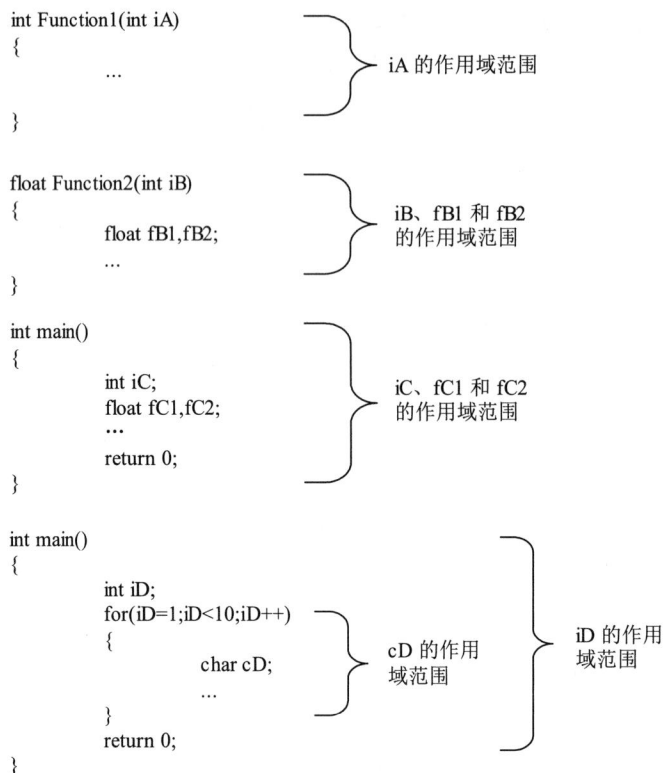

图 9.18　局部变量的作用域范围

**【例 9.11】局部变量的作用域和屏蔽作用（实例位置：资源包\TM\sl\09\11）**

在本实例中，在不同位置定义了 3 个同名变量 iNumber，并分别赋值。通过输出的变量值，体会局部变量的作用域和屏蔽作用。

```
#include<stdio.h>
int main()                                  /*主函数 main*/
{
    int iNumber=1;                          /*定义第 1 个 iNumber，作用域为整个 main 函数*/
    printf("%d\n",iNumber);                 /*输出 iNumber，其值为 1 */
    if(iNumber>0)                           /*外层 if 语句*/
    {
        int iNumber=2;                      /*定义第 2 个 iNumber，作用域为外层 if 语句块*/
        printf("%d\n",iNumber);             /*输出 iNumber，其值为 2，屏蔽了 main 函数中的 iNumber*/
        if(iNumber1>0)                      /*内层 if 语句*/
        {
            int iNumber=3;                  /*定义第 3 个 iNumber，作用域为内层 if 语句块*/
            printf("%d\n",iNumber);         /*输出 iNumber，其值为 3，屏蔽了 main 函数和外层 if 语句中的 iNumber*/
        }
        printf("%d\n",iNumber);             /*输出 iNumber，其值为 2，说明回到第 2 个 iNumber 的作用域*/
    }
    printf("%d\n",iNumber);                 /*输出 iNumber，其值为 1，说明回到第 1 个 iNumber 的作用域*/
    return 0;
}
```

（1）在主函数 main 中定义第 1 个 iNumber，为其赋值 1，然后使用 printf 函数输出。很显然，此时 iNumber1 的值为 1。

（2）接下来使用两层 if 语句进行判断。这里使用 if 语句的目的在于划分出不同的语句块，形成不同的作用域，后续定义同名变量后，更容易分清楚当前 iNumber 于哪个作用域中。

（3）在外层 if 语句中也定义一个 iNumber 变量，为了区分，为其赋值 2，然后使用 printf 函数输出。观察运行结果，发现输出的值是 2，说明值为 2 的 iNumber 在外层 if 语句中将值为 1 的 iNumber 屏蔽掉了。

（4）在内层 if 语句中再定义一个 iNumber 变量，为了区分，为其赋值 3，使用 printf 函数输出。观察运行结果，发现输出的是 3，说明值为 3 的 iNumber 将值为 2 和 1 的两个 iNumber 都进行了屏蔽。

（5）内层 if 语句结束后，再次输出 iNumber，输出的是 2，说明已离开了值为 3 的 iNumber 作用域，返回了值为 2 的 iNumber 作用域内。

（6）外层 if 语句结束后，再次输出 iNumber，输出的是 1，说明已离开了值为 2 的 iNumber 的作用域，返回了值为 1 的 iNumber 作用域内。

运行程序，显示效果如图 9.19 所示。

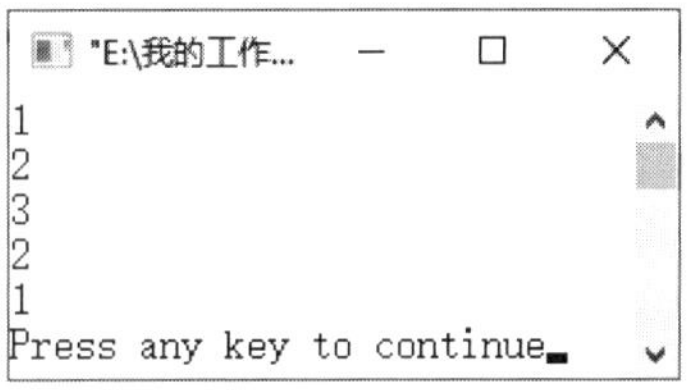

图 9.19　局部变量的作用域

## 9.6.2　全局变量

函数内定义的变量是局部变量，如果一个变量在所有函数外声明，则该变量就是全局变量。顾名思义，全局变量可以在程序的任何位置进行访问。

> **说明**
>
> 全局变量不属于某个函数，而属于整个源文件。如果外部文件要访问它，则要用 extern 关键字进行修饰，使用 extern 修饰的变量表示为外部变量。除此之外，在 C 语言中，根据存储类别的不同，变量还有 auto、static 和 register 等类型，其含义如下。
>
> auto 变量：自动变量，自动分配存储空间，并在函数执行结束后自动释放。auto 变量只能在函数内部使用，另外，在函数内部定义变量时，如果没有指定变量的存储类型，则默认为 auto 类型。
>
> static 变量：静态变量，存储在内存的静态存储区，在程序运行时，静态变量的内存地址不会发生改变。具体使用时，在函数中定义的静态变量为静态局部变量，它只能在定义该变量的函数内使用；而在全局中定义的静态变量为静态全局变量，其在当前 .C（源）文件中都可以使用。
>
> register 变量：寄存器变量，用来存放需高频访问的局部变量，实际开发中不太常用。

全局变量可增加函数间的数据联系。同一文件中的所有函数都能引用全局变量的值，因此如果在一个函数中改变了全局变量的值，就能影响到其他函数，相当于各个函数间有了一个直接传递通道。

例如，有一家连锁企业，其商品价格是全球统一的。世界各地有很多这样的连锁商店，当进行价格调整时，应该确保每一家连锁商店的价格是相同的。全局变量就像其中所要设定的价格，而函数就像每一家连锁店，当全局变量进行修改时，函数中使用的该变量都将同步被更改。

【例 9.12】模拟连锁商店价格调整（实例位置：资源包\TM\sl\09\12）

在本程序中，使用全局变量模拟连锁店的全球价格，使用函数表示连锁店，并在函数中输出一条消息，表示连锁店中的价格。

```c
#include<stdio.h>
int iGlobalPrice=100;                          /*定义全局变量 iGlobalPrice，表示全球价格，初始值为 100*/
void Store1Price();                            /*声明 4 个函数*/
void Store2Price();
void Store3Price();
void ChangePrice();

int main()
{
    printf("原价格 : %d\n",iGlobalPrice);       /*输出价格变动前的商品全球价格*/
    Store1Price();                             /*调用 Store1Price 函数*/
    Store2Price();                             /*调用 Store2Price 函数*/
    Store3Price();                             /*调用 Store3Price 函数*/
    ChangePrice();                             /*调用 ChangePrice 函数，更改连锁店的价格*/

    printf("修改后的价格是: %d\n",iGlobalPrice); /*输出价格变动后的商品全球价格*/
    Store1Price();                             /*再次调用 Store1Price 函数
    Store2Price();                             /*再次调用 Store2Price 函数*/
    Store3Price();                             /*再次调用 Store3Price 函数*/
    return 0;
}

void Store1Price()                             /*定义 Store1Price 函数，输出 1 号连锁店的价格*/
{
    printf("1 号连锁店的价格 : %d\n",iGlobalPrice);
}
void Store2Price()                             /*定义 Store2Price 函数，输出 2 号连锁店的价格*/
{
    printf("2 号连锁店的价格 : %d\n",iGlobalPrice);
}
void Store3Price()                             /*定义 Store3Price 函数，输出 3 号连锁店的价格*/
{
    printf("3 号连锁店的价格 : %d\n",iGlobalPrice);
}
void ChangePrice()                             /*定义 ChangePrice 函数，更改连锁店的价格*/
{
    printf("您想要改价格吗？如果是，改后的价格是: ");
    scanf("%d",&iGlobalPrice);
}
```

（1）定义全局变量 iGlobalPrice，表示全球连锁店的初始商品价格。为了形成对比，初始值为 100。还定义了 4 个函数，其中 3 个代表连锁店的价格，如 Store1Price 代表 1 号连锁店；ChangPrice 函数用来改变全局变量的值，代表对所有连锁店进行调价。

（2）在主函数 main 中，首先输出 3 家连锁店的初始价格，之后通过一条信息提示更改 iGlobalPrice 变量。全局变量被修改后，再次输出所有连锁店的当前价格。

运行程序，显示效果如图 9.20 所示。可见，全局变量是函数间数据联系的渠道，修改全局变量后，所有函数中的该变量都会同步发生改变。

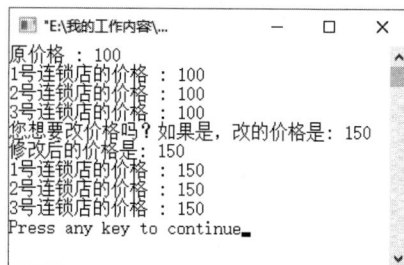

图 9.20　使用全局变量模拟价格调整

**编程训练（答案位置：资源包\TM\sl\09\编程训练\）**

训练 9：钱包里还剩多少钱　将钱包中的总金额设为全局变量，定义一个 pay(int number)付款方法，每次付款之后，都会减少钱包中的总金额。付款 3 次之后，钱包中还剩多少钱？

# 9.7 常用标准库函数

编译系统通常会提供一些标准库函数，以供用户快速调用。不同的编译系统，提供的库函数会略有差异。下面介绍 ANSI C 提供的部分常用的库函数。

## 9.7.1 数学函数

使用数学函数时，需要先包含头文件 math.h，即程序开始处要添加代码"#include<math.h>"。

### 1. 绝对值函数（abs、labs、fabs）

abs 函数用于求解整数的绝对值。函数形式如下：

```
int abs(int i);
```

labs 函数用于求解长整型数的绝对值。函数形式如下：

```
long labs(long n);
```

fabs 函数用于求解实型数的绝对值。函数形式如下：

```
double fabs(double x);
```

【例 9.13】判断两人相差几岁（实例位置：资源包\TM\sl\09\13）

在本实例中，使用 abs 函数计算两人相差的岁数。具体代码如下：

```
#include<stdio.h>
#include<math.h>                      /*包含头文件 math.h */
int main()
{
    int age1,age2;                    /*定义整型变量，分别表示两个人的年龄*/
    int difference;                   /*定义整型变量，记录两个人的年龄差*/
    printf("输入年龄: \n");
    scanf("%d,%d",&age1,&age2);       /*输入两个年龄*/
    difference=abs(age1-age2);        /*计算年龄差，并取绝对值*/
    printf("两个人相差%d 岁 \n",difference);  /*显示输出*/
    return 0;                         /*程序结束*/
}
```

运行程序，显示效果如图 9.21 所示。

### 2. 三角函数（sin、cos、tan）

sin 函数用于求解角的正弦。函数形式如下：

```
double sin(double x);
```

cos 函数用于求解角的余弦。函数形式如下：

```
double cos(double x);
```

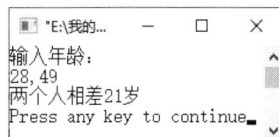

图 9.21 绝对值函数的应用

tan 函数用于求解角的正切。函数形式如下：

```
double tan(double x);
```

**【例 9.14】求梯形顶角的度数及正切值（实例位置：资源包\TM\sl\09\14）**

已知一个梯形是由一个正方形和两个等腰直角三角形组成的，求梯形顶角的度数和它的正切值。
分析可知，该梯形的顶角是 90°+45°=135°，利用 tan 函数即可求解其正切值。具体代码如下：

```c
#include<stdio.h>
#include<math.h>                          /*包含头文件 math.h*/
int main()
{
    double fResultTan;                    /*定义变量，表示顶角正切值*/
    int Result;                          /*定义变量，表示顶角度数*/
    Result=90+45;                        /*计算顶角的度数*/
    fResultTan =tan(Result);             /*调用 tan 函数，计算顶角的正切值*/
    printf("另一个内角是:%d\n",Result);
    printf("正切值是: %f\n",fResultTan);
    return 0;
}
```

运行程序，显示效果如图 9.22 所示。

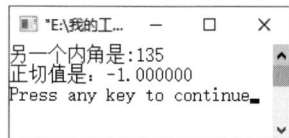

## 9.7.2 字符判别函数

使用字符判别函数时，需要先包含头文件 ctype.h，即程序开始处要
添加代码"#include<ctype.h>"。

图 9.22　三角函数的应用

### 1. isalpha 函数

isalpha 函数用于检测某个字符是否为字母，如果是字母表中的字母（大写或小写），则返回非 0 值，
否则返回 0。函数形式如下：

```
int isalpha(int ch);
```

例如，判断用户输入的字符是否为字母，代码如下：

```c
char c;                                  /*定义一个字符变量*/
scanf("%c", &c);                         /*用户输入字符*/
isalpha(c);                              /*调用 isalpha 函数，判断用户输入的是否为字母*/
```

### 2. isdigit 函数

isdigit 函数用于检测某个字符是否为数字，如果是数字，返回非 0 值，否则返回 0。函数形式如下：

```
int isdigit(int ch);
```

例如，判断输入的字符是否为数字，代码如下：

```c
char c;                                  /*定义字符变量*/
scanf("%c", &c);                         /*用户输入字符*/
isdigit(c);                              /*调用 isdigit 函数，判断用户输入的是否为数字*/
```

### 3. isalnum 函数

isalnum 函数用于检测某个字符是否为字母或数字，如果是字母表中的字母或数字，则返回非 0 值，

否则返回 0。函数形式如下：

```
int isalnum(int ch);
```

例如，判断输入的字符是否为数字或字母，代码如下：

```
char c;                          /*定义字符变量*/
scanf("%c", &c);                 /*输入字符*/
isalnum(c);                      /*调用 isalnum 函数，判断用户输入的是否为字母或数字*/
```

**【例 9.15】判断输入字符的类型（实例位置：资源包\TM\sl\09\15）**

在本程序中，向控制台输入字符，利用 if 语句和字符函数判断输入的是哪种类型的字符，然后根据不同的字符类型输出相应提示信息。

```
#include<stdio.h>
#include<ctype.h>               /*包含头文件 ctype.h*/
void SwitchShow(char c);        /*声明 SwitchShow 函数*/

int main()
{
    char cCharPut;              /*定义字符变量，用来接收输入的字符*/
    char cCharTemp;            /*定义字符变量，用来接收回车符*/
    printf("请第一次输入一个字符:"); /*消息提示，第一次输入字符*/
    scanf( "%c", &cCharPut);    /*输入字符*/
    SwitchShow(cCharPut);      /*调用 SwitchShow 函数进行判断*/
    cCharTemp=getchar();       /*接收回车符*/

    printf("请第二次输入一个字符:"); /*消息提示，第二次输入字符*/
    scanf( "%c", &cCharPut);    /*输入字符*/
    SwitchShow(cCharPut);      /*调用 SwitchShow 函数进行判断*/
    cCharTemp=getchar();       /*接收回车符*/

    printf("请第三次输入一个字符:"); /*消息提示，第 3 次输入字符*/
    scanf( "%c", &cCharPut);    /*输入字符*/
    SwitchShow(cCharPut);      /*调用 SwitchShow 函数进行判断*/

    return 0;                   /*程序结束*/
}

void SwitchShow(char cChar)    /*定义 SwitchShow 函数*/
{
    if(isalpha(cChar))         /*判断是否为字母*/
    {
        printf("您输入的是字母 %c\n",cChar);
    }
    if(isdigit(cChar))         /*判断是否为数字*/
    {
        printf("您输入的是数字 %c\n", cChar);
    }
    if(isalnum(cChar))         /*判断是否为字母或数字*/
    {
        printf("您输入的是字母或者数字 %c\n", cChar);
    }
    else                       /*当字符既不是字母也不是数字时*/
    {
        printf("您输入的是既不是字母也不是数字:%c\n", cChar);
    }
}
```

（1）要使用字符函数，先要引入头文件 ctype.h。

（2）程序中定义了两个字符变量，cCharPut 用来接收用户输入的字符，cCharTemp 用来接收用户按 Enter 键产生的回车符。

（3）定义 SwitchShow 函数，对字符种类进行判断。3 个 if 语句中，调用不同的字符函数，根据返回值判断传递的字符参数 cChar 是哪种情况，并给出提示信息。

（4）在 main 函数中调用 getchar 函数，其作用是获取一个字符。因为用户每次输入完毕后都要按 Enter 键进行确定，为防止回车符被当作输入的字符，这里调用 getchar 函数预先提取走回车符。

运行程序，显示效果如图 9.23 所示。

> **说明**
>
> 读者可以尝试将 main 函数中 getchar 函数所在行的代码注销掉，运行程序并观察结果，会发现第二个输入操作会被程序跳过。想一想，为什么。

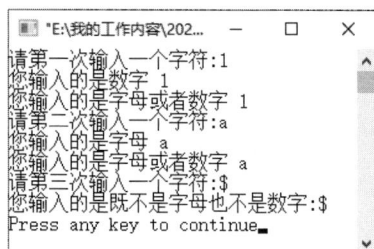

图 9.23 使用字符函数判断输入字符

## 9.7.3 字符串处理函数

编写程序时，经常要对字符和字符串进行操作，如转换字符大小写、求解字符串长度等，这些都可以使用字符串函数来解决。C 语言标准函数库中提供了一系列字符串处理函数，合理、有效地使用这些字符串函数，可以大大提高编程效率。

使用字符函数时，需要先包含头文件 string.h，即程序开始处要添加代码"#include<string.h>"。

### 1. strcpy 函数

strcpy 函数用于复制一个字符串到另一个字符串中。语法格式如下：

```
strcpy(字符数组 1,字符数组 2)
```

功能：把字符数组 2 中的字符串复制到字符数组 1 中，字符串结束标志"\0"也一同复制。复制过去的内容将覆盖字符数组 1 中的对应内容。

> **说明**
>
> （1）字符数组 1 要有足够的长度，否则无法装下待复制的字符串。
>
> （2）"字符数组 1"必须写成数组名形式；而"字符数组 2"可以是数组名，也可以是一个字符串常量，这时相当于把一个字符串赋予该字符数组。
>
> （3）不能用赋值语句将一个字符串常量或字符数组直接赋给一个字符数组。

**【例 9.16】照葫芦画瓢（实例位置：资源包\TM\sl\09\16）**

在 main 函数中定义两个字符数组，通过键盘输入获取两个字符串并分别输出，调用 strcpy 函数将源字符数组中的字符串赋值给目标字符数组，最后输出目标字符数组。

```
#include<stdio.h>
#include<string.h>                    /*包含头文件 string.h*/
int main()
```

```
{
    char str1[30],str2[30];
    printf("输入目标字符串: \n");
    gets(str1);                                    /*输入目标字符串*/
    printf("输入源字符串: \n");
    gets(str2);                                    /*输入源字符串*/
    printf("输出目标字符串: \n");
    puts(str1);                                    /*输出目标字符串*/
    printf("输出源字符串: \n");
    puts(str2);                                    /*输出源字符串*/
    strcpy(str1,str2);                             /*调用 strcpy 函数实现字符串复制*/
    printf("调用 strcpy 函数进行字符串复制: \n");
    printf("复制字符串之后的目标字符串: \n");
    puts(str1);                                    /*输出复制后的目标字符串*/
    return 0;                                      /*程序结束*/
}
```

运行程序，字符串复制效果如图 9.24 所示。

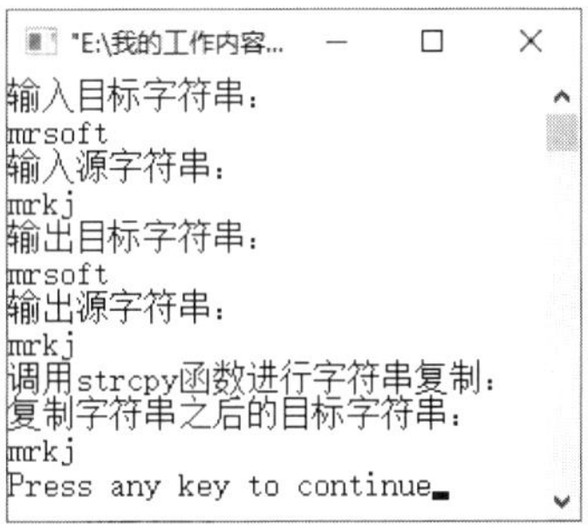

### 2．strcat 函数

字符串连接就是将一个字符串连接到另一个字符串的末尾，使其组合成一个新的字符串。strcat 函数的语法格式如下：

strcat(字符数组 1,字符数组 2)

功能：把字符数组 2 中的字符串连接到字符数组 1 的字符串后面，并删去字符数组 1 中原有的串结束标志"\0"。

图 9.24　字符串复制

> 说明
>
> 字符数组 1 应有足够的长度，以保证能装下连接后的字符串。

【例 9.17】显示文件完整路径（实例位置：资源包\TM\sl\09\17）

编写程序，接收用户输入的目录和文件名，然后输出完整的文件路径。

在 main 函数中定义两个字符数组，分别存储输入的目录和文件名，调用 strcat 函数将文件名字符串连接到目录字符串的后面，最后输出目录字符数组。

```
#include<stdio.h>
#include<string.h>
int main()
{
    char str1[30],str2[30];
    printf("输入目录:\n");
    gets(str1);                                    /*输入目录字符串*/
    printf("输入文件名:\n");
    gets(str2);                                    /*输入文件名字符串*/

    printf("输出目录:\n");
    puts(str1);                                    /*输出目录*/
    printf("输出文件名:\n");
    puts(str2);                                    /*输出文件名*/
    strcat(str1,str2);                             /*调用 strcat 函数进行字符串连接*/
    printf("文件全路径:\n");
    puts(str1);                                    /*输出连接后的字符串，即完整的文件路径*/
```

```
        return 0;                                        /*程序结束*/
}
```

运行程序，字符串连接效果如图 9.25 所示。

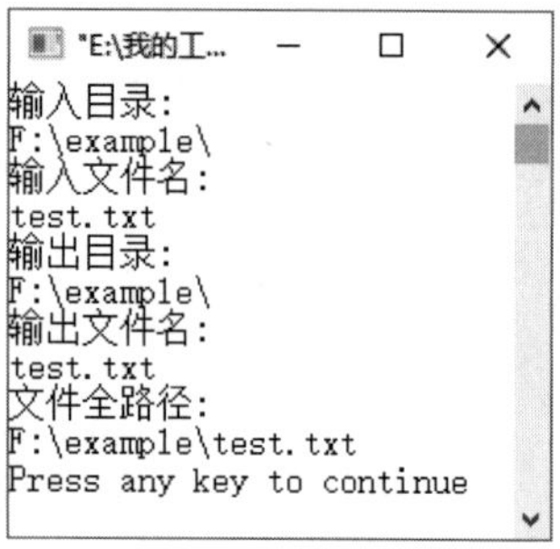

**说明**

字符串复制实质上是用字符数组 2 中的字符串覆盖字符数组 1 中的字符串，而字符串连接则不存在覆盖的问题，只是单纯地将字符数组 2 中的字符串连接到字符数组 1 中字符串的后面。

图 9.25　字符串连接

### 3．strcmp 函数

字符串比较就是将一个字符串与另一个字符串从首字母开始，按照它们在 ASCII 码表中的顺序逐个进行比较。strcmp 函数的语法格式如下：

```
strcmp(字符数组 1,字符数组 2)
```

功能：按照 ASCII 码表顺序比较两个数组中的字符串，并返回比较结果。两个字符串比较时，若出现不同的字符，则以第一个不同字符的比较结果作为整个比较的结果。返回值如下：

☑　字符串 1=字符串 2，返回值为 0。
☑　字符串 1>字符串 2，返回值为正数。
☑　字符串 1<字符串 2，返回值为负数。

**注意**

字符串比较不能使用关系运算符，也不能使用赋值运算符。因此，下面的语句是错误的。

```
if(str[2]==mingri)...
str[2]=mingri;...
```

**【例 9.18】模拟银行取钱（实例位置：资源包\TM\sl\09\18）**

在自动取款机上取钱时，需要输入密码，密码正确方能取到钱。本实例中，正确的密码为 574824，只有 3 次密码输入机会，如果 3 次都输错了，就提示"请到人工处办理解锁"。

```c
#include<stdio.h>
#include<string.h>
int main()
{
    char password[20] = {"574824"};                   /*定义变量，保存正确的密码字符串*/
    char pwstr[20];                                    /*定义变量，保存用户输入的密码字符串*/
    int i=1;
    while(i <= 3)                                      /*循环执行 3 次密码输入*/
    {
        printf("输入密码字符串:\n");
        gets(pwstr);                                   /*输入密码字符串*/
        if(strcmp(password,pwstr))                     /*比较两个密码，如果不相同*/
        {
            printf("第%d 次，密码字符串输入错误! \n",i); /*提示密码输入错误*/
        }
        else                                           /*如果相同*/
        {
            printf("密码正确，请选择服务! \n");          /*输出下一步业务提醒*/
```

```
                break;                              /*退出*/
        }
        i++;
    }
    if(i == 4)
    {                                               /*如果密码输入错误多于 3 次*/
        printf("输入字符串错误 3 次！请到人工处办理解锁\n");
    }
    return 0;                                        /*程序结束*/
}
```

运行程序，字符串比较效果如图 9.26 所示。

图 9.26　字符串比较

### 4. strupr 函数和 strlwr 函数

字符串的大小写转换需要使用 strupr 和 strlwr 函数。
strupr 函数的语法格式如下：

strupr(字符数组名)

功能：将数组中存放的字符串的小写字母转换成大写字母，其他字母不变。

strlwr 函数的语法格式如下：

strlwr(字符数组名)

功能：将数组中存放的字符串的大写字母转换成小写字母，其他字母不变。

【例 9.19】字符串大小写转换（实例位置：资源包\TM\sl\09\19）

将张三的邮箱地址 ZhangSan@MRSOFT.COM 转换为全部小写或全部大写。

在 main 函数中定义两个字符数组，分别存储待转换字符串和转换后的字符串。然后调用 strupr 函数和 strlwr 函数，进行大小写转换。

```
#include<stdio.h>
#include<string.h>
int main()
{
    char text[20]="ZhangSan@MRSOFT.COM",change[20];   /*定义两个字符数组*/
    printf("原字符串为:%s\n",text);                     /*输出待转换的字符串*/
    strcpy(change,text);                              /*复制待转换的字符串*/
    strlwr(change);                                   /*字符串转换为小写*/
    printf("转换成小写字母的字符串为:%s\n",change);        /*输出转换后的字符串*/
    strupr(change);                                   /*字符串转换为大写*/
    printf("转换成大写字母的字符串为:%s\n",change);        /*输出转换后的字符串*/
    return 0;                                         /*程序结束*/
}
```

运行程序，字符串大小写转换效果如图 9.27 所示。

图 9.27　字符串大小写转换

### 5. strlen 函数

strlen 函数用来计算字符串的长度。语法格式如下：

strlen(字符数组名)

功能：计算数组中存放的字符串的实际长度（不含字符串结束标志 "\0"）。

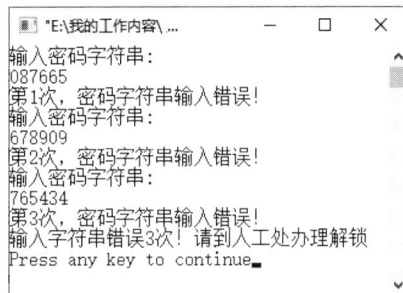

**【例 9.20】** 判断用户输入的密码是否为 6 位（**实例位置：资源包\TM\sl\09\20**）

在 main 函数中定义一个字符数组，用来存储用户输入的字符串，然后调用 strlen 函数计算字符串长度，并使用 if...else 语句判断密码长度是否为 6。

```
#include<stdio.h>
#include<string.h>
int main()
{
    char text[50];                      /*定义字符数组，保存密码字符串*/
    printf("输入一个密码:\n");
    scanf("%s", &text);                 /*用户输入密码*/
    if(strlen(text)==6)                 /*计算密码长度并判断是否等于 6*/
        printf("输入密码是 6 位\n");
    else
        printf("输入密码不是 6 位\n");
    return 0;                           /*程序结束*/
}
```

运行程序，输出效果如图 9.28 所示。

**编程训练（答案位置：资源包\TM\sl\09\编程训练\）**

训练 10：判断两站地铁间的行车时间　已知某地铁线路有 5 站，将从始发站发车行驶到各个站的时间集合{5,10,15,20,25}保存为一个一维数组 a。编写程序，判断任意两站之间需要行车多长时间。运行结果如下：

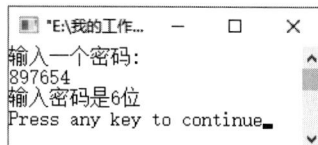

图 9.28　计算密码长度

```
请任意输入两站:
3 1
两站之间行车需要 10 分钟
```

训练 11：寻找座位号　使用 isdigit 函数判断输入的座位号是否是数字，运行效果如下：

结果一：

```
请输入您的位置号:
-----------------------------------------
|  对不起，您输入的座位号格式不正确  |
|        不能找到您的位置        |
-----------------------------------------
```

结果二：

```
请输入您的位置号: 5
→*→*→*→*→*→*→*→*→*
  您的位置号是 5
  您输入的格式正确，请坐....
→*→*→*→*→*→*→*→*→*
```

训练 12：更新公告　利用 strcpy 函数，将包子店的招牌"包子一元一个"换成"包子壹圆壹个"。输出结果如下：

```
原来的招牌内容是:
    包子一元一个
经过处理之后的招牌内容是:
    包子壹圆壹个
```

# 9.8　实践与练习

（答案位置：资源包\TM\sl\09\实践与练习\）

综合练习 1：为和尚写诗　自定义一个 poetry 函数，为和尚写一首诗。诗句如下：

```
空门有路不知处
头白齿黄犹念经
何年饮着声闻酒
迄至如今醉未醒
```

综合练习 2：模拟 12306 售票系统　12306 售票系统全国联网，数据同步。因此，每售出一张票，全国各地的票务系统都会显示少了一张票。利用全局变量模拟 12306 抢票系统，输出效果如下：

```
始发地：上海　目的地：长春　时间：2023 年 1 月 10 日 16：20 出发
3 个城市剩余的票数分别为：
上海的 12306 系统剩余票数：99 张
北京的 12306 系统剩余票数：99 张
深圳的 12306 系统剩余票数：99 张
我抢到一张票数之后剩余票数：98
我抢到一张票之后 3 个城市剩余的票数分别为：
上海的 12306 系统剩余票数：98 张
北京的 12306 系统剩余票数：98 张
深圳的 12306 系统剩余票数：98 张
```

综合练习 3：一棵松树的梦　在源文件中定义一个全局变量 pinetree，并为它赋值。再定义一个 christmastree 函数，在这个函数里定义名称为 pinetree 的局部变量，并输出，最后在主函数中调用 christmastree 函数，并输出全局变量 pinetree 的值。输出结果如下：

```
下雪了……

============开始做梦……============

挂上彩灯、礼物……我变成一棵圣诞树@^.^@

============梦醒了……============

我身上落满雪花,我是一棵松树 -_-
```

综合练习 4：确定女主角　某导演有一个剧本，需要寻找演员来饰演对应的角色。利用函数的实参和形参知识编写代码，实现为剧本选女主角的功能。输出结果如下：

```
导演选定女主角是：Lucy
→*→*→*→*→*→*→*→*→*
      Lucy 开始参演李美丽角色
→*→*→*→*→*→*→*→*→*
```

综合练习 5：为 C 语言归类　要想在网校上查看某个课程，一般需要知道其分类。例如，C 语言的所属类别从大到小依次为"IT—互联网—编程语言—C"，利用函数嵌套找到 C 语言课程。效果如下：

```
（1）找到 IT 分类
（2）IT 分类中找到互联网分类
```

（3）互联网分类中找到编程语言分类
（4）编程语言分类找到 C 语言课程

综合练习 6：递归求年龄　甲乙丙丁戊 5 个人坐在一起聊天。大家猜戊的年龄，他说比丁大 2 岁；问丁的岁数，他说比丙大 2 岁；问丙的岁数，他说比乙大 2 岁；问乙的岁数，他说比甲大 2 岁；问甲的岁数，他说自己 10 岁。编写程序，求解戊的年龄。输出结果如下：

```
戊的年龄是：18 岁
```

综合练习 7：摄氏度和华氏度转换　编写程序，实现将摄氏度转换为华氏度的功能。摄氏度和华氏度之间的转换公式为：华氏度=32+摄氏度×1.8。输出结果如下：

```
您要转换的摄氏度：24

* * * * * * * * * * * * * * * * * * * *
*　转换成华氏度的数值为：75.2　*
* * * * * * * * * * * * * * * * * * * *
```

综合练习 8：你的心跳正常吗？　编写程序，把函数作为参数，判断输入的心跳数是否是正常心跳数。当心跳数为 60～100 次/分钟，显示心跳数正常，运行结果如图 9.29 所示；当心跳数大于 100 次/分钟或小于 60 次/分钟时，就显示心跳不正常，运行结果如图 9.30 所示。

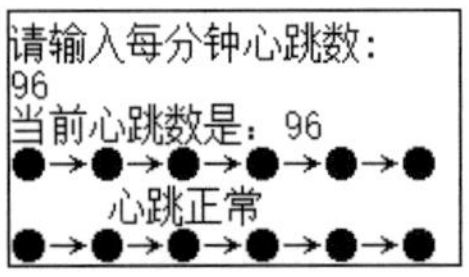

图 9.29　心跳正常 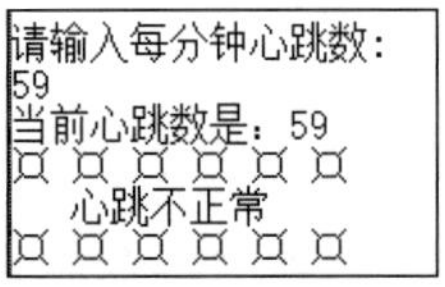　　　　图 9.30　心跳不正常

综合练习 9：注册明日学院账号　在明日学院注册账号时，账号长度要求为 4～12 位，使用 strlen 函数判断注册的明日学院账号是否符合要求。输出结果如下：

```
请输入您想注册的明日学院账号：
mingrisoft
注册成功
```

综合练习 10：判断车牌归属地　根据车牌号可以知道一辆车的归属地。编写程序，利用 strcmp 函数判断车牌的归属地。运行结果如下：

```
车牌号归属地查询：

津 A·12345 这个车牌号的归属地是：天津
沪 A·23456 这个车牌号的归属地是：上海
京 A·34567 这个车牌号的归属地是：北京
```

# 第 10 章

# 指针

指针是 C 语言的重要组成部分，是 C 语言的核心、精髓之所在。用好指针，可以在 C 语言开发中起到事半功倍的效果。一方面，可以提高程序的编译效率、执行速度，动态分配存储；另一方面，可使程序更加灵活，表示和操作各种数据结构更便捷，编写出高质量的应用程序。

本章的知识架构及重难点如下：

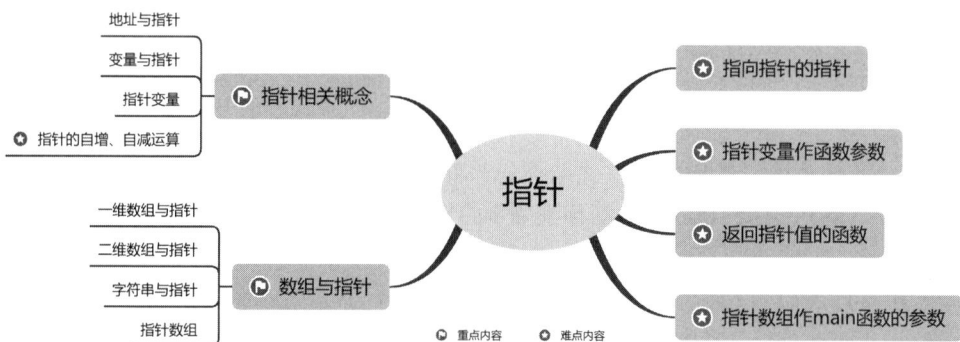

## 10.1　指针的相关概念

指针是 C 语言所特有的，其使用方式十分灵活。使用得当，能显著提高某些程序的效率；使用不当，则很容易造成系统错误。许多程序"挂死"往往都是错误使用指针造成的。

### 10.1.1　地址与指针

要想弄明白什么是指针，就必须弄清楚数据在内存中是如何存储的，又是如何被读取的。

通常来说，系统会按字节对每个内存单元进行编号，这些内存单元就好比是许多带有编号的小房间，要想使用内存，就需要知道房间编号。例如，定义一个整型变量 i，编译器就会为其分配 4 个内存单元（即 4 个字节）。如图 10.1 所示，假设 1000～1003 就是对应变量 i 的 4 个内存单元地址，其内存放的数值是 0。假设又定义了一个整型变量 j，则 j 在内存中的起始地址是 1004，因为 j 同样占 4 个字节，所以 1004～1007 单元中保存的是 j，其值是 1。同理，1008～1011、1012～1015、1016～1019 也同样是 3 个整型变量对应的内存空间，如图 10.2 所示。

可见，编译系统为每个变量都分配了一个能满足其类型大小的内存单元地址，访问该地址就能找到对应变量。那么，程序设计中，又该如何访问变量的地址呢？

前面我们学习过取地址符"&"，其作用是获取变量在内存中的地址。例如，&i 表示变量 i 的内存起始地址 1000。通过&i 可访问变量 i 指向的内存单元，进而读取变量 i。如图 10.3 所示，"指向"某个变量地址用箭头表示，就好像旅店住宿时某个房间号牌指向某个房间一样。

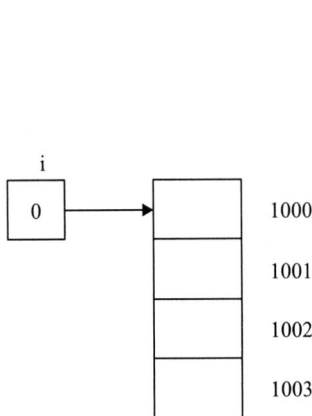

图 10.1　变量 i 的内存单元　　图 10.2　整型变量的存放形式　　图 10.3　指针

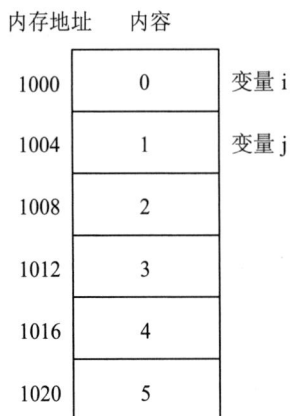

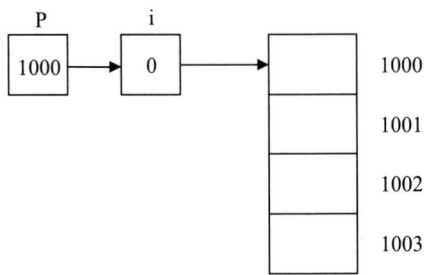

为了好记忆，我们将变量的地址形象化地称为该变量的"指针"，意思是通过它能访问以它为地址的内存单元。例如，通过地址 1000 可以访问变量 i 的地址，进而读取 4 个字节得到 i 的值。

## 10.1.2　变量与指针

变量的地址是变量和指针之间的连接纽带。所谓"指向"，是通过地址来体现的。因为指针通常指向一个变量的地址，所以将一个变量的地址赋给指针后，这个指针就"指向"了该变量。例如，将变量 i 的地址 &i 存放到指针 p 中，p 就指向 i，其关系如图 10.4 所示。

图 10.4　地址与指针

程序代码中，一般通过变量名对内存单元进行存取操作，但代码编译后，会将变量名转换为该变量在内存中的存放地址，后续对变量值的存取都是通过该地址进行的。例如，对图 10.2 中的变量 i 和变量 j 进行如下求和操作：

```
i+j;
```

计算机内部的存取流程是：根据变量名与地址的对应关系，找到变量 i 的地址 1000，然后从 1000 开始读取 4 个字节数据放到 CPU 寄存器中；再找到变量 j 的地址 1004，然后从 1004 开始读取 4 个字节的数据放到 CPU 的另一个寄存器中；最后，通过 CPU 的算术逻辑部件进行加法运算，计算出结果。

低级语言（如汇编语言）中一般直接通过地址来访问内存单元，高级语言中一般使用变量名来访问内存单元。C 语言作为高级语言，仍然提供了通过地址访问内存单元的方式。

## 10.1.3　指针变量

一个变量的地址称为该变量的指针。如果有一个变量专门用来存放另一个变量的地址，它就是指

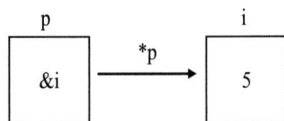

针变量。C 语言中，专门用来存放内存单元地址的变量类型就是指针类型。

### 1．指针变量的定义

定义指针变量的一般形式如下：

```
类型说明 * 变量名
```

其中，"*"表示该变量是一个指针变量，"变量名"即为定义的指针变量名，"类型说明"表示本指针所指向的变量的数据类型。

### 2．指针变量的赋值

指针变量同普通变量一样，使用前需要先进行定义并赋予具体的值。未经赋值的指针变量不能使用。与其他变量赋值不同的是，给指针变量赋值只能赋予地址，而不能是其他数据，否则将引起错误。C 语言一般用 "& 变量名" 表示某个变量的地址，如&a 表示变量 a 的地址，&b 表示变量 b 的地址。

给一个指针变量赋值，可以有以下两种方法。

（1）定义指针变量的同时进行赋值。例如：

```
int a;
int *p=&a;
```

（2）先定义指针变量，之后再赋值。例如：

```
int a;
int *p;
p=&a;
```

> **注意**
>
> 注意这两种赋值语句的区别。如果先定义指针变量之后再赋值，赋值时指针变量前不再加"*"。

**【例 10.1】输出某个数的地址（实例位置：资源包\TM\sl\10\01）**

定义一个变量，并从键盘中为其输入值，然后获取该变量的地址，转换为十六进制进行输出。实现代码如下：

```
#include<stdio.h>
int main()
{
    int a;                              /*定义整型变量*/
    int *ipointer1;                     /*定义指针变量*/
    printf("请输入数据: \n");
    scanf("%d",&a);                     /*输入一个数*/
    ipointer1 = &a;                     /*将地址赋给指针变量*/
    printf("转化十六进制为: %x\n",*ipointer1);  /*以十六进制形式输出该数*/
    return 0;                           /*程序结束*/
}
```

程序运行结果如图 10.5 所示。

### 3．指针变量的引用

引用指针变量是对变量进行间接访问的一种形式。引用指针变量的形式为 "*指针变量"，其含义是引用指针变量所指向的值。

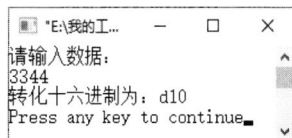

图 10.5　输出某个数的地址

**误区警示**

没有初始化的指针变量俗称"野指针"，使用时容易产生错误（导致不合法的内存空间）。良好的编程习惯是在定义指针变量时就将其初始化为 NULL，由于 NULL 处禁止写入，所以一旦有错误，可以将危害降到最低。

**【例 10.2】比较两个数的大小（实例位置：资源包\TM\sl\10\02）**

使用指针比较两个数的大小，实现代码如下：

```
#include<stdio.h>
int main()
{
    int a=10,b=11;                      /*定义两个整型变量并初始化*/
    int *ipointer1,*ipointer2;          /*定义两个整型指针变量*/
    ipointer1=&a;                       /*将地址赋给指针变量*/
    ipointer2=&b;
    if(*ipointer1>*ipointer2)           /*使用指针比较两数大小*/
        printf("a 的值大\n");
    else
        printf("b 的值大\n");
    return 0;
}
```

程序运行结果如图 10.6 所示。

**4."&"和"*"运算符**

运算符"&"和"*"都是单目运算符。"&"是取地址运算符，用于返回一个操作数的地址。"*"是指针运算符，用于返回指定地址内保存的变量值。

图 10.6　使用指针比较两个数的大小

例如，"p=&i;"是将变量 i 的内存地址赋给指针变量 p。"q=*p;"是将指针 p 指向的变量，即变量 i 的值赋给 q，假如变量 i 的值是 5，则 q 的值也是 5。

**5."&*"和"*&"的区别**

假设有如下两个定义语句，下面来分析下"&*p"和"*&a"的运算过程。

```
int a;
p=&a;
```

因为"&"和"*"的优先级相同，按自右而左的方向结合，因此"&*p"先进行"*"运算，"*p"相当于变量 a，再进行"&"运算，"&*p"就相当于取变量 a 的地址。"*&a"先进行"&"运算，"&a"就是取变量 a 的地址，然后执行"*"运算，"*&a"就相当于取变量 a 所在地址的值，实际就是变量 a。

**【例 10.3】输出 i、j、c 的地址（实例位置：资源包\TM\sl\10\03）**

本实例定义了 3 个指针变量，使用"&*"计算 c=i+j，计算后输出变量 i, j, c 的地址值。

```
#include<stdio.h>
int main()
{
    long i,j,c;                         /*定义变量*/
    long *p,*q,*n;                      /*定义指针变量*/
    printf("please input the numbers:\n");
    scanf("%ld,ld",&i,&j);              /*输入数据*/
```

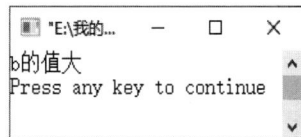

```
    c=i+j;                          /*实现两数相加*/
    p=&i;                           /*将地址赋给指针变量*/
    q=&j;
    n=&c;
    printf("%ld\n",&*p);            /*利用 "&*" 输出变量 i 的地址*/
    printf("%ld\n",&*q);            /*利用 "&*" 输出变量 j 的地址*/
    printf("%ld\n",&*n);            /*利用 "&*" 输出变量 c 的地址*/
    return 0;                       /*程序结束*/
}
```

程序运行结果如图 10.7 所示。

**【例 10.4】**求水对杯子产生的压强（实例位置：资源包\TM\sl\10\04）

杯子的底面积是 60 平方厘米，杯中装上 8 厘米高的水，杯子和水的总质量为 0.6 千克（水的密度是 $1.0 \times 10^3$ 千克/立方米，g 取 10 牛顿/千克），利用 "*&" 计算水对杯子产生的压强。

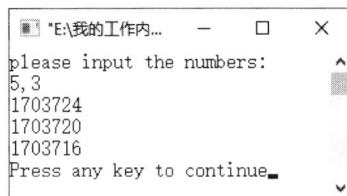

图 10.7 "&*" 的应用

```
#include<stdio.h>
int main()
{
    double a=1000*10*8*0.001;       /*定义变量并计算压强*/
    double *p;                      /*定义指针变量*/
    p=&a;                           /*将地址赋值给指针变量*/
    printf("根据压强公式：\n");
    printf("水对杯子产生压强:%.1lf Pa\n",*&a);  /*利用 "*&" 输出压强*/
    return 0;
}
```

程序运行结果如图 10.8 所示。

## 10.1.4　指针的自增、自减运算

指针的自增自减运算不同于普通变量的自增自减运算，也就是说，并非简单地加 1 减 1，而是按照它所指向的数据类型的内存长度进行增减。下面通过一个例子，读者仔细揣摩一下。

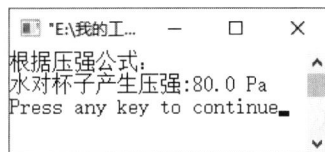

图 10.8 "*&" 的应用

**【例 10.5】**指针的自增运算（实例位置：资源包\TM\sl\10\05）

定义指针变量和整型变量，并将整型变量的地址赋值给指针变量，再进行指针自增，输出结果，比较自增前后的数值，看看能得出什么结论。代码如下：

```
#include<stdio.h>
main()
{
    int i;                          /*定义一个整型变量*/
    int *p;                         /*定义一个整型指针*/
    printf("please input the number:\n");
    scanf("%d",&i);                 /*输入一个整型数*/
    p=&i;                           /*将整型变量 i 的地址赋给指针变量*/
    printf("the result1 is: %d\n",p);
    p++;                            /*指针自增，地址加 1，即增加 4 个字节*/
    printf("the result2 is: %d\n",p);
}
```

程序运行结果如图 10.9 所示。若将例 10.5 代码改成如下：

**185**

```
#include<stdio.h>
main()
{
    short i;                              /*定义一个短整型变量*/
    short *p;                             /*定义一个短整型指针*/
    printf("please input the number:\n");
    scanf("%d",&i);                       /*输入一个短整型数*/
    p=&i;                                 /*将短整型变量 i 的地址赋给指针变量*/
    printf("the result1 is: %d\n",p);
    p++;                                  /*指针自增，地址加 1，即增加 2 个字节*/
    printf("the result2 is: %d\n",p);
}
```

程序运行结果如图 10.10 所示。可以看到，指针自增后，两段代码输出的地址并不相同。这是因为：基本整型变量 i 在内存中占 4 个字节，指针 p 是指向变量 i 的地址的，这里的 p++ 不是简单地在地址上加 1，而是指向下一个存放基本整型数的地址。图 10.9 中，变量 i 是基本整型，所以执行 p++ 后，p 的值增加 4（即 4 个字节）；图 10.10 中，i 是短整型，所以执行 p++ 后，p 的值增加了 2（即 2 个字节）。

指针自增自减运算，是按照它所指向的数据类型的内存长度进行增或减。可以将例 10.5 第 1 段代码用图 10.11 形象地表示出来。

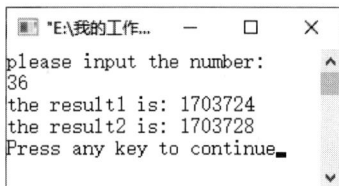

图 10.9　整型指针变量自增

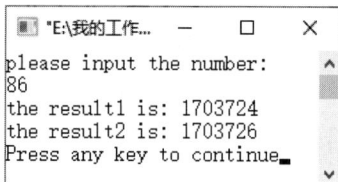

图 10.10　短整型指针变量自增

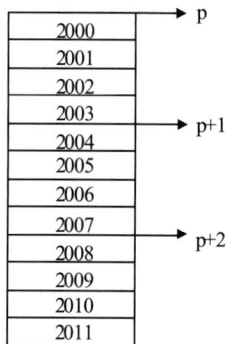

图 10.11　指向整型变量的指针

**编程训练（答案位置：资源包\TM\sl\10\编程训练\）**

训练 1：答案究竟在哪儿　小 Z 是班里成绩最好的同学，大家都喜欢以他的作业为范本核对答案。一天 A 找 Z 对答案，Z 说答案在 Y 那里，Y 说答案是 10。利用指针模拟这种情况，并将答案输出。

训练 2：展示彩灯点亮情况　利用指针自减运算，模拟彩灯的亮灭情况。假设数字 0 表示灯泡没亮，数字 1 表示灯泡亮着，有 6 个灯泡排列成一行组成一个一维数组 a={1,0,0,1,0,0}，查找倒数第一个亮着的灯泡位置，并显示该灯泡前一个灯泡是否亮着。运行结果如下：

```
0 表示灯灭，1 表示灯亮
倒数第一个亮着的灯泡是:倒数第 3 个
前一个灯泡没亮
```

# 10.2　数组与指针

使用数组时，系统需要提供一段连续的内存来存储数组中的各元素，如果把数组的地址赋给指针变量，就可以通过指针变量来引用数组。下面就介绍如何用指针来引用一维数组及二维数组元素。

## 10.2.1　一维数组与指针

定义一维数组时，系统会在内存中为其分配一段存储空间，数组名就是数组在内存中的首地址。若再定义一个指针变量，并将数组的首地址传给指针变量，则该指针就指向了这个一维数组。例如：

```
int *p,a[10];                    /*定义一个指针变量和一个数组*/
p=a;                             /*把数组的首地址赋给指针*/
```

这里 a 是数组名，也就是数组的首地址，将它赋给指针变量 p，也就是将数组 a 的首地址赋给 p。也可以写成如下形式：

```
int *p,a[10];                    /*定义一个指针变量和一个数组*/
p=&a[0];                         /*把 a[0]的地址赋给指针*/
```

上面的语句是将数组 a 中首个元素的地址赋给指针变量 p。由于 a[0]的地址就是数组的首地址，因此上述两条赋值语句的操作效果完全相同。

【例 10.6】输出 100 以内的起始 5 个数和最后 5 个数（**实例位置：资源包\TM\sl\10\06**）

定义两个指针变量，再定义两个一维数组，将两个数组元素分别赋给两个指针。利用 for 循环输入两个数组的值（100 以内起始 5 个数和最后 5 个数），再用 for 循环和指针输出数组。代码如下：

```c
#include<stdio.h>
void main()
{
    int *p,*q,a[5],b[5],i;                /*定义指针变量和数组*/
    p=&a[0];                              /*将数组 a 首地址赋给指针 p*/
    q=b;                                  /*将数组 b 首地址赋给指针 q*/
    printf("please input array a:\n");    /*提示输入数组 a*/
    for(i=0;i<5;i++)                      /*利用&a[i]形式输入数组 a*/
        scanf("%d",&a[i]);
    printf("please input array b:\n");    /*提示输入数组 b*/
    for(i=0;i<5;i++)                      /*利用&b[i]形式输入数组 b*/
        scanf("%d",&b[i]);
    printf("array a is:\n");              /*提示输出数组 a 元素*/
    for(i=0;i<5;i++)
        printf("%5d",*(p+i));             /*利用*(p+i)形式输出数组 a */
    printf("\n");
    printf("array b is:\n");              /*提示输出数组 b*/
    for(i=0;i<5;i++)
        printf("%5d",*(q+i));             /*利用*(q+i)形式输出数组 b */
    printf("\n");
}
```

程序运行结果如图 10.12 所示。关键代码说明如下。

（1）p=&a[0]和 q=b 都表示将数组首地址赋给指针变量。

（2）p+n 与 a+n 都表示数组元素 a[n]的地址，即&a[n]。对整个 a 数组来说，共有 5 个元素，n 的取值为 0～4，则数组元素的地址就可以表示为 p+0～p+4 或 a+0～a+4。

（3）*(p+n)和*(a+n)都用于表示数组元素 a[n]。语句"printf("%5d", *(p+i));" 和 "printf("%5d", *(q+i));"表示输出数组 a、b 中对应的元素。

```
"E:\我的工...        □    ×
please input array a:
1 2 3 4 5
please input array b:
99 98 97 96 95
array a is:
    1    2    3    4    5
array b is:
   99   98   97   96   95
Press any key to continue
```

图 10.12　输出数组中的元素

例 10.6 中使用指针指向一维数组及通过指针引用数组元素的过程可以通过图 10.13 和图 10.14 来表示。

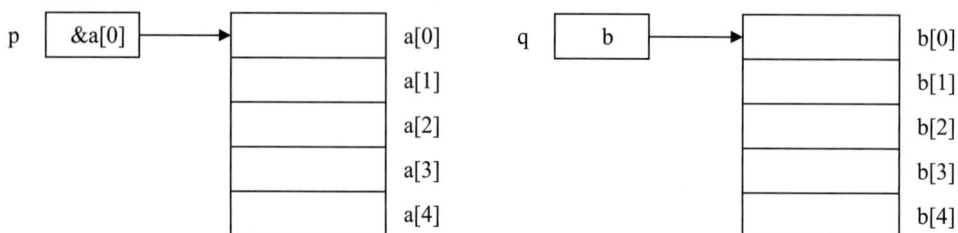

图 10.13　指针指向一维数组

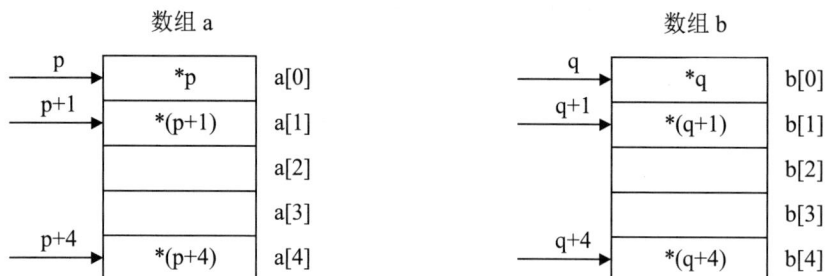

图 10.14　通过指针引用数组元素

用 a+n 表示数组元素的地址，*(a+n)表示数组元素，可以将例 10.6 中输出数组部分的程序代码改成如下形式，运行结果不变。

```
printf("array a is:\n");
for(i=0;i<5;i++)
    printf("%5d",*(a+i));                /*利用*(a+i)形式输出数组 a*/
printf("\n");
printf("array b is:\n");
for(i=0;i<5;i++)
    printf("%5d",*(b+i));                /*利用*(b+i)形式输出数组 b*/
printf("\n");
```

（4）表示指针的移动可以使用"++"和"——"运算符。

例如，利用"++"运算符可将数组输出部分的代码改写成如下形式：

```
printf("array a is:\n");
for(i=0;i<5;i++)
    printf("%5d",*p++);                /*利用*p++形式输出数组 a*/
printf("\n");
printf("array b is:\n");
for(i=0;i<5;i++)
    printf("%5d",*q++);                /*利用*q++形式输出数组 b*/
printf("\n");
```

还可对例 10.6 程序再进一步改写，将数组的输入、输出都采用指针自增运算实现。改写后的程序代码如下：

```
#include<stdio.h>
main()
{
    int *p,*q,a[5],b[5],i;
```

```
p=&a[0];
q=b;
printf("please input array a:\n");
for(i=0;i<5;i++)
    scanf("%d",p++);                /*利用 p++形式输入数组 a*/
printf("please input array b:\n");
for(i=0;i<5;i++)
    scanf("%d",q++);                /*利用 q++形式输入数组 b*/
p=a;                                /*注意这行*/
q=b;                                /*注意这行*/
printf("array a is:\n");
for(i=0;i<5;i++)
    printf("%5d",*p++);             /*利用*p++形式输出数组 a*/
printf("\n");
printf("array b is:\n");
for(i=0;i<5;i++)
    printf("%5d",*q++);             /*利用*q++形式输出数组 b*/
printf("\n");
}
```

比较上面的程序会发现，如果给数组元素赋值时使用指针自增运算，在输出数组元素时也使用指针变量，则需要加上如下两行语句：

```
p=a;
q=b;
```

这两行语句的作用是将指针变量 p 和 q 重新指向数组 a 和数组 b 在内存中的起始位置。若没有该语句，直接使用"*p++""*q++"的方法输出，将会产生错误。

## 10.2.2　二维数组与指针

定义一个 3 行 5 列的二维数组，其在内存中的存储形式如图 10.15 所示。从中可以看出，种表示二维数组中元素地址的方法不止一种。

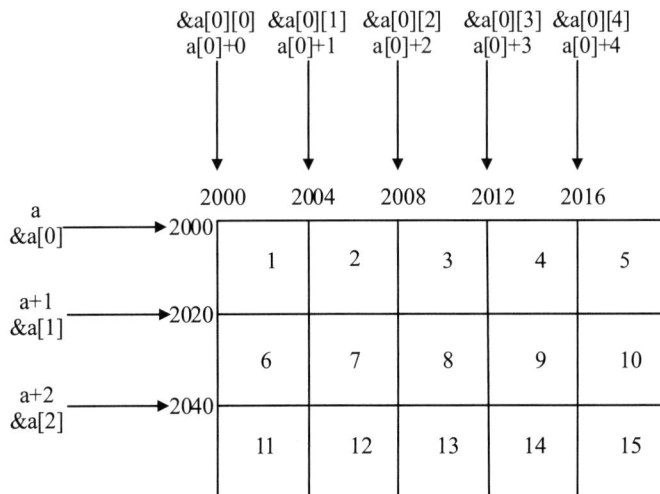

图 10.15　二维数组

对于一个 m 行 n 列的二维数组，其元素地址的表示方法如下。

- ☑ a 既表示二维数组的首地址，也表示数组第 1 行的首地址。a+1 表示第 2 行的首地址，a+m 表示第 m+1 行的首地址。
- ☑ a[0]+n 表示数组第 1 行第 n+1 个元素的地址，a[m]+n 表示数组第 m+1 行第 n+1 个元素的地址。
- ☑ &a[0]表示数组第 1 行的首地址，&a[m]表示数组第 m+1 行的首地址。
- ☑ &a[0][0]既可以表示数组第 1 行 1 列的首地址，也可以看作整个数组的首地址。&a[m][n]就是第 m+1 行 n+1 列元素的地址。

指针也可以表示地址，因此可以通过指针引用二维数组中的元素。

- ☑ *(*(a+m)+n)和*(a[m]+n)含义相同，都表示数组第 m+1 行第 n+1 列元素。

**【例 10.7】** 输出 3×5 矩阵（**实例位置：资源包\TM\sl\10\07**）

利用指针对二维数组进行输入和输出（使用 a[i]+j 形式表示元素地址），具体代码如下：

```
#include<stdio.h>
main()
{
    int a[3][5],i,j;
    printf("please input:\n");             /*提示输入数组*/
    for(i=0;i<3;i++)                        /*控制二维数组的行数*/
    {
        for(j=0;j<5;j++)                    /*控制二维数组的列数*/
        {
            scanf("%d",a[i]+j);             /*利用 a[i]+j 形式输入二维数组元素*/
        }
    }
    printf("the array is:\n");             /*提示输出数组*/
    for(i=0;i<3;i++)
    {
        for(j=0;j<5;j++)
        {
            printf("%5d",*(a[i]+j));        /*利用 a[i]+j 形式输出二维数组元素*/
        }
        printf("\n");
    }
}
```

程序运行结果如图 10.16 所示。

在运行结果相同的前提下，可将程序改写成如下形式（使用 p++形式表示元素地址）：

```
#include<stdio.h>
main()
{
    int a[3][5],i,j,*p;
    p=a[0];                                /*定义 p 为第 1 行元素的首地址*/
    printf("please input:\n");
    for(i=0;i<3;i++)                        /*控制二维数组的行数*/
    {
        for(j=0;j<5;j++)                    /*控制二维数组的列数*/
        {
            scanf("%d",p++);                /*使用 p++形式输入二维数组元素*/
        }
    }
    p=a[0];                                /*再次定义 p 为第 1 行元素的首地址*/
```

```
        printf("the array is:\n");
        for(i=0;i<3;i++)
        {
            for(j=0;j<5;j++)
            {
                printf("%5d",*p++);                    /*使用 p++形式输出二维数组元素*/
            }
            printf("\n");
        }
}
```

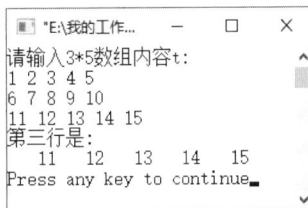

【例 10.8】输出第 3 行元素（实例位置：资源包\TM\sl\10\08）

将一个 3 行 5 列二维数组的第 3 行元素输出（使用*(p+i)+j 形式表示元素地址），具体代码如下：

```
#include<stdio.h>
main()
{
    int a[3][5],i,j,(*p)[5];
    p=&a[0];                                          /*定义 p 为第 1 行元素的首地址*/
    printf("请输入 3*5 数组内容 t:\n");
    for(i=0;i<3;i++)                                  /*控制二维数组的行数*/
        for(j=0;j<5;j++)                              /*控制二维数组的列数*/
            scanf("%d",*(p+i)+j);                     /*使用*(p+i)+j 形式输入二维数组元素*/
    p=&a[2];                                          /*定义 p 为第 3 行元素的首地址*/
    printf("第三行是:\n");
    for(j=0;j<5;j++)
        printf("%5d",*(*p+j));                        /*使用*(p+i)+j 形式输出二维数组元素*/
    printf("\n");
}
```

程序运行结果如图 10.17 所示。

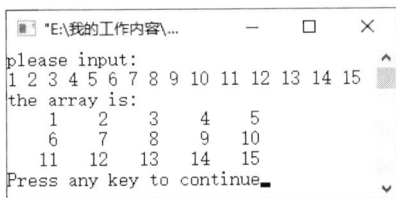

图 10.16　二维数组的输入和输出　　　　图 10.17　输出第 3 行元素

也可采用*(a+i)+j 形式输入和输出二维数组元素，代码如下：

```
scanf("%d",*(a+i)+j);                                 /*使用*(a+i)+j 形式输入二维数组元素*/
printf("%5d",*(*(a+i)+j));                            /*使用*(a+i)+j 形式输出二维数组元素*/
```

**技巧**

利用指针引用二维数组的关键是要记住*(a+i)与 a[i]是等价的。

## 10.2.3　字符串与指针

可以通过两种方式访问一个字符串，一是使用字符数组，二是使用字符指针。

**【例 10.9】使用指针输出字符串（实例位置：资源包\TM\sl\10\09）**

利用字符型指针输出字符串"hello mingri"，具体代码如下：

```
#include<stdio.h>
main()
{
    char *string="hello mingri";
    printf("%s",string);                  /*输出字符串*/
}
```

程序运行结果如图 10.18 所示。首先定义了字符型指针变量 string，用字符串常量"hello mingri"为其赋初值。注意，这里并不是把"hello mingri"中的所有字符存放到 string 中，只是把该字符串中第一个字符的地址赋给指针变量 string，如图 10.19 所示。

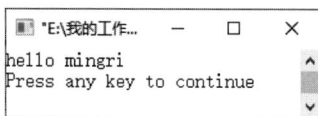

图 10.18　字符型指针应用

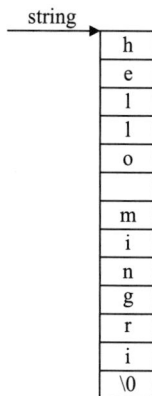

图 10.19　字符指针

语句"char *string="hello mingri";"等价于下面两条语句：

```
char *string;
string="hello mingri";
```

**【例 10.10】实现字符串复制功能（实例位置：资源包\TM\sl\10\10）**

不使用 string.h 函数库中的函数，利用指针实现字符串复制功能，具体代码如下：

```
#include <stdio.h>
void _strcopy(char *str1, char *str2);
int main()
{
    char str1[] = "you are beautiful";       /*定义字符串 1*/
    char str2[] = "";                        /*定义字符串 2*/
    _strcopy(str1, str2);                    /*调用自定义函数_strcopy */
    printf("复制之后的字符串为：%s\n", str2); /*输出复制之后结果*/
    return 0;
}
void _strcopy(char *str1, char *str2)        /*定义_strcopy 函数，用于实现字符串复制*/
{
    while(*str1 != '\0')                     /*将字符串 1 中的字符逐个复制到字符串 2 中*/
    {
        *str2 = *str1;
        str1++;
        str2++;
    }
    *str2 = '\0';                            /*在字符串 2 的末尾添加结束符"\0" */
}
```

程序运行结果如图 10.20 所示。自定义函数中，参数为两个指向字符型数据的指针变量。利用 while 循环，先将 str1 指向的内容赋给 str2 指向的元素，然后 str1 和 str2 分别加 1，指向下一个元素，直到*str1 的值为"\0"为止。

这里有一点需要注意，就是 str1 和 str2 的值是同步变化的，如图 10.21 所示。当 str1 处在 str11 的位置时，str2 处在 str21 的位置；当 str1 处在 str12 的位置时，str2 处在 str22 的位置。

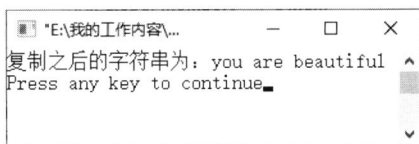

图 10.20　复制字符串

图 10.21　str1 和 str2 同步变化

## 10.2.4　指针数组

字符串数组有别于 8.3 节中学过的字符数组。字符数组是一个一维数组，其每个元素都是一个字符；而字符串数组是以字符串为数组元素的数组，可以将其看成一个二维字符数组。例如，下面定义一个简单的字符串数组：

```
char country[5][20]=
{
    "China",
    "Japan",
    "Russia",
    "Germany",
    "Switzerland"
}
```

上述代码中，字符串数组 country 含有 5 个字符串，每个字符串的长度都必须小于 20（这里要考虑字符串最后的 "\0"）。

通过观察可以发现，像"China"和"Japan"这样的字符串的长度仅为 5，加上字符串结束符也仅为 6，而内存中却要给它们分别分配一个 20 字节的固定大小的空间，空间浪费较大。为了解决这个问题，可以使用指针数组，使每个指针指向所需要的字符串。这种方法需要在数组中保存字符指针，但所用空间要远少于字符串数组。

什么是指针数组呢？一个数组，如果其元素均为指针类型的数据，则该数组称为指针数组。也就是说，指针数组中的每一个元素都相当于一个指针变量。一维指针数组的定义形式如下：

类型名　数组名[数组长度]

【例 10.11】汉译英填空（实例位置：资源包\TM\sl\10\11）

英语小测，有一道题是根据汉语填写英语。语文、数学、英语、化学、生物、物理的英语分别为 Chinese、math、English、chemistry、biology 和 physics，用指针数组输出对应的英文。

```
#include<stdio.h>
int main()
{
    int i;
    char *test[]={"Chinese",
                "math",
```

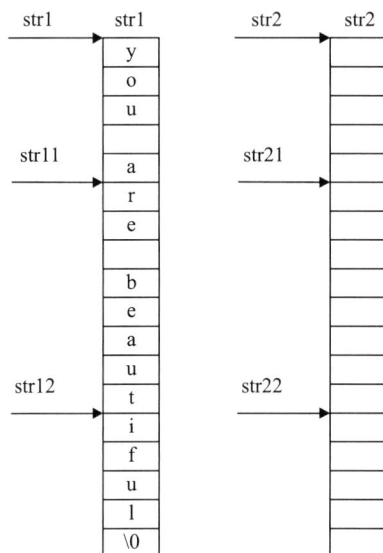

```
                "English",
                "chemistry",
                "biology",
                "physics"};           /*定义一个指针数组，其中的每个元素都指向一个字符串*/
    printf("答案是:\n");
    for(i=0;i<6;i++)
        printf("%s\n",test[i]);       /*输出指针数组中的各元素*/
    return 0;
}
```

程序运行结果如图 10.22 所示。

**编程训练（答案位置：资源包\TM\sl\10\编程训练\）**

训练 3：最受欢迎的座位号　某班级有 5 行 5 列座位，输出位置最好的一行座位号。（提示：第 2 行最受欢迎）

训练 4：输出 12 个月份　定义指针数组并赋初值，将 12 个月份输出。运行结果如下：

```
"E:\我的工…    —    □    ×
答案是:
Chinese
math
English
chemistry
biology
physics
Press any key to continue
```

图 10.22　输出答案

```
January
February
March
April
May
June
July
August
September
October
November
December
```

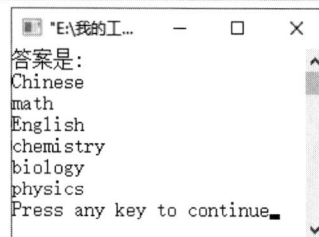

# 10.3　指向指针的指针

一个指针可以指向整型变量、实型变量、字符型变量，当然也可以指向另一个指针，此时称其为指向指针的指针。如图 10.23 所示，整型变量 i 的地址是&i，将其值传递给指针变量 p1，则 p1 指向 i；同时，将 p1 的地址&p1 传递给 p2，则 p2 指向 p1。这里的 p2 就是指向指针变量的指针。

指向指针的指针定义如下：

```
类型标识符 **指针变量名;
```

例如，"int **p;"的含义为：定义一个指针变量 p，它指向另一个指针变量，该指针变量又指向一个基本整型变量。由于指针运算符"*"自右至左结合，所以上述定义相当于"int *(*p);"。

知道如何定义指向指针的指针后，可以将图 10.23 用图 10.24 更形象地表示出来。

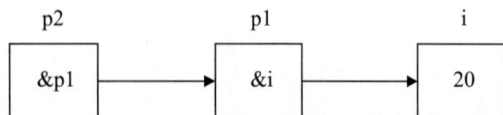

图 10.23　指向指针的指针（1）

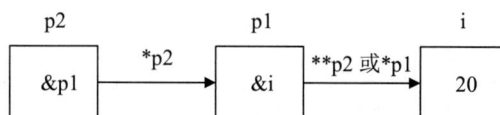

图 10.24　指向指针的指针（2）

**【例 10.12】输出元素周期表中的金属元素（实例位置：资源包\TM\sl\10\12）**

利用指向指针的指针，输出元素周期表前 20 个元素中的金属元素，具体代码如下：

```
#include<stdio.h>
int main()
{
    int i;                              /*定义循环控制变量*/
    char **p;                           /*定义一个指向指针的指针变量*/
    char *element[]=                    /*定义一个指针数组，并为其赋初值*/
    {
        "锂",
        "铍",
        "钠",
        "镁",
        "铝",
        "钾",
        "钙"
    };
    for(i=0;i<7;i++)                     /*输出指针数组中的各元素*/
    {
        p=element+i;                     /*将指针数组各元素的地址赋给 p*/
        printf("%s\n",*p);
    }
    return 0;
}
```

程序运行结果如图 10.25 所示。

**【例 10.13】统计偶数个数（实例位置：资源包\TM\sl\10\13）**

利用指向指针的指针输出一维数组中其值为偶数的元素，并统计偶数的个数，具体代码如下：

```
#include<stdio.h>
main()
{
    int a[10],*p1,**p2,i,n=0;            /*定义数组、指针等为基本整型*/
    printf("please input:\n");
    for(i=0;i<10;i++)                    /*给数组 a 中各元素赋值*/
        scanf("%d",&a[i]);
    p1=a;                               /*将数组 a 的首地址赋给 p1*/
    p2=&p1;                             /*将指针 p1 的地址赋给 p2，则 p2 为指向指针的指针*/
    printf("the array is:");
    for(i=0;i<10;i++)
    {
        if(*(*p2+i)%2==0)                /*如果是偶数*/
        {
            printf("%5d",*(*p2+i));      /*输出数组中的偶数元素*/
            n++;                         /*偶数个数加 1*/
        }
    }
    printf("\n");
    printf("the number is:%d\n",n);
}
```

程序运行结果如图 10.26 所示。

程序中，将数组 a 的首地址赋给指针变量 p1，又将指针变量 p1 的地址赋给 p2，要通过这个双重指针变量 p2 访问数组中的元素，就要一层层地来分析。首先看*p2 的含义，*p2 指向的是指针变量 p1 所存放的内容，即数组 a 的首地址，要想取出数组 a 中的元素，就必须在*p2 前面再加一个指针运算符 "*"。

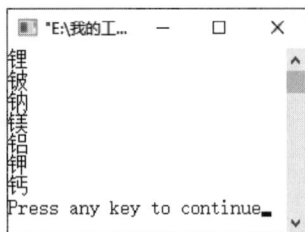

图 10.25　输出元素周期表中的金属元素

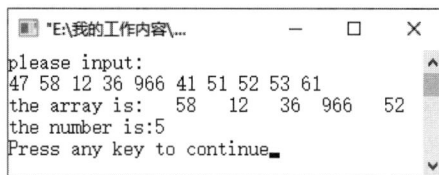

图 10.26　输出偶数

根据前面讲过的指针的用法，还可将例 10.13 改写成如下形式：

```c
#include<stdio.h>
main()
{
    int a[10],*p1,**p2,n=0;              /*定义数组、指针等为基本整型*/
    printf("please input:\n");
    for(p1=a;p1-a<10;p1++)               /*指针p1从a的首地址开始变化*/
    {
        p2=&p1;                          /*将指针p1的地址赋给p2*/
        scanf("%d",*p2);                 /*通过指针变量给数组元素赋初值*/
    }
    printf("the array is:");
    for(p1=a;p1-a<10;p1++)
    {
        p2=&p1;                          /*再次将指针p1的地址赋给p2*/
        if(**p2%2==0)                    /*如果是偶数*/
        {
            printf("%5d",**p2);          /*输出数组中的偶数元素*/
            n++;                         /*偶数个数加1*/
        }
    }
    printf("\n");
    printf("the number is:%d\n",n);
}
```

**编程训练（答案位置：资源包\TM\sl\10\编程训练\）**

**训练 5：模拟网上买衣服的场景**　小红想要在网上买件衣服，因为她有某卖家的优惠券，所以联系客服找她想要买的衣服。于是客服给她一个链接，找到衣服的价格是 559 元。模拟场景，找到衣服价格。（提示：使用 int **p）。运行结果如下：

```
衣服的价格是：
559
```

**训练 6：按拼音给姓名排序**　自定义一个排序函数，其中调用字符串的 strcmp 函数按照姓名对应的拼音字母顺序进行排序，然后在主函数中调用该函数，并采用指针的指针方式输出排序后的姓名。运行结果如下：

```
一共有5个姓名，分别是：
赵小平
周芷若
宇小玥
南乔
楚小乔
按照姓名排序之后分别是：
楚小乔
南乔
```

字小玥
赵小平
周芷若

# 10.4　指针变量作函数参数

第 9 章中学过，整型变量、实型变量、字符型变量、数组名和数组元素等均可作为函数参数。此外，指针型变量也可以作为函数参数，这里具体进行介绍。

【例 10.14】交换两个变量的值（**实例位置：资源包\TM\sl\10\14**）

在本实例中，用指针作函数参数，交换两个变量的值。在主函数中，调用自定义函数，利用指针将两个数交换，具体代码如下：

```c
#include <stdio.h>
void swap(int *a,int *b)            /*自定义 swap 函数，形参为两个指针，传递的是变量地址*/
{
    int tmp;                        /*tmp 为中间变量，借助它实现两个数互换*/
    tmp=*a;
    *a=*b;
    *b=tmp;
}
main()
{
    int x,y;
    int *p_x,*p_y;
    printf("请输入两个数：\n");       /*提示输入两个数*/
    scanf("%d",&x);
    scanf("%d",&y);
    p_x=&x;
    p_y=&y;
    swap(p_x,p_y);                  /*调用 swap 函数，进行两个数交换，最终交换成功*/
    printf("x=%d\n",x);
    printf("y=%d\n",y);
}
```

程序运行结果如图 10.27 所示。swap 函数是用户自定义函数，在 main 函数中调用该函数交换变量 a 和 b 的值，swap 函数的两个形参被传入了两个地址值，也就是传入了两个指针变量。在 swap 函数的函数体内使用整型变量 tmp 作为中间变量，将两个指针变量所指向的数值进行交换。在 main 函数内首先获取输入的两个数值，分别传递给变量 x 和 y，调用 swap 函数将变量 x 和 y 的数值互换。

思考一下：如果 swap 函数的形参不是指针而是普通整型，调用 swap 函数后能实现两数互换吗？将前述程序改成如下形式：

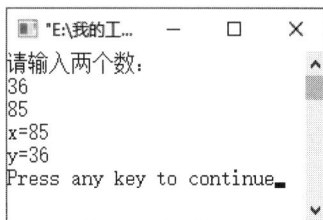

图 10.27　指针作函数参数

```c
#include<stdio.h>
void swap(int a,int b)             /*自定义 swap 函数，形参为两个整数，传递的是变量数值*/
{
    int tmp;                       /*tmp 为中间变量，借助它实现两个数互换*/
    tmp=a;
    a=b;
    b=tmp;
```

```
}
void main()
{
    int x,y;
    printf("请输入两个数：\n");          /*提示输入两个数*/
    scanf("%d",&x);
    scanf("%d",&y);
    swap(x,y);                          /*调用 swap 函数，进行两个数交换，最终交换不成功*/
    printf("x=%d\n",x);
    printf("y=%d\n",y);
}
```

程序运行结果如图 10.28 所示。可见，程序并没有交换 x 和 y 的值，这是为什么呢？在函数调用过程中，主调函数与被调函数之间有一个参数传递过程，这种参数传递是单向的，只能把实参的值传递给形参。也就是说，在自定义函数体中，即便此时形参的值发生了改变，也无法再传递回来，因此实参的值不会发生变化。这就是为什么普通整型作为函数形参时不能实现 x 和 y 值互换的原因。

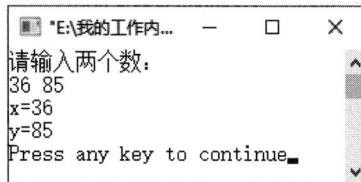

图 10.28 普通类型作函数参数

通过指针传递参数时，传递的是变量的地址。虽然这种传递仍然是单向的，但地址内存放的数据却发生了交换。

【例 10.15】将 3 个数按降序输出（**实例位置：资源包\TM\sl\10\15**）

首先定义交换函数 swap，参数是指针变量；然后再定义比较大小的函数 exchange，参数也是指针变量，并且在 exchange 函数中嵌套交换函数 swap。在主函数中调用 exchange 函数，将输入的 3 个数按降序输出，具体代码如下：

```
#include<stdio.h>
void swap(int *p1, int *p2)              /*自定义交换函数 swap，形参为两个指针*/
{
    int temp;                            /*temp 为中间变量，借助它实现两个数互换*/
    temp = *p1;
    *p1 = *p2;
    *p2 = temp;
}
void exchange(int *pt1, int *pt2, int *pt3)   /*自定义比较函数 exchange，形参为 3 个指针*/
{
    if (*pt1 < *pt2)
        swap(pt1, pt2);                  /*调用 swap 函数，使 pt1 指向的数大于 pt2*/
    if (*pt1 < *pt3)
        swap(pt1, pt3);                  /*调用 swap 函数，使 pt1 指向的数大于 pt3*/
    if (*pt2 < *pt3)
        swap(pt2, pt3);                  /*调用 swap 函数，使 pt2 指向的数大于 pt3*/
}
int main()
{
    int a, b, c, *q1, *q2, *q3;
    puts("Please input three key numbers you want to rank:");
    scanf("%d,%d,%d", &a, &b, &c);       /*输入 3 个数*/
    q1 = &a;                             /*将 3 个变量的地址赋给 3 个指针*/
    q2 = &b;
    q3 = &c;
    exchange(q1, q2, q3);                /*调用 exchange 函数，将 3 个数排序*/
    printf("\n%d,%d,%d\n", a, b, c);
```

```
    return 0;
}
```

程序运行结果如图 10.29 所示。

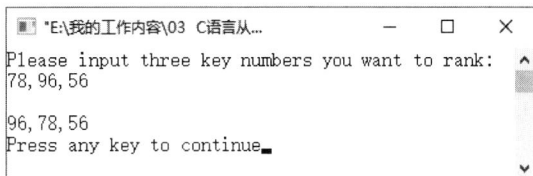

程序创建了一个自定义函数 swap，用于交换两个变量的值。还创建了一个 exchange 函数，其作用是将 3 个数由大到小排序，在 exchange 函数中调用 swap 函数。这里，swap 和 exchange 函数都是以指针变量作为形参。程序运行时，通过键盘输入 3 个

```
"E:\我的工作内容\03 C语言从…      —   □   ×
Please input three key numbers you want to rank:
78,96,56

96,78,56
Press any key to continue_
```

图 10.29　嵌套的函数调用

数 a、b、c，分别将 a、b、c 的地址赋给 q1、q2、q3，调用 exchange 函数，将指针变量作为实参，将实参变量的值传递给形参变量，此时 q1 和 pt1 都指向变量 a，q2 和 pt2 都指向变量 b，q3 和 pt3 都指向变量 c；在 exchange 函数中又调用了 swap 函数，当执行 swap(pt1,pt2)时，pt1 也指向了变量 a，pt2 指向了变量 b，这一过程如图 10.30 所示。

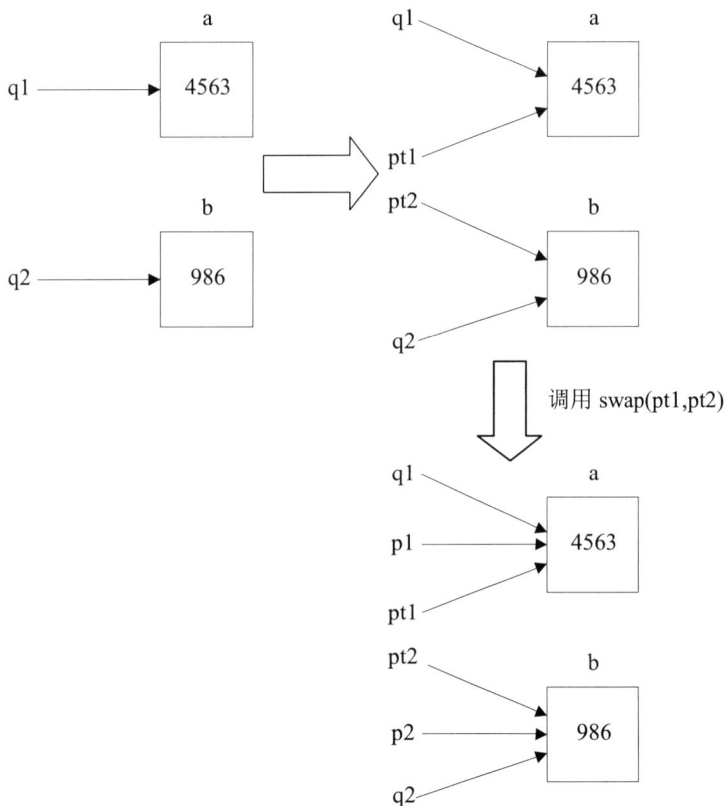

图 10.30　嵌套调用时指针的指向情况

　　C 语言中，实参变量和形参变量之间的数据传递是单向的，指针变量作函数参数时也是如此。调用函数不可能改变实参指针的值，但可以改变实参指针所指向变量的值。

下面介绍如何使用指向数组的指针变量作为函数参数。这里，形参和实参均为指针变量。

【例 10.16】计算新生总人数（实例位置：资源包\TM\sl\10\16）

利用指针变量作函数参数编写程序，根据输入的各班人数，计算刚入学的初中新生的总人数。

```
#include<stdio.h>
void SUM(int *p,int n)                   /*自定义 SUM 函数，用于求和*/
{
    int i,sum=0;
    for(i=0;i<n;i++)                     /*循环各班人数并求和*/
        sum=sum+*(p+i);
    printf("新生总人数是:%d\n",sum);
}
int main()
{
    int *pointer,a[10],i;
    pointer=a;
    printf("请输入各班级人数:\n");
    for(i=0;i<10;i++)                    /*输入各班的人数*/
        scanf("%d",&a[i]);
    SUM(pointer,10);                     /*调用 SUM 函数求总人数*/
    return 0;
}
```

程序运行结果如图 10.31 所示。在自定义函数 SUM 中使用指针变量作形式参数，在主函数中实际参数 pointer 是一个指向一维数组 a 的指针，虚实结合，被调用函数 SUM 中的形式参数 p 得到 pointer 的值，指向了内存中存放的一维数组。

冒泡排序是 C 语言中比较经典的例子，也是读者应该牢牢掌握的一种算法，下面分析如何使用指针变量作为函数参数来实现冒泡排序。

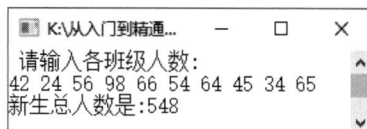

图 10.31　输出新生总人数

【例 10.17】实现冒泡排序（**实例位置：资源包\TM\sl\10\17**）

冒泡排序的基本思想：如果要对 n 个数进行冒泡排序，则要进行 n-1 轮比较，在第一轮比较中要从后到前进行 n-1 次两两比较，在第 j 轮比较中要进行 n-j 次两两比较。使用指针实现冒泡法排序，代码如下：

```
#include<stdio.h>
void order(int *p,int n)                 /*自定义冒泡排序函数 order，形参 p 为指针*/
{
    int i,t,j;
    for(i=0;i<n-1;i++)
        for(j=0;j<n-1-i;j++)
            if(*(p+j)>*(p+j+1))          /*判断相邻两个元素的大小*/
            {
                t=*(p+j);                /*借助中间变量 t 进行值互换*/
                *(p+j)=*(p+j+1);
                *(p+j+1)=t;
            }
    printf("排序后的数组：");
    for(i=0;i<n;i++)
    {
        if(i%5==0)                       /*以每行 5 个元素的形式输出*/
            printf("\n");
        printf("%5d",*(p+i));            /*输出数组中排序后的元素*/
    }
    printf("\n");
}
main()
{
    int a[20],i,n;
```

200

```
    printf("请输入数组元素的个数：\n");
    scanf("%d",&n);                          /*输入数组元素的个数*/
    printf("请输入各个元素：\n");
    for(i=0;i<n;i++)
        scanf("%d",a+i);                     /*给数组元素赋初值*/
    order(a,n);                              /*调用 order 函数，实参 a 为数组名*/
}
```

程序运行结果如图 10.32 所示。

例 10.16 和例 10.17 都是用一个指向数组的指针变量作函数参数。在 10.3 节中介绍过指向指针的指针，这里就来通过一个实例介绍如何用指向指针的指针作函数参数。

**【例 10.18】水果首字母升序排名（实例位置：资源包\TM\sl\10\18）**

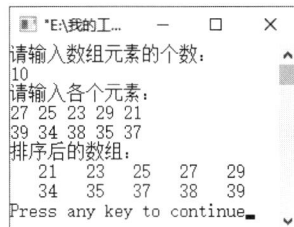

图 10.32　冒泡排序结果

大福超市员工布置水果区，店长要求按照水果名称升序摆放。各水果的名称及对应单价如下：

苹果（apple）：3.50　　橘子（tangerine）：2.50　　柚子（grapefruit）：3.00　　香蕉（banana）：2.00
橙子（orange）：2.99　　菠萝（pineapple）：4.99　　葡萄（grape）：5.00　　火龙果（pitaya）：6.80

编写程序，按照水果名称的首字母将水果升序排序。

```c
#include <stdio.h>
#include <string.h>
void sort(char *strings[], int n)               /*自定义排序函数 sort*/
{
    char *temp;
    int i, j;
    for (i = 0; i < n; i++)
    {
        for (j = i + 1; j < n; j++)
        {
            if (strcmp(strings[i], strings[j]) > 0)   /*比较两个字符串的大小*/
            {
                temp = strings[i];                    /*如果前面的字符比后面的大，则互换*/
                strings[i] = strings[j];
                strings[j] = temp;
            }
        }
    }
}
int main()
{
    int n = 8;
    int i;
    char **p;                                    /*定义字符型、指向指针的指针*/
    char *name[] =
    {
        "apple",
        "tangerine",
        "grapefruit",
        "banana",
        "orange",
        "pineapple",
        "grape",
        "pitaya"
```

```
    };
    p = name;
    sort(p, n);                                /*调用排序函数 sort*/
    printf("排序后的水果单如下：\n");
    for (i = 0; i < n; i++)
        printf("%s\n", name[i]);               /*输出排序后的字符串*/
    return 0;
}
```

程序运行结果如图 10.33 所示。

下面将通过一个二维数组使用指针变量作为函数参数的实例来加深读者对该部分知识的理解。

**【例 10.19】**找出数组每行中最大数并求和（**实例位置：资源包\TM\sl\ 10\19**）

利用指针作函数参数，找出一个数组每行最大的数，并将这些数相加求和。具体代码如下：

图 10.33　字符串排序

```
#include<stdio.h>
#define N 4
void max(int (*a)[N],int m)                    /*自定义 max 函数，求数组每行中的最大元素*/
{
    int value,i,j,sum=0;
    for(i=0;i<m;i++)
    {
        value=*(*(a+i));                        /*将一行中的首个元素赋给 value*/
        for(j=0;j<N;j++)
            if(*(*(a+i)+j)>value)               /*如果其他元素大于 value*/
                value=*(*(a+i)+j);              /*把比 value 大的数重新赋给 value*/
        printf("第%d 行：最大数是：%d\n",i,value);
        sum=sum+value;
    }
    printf("\n");
    printf("每行中最大数相加之和是：%d\n",sum);
}
main()
{
    int a[3][N],i,j;
    int (*p)[N];
    p=&a[0];
    printf("please input:\n");
    for(i=0;i<3;i++)                            /*给二维数组元素赋值*/
        for(j=0;j<N;j++)
            scanf("%d",&a[i][j]);
    max(p,3);                                   /*调用 max 函数，指针变量作函数参数*/
}
```

程序运行结果如图 10.34 所示。

现在来总结一下：

（1）数组名就是数组的首地址，因此例 10.17 中可以将数组名作为实参传递给指针类型的形参。

（2）当形参为数组时，实参也可以为指针变量。可将例 10.17 改写成如下形式：'

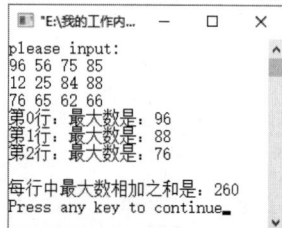

图 10.34　输出每行最大的数并求和

```
#include<stdio.h>
void order(int a[],int n)                          /*自定义冒泡排序函数 order，形参 a 为数组*/
{
    int i,t,j;
    for(i=0;i<n-1;i++)
        for(j=0;j<n-1-i;j++)
            if(*(a+j)>*(a+j+1))                    /*判断相邻两个元素的大小*/
            {
                t=*(a+j);
                *(a+j)=*(a+j+1);
                *(a+j+1)=t;                         /*借助中间变量 t 进行值互换*/
            }
    printf("排序后的数组：");
    for(i=0;i<n;i++)
    {
        if(i%5==0)                                  /*以每行 5 个元素的形式输出*/
        printf("\n");
        printf("%5d",*(a+i));                       /*输出数组中排序后的元素*/
    }
    printf("\n");
}
main()
{
    int a[20],i,n;
    int *p;
    p=a;                                            /*定义 p 为数组 a 的首地址*/
    printf("请输入数组元素的个数：\n");
    scanf("%d",&n);                                 /*输入数组元素的个数*/
    printf("请输入各个元素：\n");
    for(i=0;i<n;i++)                                /*给数组元素赋初值*/
        scanf("%d",p++);
    p=a;                                            /*再次定义 p 为数组 a 的首地址*/
    order(p,n);                                     /*调用 order 函数，实参 p 为指针*/
}
```

上述程序中，形参是数组，实参是指针变量。注意倒数第 3 行语句：

```
p=a;                                                /*再次定义 p 为数组 a 的首地址*/
```

该语句不可少，如果将其省略，则后面调用 order 函数时，参数 p 指向的就不再是数组 a 的首地址，从而导致程序运行出错，这点需要读者加以注意。

**编程训练（答案位置：资源包\TM\sl\10\编程训练\）**

训练 7：汇总一周收纳的钱数　自定义一个用指针变量作参数的函数，功能是将银行每周入账的钱数相加，然后在主函数中调用这个函数，运行结果如下：

```
请输入一周收纳的钱数：
2345000 677854 78959 567844 356789 56785 678458
面值的总数是:4761689
```

训练 8：求长方体的侧面积　输入长、宽、高，求长方体的体积及正面、侧面、顶面面积。要求设计一个函数，参数为长方体长、宽、高的指针。运行结果如下：

```
正面面积是：20
侧面面积是：12
顶面面积是：15
```

# 10.5　返回指针值的函数

指针变量也可以指向一个函数。函数在编译时会被分配一个入口地址，该入口地址就称为函数的指针。可以用一个指针变量指向函数，然后通过该指针变量调用此函数。

一个函数可以带回一个整型值、字符值、实型值等，也可以带回指针型的数据，即地址。其概念与之前介绍的类似，只是带回的值是指针类型而已。返回指针值的函数简称为指针函数。

定义指针函数的一般形式如下：

类型名 *函数名(参数列表);

定义指针函数的示例如图 10.35 所示。其中，fun 是函数名，调用它后能得到一个指向整型数据的指针。x 和 y 是函数 fun 的形式参数，这两个参数均为基本整型。函数名前面有一个 "*"，表示此函数是指针型函数。类型名是 int，表示返回的指针指向整型变量。

**【例 10.20】** 计算长方形周长（**实例位置：资源包\TM\sl\10\20**）

输入长和宽，计算长方形的周长，使用返回值为指针的函数解决。代码如下：

```c
#include<stdio.h>
int *per(int a,int b);
int Perimeter;
void main()
{
    int iWidth,iLength;
    int *iResult;
    printf("请输入长方形的长：\n");
    scanf("%d",&iLength);                /*输入长方形的长*/
    printf("请输入长方形的宽：\n");
    scanf("%d",&iWidth);                 /*输入长方形的宽*/
    iResult=per(iWidth,iLength);         /*调用函数 per，计算长方形周长*/
    printf("长方形的周长是：");
    printf("%d\n",*iResult);
}

int *per(int a,int b)                    /*自定义求周长函数 per，返回值为指针*/
{
    int *p;
    p=&Perimeter;
    Perimeter=(a+b)*2;
    return p;                            /*返回指针*/
}
```

程序运行结果如图 10.36 所示。

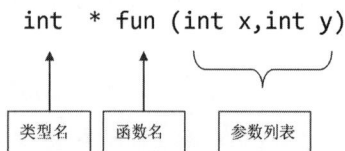

图 10.35　返回指针值的函数

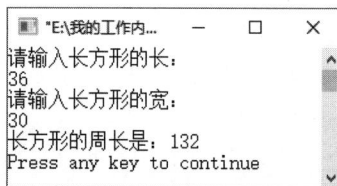

图 10.36　求长方形周长

注意，例 10.20 完全可以用前面学过的更简单的形式来实现，这里只是为了帮助大家更好地理解返回值为指针的函数及其应用。

**编程训练（答案位置：资源包\TM\sl\10\编程训练\）**

训练 9：计算零件总数　师徒两人合做一批零件，徒弟做了 9 个，比师傅少做 21 个，问这批零件共有多少个。将数据利用指针返回。运行结果如下：

```
请输入徒弟比师傅少做的零件数量:
21
请输入徒弟制作的零件数量:
9
这批零件总数是:30
```

训练 10：植树　三、四年级共植树 128 棵，四年级比三年级多植 20 棵，求两个年级各植树多少棵。运行结果如下：

```
请输入总共植树的数量:
128
请输入四年级比三年级多植树的数量:
20
三年级植树的数量是: 54
四年级植树的数量是: 74
```

# 10.6　指针数组作 main 函数的参数

main 函数是所有程序运行时的入口，由系统调用。当处于操作命令状态下时，输入 main 所在的文件名，即可调用 main 函数。

初学 C 语言时，我们使用的 main 函数一般是没有参数的，但实际上 main 函数也是可以有参数的。我们知道一个 C 语言程序有且只能有一个 main 函数，该函数不可以被其他函数调用，因此，如果在实际应用中需要给 main 函数传递参数时，就不能在程序中完成，而需要使用有参的 main 函数，直接在 Windows 系统命令中完成。

main 函数的有参形式如下：

```
main(int argc,char *argv[])
```

有两个参数，一个整型和一个指针数组。当一个 C 源程序经过编译、链接后，会生成扩展名为.exe 的可执行文件，该文件可直接在操作系统下运行。对于 main 函数来说，其实际参数和命令是一起给出的，也就是一个命令行包括命令名和需要传给 main 函数的参数。命令行的一般形式如下：

```
命令名 参数 1 参数 2 … 参数 n
```

其中，"命令名"就是可执行文件的文件名，命令名和其后参数之间须用空格分隔。

命令行与 main 函数的参数间存在一定关系。假设命令行为：

```
file happy bright glad
```

这里，file 为 C 程序文件名，就是 file.c 经编译、链接后生成的可执行文件 file.exe，其后跟 3 个参数。以上命令行与 main 函数中的形式参数关系如下：参数 argc 记录了命令行中命令与参数的个数，这里包括 file、happy、bright 和 glad，共 4 个，指针数组的大小由参数的值决定，这里为 char *argv[4]，该指针数组的取值情况如图 10.37 所示。

利用指针数组作 main 函数的形参，可以向程序传送命令行参数。

**说明**

> 参数字符串的长度是不定的，参数数量也是任意的，并不规定具体个数。

**【例 10.21】输出 main 函数的有参参数（实例位置：资源包\TM\sl\10\21）**

```c
#include<stdio.h>
main(int argc,char *argv[])                    /*main 函数为带参函数*/
{
    printf("the list of parameter:\n");
    printf("命令名： \n");
    printf("%s\n",*argv);
    printf("参数个数： \n");
    printf("%d\n",argc);
    int i;
    for (i = 0; i < argc; i++)
        printf("argv[%d]=%s\n", i, argv[i]);    /*输出每个参数*/
}
```

上面代码中定义了一个有参的 main 函数，使用编译器编译后，在 Windows 系统的命令行窗口中执行，效果如图 10.38 所示。

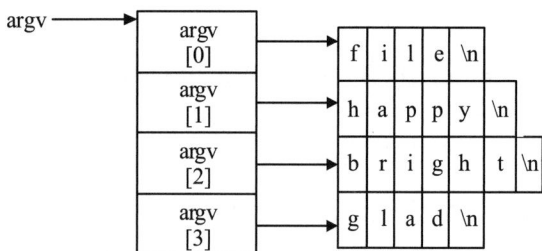

图 10.37　指针数组取值

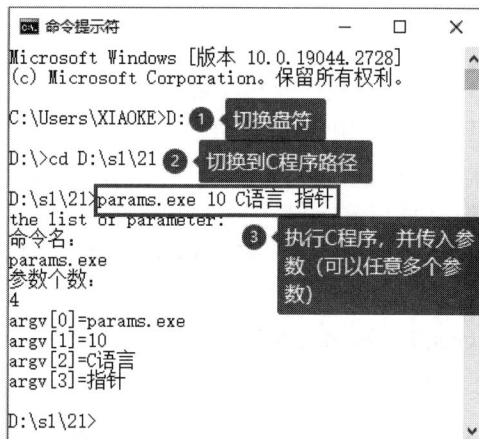

图 10.38　输出参数内容

从图 10.38 中可以看出，当在 Windows 系统的命令行窗口中执行 C 语言程序时，由于我们定义了有参的 main 函数，所以执行时可以传入多个参数，同时，我们也可以通过访问 argc 参数获取到传入的所有参数。

**编程训练（答案位置：资源包\TM\sl\10\编程训练\）**

训练 11：参数的接受度　设计一个程序，该程序接受命令行参数，输出"您好，[输入的参数]"，如果没有参数，则输出"请输入你的名字："，然后退出程序。

训练 12：给程序加权限　利用 main 函数参数给程序添加权限判断，用户运行程序时需要输入账号

和密码，并输出相应的提示。（提示：生成.exe 文件，然后使用 cmd 运行）

# 10.7 实践与练习

（答案位置：资源包\TM\sl\10\实践与练习\）

综合练习 1：双语名人名言　利用两种方式输出字符串：第一种是采用 for 循环遍历字符数组，输出字符串；第二种是利用指针直接输出字符串。运行效果如下：

```
* * * * * * * * * * * * * * * * * * * * * * * * *
Every man is best know to himself
自己最了解自己
* * * * * * * * * * * * * * * * * * * * * * * * *
```

综合练习 2：古诗词填空　春眠不觉晓，处处闻啼鸟。_____，花落知多少。利用指针将缺少的诗句输出在控制台上。运行效果如下：

```
答案是：

▼ ▼ ▼ ▼ ▼ ▼ ▼
   夜来风雨声
▲ ▲ ▲ ▲ ▲ ▲ ▲
```

综合练习 3：小猪过河　9 只小猪过河，只有一个木筏，一次能载 3 只猪，只有一只猪会划船。问至少往返几次，9 只小猪才能全部渡过河。利用"*&"输出结果。运行效果如下：

```
会划船的猪每次只能载 2 只猪过去
会划船的猪一直在船上
因此至少 4 次能全部渡过河
```

综合练习 4：计算公路长度　某工程队修路，第一天修了 600 米，第二天修了全长的 20%，第三天修了全长的 25%，三天共修了全长的 75%，求这条公路全长多少米，同时输出此公里数变量的内存地址。运行结果如下：

```
------------------------
公路全长是 2000 米
------------------------
* * * * * * * * * * * * * * * * *
它的地址是:1703724
* * * * * * * * * * * * * * * * *
```

综合练习 5：统计单词数量　利用指针，统计"I have a dream."中的单词个数。运行结果如下：

```
▯ ▯ ▯ ▯ ▯ ▯ ▯ ▯
    一共有 4 个单词
▯ ▯ ▯ ▯ ▯ ▯ ▯ ▯
```

综合练习 6：倒序输出数据　输入 10 个数，存放在数组中。编写程序，将数组中的元素值按照相反顺序存放。运行结果如下：

```
请输入 10 个元素（用空格隔开）：
88 56 45 25 66 95 86 33 16 2
```

```
正序输出结果:

    88   56   45   25   66
    95   86   33   16    2
倒序输出结果:

     2   16   33   86   95
    66   25   45   56   88
```

**综合练习 7：寻找逗号**　使用指针寻找字符串"Life is brief, and then you die, you know?"中","的位置。运行结果如下：

```
, 的位置是: 13
, 的位置是: 31
```

**综合练习 8：模拟影院售票**　某家电影院售票情况如图 10.39 所示，用指针求出剩余的电影票数。其中，1 表示有座，0 表示没座，统计 1 的数量就是统计剩余的电影票数。运行结果如下：

```
请输入电影院售票情况:
0 1 1 0
1 1 1 1
1 0 1 1
1 1 1 1
剩余的票数是: 13
```

| 0 | 1 | 1 | 0 |
|---|---|---|---|
| 1 | 1 | 1 | 1 |
| 1 | 0 | 1 | 1 |
| 1 | 1 | 1 | 1 |

图 10.39　电影院售票情况

# 第 **3** 篇

## 高级编程

本篇属于 C 语言中的高级编程部分，主要内容涉及结构体、链表、共用体、枚举等构造数据类型，以及位运算、预处理、文件、内存管理和网络套接字编程等知识。深入理解并熟练掌握本篇内容后，读者可尝试开发复杂的 C 应用程序。

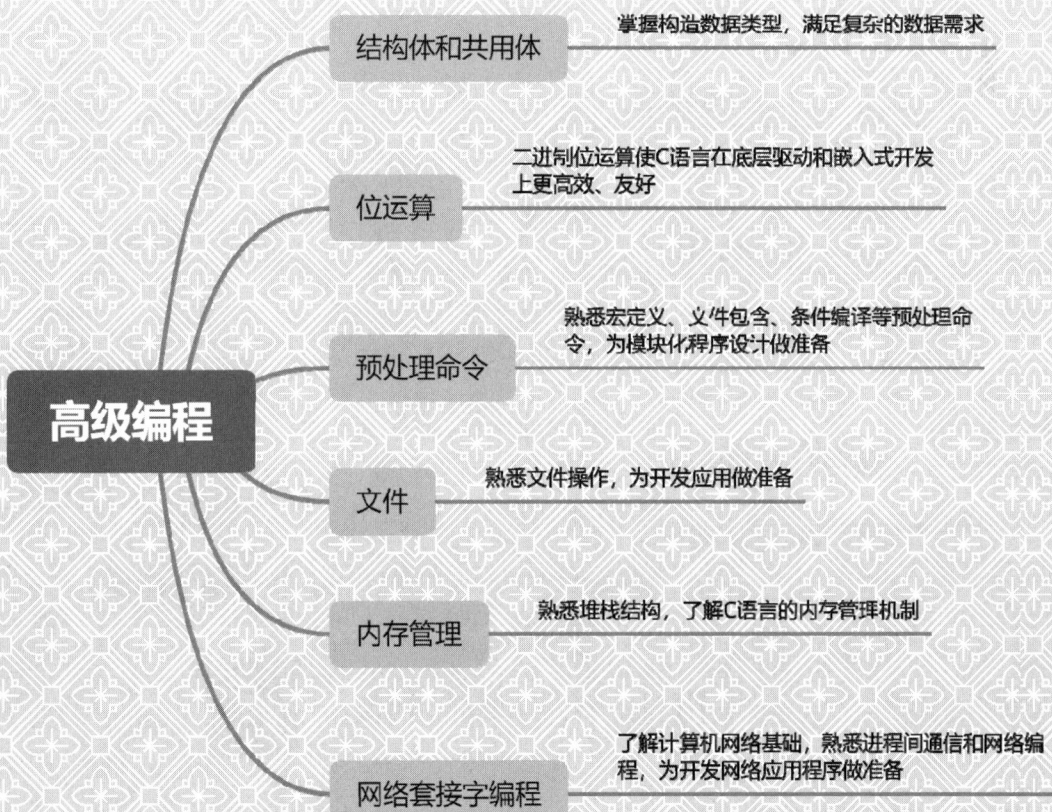

**高级编程**

- 结构体和共用体 —— 掌握构造数据类型，满足复杂的数据需求
- 位运算 —— 二进制位运算使C语言在底层驱动和嵌入式开发上更高效、友好
- 预处理命令 —— 熟悉宏定义、文件包含、条件编译等预处理命令，为模块化程序设计做准备
- 文件 —— 熟悉文件操作，为开发应用做准备
- 内存管理 —— 熟悉堆栈结构，了解C语言的内存管理机制
- 网络套接字编程 —— 了解计算机网络基础，熟悉进程间通信和网络编程，为开发网络应用程序做准备

# 第 11 章

# 结构体和共用体

迄今为止，我们在程序中用到的都是基本数据类型。但实际开发中，有时简单的变量类型无法满足程序中各种复杂的数据要求，因此 C 语言还提供了构造类型。构造类型数据是由基本类型数据按照一定规则组成的。

本章致力于使读者了解结构体的概念，掌握结构体和共用体的使用方法，并结合具体实例使大家对结构体和共用体数组、指针有一个深刻的理解。

本章的知识架构及重难点如下：

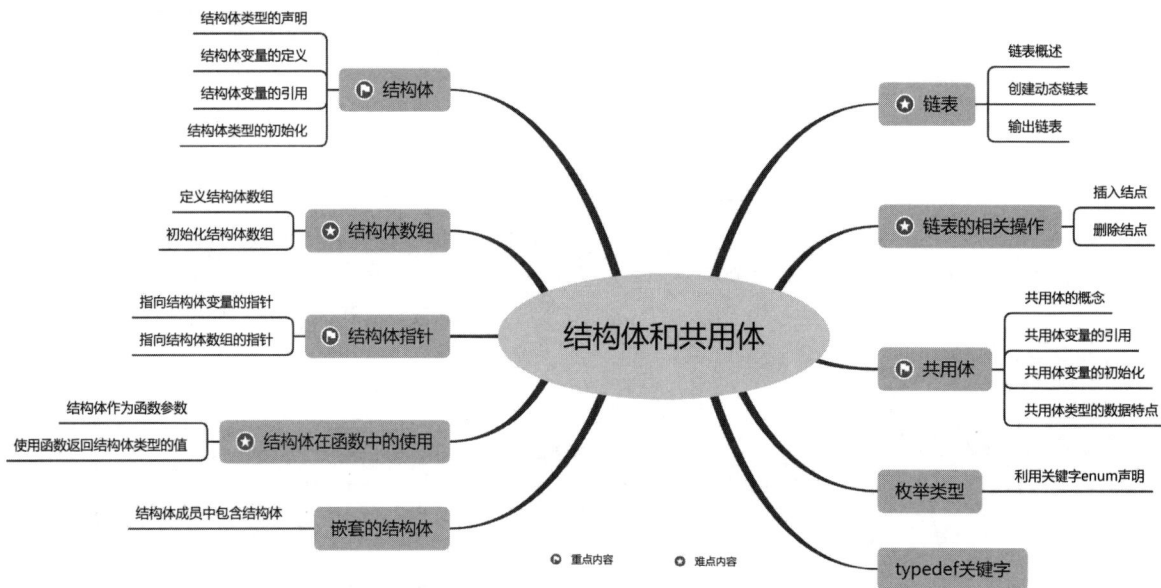

# 11.1　结　构　体

前面我们学习过许多基本数据类型，如整型 int、字符型 char 等，还学习了数组这种构造类型。数组中，所有的数据都是同一类型，调用起来非常方便。

除此以外，有时我们需要定义一些复杂的数据类型，它可能包括多个不同属性，每个属性需要用不同的类型来表示。该怎么实现呢？ C 语言中，可以把一些有内在联系的不同变量组织起来，封装成一个整体，即定义成一个结构体（structure），以此来表示一种新的数据类型。之后，就可以像处理基本数据类型那样，对结构体类型进行各种操作。

## 11.1.1　结构体类型的声明

结构体是一种构造类型，它由若干成员组成。其成员可以是一个基本数据类型，也可以是另一个构造类型。声明一个结构体的过程，就是创建一种新的构造类型的过程。

声明结构体时使用的关键字是 struct，其一般形式如下：

```
struct 结构体名
{
    成员列表
};
```

关键字 struct 表示声明的是一个结构体，"结构体名"表示要创建的新类型名，大括号中的"成员列表"包括构成该结构体的所有成员。注意，声明结构体时大括号后的分号";"不能遗漏。

例如，商品一般包括产品名称、形状、颜色、功能、价格和产地等属性，如图 11.1 所示。很显然，"商品"这种类型并不能使用任何一种基本类型来表示，而需要为其构造一个结构体。

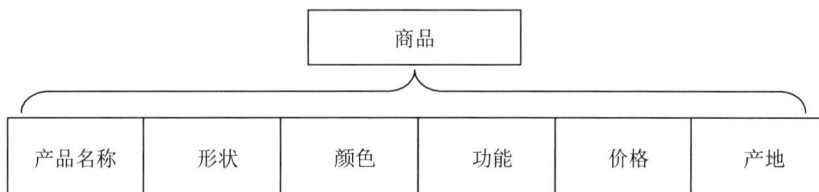

图 11.1　"商品"类型

下面来创建 Product（商品）这种类型，声明代码如下：

```
struct Product                      /*声明商品结构体*/
{
    char cName[10];                 /*产品名称*/
    char cShape[20];                /*形状*/
    char cColor[10];                /*颜色*/
    char cFunc[20];                 /*功能*/
    int iPrice;                     /*价格*/
    char cArea[20];                 /*产地*/
};
```

上述代码使用关键字 struct 声明了一个名为 Product 的结构体类型，在结构体中定义了 6 个变量，分别表示产品名称、形状、颜色、功能、价格和产地，并为其设置了相对应的类型。

## 11.1.2　结构体变量的定义

声明完结构体后，就创建了一种新的类型名，后续就可以使用这种新的类型名定义变量。定义结构体变量的方式有如下 3 种。

（1）先声明结构体类型，再定义变量。

例如，使用前面声明的 Product 结构体类型定义两个结构体变量 product1 和 product2，代码如下：

```
struct Product                      /*声明商品结构体*/
{
    char cName[10];                 /*产品名称*/
    char cShape[20];                /*形状*/
```

```
        char cColor[10];                    /*颜色*/
        char cFunc[20];                     /*功能*/
        int iPrice;                         /*价格*/
        char cArea[20];                     /*产地*/
};
struct Product product1;                    /*定义结构体变量*/
struct Product product2;
```

这里，Product 是结构体类型名，而 product1 和 product2 是结构体变量名。既然都是使用 Product 类型定义的变量，那么这两个变量就具有相同的结构。

**技巧**

在一些大型开发中，为了便于修改和使用，常常将结构体类型的声明放在某个头文件中。其他源文件中需要使用该结构体类型时，可以用#include 命令将该头文件包含到源文件中。

定义一个基本类型的变量与定义一个结构体类型变量的不同之处在于：定义结构体变量不仅要求指定变量为结构体类型，而且要求指定为某一特定的结构体类型，如 Product；而定义基本类型的变量时（如整型变量），只需要指定 int 型即可。

**说明**

定义结构体变量后，系统就会为其分配内存单元，其大小为各成员变量所占内在字节大小之和。例如，product1 和 product2 在内存中各占 84 字节（10+20+10+20+4+20）。

（2）声明结构体类型的同时定义结构体变量。例如：

```
struct Product                              /*声明商品结构体*/
{
        char cName[10];                     /*产品名称*/
        char cShape[20];                    /*形状*/
        char cColor[10];                    /*颜色*/
        int iPrice;                         /*价格*/
        char cArea[20];                     /*产地*/
}product1,product2;                         /*声明的同时定义结构体变量*/
```

（3）直接定义结构体类型变量（此时不需要给出结构体名称）。例如：

```
struct
{
        char cName[10];                     /*产品名称*/
        char cShape[20];                    /*形状*/
        char cColor[10];                    /*颜色*/
        int iPrice;                         /*价格*/
        char cArea[20];                     /*产地*/
}product1,product2;                         /*直接定义结构体变量*/
```

需要注意的是，类型与变量是不同的。例如，只能对变量进行赋值操作，不能对类型进行赋值操作。这就像使用 int 型定义变量 iInt，可以为 iInt 赋值，但不能为 int 赋值。编译时，不对类型分配空间，只对变量分配空间。

结构体的成员仍然可以是结构体变量。例如：

```
struct date                                 /*声明日期结构体*/
{
```

```
    int year;                          /*年*/
    int month;                         /*月*/
    int day;                           /*日*/
};
struct student                         /*声明学生结构体*/
{
    int num;                           /*学号*/
    char name[30];                     /*姓名*/
    char sex;                          /*性别*/
    int age;                           /*年龄*/
    struct date birthday;              /*出生日期*/
}student1,student2;
```

以上代码声明了一个 date 结构体类型，成员包括年、月、日；还声明了一个 student 结构体类型，并且定义了两个结构体变量 student1 和 student2。在 student 结构体类型中，可以看到有一个成员表示学生的出生日期，使用的是 date 结构体类型。

## 11.1.3　结构体变量的引用

定义了结构体类型变量以后，就可以引用该变量，引用形式为"结构体变量名.成员名"。例如：

```
product1.cName="Icebox";
product1.iPrice=2000;
```

对结构体变量进行赋值、存取或运算，实质上就是对结构体成员进行操作。上面的赋值语句就是对 product1 结构体变量中的成员 cName 和 iPrice 两个变量进行赋值。

需要注意的是，不能直接将结构体变量作为一个整体进行输入和输出。例如，不能将 product1 和 product2 采用如下方式输出：

```
printf("%s%s%s%d%s",product1);
printf("%s%s%s%d%s",product2);
```

如果成员本身又属于一个结构体类型，就需要使用若干个成员运算符"."找到最低一级的成员，对其进行赋值、存取以及运算操作。例如，对上面定义的 student1 变量中的出生日期进行赋值：

```
student1.birthday.year=1986;
student1.birthday.month=12;
student1.birthday.day=6;
```

**注意**

不能使用 student1.birthday 访问 student1 变量中的成员 birthday，因为 birthday 本身也是一个结构体变量。

结构体变量的成员可以像普通变量一样，进行各种运算。例如：

```
product2.iPrice=product1.iPrice+500;
product1.iPrice++;
```

因为"."运算符的优先级最高，所以 product1.iPrice++是 product1.iPrice 成员进行自加运算，而不是先对 iPrice 进行自加运算。

还可以对结构体变量成员的地址进行引用，也可以对结构体变量的地址进行引用，例如：

```
scanf("%d",&product1.iPrice);              /*输入成员 iPrice 的值*/
printf("%o",&product1);                    /*输出 product1 的首地址*/
```

**【例 11.1】** 输出老师基本信息（**实例位置：资源包\TM\sl\11\01**）

本实例首先定义一个表示老师的结构体，成员包括姓名、年龄和教龄；然后在主函数中使用该结构体定义一个老师，先赋值，再输出。

```
#include "stdio.h"
#include<string.h>
struct Teacher                             /*声明教师结构体*/
{
    char name[64];                         /*姓名*/
    int age;                               /*年龄*/
    int seniority;                         /*教龄*/
};

int main()
{
    struct Teacher a_teacher;              /*定义结构体变量*/
    strcpy(a_teacher.name, "明师");        /*将姓名复制给结构体变量*/
    a_teacher.age = 35;                    /*年龄*/
    a_teacher.seniority = 10;              /*教龄*/
    printf("姓名:%s\n",a_teacher.name);    /*输出结构体变量*/
    printf("年龄:%d\n",a_teacher.age);
    printf("教龄:%d\n",a_teacher.seniority);
    return 0;
}
```

（1）先声明结构体类型 Teacher，以表示老师这种特殊的类型，在结构体中定义了有关的成员。

（2）在主函数 main 中使用 struct Teacher 定义结构体变量 a_teacher，然后根据赋值的信息，引用结构体变量 a_teacher 中的成员，使用 printf 函数将其输出显示。

运行程序，显示效果如图 11.2 所示。

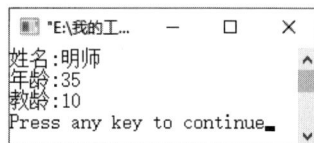

图 11.2 引用结构体变量

## 11.1.4 结构体类型的初始化

结构体类型与其他基本类型一样，也可以在定义结构体变量时指定初始值。例如：

```
struct Student                             /*声明学生结构体*/
{
    char cName[20];
    char cSex;
    int iGrade;
} student1={"HanXue","W",3};               /*定义结构体变量并设置初始值*/
```

定义的变量后面使用等号，初始化值放在大括号中，数据顺序与结构体的成员列表顺序一致。

**【例 11.2】** 输出新来学生信息（**实例位置：资源包\TM\sl\11\02**）

本实例演示了两种初始化结构体的方式，一种是在声明结构体及定义变量的同时进行初始化，另一种是在定义结构体变量后进行初始化。

```
#include<stdio.h>
struct Student                             /*声明学生结构体*/
{
    char cName[20];                        /*姓名*/
```

```
    char cSex;                                    /*性别*/
    int iGrade;                                   /*年级*/
} student1={"HanXue",'W',3};                      /*方式 1：定义结构体时，直接赋初始值*/

int main()
{
    struct Student student2={"WangJiasheng",'M',3};   /*方式 2：后续再定义变量并赋初始值*/
    printf("第一个学生信息:\n");                    /*以下将第一个结构体中的数据输出*/
    printf("姓名: %s\n",student1.cName);
    printf("性别: %c\n",student1.cSex);
    printf("年级: %d\n",student1.iGrade);
    printf("第二个学生信息:\n");                    /*以下将第二个结构体中的数据输出*/
    printf("姓名: %s\n",student2.cName);
    printf("性别: %c\n",student2.cSex);
    printf("年级: %d\n",student2.iGrade);
    return 0;
}
```

（1）声明结构体时定义 student1 并对其初始化，待赋值内容放在后面大括号中，每个数据都与结构体的成员数据相对应。

（2）在 main 函数中使用声明的结构体类型 struct Student 定义变量 student2，并且进行初始化的操作。

（3）最后将两个结构体变量中的成员进行输出，并比较二者数据的区别。

运行程序，显示效果如图 11.3 所示。

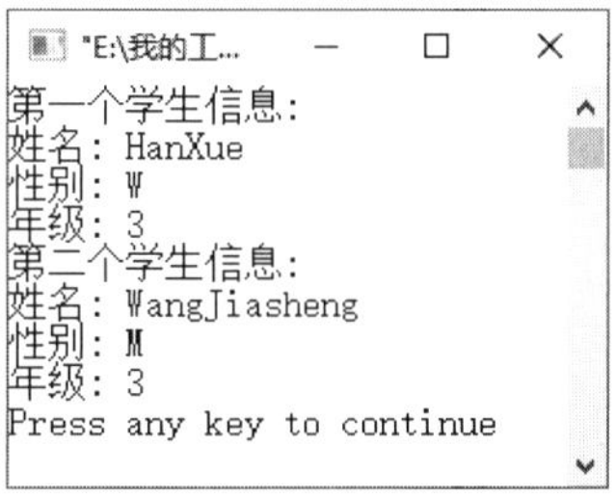

图 11.3　结构体类型的初始化操作

**误区警示**

并不是所有结构体成员都可以赋值，如果某成员使用 const 做了限定，就不可以再对其赋值。

**编程训练（答案位置：资源包\TM\sl\11\编程训练\）**

训练 1：显示猫的信息　定义一个表示猫的结构体，输出其名字、年龄、体重、性别等信息。运行结果如下：

```
猫名:糖块
猫龄:1
猫体重:4.90
猫的性别:公
```

训练 2：输出某台汽车信息　定义一个表示汽车的结构体，输出车的品牌名、颜色、车长、承载量等信息。运行结果如下：

```
品牌名:路虎
颜色:黑色
车长:4.85 米
可承载 5 人
```

# 11.2　结构体数组

当要定义 10 个整型变量时，可以使用数组的形式。当要定义 10 个结构体变量时，也可以使用数组的形式，这时的数组被称为结构体数组。结构体数组与普通数组的区别在于：数组中的每个元素都是根据要求定义的结构体类型，而不是基本类型。

## 11.2.1 定义结构体数组

定义结构体数组的方式与定义结构体变量的方法相同，其一般形式如下：

```
struct 结构体名
{
    成员列表;
}数组名;
```

例如，定义一个学生信息的结构体数组，其中包含 5 名学生的信息，代码如下：

```
struct Student                      /*声明学生结构体*/
{
    char cName[20];                 /*姓名*/
    int iNumber;                    /*学号*/
    char cSex;                      /*性别*/
    int iGrade;                     /*年级*/
} student[5];                       /*声明的同时定义结构体数组*/
```

上述代码中，定义结构体类型的同时定义了结构体数组 student[5]。除此以外，也可以先声明结构体类型再定义结构体数组：

```
struct Student student[5];          /*先声明再定义结构体数组*/
```

或者直接定义结构体数组（此时不需要给出结构体名称）：

```
struct
{
    …                              /*成员列表，省略过程*/
} student[5];                       /*直接定义结构体数组*/
```

上面的代码都定义了一个结构体数组，其中每个元素都为 struct Student 类型的数据，每个数据中又有 4 个成员变量，如图 11.4 所示。数组中各数据在内存中的存储是连续的，如图 11.5 所示。

| | cName | iNumber | cSex | iGrade |
|---|---|---|---|---|
| student[0] | WangJiasheng | 12062212 | M | 3 |
| student[1] | YuLongjiao | 12062213 | W | 3 |
| student[2] | JiangXuehuan | 12062214 | W | 3 |
| student[3] | ZhangMeng | 12062215 | W | 3 |
| student[4] | HanLiang | 12062216 | M | 3 |

图 11.4　结构体数组

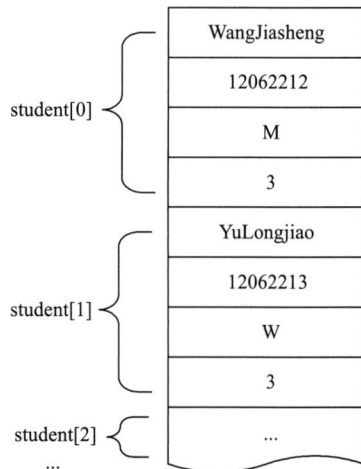

图 11.5　数组数据在内存中的存储形式

## 11.2.2　初始化结构体数组

初始化结构体数组的一般形式如下：

```
struct 结构体名
{
      成员列表;
}数组名={初始值列表};
```

例如，为学生结构体数组进行初始化操作，代码如下：

```
struct Student                           /*学生结构体*/
{
    char cName[20];                      /*姓名*/
    int iNumber;                         /*学号*/
    char cSex;                           /*性别*/
    int iGrade;                          /*年级*/
} student[5]={{"WangJiasheng",12062212,'M',3},
            {"YuLongjiao",12062213,'W',3},
            {"JiangXuehuan",12062214,'W',3},
            {"ZhangMeng",12062215,'W',3},
            {"HanLiang",12062216,'M',3}};    /*定义数组并设置初始值*/
```

为数组进行初始化时，最外层的大括号表示列出的是数组中的元素。因为每个元素都是结构体类型，所以也都使用大括号括起来，其中包含每一个结构体元素的成员数据。

定义数组 student 时，也可以不指定数组中的元素个数，这时编译器会根据数组后面的初始化值列表中给出的元素个数，来确定数组中元素的个数。例如：

```
student[ ]={…};
```

同样，也可以先声明结构体数组，后续再进行初始化。

【例 11.3】显示销售前 5 名的产品（实例位置：资源包\TM\sl\11\03）

某网站"双 11"做促销活动，利用结构体数组编写程序，将销量排行前 5 名的商品信息输出。代码如下：

```
#include<stdio.h>
struct goods                             /*声明商品结构体*/
{
    char cName[20];                      /*品牌名*/
    int iNumber;                         /*销售量*/
} goods[5]={{"面膜",1458792365},          /*定义结构体变量并初始化*/
          {"洁面",325656550},
          {"洗发露",324655854},
          {"护发素",256897412},
          {"卸妆膏",155655655}};

int main()                               /*主函数 main*/
{
    int i;
    for(i=0;i<5;i++)                     /*循环输出数组中的元素数据*/
    {
        printf("NO%d 产品:\n",i+1);
        printf("品牌名是: %s, 销量: %d\n",goods[i].cName,goods[i].iNumber);
        printf("\n");                    /*空格行*/
    }
```

```
    return 0;
}
```

（1）声明 struct goods 结构体类型，同时定义结构体数组 goods，并初始化数据。

（2）定义的数组包含 5 个元素，输出时使用 for 语句进行循环输出操作。其中，变量 i 为循环控制变量。因为数组的下标是从 0 开始的，所以为变量 i 赋值 0。

（3）在 for 语句中，先输出商品的排名，因为 i 的初值为 0，所以要加上 1。之后将数组中元素表示的数据输出，这时变量 i 作为数组的下标，然后通过结构体成员的引用得到正确的数据，最后将其输出。

运行程序，显示效果如图 11.6 所示。

**编程训练（答案位置：资源包\TM\sl\11\编程训练\）**

训练 3：输出一窝宠物猫的信息　利用结构体数组，输出 3 只宠物猫的信息。运行结果如下：

图 11.6　输出学生信息

```
第1只猫：
猫名：  糖块,猫龄：1元,猫的体重：4.90,猫的性别：公

第2只猫：
猫名：  小点,猫龄：1元,猫的体重：3.50,猫的性别：公

第3只猫：
猫名：  团团,猫龄：1元,猫的体重：3.90,猫的性别：母
```

训练 4：显示明日科技编著的图书　利用结构体数组，输出目前京东在售的 3 本软件开发图书的书名、价格等信息。运行结果如下：

```
第1本图书：
图书名：Java 从入门到精通,价格：89.80 元

第2本图书：
图书名：Python 从入门到精通,价格：89.80 元

第3本图书：
图书名：C++从入门到精通,价格：89.80 元
```

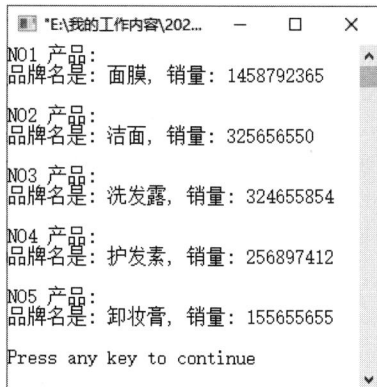

# 11.3　结构体指针

一个指向结构体变量的指针，指向的是结构体变量的起始地址。除此以外，指针变量还可以指向结构体数组以及数组中的元素。

## 11.3.1　指向结构体变量的指针

定义结构体指针的一般形式如下：

```
结构体类型 *指针名;
```

例如，定义一个指向 struct Student 结构体类型的 pStruct 指针变量，代码如下：

```
struct Student *pStruct;
```

指针指向的是结构体变量的地址，因此可以使用指针来访问结构体中的成员，方式有两种。

### 1．使用成员运算符 "."

第一种方法是使用成员运算符 "." 引用结构体成员，形式为 "(*pStruct).成员名"。例如，pStruct 指针指向 student1 结构体变量，可以采用如下方式引用其中的成员。

```
(*pStruct).iNumber=12061212;
```

注意，*pStruct 一定放在括号内，这是因为成员运算符 "." 的优先级最高，如果不使用括号，就会先执行 "." 运算然后才是 "*" 运算。

【例 11.4】登记新员工信息（实例位置：资源包\TM\sl\11\04）

某公司招聘新员工后，需要为其安排工位和所属部门。利用结构体类型指针编写程序，将所有新员工的信息输出。

```
#include<stdio.h>
struct People                          /*定义人员结构体*/
{
    char cName[20];                    /*姓名*/
    int iNumber;                       /*职位号*/
    char cS[20];                       /*部门*/
}people={"张伟",14,"开发部"};           /*对结构体变量初始化*/

int main()
{
    struct People* pStruct;            /*定义结构体指针*/
    pStruct=&people;                   /*指针指向结构体变量*/
    printf("-----信息如下-----\n");     /*提示信息*/
    printf("姓名: %s\n",(*pStruct).cName);   /*使用成员运算符 "." 输出结构体成员*/
    printf("职工号: %d\n",(*pStruct).iNumber);
    printf("部门: %s\n",(*pStruct).cS);
    return 0;/*程序结束*/
}
```

（1）首先声明结构体类型 People，同时定义变量 people 并进行初始化。

（2）定义结构体指针变量 pStruct，然后执行 "pStruct=&people;" 使指针指向 people 变量。

（3）输出消息提示，然后在 printf 函数中使用指针引用成员变量，将员工信息输出。

运行程序，显示效果如图 11.7 所示。

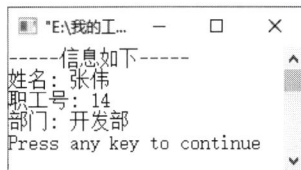

图 11.7　登记新员工信息

### 2．使用指向运算符 "->"

第二种方法是使用指向运算符 "->" 引用结构体成员，形式为 "pStruct ->成员名"。例如，使用指向运算符引用 iNumber 成员：

```
pStruct->iNumber=12061212;
```

**注意**

> 在使用 "->" 引用成员时，要注意区分自增、自减运算符的应用。
> ☑ pStruct->iGrade: 表示指向的结构体变量中成员 iGrade 的值。
> ☑ pStruct->iGrade++: 表示指向的结构体变量中成员 iGrade 的值，使用后该值加 1。
> ☑ ++pStruct->iGrade: 表示指向的结构体变量中成员 iGrade 的值加 1，计算后再进行使用。

总结一下，假如 student 为结构体变量，pStruct 为指向结构体变量的指针，则 "student.成员名" "(*pStruct).成员名" "pStruct->成员名" 这 3 种引用形式的效果是完全等价的。

**【例 11.5】打印购票信息（实例位置：资源包\TM\sl\11\05）**

在本实例中，定义结构体变量但不对其进行初始化操作，使用指针指向结构体变量并为其成员进行赋值操作。

```c
#include<stdio.h>
#include<string.h>                          /*包含头文件 string.h*/

struct Ticket                               /*声明并定义票务信息结构体*/
{
    char cName[20];                         /*姓名*/
    int iNumber;                            /*票价*/
    char S[20];                             /*乘车区间*/
    char cAddress[20];                      /*车次*/
    char c[20];                             /*开车时间*/
}ticket;

int main()
{
    struct Ticket* pStruct;                 /*定义结构体指针*/
    pStruct=&ticket;                        /*指针指向结构体变量*/
    strcpy(pStruct->cName,"张伟");          /*使用指向运算符 "->" 为结构体赋值*/
    pStruct->iNumber=285;
    strcpy(pStruct->S,"长春-北京");
    strcpy(pStruct->cAddress,"D71");
    strcpy(pStruct->c,"2023 年 2 月 20 日 09:08 开");
    printf("姓名: %s\n",ticket.cName);      /*使用成员运算符 "." 输出结构体成员*/
    printf("票价: %d 元\n",ticket.iNumber);
    printf("乘车区间: %s\n",ticket.S);
    printf("车次: %s\n",ticket.cAddress);
    printf("开车时间: %s\n",ticket.c);
    return 0;
}
```

（1）使用 strcpy 函数将一个字符串常量复制到成员变量中。使用 strcpy 函数前，要在程序中包含头文件 string.h。

（2）为成员赋值时，使用 "->" 运算符引用成员变量；最后使用结构体变量和 "." 运算符将成员数据输出。

运行程序，显示效果如图 11.8 所示。

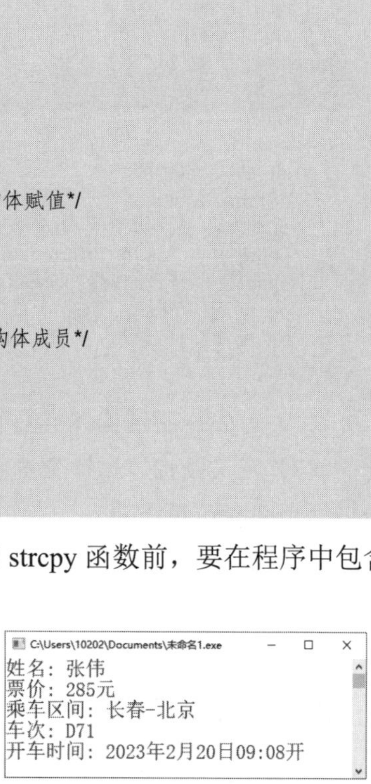

图 11.8　打印购票信息

## 11.3.2　指向结构体数组的指针

结构体指针变量指向结构体数组时，指针变量的值就是结构体数组的首地址。还可以直接指向结构体数组中的元素，这时指针变量的值就是该结构体数组元素的首地址。

例如，定义一个结构体数组 student[5]，使用结构体指针指向该数组，代码如下：

```
struct Student* pStruct;
pStruct=student;
```

因为数组名表示的是数组中第一个元素的地址，所以指针指向数组的首地址。如果想利用指针指向第 3 个元素，则需在数组名后附加下标，然后在数组名前使用取地址符号"&"。

```
pStruct=&student[2];
```

【例 11.6】显示 5 名同学信息（实例位置：资源包\TM\sl\11\06）

在本实例中，使用学生结构体类型定义结构体数组，并对其进行初始化操作。通过指向该数组的指针，将其中元素表示的数据输出显示。

```
#include<stdio.h>
struct Student                          /*声明学生结构体*/
{
    char cName[20];                     /*姓名*/
    int iNumber;                        /*学号*/
    char cSex;                          /*性别*/
    int iGrade;                         /*年级*/
} student[5]={{"WangJiasheng",12062212,'M',3},
        {"YuLongjiao",12062213,'W',3},
        {"JiangXuehuan",12062214,'W',3},
        {"ZhangMeng",12062215,'W',3},
        {"HanLiang",12062216,'M',3}};   /*定义结构体数组并赋初始值*/

int main()
{
    struct Student* pStruct;            /*定义结构体指针*/
    int index;
    pStruct=student;                    /*指针指向结构体数组*/
    for(index=0;index<5;index++,pStruct++)
    {
        printf("NO%d 名学生:\n",index+1);       /*输出学生的序号*/
        printf("姓名: %s, 学号: %d\n",pStruct->cName,pStruct->iNumber);   /*使用指向运算符"->"输出学生信息*/
        printf("性别: %c, 年级: %d\n",pStruct->cSex,pStruct->iGrade);
        printf("\n");                    /*空格行*/
    }
    return 0;
}
```

（1）定义一个结构体数组 student[5]，定义结构体指针 pStruct 指向该数组的首地址。

（2）for 循环中，使用 index+1 表示学生序号；pStruct 开始指向数组的首地址，也就是第一个元素的地址，因此使用 pStruct->引用的是第一个元素中的成员。使用输出函数显示成员变量表示的数据。

（3）一次循环结束后，循环变量进行自增操作，pStruct 也执行自增运算。注意，pStruct++表示 pStruct 的增加值为一个数组元素大小，即数组元素中的第二个元素 student[1]。

运行程序，显示效果如图 11.9 所示。

图 11.9　显示 5 名同学信息

> **注意**
>
> (++pStruct)->Number 与 (pStruct++)->Number 的区别在于：前者先执行++操作，使 pStruct 指向下一个元素的地址，然后取得该元素的成员值；后者先取得当前元素的成员值，再使 pStruct 指向下一个元素的地址。

# 11.4 结构体在函数中的使用

## 11.4.1 结构体作为函数参数

调用函数时，其参数也可以是结构体变量。形式有 3 种：结构体变量作为函数参数；结构体指针作为函数参数；结构体成员作为函数参数。

### 1. 结构体变量作为函数参数

结构体变量作为函数实参时，采取的是"值传递"方式，即将结构体变量所占内存单元的内容按顺序依次传递给形参，形参也必须是同类型的结构体变量。例如：

```
void Display(struct Student stu);
```

函数调用期间，形参也要占用内存单元，这种传递方式在空间和时间上的开销都比较大。另外，根据函数传值方式，如果在函数内部修改了变量中成员的值，改变的值不会返回到主调函数中。

**【例 11.7】** 求语数外 3 科平均分（实例位置：**资源包\TM\sl\11\07**）

在本实例中，声明一个结构体类型表示学生成绩，并初始化。编写一个函数，使用该结构体变量作为函数的参数，在函数中显示学生成绩并计算语数外 3 科的平均分，具体代码如下：

```c
#include<stdio.h>
struct Student                                      /*声明学生结构体*/
{
    char cName[20];                                 /*姓名*/
    float fScore[3];                                /*分数*/
}student={"SuYuQun",98.5f,89.0,93.5f};              /*定义结构体变量并初始化*/

void Display(struct Student stu)                    /*定义 Display 函数，形参为结构体变量*/
{
    printf("-----信息如下-----\n");                  /*提示信息*/
    printf("姓名: %s\n",stu.cName);                 /*引用结构体成员*/
    printf("语文: %.2f\n",stu.fScore[0]);
    printf("数学: %.2f\n",stu.fScore[1]);
    printf("英语: %.2f\n",stu.fScore[2]);
    printf("平均分:%.2f\n",(stu.fScore[0]+stu.fScore[1]+stu.fScore[2])/3);  /*计算平均分数*/
}

int main()
{
    Display(student);                               /*调用 Display 函数，结构体变量作为实参进行传递*/
    return 0;
}
```

（1）声明一个简单的结构体表示学生分数信息，在其中定义一个字符数组表示名称，再定义一个实型数组表示 3 门学科的分数。声明结构体的同时定义变量，并进行初始化。

（2）定义 Display 函数，用结构体变量作为函数形参。函数体中，使用参数 stu 引用结构体中的成员，输出学生的姓名和 3 门学科的成绩，并在最后通过表达式计算出平均成绩。

（3）在主函数 main 中，student 结构体变量作为实际参数，调用 Display 函数。

运行程序，显示效果如图 11.10 所示。

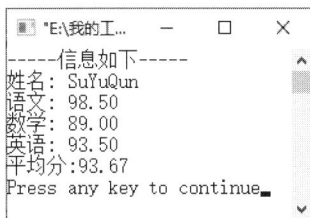

图 11.10　结构体变量作函数参数

### 2．结构体指针作为函数参数

使用结构体变量作为函数参数时，传值过程中的空间和时间开销都比较大。那么有没有一种更好的传递方式呢？当然有，那就是使用结构体指针作为函数参数进行传递。

在传递结构体指针时，只是将结构体变量的首地址进行传递，并没有将变量的副本进行传递。例如，声明一个传递结构体指针变量的函数如下：

```
void Display(struct Student* stu)
```

这样使用形参 stu 就可以引用结构体变量中的成员了。需要注意的是，因为传递的是变量的地址，如果在函数中改变成员中的数据，那么返回主调函数时变量也会发生改变。

**【例 11.8】修改英语成绩（实例位置：资源包\TM\sl\11\08）**

对例 11.7 做点小改动，使用结构体指针作为函数参数，并在函数中改动结构体成员数据。通过前后两次输出，比较二者的区别。

```c
#include<stdio.h>
struct Student                              /*声明学生结构体*/
{
    char cName[20];                         /*姓名*/
    float fScore[3];                        /*分数*/
}student={"SuYuQun",98.5f,89.0f,93.5f};     /*定义结构体变量并赋初值*/

void Display(struct Student* stu)           /*定义 Display 函数，形参为结构体指针*/
{
    printf("-----信息如下-----\n");
    printf("姓名: %s\n",stu->cName);        /*使用指针引用结构体变量中的成员*/
    printf("英语: %.2f\n",stu->fScore[2]);  /*输出英语的分数*/
    stu->fScore[2]=90.0f;                   /*更改英语的分数*/
}

int main()
{
    struct Student* pStruct=&student;       /*定义结构体指针*/
    Display(pStruct);                       /*调用 Display 函数，结构体指针作为实参进行传递*/
    printf("修改之后的英语: %.2f\n",pStruct->fScore[2]); /*输出英语的分数*/
    return 0;
}
```

（1）函数参数是结构体指针变量，因此函数体中可通过"->"引用成员数据，将英语成绩输出，输出后更改英语成绩。

（2）主函数 main 中，先定义结构体指针变量，并将学生结构体的地址传递给指针，将指针作为函数参数进行传递。函数调用完后，再次输出英语成绩。可以看到，在函数中通过指针改变成员的值，返回主调函数时值发生了变化。

运行程序，显示效果如图 11.11 所示。

**说明**

为了直观地看出函数传递的参数是结构体变量指针，定义了一个指针变量指向结构体。实际上，可以直接传递结构体变量的地址作为函数参数，如 "Display(&student);"。

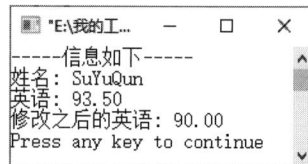

图 11.11　结构体指针作函数参数

### 3．结构体成员作为函数参数

该方式类似于普通变量作函数参数，传递方式为值传递（实参与形参类型一致）。例如：

```
Display(student.fScore[0]);
```

## 11.4.2　使用函数返回结构体指针

函数的返回值可以是某种类型的数据，也可以是指向某种类型数据的指针。在函数调用时，可以返回结构体类型的指针值。

返回结构体类型的函数的一般形式如下：

```
struct 结构体类型名 *函数名(参数列表);
```

**【例 11.9】**查询学生信息并输出（**实例位置：资源包\TM\sl\11\09**）

通过定义返回值为结构体类型的函数，在指定结构体中查询指定名字的学生信息。

```
#include<stdio.h>
#include<string.h>
struct Student                                /*声明学生结构体*/
{
    char cName[20];                           /*姓名*/
    int num;                                  /*学号*/
    int fScore[3];                            /*分数*/
};

struct Student *search(struct Student *stud,int *n)  /*定义 search 函数，返回结构体类型指针*/
{
    char name[20];                            /*定义字符数组，用来记录输入的学生名字*/
    struct Student *student;                  /*定义结构体类型，用来记录查询到的学生信息*/
    printf("输入学生名字\n");
    scanf("%s",name);                         /*使用指针引用结构体变量中的成员*/
    for(student=stud;student<stud+6;student++) /*遍历学生结构体*/
        if(strcmp(student->cName,name)==0)    /*判断是否查询到指定的学生名字*/
        {
            *n = 1;                           /*标识修改为 1，表示查找到信息*/
            break;
        }
    return student;                           /*返回以结构体类型表示的学生信息*/
}

void print(struct Student *stu)               /*输出函数，参数为结构体类型数据*/
{
    printf("%-11s%3d%8d%8d%8d\n",stu->cName,stu->num,stu->fScore[0],stu->fScore[1],stu->fScore[2]);
}
```

```
int main()
{
    int n = 0;                                   /*定义一个整型遍历，标识是否找到信息*/
    struct Student *result;                      /*定义结构体类型，记录查询到的结果*/
    /*初始化学生信息*/
    struct Student stu[6] = {{"liuxiao",1001,79,87,80},{"zhangjing",1002,75,81,90},
                            {"zhangfei",1003,80,84,86},{"wuqi",1004,89,87,98},
                            {"liulili",1005,74,84,91},{"zhangwu",1006,70,64,50}};
    result = search(stu,&n);                      /*调用 serach 函数查找指定的学生信息*/
    if(n>0)                                       /*判断标识是否大于 0，大于 0，说明找到*/
        print(result);                           /*调用 print 函数输出学生信息*/
    else
        printf("not found");
}
```

运行程序，显示效果如图 11.12 所示。

在上面的代码中，定义了一个结构体类型 Student，在主函数中定义了一个 struct student 类型数组 stu 和一个指向 struct student 类型数据的指针变量 result。

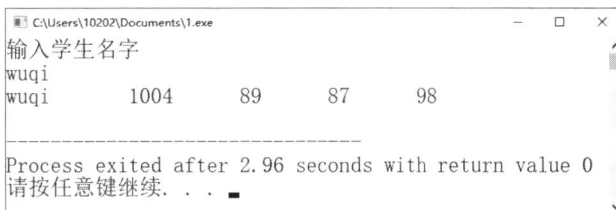

图 11.12　使用函数返回结构体类型的值

定义一个返回结构体类型指针的 search 函数，该函数中首先记录用户输入的名字，然后根据该名字在结构体中查询信息，并返回以结构体类型表示的查询到的学生信息。

在调用 search 函数时，将数组名 stu 作为函数的实参传递给形参 stud，stud 指向数组 stu。search 函数对 stud 所指向的数组进行操作就是对主函数中 stu 数组进行操作。

操作完毕后，返回一个指向 struct student 类型数据的指针。

**编程训练（答案位置：资源包\TM\sl\11\编程训练\）**

训练 5：给汽车加油　定义一个汽车结构体，结构体中包含剩余汽油的升数。定义一个加油函数，将汽车作为函数参数，每执行一次该函数，剩余的汽油升数都会增加 2。运行结果如下：

```
加油前:12.00
加油后:14.00
加油后:16.00
加油后:18.00
```

训练 6：输出某书架信息　定义一个书架结构体，并对变量进行初始化赋值，然后使用指针指向该结构体变量，最后通过指针引用变量中的成员输出显示。运行结果如下：

```
-----the bookcase's information-----
书架类别是: electric
书架编号: 56
图书编号: 134-467
```

# 11.5　嵌套的结构体

结构体中的成员不仅可以是基本类型，也可以是结构体类型。例如，定义一个电脑结构体类型，其中的成员包括电源、机箱、显示器和内置零部件。其中，内置零部件又属于一个结构体类型，包括 CPU、主板、显卡 3 个成员。电脑这样的结构体类型就是嵌套的结构体。

**【例 11.10】输出电脑零件（实例位置：资源包\TM\sl\11\10）**

在本实例中，定义两个结构体类型，一个表示电脑零件，一个表示内置零件。其中，内置零件结构体又是电脑零件结构体的成员。通过引用电脑零件结构体输出显示电脑的基本信息。

```c
#include<stdio.h>
struct in                                       /*电脑内置零件结构体*/
{
    char in1[10];                               /*内置零件 1*/
    char in2[10];                               /*内置零件 2*/
    char in3[10];                               /*内置零件 3*/
};
struct out                                      /*电脑零件结构体*/
{
    char out1[30];                              /*零件 1*/
    char out2[30];                              /*零件 2*/
    char out3[30];                              /*零件 3*/
    struct in ware;                             /*内置零件*/
}computer = { "电源","机箱","显示器",{ "CPU","主板","显卡" } };  /*为结构体变量初始化*/

int main()
{
    printf("外置设备：\n");
    printf("（1）%s\n", computer.out1);         /*以下输出结构体 out 成员数据*/
    printf("（2）%s\n", computer.out2);
    printf("（3）%s\n", computer.out3);
    printf("内置设备：\n");
    printf("（1）%s\n", computer.ware.in1);     /*以下输出结构体 in 成员数据*/
    printf("（2）%s\n", computer.ware.in2);
    printf("（3）%s\n", computer.ware.in3);
    return 0;
}
```

（1）为嵌套结构体类型 struct out 初始化时要注意，因为内置零件仍然是一个结构体，所以要使用大括号将赋值的数据包含在内。

（2）引用成员结构体变量的成员时，computer.ware 表示引用 computer 变量中的成员 ware，computer.ware.in1 表示引用 computer 结构体成员 ware 的成员 in1。

运行程序，显示效果如图 11.13 所示。

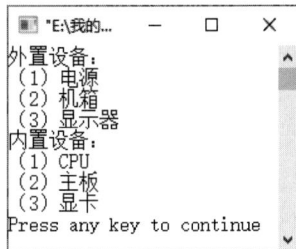

图 11.13　嵌套结构体

**编程训练（答案位置：资源包\TM\sl\11\编程训练\）**

训练 7：桥车的发动机装置　设计一个结构体来表示一辆小轿车，该结构体中再设计一个表示发动机的结构体，最后显示输出轿车的颜色以及发动机的大小。运行结果如下：

```
车子的颜色蓝色
发动机的宽度：40
发动机的高度：60
```

训练 8：个人信息　定义两个结构体类型，一个表示日期，一个表示个人信息。其中，日期结构体是个人信息结构体的成员。最后通过个人信息结构体类型输出 SuYuQun 的个人基本信息。运行结果如下：

```
-----个人信息如下-----
姓名:SuYuQun
年龄:25
性别:W
生日:1996-12-6
```

# 11.6　链　　表

使用数组存放数据非常方便，但由于数组的长度（即包含的元素个数）是固定的，因此当存储不确定的元素数量时，就很容易出现问题。例如，向数组中添加的元素数量大于数组大小时，信息无法完全被保存；如果添加的元素数量小于数组大小，则会造成空间浪费。实际开发中，这种浪费有时是致命的。

这时就希望有另一种存储方式，其存储的元素个数是不受限制的，添加元素时，存储的个数会随之改变。这种存储方式就是链表。

## 11.6.1　链表概述

链表是一种常见的数据结构。链表中有一个头指针，指向一个结构体变量，该结构体称为结点。每个结点都包括数据部分和指针部分，数据部分用来存放对应的数据信息，指针部分用来指向下一个结点。最后一个结点的指针指向 NULL，表示指向的地址为空。

如图 11.14 所示，head 就是头指针，指向第一个结点，第一个结点中的指针又指向第二个结点，第二个结点的指针又指向第 3 个结点，第 3 个结点的指针指向为空。通过头指针可以查找到链表中的任一结点。

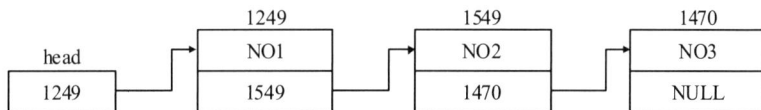

图 11.14　链表

这就好比一个幼儿园中，老师拉着第一个小朋友的手，第一个小朋友又拉着第二个小朋友的手，这样下去，幼儿园中的小朋友就连成了一条线。最后一个小朋友没有拉任何人，他的手是空着的，他就好像是链表中的链尾。而老师就是头指针，通过老师可以找到这个队伍中的任何一个小朋友。

**注意**

链表这种数据结构需要使用指针来实现，因此链表中所有结点都会包含一个指针变量，以保存下一个结点的地址。

向链表中添加新结点时，原最后一个结点的指针将保存新添加的结点地址，新结点的指针将指向空（NULL）。添加完成后，新结点将成为链表中的最后一个结点，如图 11.15 所示。因此，不用担心链表长度会超出范围。

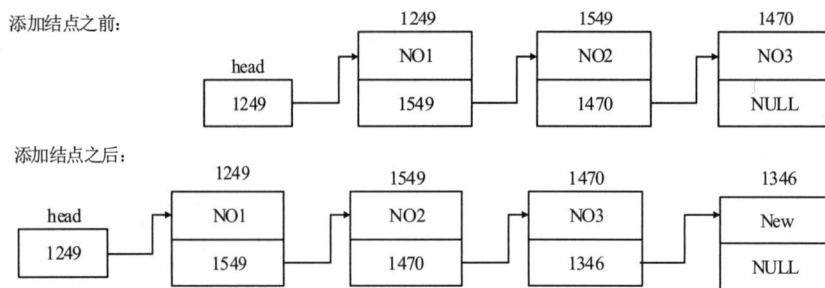

图 11.15　向链表中添加新结点

## 11.6.2　创建动态链表

链表并不是一开始就设定好大小的，而是根据结点多少动态创建的。动态创建结点时，首先要为其分配内存。下面来认识下动态分配内存需要用到的 3 个函数。

### 1．malloc 函数

malloc 函数用于在内存中动态分配一块 size 大小的内存空间。函数原型如下：

```
void *malloc(unsigned int size);
```

malloc 函数会返回一个指针，该指针指向分配的内存空间。如果出现错误，则返回 NULL。

### 2．calloc 函数

calloc 函数用于在内存中动态分配 n 个长度为 size 的连续内存空间。函数原型如下：

```
void * calloc(unsigned n, unsigned size);
```

calloc 函数会返回一个指针，该指针指向连续内存空间的首地址。如果出现错误，则返回 NULL。

### 3．free 函数

free 函数用于释放指针 ptr 指向的内存区域，使该部分内存能被其他变量使用。函数原型如下：

```
void free(void *ptr);
```

free 函数无返回值。注意，ptr 是最近一次调用 calloc 或 malloc 函数时返回的指针。

下面介绍如何建立动态链表。所谓动态链表，就是在程序运行过程中从无到有地建立起一个链表，即一个一个地分配结点的内存空间，然后输入结点中的数据，并建立结点间的相连关系。

假设需要将某班的学生信息存放在一个链表结构中，该怎么实现呢？首先要创建一个结点结构，表示每一个学生。该结点是一个结构体，代码如下：

```
struct Student                      /*声明学生结构体*/
{
    char cName[20];                 /*姓名*/
    int iNumber;                    /*学号*/
    struct Student* pNext;          /*指向下一个结点的指针*/
};
```

然后，需要定义一个 Create 函数，用来创建链表。该函数将返回链表的头指针，代码如下：

```
int iCount;                                              /*定义全局变量，表示链表长度*/
struct Student* Create()                                /*定义创建链表函数 Create*/
{
    struct Student* pHead=NULL;                          /*pHead 表示头指针，初始化链表，使头指针指向 NULL*/
    struct Student* pEnd,*pNew;                          /*pEnd 指向尾结点，pNew 指向新结点*/
    iCount=0;                                            /*初始化链表长度为 0*/
    pEnd=pNew=(struct Student*)malloc(sizeof(struct Student)); /*动态分配一块内存空间，存放新结点*/
    printf("please first enter Name ,then Number\n");
    scanf("%s",&pNew->cName);                            /*输入新结点信息*/
    scanf("%d",&pNew->iNumber);
    while(pNew->iNumber!=0)                              /*当新结点中的学号不为空时*/
    {
        iCount++;                                        /*链表长度（结点数量）加 1*/
        if(iCount==1)                                    /*如果是第一个结点*/
        {
            pNew->pNext=pHead;                           /*新结点的指针指向 NULL*/
            pEnd=pNew;                                   /*新结点既是尾结点*/
            pHead=pNew;                                  /*又是首结点*/
        }
        else                                             /*如果不是第一个结点*/
        {
            pNew->pNext=NULL;                            /*新结点的指针指向 NULL*/
            pEnd->pNext=pNew;                            /*原来的尾结点指向新结点*/
            pEnd=pNew;                                   /*新结点成为当前链表的尾结点*/
        }
        pNew=(struct Student*)malloc(sizeof(struct Student)); /*再次分配新的结点内存空间*/
        scanf("%s",&pNew->cName);                        /*输入新结点信息*/
        scanf("%d",&pNew->iNumber);
    }
    free(pNew);                                          /*释放未用到的空间*/
    return pHead;                                        /*返回链表的头指针*/
}
```

（1）在 Create 函数外部声明一个整型全局变量 iCount，表示链表中的结点数量。

（2）Create 函数中，先定义 3 个指针变量，pHead 表示头指针，pEnd 指向原来的尾结点，pNew 指向新创建的结点。然后使用 malloc 函数分配内存，先让 pEnd 和 pNew 都指向第一个分配的内存，然后显示提示信息，输入学生的姓名和学号。

（3）使用 while 语句进行判断，如果学号不为空，则执行循环语句。首先是 iCount++自增运算，表示增加一个结点。然后判断新加入的结点是否是第一个结点，如果是，则执行 if 语句块中的代码，否则执行 else 语句块中的代码。

（4）if 语句块中，因为第一个结点加入前其中没有结点，所以新结点既为首结点也为尾结点，将新结点的指针指向 NULL。else 语句块中，先将新结点 pNew 的指针指向 NULL，再将原来尾结点的指针指向新结点，新结点 pNew 成为当前链表的最后一个结点。

（5）一个结点创建完之后，要为其分配内存，然后就可以输入数据。通过 while 语句再次判断输入的数据是否符合结点要求，当不符合要求时，调用 free 函数将不符合要求的结点空间释放。

这样，一个链表就通过动态分配内存的方式创建完成了。

## 11.6.3　输出链表

接下来介绍如何将链表中的数据显示输出。定义 Print 函数，用来输出链表中的数据，代码如下：

```
void Print(struct Student* pHead)                        /*定义输出链表函数 Print*/
{
    struct Student *pTemp;                               /*定义一个临时指针，表示当前结点*/
    int iIndex=1;                                        /*定义 iIndex，表示链表中的结点序号*/
    printf("----the List has %d members:----\n",iCount);
    printf("\n");
    pTemp=pHead;                                         /*临时指针得到首结点的地址*/
    while(pTemp!=NULL)                                   /*如果当前结点不为 NULL*/
    {
        printf("the NO%d member is:\n",iIndex);          /*输出结点序号*/
        printf("the name is: %s\n",pTemp->cName);        /*输出姓名*/
        printf("the number is: %d\n",pTemp->iNumber);    /*输出学号*/
        printf("\n");
        pTemp=pTemp->pNext;                              /*移动临时指针到下一结点处*/
        iIndex++;                                        /*结点序号加 1*/
    }
}
```

（1）Print 函数参数中，pHead 表示链表的头结点。函数体中，定义一个临时指针 pTemp，用来进行循环操作；定义一个整型变量 index，用来表示链表中的结点序号；然后用临时指针变量 pTemp 保存首结点的地址。

（2）使用 while 语句显示输出所有结点中保存的数据。每输出一个结点内容后，移动 pTemp 指针变量，使其指向下一个结点地址。当为最后一个结点时，其指针会指向 NULL，循环结束。

【例 11.11】显示学生姓名和学号（**实例位置：资源包\TM\sl\11\11**）

根据上面介绍的有关链表的创建与输出操作，将这些代码整合到一起，编写一个包含学生信息的链表结构，并将链表中的信息显示输出。

```
#include<stdio.h>
#include<stdlib.h>

struct Student                                           /*声明结点的结构（一个学生结构体）*/
{
    char cName[20];                                      /*姓名*/
    int iNumber;                                         /*学号*/
    struct Student* pNext;                               /*指向下一个结点的指针*/
};
int iCount;                                              /*定义全局变量，表示链表长度*/
struct Student* Create()                                 /*定义创建链表函数 Create */
{
    struct Student* pHead=NULL;                          /*初始化链表，头指针指向 NULL*/
    struct Student* pEnd,*pNew;
    iCount=0;                                            /*初始化链表长度为 0*/
    pEnd=pNew=(struct Student*)malloc(sizeof(struct Student)); /*动态分配一块内存空间，存放新结点*/
    printf("请输入名字、学号:\n");
    scanf("%s",&pNew->cName);                            /*输入新结点信息*/
    scanf("%d",&pNew->iNumber);
    while(pNew->iNumber!=0)                              /*当新结点中的学号不为空时*/
    {
        iCount++;
        if(iCount==1)                                    /*如果是第一个结点*/
        {
            pNew->pNext=pHead;                           /*新结点的指针指向 NULL*/
            pEnd=pNew;                                   /*新结点既是尾结点*/
            pHead=pNew;                                  /*又是首结点*/
        }
        else                                             /*如果不是第一个结点*/
```

```
    {
        pNew->pNext=NULL;                                    /*新结点的指针指向 NULL*/
        pEnd->pNext=pNew;                                    /*原来的尾结点指向新结点*/
        pEnd=pNew;                                           /*新结点成为当前链表的尾结点*/
    }
    pNew=(struct Student*)malloc(sizeof(struct Student));    /*再次分配新的结点内存空间，存放新结点*/
    scanf("%s",&pNew->cName);
    scanf("%d",&pNew->iNumber);
    }
    free(pNew);                                              /*释放未用到的空间*/
    return pHead;
}

void Print(struct Student* pHead)                            /*定义输出链表函数 Print*/
{
    struct Student *pTemp;                                   /*定义一个临时指针，表示当前结点*/
    int iIndex=1;                                            /*定义 iIndex 表示链表中结点的序号*/
    printf("----有 %d 个成员:----\n",iCount);
    printf("\n");
    pTemp=pHead;                                             /*指针得到首结点的地址*/
    while(pTemp!=NULL)                                       /*如果当前结点不为 NULL*/
    {
        printf("NO%d 成员:\n",iIndex);                       /*输出结点序号*/
        printf("姓名: %s\n",pTemp->cName);                   /*输出姓名*/
        printf("学号: %d\n",pTemp->iNumber);                 /*输出学号*/
        printf("\n");
        pTemp=pTemp->pNext;                                  /*移动临时指针到下一个结点*/
        iIndex++;                                            /*结点序号加 1*/
    }
}

int main()
{
    struct Student* pHead;                                   /*定义头结点*/
    pHead=Create();                                          /*调用 Create 函数，创建链表*/
    Print(pHead);                                            /*调用 Print 函数，输出链表*/
    return 0;                                                /*程序结束*/
}
```

在 main 函数中，先定义一个头结点指针 pHead，然后调用 Create 函数创建链表，并将链表的头结点返回给 pHead 指针变量。再将得到的头结点 pHead 作为 Print 函数的参数。

运行程序，显示效果如图 11.16 所示。

**编程训练**（答案位置：资源包\TM\sl\11\编程训练\）

训练 9：北京一日游　张敏北京一日游的观光地点为颐和园、长城和故宫。创建链表，输出这些观光地点。运行结果如下：

```
请输入张敏北京一日游观光的地点:
颐和园 1
长城 2
故宫 3
exit 0
----the List has 3 members:----

the NO1 member is:
地点是: 颐和园
```

图 11.16　创建链表并将数据输出

```
第 1 个参观

the NO2 member is:
地点是：长城
第 2 个参观

the NO3 member is:
地点是：故宫
第 3 个参观
```

**训练 10：春节集卡活动**　2023 年春节前夕，许多 App 推出了集卡分红利活动。利用链表输出推出集卡活动的 App 名字，运行结果如下：

```
请输入集卡集福 App 名字：
支付宝  1
快手  2
抖音、今日头条、火山  3
百度  4
微博  5
exit 0
----一共有 5 个 App:----

 NO1 个 App:
名字是：支付宝
第 1 个

 NO2 个 App:
名字是：快手
第 2 个

 NO3 个 App:
名字是：抖音、今日头条、火山
第 3 个

 NO4 个 App:
名字是：百度
第 4 个

 NO5 个 App:
名字是：微博
第 5 个
```

# 11.7　链表的相关操作

本节将对链表的功能进行完善，使其具有插入和删除结点的功能。

## 11.7.1　插入结点

链表中，可以在头结点位置插入结点，也可以在中间位置插入结点，还可以像创建链表那样在最后插入结点，这 3 种插入操作的思路是一样的。下面主要介绍第一种插入方式，即在链表的头结点位置插入结点，其插入原理如图 11.17 所示。

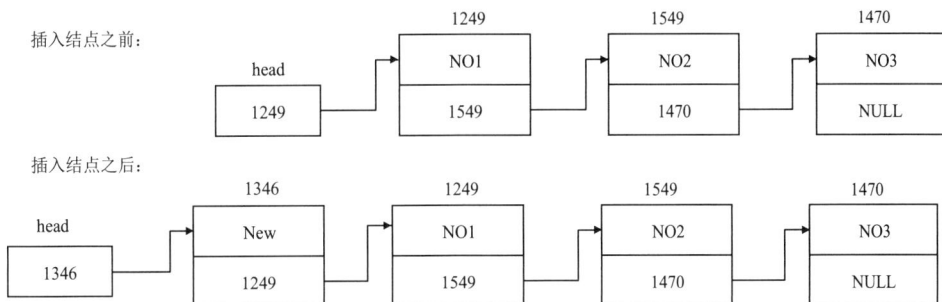

图 11.17　在头结点位置插入结点

插入结点的过程就好比一群小朋友手拉手连成一条线，这时又来了一个小朋友，他要站在老师和第一个小朋友的中间，那么老师就要放开原来的小朋友，拉住新加入的小朋友，这个新加入的小朋友再拉住原来排第一位的小朋友。

仍以前面创建的学生信息链表为例，设计一个函数 Insert，用来向链表中插入结点，代码如下：

```
struct Student* Insert(struct Student* pHead)          /*定义插入结点函数 Insert*/
{
    struct Student* pNew;                              /*pNew 指向新分配的空间*/
    printf("----插入第 1 名信息----\n");
    pNew=(struct Student*)malloc(sizeof(struct Student));  /*动态分配一块内存空间，存放新结点*/
    scanf("%s",&pNew->cName);
    scanf("%d",&pNew->iNumber);
    pNew->pNext=pHead;                                 /*新结点指针指向原来的首结点*/
    pHead=pNew;                                        /*头指针指向新结点*/
    iCount++;                                          /*链表长度（结点数量）加 1*/
    return pHead;
}
```

上述代码中，先为要插入的新结点分配内存，然后向新结点中输入数据，这样一个结点就创建完成了。接下来将这个结点插入链表中。首先将新结点的指针指向原来的首结点，保存首结点的地址。然后将头指针指向新结点，完成结点的连接操作。最后增加链表的结点数量，并返回头指针。

修改 main 函数的代码，添加插入结点操作的函数 Insert：

```
int main()
{
    struct Student* pHead;                /*定义头结点*/
    pHead=Create();                       /*调用 Create 函数，创建链表*/
    pHead=Insert(pHead);                  /*调用 Insert 函数，插入结点*/
    Print(pHead);                         /*调用 Print 函数，输出链表*/
    return 0;                             /*程序结束*/
}
```

运行程序，显示效果如图 11.18 所示。

## 11.7.2　删除结点

如何删除链表中的结点呢？还是通过小朋友手拉手的例子来想象一些。假设队伍中的一个小朋友想离开了，剩下的人仍需要保持手拉手，方法很简单：只需他两边的小朋友将手拉起来就可以了。

图 11.18　链表插入操作

233

删除链表中某个结点的操作原理如图 11.19 所示。

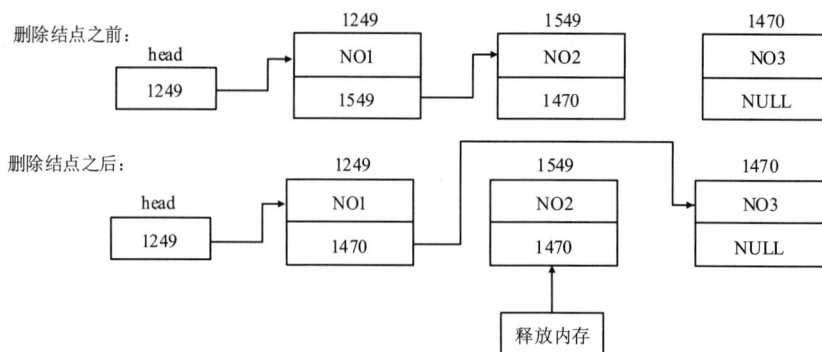

图 11.19　删除结点操作

可以发现，要删除一个结点，首先要找到这个结点的位置，例如 NO2 结点，然后将 NO1 结点的指针指向 NO3 结点，最后将 NO2 结点的内存空间释放掉，这样就完成了结点的删除操作。

在学生信息链表中，编写删除结点操作的函数 Delete，代码如下：

```c
void Delete(struct Student* pHead,int iIndex)        /*定义删除结点函数 Delete*/
{
    int i;
    struct Student* pTemp;                           /*临时指针 pTemp 表示待删除的结点*/
    struct Student* pPre;                            /*pPre 表示待删除结点的前一个结点*/
    pTemp=pHead;                                     /*先使 pTemp 指向头结点*/
    pPre=pTemp;

    printf("----删除 NO%d 名成员----\n",iIndex);
    for(i=1;i<iIndex;i++)                            /*for 循环，在链表中查找要删除的结点*/
    {
        pPre=pTemp;
        pTemp=pTemp->pNext;
    }
    pPre->pNext=pTemp->pNext;                        /*连接待删除结点前后的结点*/
    free(pTemp);                                     /*释放已删除结点的内存空间*/
    iCount--;                                        /*链表长度减 1*/
}
```

（1）Delete 函数有两个参数，pHead 表示头指针，iIndex 表示待删除结点在链表中的位置。定义整型变量 i 用来控制在链表中查找结点时循环的次数，然后定义两个指针，分别表示待删除的结点和该结点的前一个结点。

（2）输出一行提示信息，表示要进行删除操作。之后利用 for 循环查找要删除的结点，使用 pTemp 保存要删除结点的地址，pPre 保存前一个结点的地址。找到要删除的结点后，连接该结点两边的结点，然后使用 free 函数将 pTemp 指向的内存空间释放。

接下来在 main 函数中添加代码执行删除操作，将链表中的第二个结点进行删除。

```c
int main()
{
    struct Student* pHead;                           /*定义头结点*/
    pHead=Create();                                  /*调用 Create 函数，创建链表*/
    pHead=Insert(pHead);                             /*调用 Insert 函数，插入结点*/
    Delete(pHead,2);                                 /*调用 Delete 函数，删除第二个结点*/
    Print(pHead);                                    /*调用 Print 函数，输出链表*/
```

```
        return 0;                                          /*程序结束*/
}
```

运行程序，可以看到第二个结点已被删除，显示效果如图 11.20 所示。

有关链表的操作就讲解到这里。为了方便读者阅读程序，这里将有关链表操作的完整代码给出，希望读者能从整体上对链表有一个清晰的理解。

【例 11.12】完整的链表操作（**实例位置：资源包\TM\sl\11\12**）

本实例中，实现学生信息链表的创建、增加、删除操作，具体代码如下：

图 11.20　删除结点操作

```c
#include<stdio.h>
#include<stdlib.h>

struct Student                                              /*声明学生结构体*/
{
    char cName[20];                                        /*姓名*/
    int iNumber;                                           /*学号*/
    struct Student* pNext;                                 /*指向下一个结点的指针*/
};

int iCount;                                                 /*定义全局变量，表示链表长度*/
struct Student* Create()                                   /*定义创建链表函数 Create*/
{
    struct Student* pHead=NULL;                            /*初始化链表，头指针为空*/
    struct Student* pEnd,*pNew;
    iCount=0;                                              /*初始化链表长度为 0*/
    pEnd=pNew=(struct Student*)malloc(sizeof(struct Student)); /*动态分配一块内存空间，存放新结点*/
    printf("请输入姓名、学号：\n");
    scanf("%s",&pNew->cName);                              /*输入新结点信息*/
    scanf("%d",&pNew->iNumber);
    while(pNew->iNumber!=0)                                /*当新结点中的学号不为空时*/
    {
        iCount++;
        if(iCount==1)                                      /*如果是第一个结点，新结点就是头结点*/
        {
            pNew->pNext=pHead;
            pEnd=pNew;
            pHead=pNew;
        }
        else                                              /*如果不是第一个结点，新结点就作为链表的尾结点*/
        {
            pNew->pNext=NULL;
            pEnd->pNext=pNew;
            pEnd=pNew;
        }
        pNew=(struct Student*)malloc(sizeof(struct Student)); /*再次分配新的结点内存空间*/
        scanf("%s",&pNew->cName);
        scanf("%d",&pNew->iNumber);
    }
    free(pNew);                                            /*释放没有用到的空间*/
    return pHead;
}

void Print(struct Student* pHead)                          /*定义输出结点函数 Print*/
```

```
{
    struct Student *pTemp;                              /*临时指针 pTemp 表示当前结点*/
    int iIndex=1;                                       /*iIndex 表示链表中结点的序号*/
    printf("----有 %d 名成员:----\n",iCount);
    printf("\n");
    pTemp=pHead;                                        /*指针得到首结点的地址*/

    while(pTemp!=NULL)                                  /*如果当前结点不为 NULL*/
    {
        printf(" NO%d 号成员:\n",iIndex);
        printf("姓名: %s\n",pTemp->cName);              /*输出姓名*/
        printf("学号: %d\n",pTemp->iNumber);            /*输出学号*/
        printf("\n");
        pTemp=pTemp->pNext;                             /*移动临时指针到下一个结点*/
        iIndex++;                                       /*结点序号加 1*/
    }
}

struct Student* Insert(struct Student* pHead)           /*定义插入结点函数 Insert*/
{
    struct Student* pNew;
    printf("----插入第 1 名信息----\n");
    pNew=(struct Student*)malloc(sizeof(struct Student)); /*动态分配一块内存空间, 存放新结点*/
    scanf("%s",&pNew->cName);
    scanf("%d",&pNew->iNumber);
    pNew->pNext=pHead;                                  /*新结点指针指向原来的首结点*/
    pHead=pNew;                                         /*头指针指向新结点*/
    iCount++;                                           /*链表长度加 1*/
    return pHead;
}

void Delete(struct Student* pHead,int iIndex)           /*定义删除结点函数 Delete*/
{
    int i;                                              /*控制循环变量*/
    struct Student* pTemp;                              /*临时指针 pTemp 表示待删除的结点*/
    struct Student* pPre;                               /*pPre 表示待删除结点的前一个结点*/
    pTemp=pHead;
    pPre=pTemp;

    printf("----删除 NO%d 名成员----\n",iIndex);         /*提示信息*/
    for(i=1;i<iIndex;i++)                               /*for 循环, 在链表中查找要删除的结点*/
    {
        pPre=pTemp;
        pTemp=pTemp->pNext;
    }
    pPre->pNext=pTemp->pNext;                           /*连接待删除结点前后的结点*/
    free(pTemp);                                        /*释放已删除结点的内存空间*/
    iCount--;                                           /*链表长度减 1*/
}

int main()
{
    struct Student* pHead;                              /*定义头结点*/
    pHead=Create();                                     /*创建链表*/
    pHead=Insert(pHead);                                /*插入结点*/
    Delete(pHead,2);                                    /*删除第二个结点*/
    Print(pHead);                                       /*输出链表*/
    return 0;                                           /*程序结束*/
}
```

**说明**

　　链表的产生弥补了数组的一些不足。在数组中插入或删除元素时，需要设计算法来移动数组元素，非常麻烦。但链表也有不足，在链表中查找元素远远不如数组有效率。实际开发中，两者的选用要因地制宜。

**编程训练（答案位置：资源包\TM\sl\11\编程训练\）**

　　训练 11：集福　用链表输出你集到的 5 个福——和谐福、爱国福、友善福、富强福以及敬业富。

　　训练 12：输出期末成绩最好的前三门学科　用链表输出期末考试中成绩最好的 3 门学科，分别是英语、高数、离散数学。

# 11.8　共　用　体

　　共用体看起来很像结构体，只不过关键字由 struct 变成了 union。共用体和结构体的区别在于：结构体定义了一个由多个数据成员组成的特殊类型，而共用体定义了一块为所有数据成员共享的内存。

## 11.8.1　共用体的概念

　　共用体也称为联合体，它使几种不同类型的变量存放到同一段内存单元中。共用体在某一时刻只能有一个值，即某个数据成员的值。由于所有成员共用同一块内存，因此共用体的大小就等于最大成员的大小。

　　定义共用体的一般形式如下：

```
union 共用体名
{
    成员列表
}变量列表;
```

　　例如，下面的代码定义了一个共用体，其数据成员有整型、字符型和实型。

```
union DataUnion
{
    int iInt;
    char cChar;
    float fFloat;
}variable;                        /*定义共用体变量*/
```

　　其中，variable 为定义的共用体变量，而 union DataUnion 是共用体类型。共用体也可以像结构体那样，将类型的声明和变量的定义分开。例如：

```
union DataUnion variable;
```

　　可以看到，共用体和结构体定义变量的方式很相似。需要注意的是，结构体变量的大小是其所有数据成员大小的总和，每个成员都有自己的内存单元；共用体的大小则是数据成员中最大内存长度的大小。例如，上面定义的共用体变量 variable 的大小就与 float 类型的大小相等。

## 11.8.2　共用体变量的引用

共用体变量定义完毕后，就可以引用其中的数据成员，引用形式为"共用体变量.成员名"。例如，引用前面定义的 variable 变量中的成员数据，代码如下：

```
variable.iInt;
variable.cChar;
variable.fFloat;
```

注意，不能在输出语句中直接引用共用体变量，如"printf("%d",variable);"。

【例 11.13】选择一种交通工具回家（实例位置：资源包\TM\sl\11\13）

公司员工下班乘车可以坐公交，也可以坐地铁。设计一个交通工具的共用体，让员工进行选择。在本实例中定义共用体变量，通过定义的显示函数，引用共用体中的数据成员。

```
#include "stdio.h"
#include <string.h>
struct bus                          /*声明公交车结构体类型*/
{
    char name[64];
};
struct subway                       /*声明地铁结构体类型*/
{
    char name[64];
};
union Transportation                /*声明公共交通共用体类型*/
{
    struct bus p;
    struct subway;
};

int main()
{
    union Transportation t;          /*定义一个共用体*/
    strcpy(t.p.name, "地铁");        /*将相应的名字复制给相应的变量*/
    strcpy(t.c.name, "公交车");
    printf("员工选择%s\n",t.p.name);  /*输出信息*/
    printf("员工选择%s\n",t.c.name);
    return 0;
}
```

在程序中改变共用体的某个成员，其他成员也会随之改变。当给某个特定的成员赋值时，其他成员的值也会具有一致的含义，这是因为它们的值的每一个二进制位都被新值所覆盖。

运行程序，显示效果如图 11.21 所示。

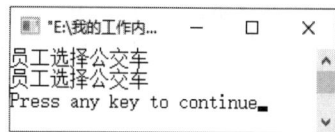

图 11.21　使用共用体变量

## 11.8.3　共用体变量的初始化

定义共用体变量时，可以同时进行初始化操作。同样，初始化值需要放在一对大括号中。

注意，对共用体变量初始化时，只需要一个初始化值就足够了，其类型必须和共用体第一个成员的类型一致。如果共用体的第一个成员是结构体类型，则初始化值中可以包含多个用于初始化该结构体的表达式。

**【例 11.14】字符型和整型的亲密关系（实例位置：资源包\TM\sl\11\14）**

在本实例中，在定义共用体变量的同时进行初始化操作，并通过引用输出变量的值。

```
#include<stdio.h>
union DataUnion                              /*声明共用体类型*/
{
    int iInt;
    char cChar;
};

int main()
{
    union DataUnion Union={97};              /*定义共用体变量，并进行初始化*/
    printf("iInt: %d\n",Union.iInt);         /*输出成员变量数据*/
    printf("cChar: %c\n",Union.cChar);
    return 0;
}
```

运行程序，显示效果如图 11.22 所示。

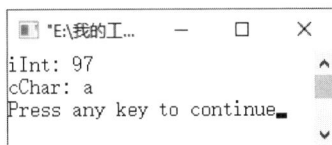

```
"E:\我的工...    —    □    ×
iInt: 97
cChar: a
Press any key to continue_
```

图 11.22　共用体变量的初始化

## 11.8.4　共用体类型的数据特点

在使用共用体类型时，需要注意以下特点。

☑ 同一内存虽然可用来存放不同类型的成员，但每次只能存放一种类型，而不能同时存放所有类型。也就是说，共用体中只有一个成员能起作用，其他成员不起作用。

☑ 共用体变量中，起作用的永远是最后存放的成员。存入新成员后，原有的成员将失去作用。

☑ 共用体变量的地址和它的各成员地址是一样的。

☑ 不能对共用体变量名赋值，也不能企图引用变量名来得到一个值。

**编程训练（答案位置：资源包\TM\sl\11\编程训练\）**

训练 13：模拟美团订餐　午休吃午饭，公司员工准备在美团上订餐，在米饭、面条、水饺 3 家店中进行选择，最终因为当天是节日，决定吃饺子。编程模拟此场景。

训练 14：罐头种类　将玻璃罐头瓶设为一个共用体，该瓶可以装黄桃、椰子和山楂。定义共用体变量，通过定义的显示函数，引用共用体中的数据成员。运行结果如下：

```
这个罐头瓶装山楂
```

# 11.9　枚　举　类　型

实际问题中，有些变量会被限定在一个有限范围内，如一周有 7 天，一年有 12 个月等。如果把这些变量声明为整型、字符型或其他类型，显然是不妥的。为此，C 语言提供了枚举类型。

枚举类型是一种基本数据类型，不能再被分拆。利用关键字 enum 可以声明枚举类型，并使用枚举类型定义变量。一个枚举变量包含一组相关的标识符，每个标识符都对应一个整数值，称为枚举常量。

例如，定义一个枚举类型变量，其中每个标识符都对应一个整数值：

```
enum Colors(Red,Green,Blue);
```

Colors 就是定义的枚举类型变量，括号中第一个标识符对应数值 0，第二个对应数值 1，依此类推。

**注意**

> 每个标识符都必须是唯一的，而且不能采用关键字或当前作用域内其他相同的标识符名。

在定义枚举类型的变量时，可以为某个特定的标识符指定其对应的整型值，紧随其后的标识符对应的值依次加 1。例如：

```
enum Colors(Red=1,Green,Blue);
```

这样的话，Red 的值为 1，Green 为 2，Blue 为 3。

**【例 11.15】选择喜欢的颜色（实例位置：资源包\TM\sl\11\15）**

在本实例中，通过定义枚举类型观察其使用方式，其中每个枚举常量在声明的作用域内都可以看作一个新的数据类型。

```
#include<stdio.h>
enum Color{Red=1,Blue,Green} color;        /*定义枚举变量，并初始化*/
int main()
{
    int icolor;                            /*定义整型变量*/
    printf("1 代表红色，2 代表蓝色，3 代表绿色。\n");
    printf("请输入您要选择的数字：");
    scanf("%d",&icolor);                   /*输入数据*/
    switch(icolor)                         /*判断 icolor 值*/
    {
        case Red:                          /*枚举常量，Red 表示 1*/
            printf("选择红色\n");
            break;
        case Blue:                         /*枚举常量，Blue 表示 2*/
            printf("选择蓝色\n");
            break;
        case Green:                        /*枚举常量，Green 表示 3*/
            printf("选择绿色\n");
            break;
        default:
            printf("???\n");
            break;
    }
    return 0;
}
```

程序中首先定义了一个枚举变量。初始化时为第一个枚举常量赋值为 1。Red 赋值为 1 后，之后的枚举常量就会依次加 1。通过 switch 语句判断输入的数据与这些标识符是否符合，然后执行 case 语句中的操作。

运行程序，显示效果如图 11.23 所示。

**编程训练（答案位置：资源包\TM\sl\11\编程训练\）**

训练 15：给一年四季打分　定义枚举类型，代表一年中的 4

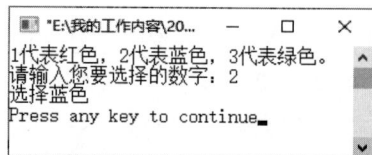

图 11.23　使用枚举类型

个季节，给"季节"枚举类型分别赋值，并用整型格式输出 4 个季节的值。

训练 16：果盘里的水果　将果盘定义成一个枚举类型，输出枚举变量的数值，并根据用户的输入，判断用户想吃的水果类型。运行结果如下：

```
0 代表西瓜,1 代表芒果,2 代表葡萄,3 代表橘子,4 代表苹果
请输入你想吃的水果代表的数字：
1
你想吃芒果
```

# 11.10　typedef 关键字

typedef 的作用是为某个数据类型定义一个新名字。这里的数据类型可以是基本数据类型（int、char 等）、数组类型、指针类型，也可以是用户自定义的结构体、共用体、枚举等类型。

使用 typedef 关键字的目的一般有两个：给变量起一个容易记且意义明确的新名字，或是简化一些复杂的类型声明。

## 1．为基本数据类型定义类型别名

如果用户的编译环境不支持 long double 类型，但实际开发中又需要一个高精度类型参与计算，可以做如下定义：

```
typedef long double ACC;
```

这里，typedef 的作用是将 long double 定义为 ACC，使其名字简化。如果后续要使用 long double 类型，就可以直接用 ACC 进行定义。

## 2．为结构体、共用体和枚举类型定义简洁的类型别名

使用 typedef 关键字可以给结构体、共用体和枚举类型变量起名字，取代其变量繁杂的定义过程。

【例 11.16】为结构体定义一个简洁的类型别名。（实例位置：资源包\TM\sl\11\16）

在本实例中，使用 typedef 关键字给结构体定义了一个新的名字 STU，代码如下。

```
#include<stdio.h>
typedef struct Student                /*学生结构体*/
{
    char *cName;                       /*姓名*/
    int fScore;                        /*分数*/
}STU;                                  /*为学生结构体定义新名字 STU*/

int main()
{
    STU data;                          /*使用 STU 定义 data 变量*/
    data.fScore = 100;
    data.cName = "小明";
    printf("学生的名字是%s，分数是%d\n",data.cName,data.fScore);
    return 0;
}
```

第 2～6 行代码实现了两个操作：一是声明了一个结构体类型 struct Student；二是使用 typedef 为这个结构体类型起了一个简化的别名，叫作 STU。后续定义结构体变量时直接使用 STU data，这里 STU

代替的就是 struct Student。运行程序，结果如图 11.24 所示。

### 3．为数组定义简洁的类型别名

为数组定义类型别名的方法类似于为基本数据类型定义类型别名。例如，下面的代码为数组 INT_ARRAY[100]设置了类型别名 arr。

图 11.24　为结构体定义一个简洁的类型别名

```
typedef int INT_ARRAY[100];
INT_ARRAY[100] arr;
```

### 4．为指针定义简洁的类型别名

为指针类型定义类型别名的示例代码如下。

```
typedef int *PINT;
```

这样定义之后，就可以用 PINT 去定义 int 型指针了，代码如下。

```
PINT p = &a;
```

等价于下面的代码。

```
int *p = &a;
```

📢 注意

这里指针的别名是 PINT，而不是*PINT。

# 11.11　实践与练习

（答案位置：资源包\TM\sl\11\实践与练习\）

综合练习 1：长春三日游　李明听说长春很美，准备来个长春三日游。利用链表输出李明长春三日游预计要观光的景点，输出效果如下：

```
请输入李明长春三日游观光的地点：
南湖公园 1
伪满皇宫博物馆 2
净月潭国家森林公园 3
exit 0
----有 3 个地点----

第 NO1 地点是：
 南湖公园
第 1 个参观

第 NO2 地点是：
 伪满皇宫博物馆
第 2 个参观
```

第 NO3 地点是:
净月潭国家森林公园
第3个参观

综合练习 2: 输出无人商店产品信息　定义一个结构体数组,输出无人商店产品基本信息。输出效果如下:

第 1 种产品:
名字是: 方便面,单价是: 2.50 元

第 2 种产品:
名字是: 矿泉水,单价是: 2.00 元

第 3 种产品:
名字是: 玉米肠,单价是: 3.00 元

第 4 种产品:
名字是: 薯片,单价是: 3.00 元

第 5 种产品:
名字是: 核桃奶,单价是: 2.50 元

综合练习 3: 输出员工信息　使用结构体指针变量输出所有员工的数据信息,输出效果如下:

第 1 个人:
姓名: 王囡,出生日期: 19991212
性别: 男,地址: 吉林省长春市

第 2 个人:
姓名: 李果,出生日期: 19940505
性别: 女,地址: 河北省北京市

第 3 个人:
姓名: 张多,出生日期: 20001111
性别: 男,地址: 山东省济南市

第 4 个人:
姓名: 赵紫轩,出生日期: 19900306
性别: 女,地址: 辽宁省大连市

第 5 个人:
姓名: 钱小欠,出生日期: 19920506
性别: 男,地址: 江苏省苏州市

综合练习 4: 输出手机基本信息　利用结构体输出手机的基本信息,包括手机名称、官方报价、主屏尺寸、CPU 型号以及电池容量等信息,输出效果如下:

产品名称: VIVO NEX 双面屏
官方报价: 4998 元
主屏尺寸: 6.39 寸
CPU 型号: 高通 骁龙 845
电池容量: 3500mAh

综合练习 5: 打印某月电子商品销售明细　利用结构体数组打印某月的商品销售情况,包括商品编号、商品名称以及销售数量,输出效果如下:

5月份的商品销售明细如下:
商品编号: T0001　商品名称: 笔记本电脑　销售数量: 2 台

```
商品编号：T0002    商品名称：华为荣耀 6X   销售数量：10 台

商品编号：T0003    商品名称：iPad   销售数量：2 台

商品编号：T0004    商品名称：华为荣耀 V9   销售数量：20 台

商品编号：T0005    商品名称：MacBock   销售数量：5 台
```

综合练习 6：选票系统　设计一个候选人的选票程序。假设有 3 个候选人，每输入一次候选人姓名，就相当于获得一张选票，最后输出每个人的得票结果。输出效果如下：

```
请输入唱票过程：
张三
张三
张三
刘六
苏武
刘六
刘六
苏武
苏武
张三
张三：4 票
刘六：3 票
苏武：3 票
```

综合练习 7：输出面包信息　市面上面包种类有很多，也分很多品牌。用结构体变量输出面包的基本信息（品牌、零售价和重量），同时用包含的另一个结构体输出面包的口味（原味、紫薯味和水果味），输出效果如下：

```
基本信息：
品牌：桃李
零售价：5 元
重量：350g
口味种类：
口味 1：原味
口味 2：紫薯味
口味 3：水果味
```

综合练习 8：2022 年图书销量排名　利用链表输出 2022 年某电商平台上的图书销售排名，输出效果如下：

```
请输入 2022 年图书销量前 3 名：
Java 从入门到精通  1
C 语言从入门到精通 2
零基础学 C 语言 3
exit 0

第 NO1 是：
Java 从入门到精通
第 1 名

第 NO2 是：
C 语言从入门到精通
第 2 名

第 NO3 是：
零基础学 C 语言
第 3 名
```

# 第 12 章

# 位运算

C 语言可用来代替汇编语言，完成大部分的系统开发及底层驱动开发工作，其中一个重要原因就是 C 语言完全支持二进制按位运算。位运算是 C 语言的一个特点，这个特点使 C 语言的应用更加广泛。

本章的知识架构及重难点如下：

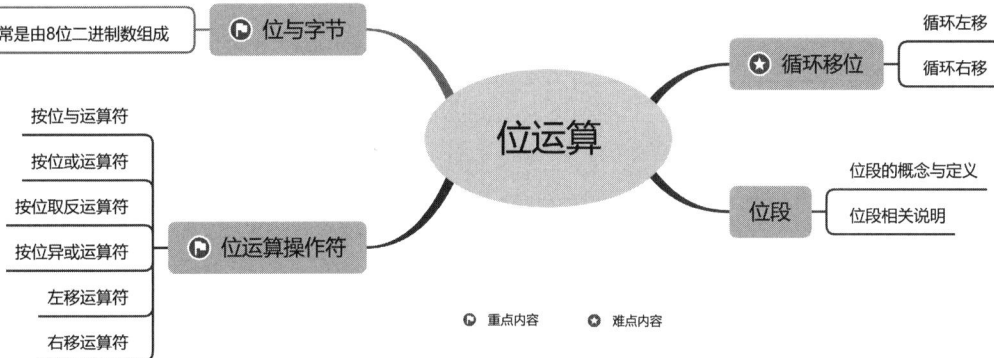

## 12.1  位 与 字 节

数据在内存中是以二进制的形式存放的。位是计算机存储数据的最小单位，一个二进制位可以表示 0、1 两种状态，多个二进制位组合起来便可以表示多种信息。

一个字节通常由 8 位二进制数组成，如图 12.1 所示，8 位占一个字节，16 位占两个字节。

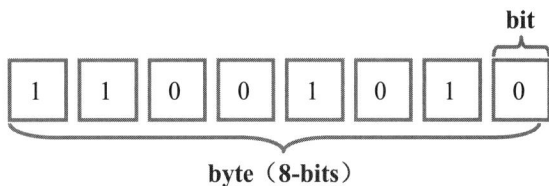

图 12.1  字节与位

## 12.2  位运算操作符

C 语言既具有高级语言的特点，又具有低级语言的功能。C 语言完全支持按位运算，而且能像汇编语言一样编写系统程序。本书前面介绍的知识都是以字节为基本单位进行运算的，本节将介绍如何在"位"一级进行运算。按位运算也就是对字节或字中的实际位进行检测、设置或移位。如表 12.1 所示为 C 语言提供的 6 类位运算符。

表 12.1 位运算符

| 位 运 算 符 | 含 义 | 位 运 算 符 | 含 义 |
| --- | --- | --- | --- |
| & | 按位与 | ^ | 按位异或 |
| \| | 按位或 | << | 左移 |
| ~ | 取反 | >> | 右移 |

## 12.2.1 按位与运算符

按位与运算符"&"是双目运算符,功能是使参与运算的两个数对应的二进制位相与,即对应的两个二进制位均为 1 时,结果为 1,否则为 0,如表 12.2 所示。

表 12.2 按位与运算符

| a | b | a&b |
| --- | --- | --- |
| 0 | 0 | 0 |
| 0 | 1 | 0 |
| 1 | 0 | 0 |
| 1 | 1 | 1 |

例如,89&38 的计算过程如下:

```
       0000000001011001    十进制数 89
&      0000000000100110    十进制数 38
       ─────────────────
       0000000000000000    十进制数 0
```

可以发现,按位与运算的一个用途就是清零,即要想原数中为 1 的位置为 0,只需使其与对应位置为 0 的数相与即可。另一个用途是取一个数中的某些特定位。例如,要取 22 的后 5 位,使其与后 5 位均是 1 的数进行相与即可。同样,要取后 4 位,就与后 4 位都是 1 的数相与即可。

【例 12.1】年龄值按位与运算(实例位置:资源包\TM\sl\12\01)

本实例中,定义两个变量,分别代表两个人的年龄,对这两个变量进行按位与运算,具体代码如下:

```
#include<stdio.h>
void main()
{
    unsigned result;                        /*定义无符号变量*/
    int age1, age2;                         /*定义变量*/
    printf("请输入第一个人年龄 age1:");
    scanf("%d",&age1);                      /*输入年龄 1*/
    printf("请输入第二个人年龄 age2:");
    scanf("%d",&age2);                      /*输入年龄 2*/
    printf("age1=%d, age2=%d", age1, age2);
    result = age1&age2;                     /*计算年龄按位与运算的结果*/
    printf("\nage1&age2=%u\n", result);
}
```

程序运行结果及两个年龄的按位与运算过程如图 12.2 所示。

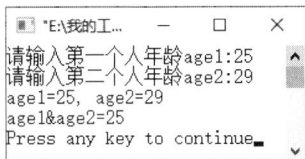

```
              0 0 0 0 0 0 0 0 0 0 0 1 1 0 0 1      十进制数 25
      &       0 0 0 0 0 0 0 0 0 0 0 1 1 0 1 1      十进制数 29
              ─────────────────────────────
              0 0 0 0 0 0 0 0 0 0 0 1 1 0 0 1      十进制数 25
```

图 12.2　年龄按位与运算

**误区警示**

初学者很容易将"&"与"&&"运算符混淆，下面总结一下它们的区别。

"&&"是逻辑与运算符，相当于生活中的"与"，如"我与你"。其含义为：两个条件同时成立，逻辑与运算的结果为真，否则为假。

"&"是位运算符，且为双目运算符，当两个位都为 1 时，结果才为 1，否则为 0。

## 12.2.2　按位或运算符

按位或运算符"|"是双目运算符，功能是使参与运算的两个数对应的二进制位相或，即只要对应的两个二进制位有一个为 1，结果就为 1，如表 12.3 所示。

表 12.3　按位或运算符

| a | b | a\|b |
|---|---|---|
| 0 | 0 | 0 |
| 0 | 1 | 1 |
| 1 | 0 | 1 |
| 1 | 1 | 1 |

例如，17|31 的计算过程如下：

```
              0 0 0 0 0 0 0 0 0 0 0 1 0 0 0 1      十进制数 17
      |       0 0 0 0 0 0 0 0 0 0 0 1 1 1 1 1      十进制数 31
              ─────────────────────────────
              0 0 0 0 0 0 0 0 0 0 0 1 1 1 1 1      十进制数 31
```

可以发现，十进制数 17 对应的二进制数的后 5 位是 10001，十进制数 31 对应的二进制数的后 5 位是 11111，将这两个数执行按位或运算之后，得到的结果是 31，也就是 17 对应二进制数的后 5 位中 0 变成了 1。因此，可以总结出这样一个规律：要想使一个数的后 6 位全为 1，只需和 63 按位或运算即可；同理，要想使一个数的后 5 位全为 1，只需和 31 按位或运算即可。

**技巧**

同理，要想将某几位变为 1，只需与这几位是 1 的数执行按位或运算便可。

【例 12.2】0xEFCA 与自身进行按位或运算（实例位置：资源包\TM\sl\12\02）

本实例中，将十六进制数 0xEFCA 与自身进行按位或运算，代码如下：

```
#include<stdio.h>
int main()
{
```

```
    int a=0xEFCA,result;                /*定义变量*/
    result = a|a;                       /*计算"a|a"按位或运算的结果*/
    printf("a|a=%X\n", result);
    return 0;
}
```

程序运行结果和按位或计算过程如图 12.3 所示。为了方便观察，这里只给出每个数据的后 16 位。

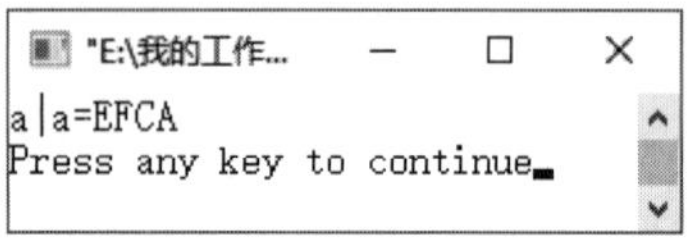

```
      1110111111001010        十六进制数 0xEFCA
|     1110111111001010        十六进制数 0xEFCA
      ─────────────────
      1110111111001010        十六进制数 0xEFCA
```

图 12.3　按位或运算

**误区警示**

初学者很容易将"|"与"||"运算符混淆，下面总结一下它们的区别。

"||"是逻辑运算符，相当于生活中的"或者"，如"我或者你"。其含义为：两个条件中有一个成立，逻辑或运算的结果就是"真"。

"|"是位运算符，且为双目运算符，当两个位都为 0 时，结果才为 0，否则为 1。

## 12.2.3　按位取反运算符

取反运算符"~"为单目运算符，具有右结合性。其功能是对参与运算的数的各二进制位按位求反，即将 0 变成 1，1 变成 0。例如，~86 表示对 86 按位求反，计算过程如下：

```
      00000000000000000000000001010011
~                ↓
      11111111111111111111111110101100
```

【例 12.3】将输入的数取反运算（实例位置：资源包\TM\sl\12\03）

本实例中，输入一个数并赋给变量 a，计算~a 的值，最后以八进制形式输出。代码如下：

```
#include<stdio.h>
main()
{
    unsigned result;                    /*定义无符号变量*/
    int a;
    printf("please input a:");
    scanf("%d",&a);                     /*输入一个十进制数*/
    printf("a=%d", a);
    result = ~a;                        /*取反运算*/
    printf("\n~a=%o\n", result);        /*八进制形式输出*/
}
```

程序运行结果和取反计算过程如图 12.4 所示。注意，最后要以八进制的形式输出该数。

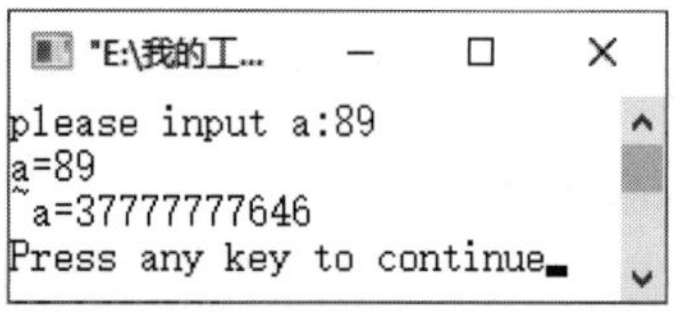

```
      00000000000000000000000001011001
~                     ↓
      11111111111111111111111110100110
      3  7  7  7  7  7  7  7  6  4  6
```

图 12.4　按位取反运算

## 12.2.4　按位异或运算符

按位异或运算符"^"是双目运算符，其功能是对参与运算的两个数对应的二进制位相异或，即当对应的两个二进制位数相异时结果为 1，否则结果为 0，如表 12.4 所示。

表 12.4　按位异或运算符

| a | b | a^b |
|---|---|---|
| 0 | 0 | 0 |
| 0 | 1 | 1 |
| 1 | 0 | 1 |
| 1 | 1 | 0 |

例如，107^127 的计算过程为：

$$
\begin{array}{r}
0\,0\,0\,0\,0\,0\,0\,0\,0\,1\,1\,0\,1\,0\,1\,1\\
{}^{\wedge}\quad 0\,0\,0\,0\,0\,0\,0\,0\,0\,1\,1\,1\,1\,1\,1\,1\\
\hline
0\,0\,0\,0\,0\,0\,0\,0\,0\,0\,0\,1\,0\,1\,0\,0
\end{array}
$$

可以看出，异或操作的主要用途就是使特定的位翻转。例如，要想将 107 的后 7 位翻转，只需与一个后 7 位都是 1 的数进行异或操作即可。另外，异或操作可以在不使用临时变量的情况下实现两个变量值的互换。

例如，x=9，y=4，将 x 和 y 的值互换可用如下方法实现：

```
x=x^y;
y=y^x;
x=x^y;
```

其具体运算过程如下：

$$
\begin{array}{r}
0\,0\,0\,0\,0\,0\,0\,0\,0\,0\,0\,0\,1\,0\,0\,1\,(x)\\
{}^{\wedge}\quad 0\,0\,0\,0\,0\,0\,0\,0\,0\,0\,0\,0\,0\,1\,0\,0\,(y)\\
\hline
0\,0\,0\,0\,0\,0\,0\,0\,0\,0\,0\,0\,1\,1\,0\,1\,(x)\\
{}^{\wedge}\quad 0\,0\,0\,0\,0\,0\,0\,0\,0\,0\,0\,0\,0\,1\,0\,0\,(y)\\
\hline
0\,0\,0\,0\,0\,0\,0\,0\,0\,0\,0\,0\,1\,0\,0\,1\,(y)\\
{}^{\wedge}\quad 0\,0\,0\,0\,0\,0\,0\,0\,0\,0\,0\,0\,1\,1\,0\,1\,(x)\\
\hline
0\,0\,0\,0\,0\,0\,0\,0\,0\,0\,0\,0\,0\,1\,0\,0\,(x)
\end{array}
$$

【例 12.4】求两个数的异或值（实例位置：资源包\TM\sl\12\04）

本实例中，要求输入两个数，分别赋予变量 a 和 b，计算 a^b 的值。代码如下：

```c
#include<stdio.h>
main()
{
    unsigned result;              /*定义无符号数*/
    int a, b;
    printf("please input a:");
    scanf("%d",&a);              /*输入 a*/
    printf("please input b:");
```

```
    scanf("%d",&b);                          /*输入 b*/
    printf("a=%d,b=%d", a, b);
    result = a^b;                            /*计算 a 与 b 按位异或的结果*/
    printf("\na^b=%u\n", result);
}
```

程序运行结果和按位异或计算过程如图 12.5 所示。

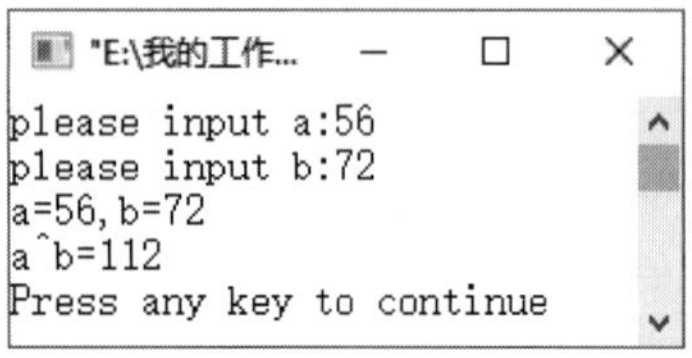

```
"E:\我的工作...   □   ×
please input a:56
please input b:72
a=56,b=72
a^b=112
Press any key to continue
```

$$0\,0\,0\,0\,0\,0\,0\,0\,0\,0\,1\,1\,1\,0\,0\,0$$

$$\underline{\wedge\quad 0\,0\,0\,0\,0\,0\,0\,0\,0\,1\,0\,0\,1\,0\,0\,0}$$

$$0\,0\,0\,0\,0\,0\,0\,0\,0\,1\,1\,1\,0\,0\,0\,0$$

图 12.5　按位异或运算

**技巧**

按位异或运算经常被用到一些简单的加密算法中。

## 12.2.5　左移运算符

左移运算符"<<"是双目运算符，其功能是把"<<"左边运算数的各二进制位全部左移若干位，由"<<"右边的数指定移动的位数，高位丢弃，低位补 0。

例如，假设 a=39，那么 a 在内存中的存储情况如图 12.6 所示。

| 0 | 0 | 0 | 0 | 0 | 0 | 0 | 0 | 0 | 0 | 0 | 0 | 0 | 0 | 0 | 0 | 0 | 0 | 0 | 0 | 0 | 0 | 0 | 0 | 0 | 0 | 1 | 0 | 0 | 1 | 1 | 1 |

图 12.6　39 在内存中的存储情况

a<<2 表示把 a 的各二进位向左移动两位，此时内存中的存储情况如图 12.7 所示。可见，a 左移两位后由原来的 39 变成了 156。

| 0 | 0 | 0 | 0 | 0 | 0 | 0 | 0 | 0 | 0 | 0 | 0 | 0 | 0 | 0 | 0 | 0 | 0 | 0 | 0 | 0 | 0 | 0 | 0 | 1 | 0 | 0 | 1 | 1 | 1 | 0 | 0 |

图 12.7　39 左移两位后

**说明**

仔细观察可发现，将 a 左移一位相当于 a 乘以 2，将 a 左移两位相当于 a 乘以 4，但这种简捷计算只限于移出位不包含 1 的情况。若是将十进制数 64 左移两位（假设 64 以一个字节即 8 位存储），则移位后的结果将为 0（01000000→00000000），这是因为 64 在左移两位时将 1 移出了。

**【例 12.5】**将 15 进行左移（实例位置：资源包\TM\sl\12\05）

本实例中，将 15 先左移两位，输出结果，再左移 3 位，输出结果，代码如下：

```
#include<stdio.h>
main()
{
    int x=15;
    x=x<<2;                                  /*x 左移 2 位*/
```

```
    printf("左移 2 位的结果:%d\n",x);
    x=x<<3;                                  /*x 左移 3 位*/
    printf("再左移 3 位的结果:%d\n",x);
}
```

程序运行结果如图 12.8 所示。

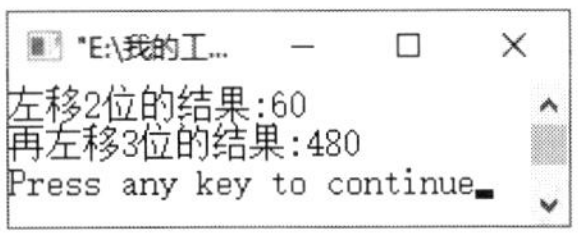


图 12.8　左移运算

来分析下例 12.5 的移位过程。首先，15 在内存中的存储情况如图 12.9 所示。

| | | | | | | | | | | | | | | | | | | | | | | | | | | | | | | | |
|---|---|---|---|---|---|---|---|---|---|---|---|---|---|---|---|---|---|---|---|---|---|---|---|---|---|---|---|---|---|---|---|
| 0 | 0 | 0 | 0 | 0 | 0 | 0 | 0 | 0 | 0 | 0 | 0 | 0 | 0 | 0 | 0 | 0 | 0 | 0 | 0 | 0 | 0 | 0 | 0 | 0 | 0 | 0 | 0 | 1 | 1 | 1 | 1 |

图 12.9　15 在内存中的存储情况

15 左移两位后变为 60，其存储情况如图 12.10 所示。

| | | | | | | | | | | | | | | | | | | | | | | | | | | | | | | | |
|---|---|---|---|---|---|---|---|---|---|---|---|---|---|---|---|---|---|---|---|---|---|---|---|---|---|---|---|---|---|---|---|
| 0 | 0 | 0 | 0 | 0 | 0 | 0 | 0 | 0 | 0 | 0 | 0 | 0 | 0 | 0 | 0 | 0 | 0 | 0 | 0 | 0 | 0 | 0 | 0 | 0 | 0 | 1 | 1 | 1 | 1 | 0 | 0 |

图 12.10　15 左移两位后变为 60

60 左移 3 位变成 480，其存储情况如图 12.11 所示。

| | | | | | | | | | | | | | | | | | | | | | | | | | | | | | | | |
|---|---|---|---|---|---|---|---|---|---|---|---|---|---|---|---|---|---|---|---|---|---|---|---|---|---|---|---|---|---|---|---|
| 0 | 0 | 0 | 0 | 0 | 0 | 0 | 0 | 0 | 0 | 0 | 0 | 0 | 0 | 0 | 0 | 0 | 0 | 0 | 0 | 0 | 0 | 0 | 1 | 1 | 1 | 1 | 0 | 0 | 0 | 0 | 0 |

图 12.11　60 左移 3 位后变为 480

## 12.2.6　右移运算符

右移运算符“>>”是双目运算符，其功能是把“>>”左边运算数的各二进制位全部右移若干位。“>>”右边的数指定移动的位数。

例如，a>>2 表示把 a 的各二进制位向右移动两位，假设 a=00000110，右移两位后为 00000001，a 由原来的 6 变成了 1。

**说明**

对于有符号数，右移时需要注意符号位的问题。当为正数时，最高位一般补 0；当为负数时，最高位是补 0 还是补 1，取决于编译系统的规定。补 0 的称为“逻辑右移”，补 1 的称为“算术右移”。

【例 12.6】将 30 和−30 进行右移（**实例位置：资源包\TM\sl\12\06**）

本实例中，将 30 和−30 分别右移 3 位，输出结果，再分别右移两位，并将结果输出。

```
#include<stdio.h>
int main()
{
    int x=30,y=-30;
    x=x>>3;                                  /*x 右移 3 位*/
    y=y>>3;                                  /*y 右移 3 位*/
```

```
    printf("x 右移 3 位，y 右移 3 位的结果:%d,%d\n",x,y);
    x=x>>2;                                              /*x 右移 2 位*/
    y=y>>2;                                              /*y 右移 2 位*/
    printf("x 再右移两位，y 再右移两位:%d,%d\n",x,y);
    return 0;
}
```

程序运行结果如图 12.12 所示。

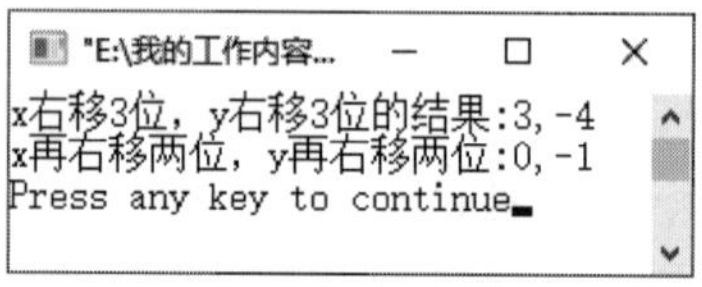

图 12.12　右移运算

一起分析下例 12.6 的移位过程。首先，30 在内存中的存储情况如图 12.13 所示。

| 0 | 0 | 0 | 0 | 0 | 0 | 0 | 0 | 0 | 0 | 0 | 0 | 0 | 0 | 0 | 0 | 0 | 0 | 0 | 0 | 0 | 0 | 0 | 0 | 0 | 0 | 0 | 1 | 1 | 1 | 1 | 0 |

图 12.13　30 在内存中的存储情况

−30 在内存中的存储情况如图 12.14 所示。

| 1 | 1 | 1 | 1 | 1 | 1 | 1 | 1 | 1 | 1 | 1 | 1 | 1 | 1 | 1 | 1 | 1 | 1 | 1 | 1 | 1 | 1 | 1 | 1 | 1 | 1 | 1 | 0 | 0 | 0 | 1 | 0 |

图 12.14　−30 在内存中的存储情况

30 右移 3 位变成 3，其存储情况如图 12.15 所示。

| 0 | 0 | 0 | 0 | 0 | 0 | 0 | 0 | 0 | 0 | 0 | 0 | 0 | 0 | 0 | 0 | 0 | 0 | 0 | 0 | 0 | 0 | 0 | 0 | 0 | 0 | 0 | 0 | 0 | 0 | 1 | 1 |

图 12.15　30 右移 3 位变为 3

−30 右移 3 位变成−4，其存储情况如图 12.16 所示。

| 1 | 1 | 1 | 1 | 1 | 1 | 1 | 1 | 1 | 1 | 1 | 1 | 1 | 1 | 1 | 1 | 1 | 1 | 1 | 1 | 1 | 1 | 1 | 1 | 1 | 1 | 1 | 1 | 1 | 1 | 0 | 0 |

图 12.16　−30 右移 3 位变为−4

3 再右移两位变成 0，而−4 再右移两位则变成−1，如图 12.17 所示。

| 1 | 1 | 1 | 1 | 1 | 1 | 1 | 1 | 1 | 1 | 1 | 1 | 1 | 1 | 1 | 1 | 1 | 1 | 1 | 1 | 1 | 1 | 1 | 1 | 1 | 1 | 1 | 1 | 1 | 1 | 1 | 1 |

图 12.17　−4 右移两位变为−1

**编程训练（答案位置：资源包\TM\sl\12\编程训练\）**

训练 1：计算 8&9　定义两个变量 a 和 b，并分别赋值为 8 和 9，利用按位与运算计算 8&9 的值。

训练 2：将 9 取反　在控制台上输入 9，将 9 取反。

# 12.3　循环移位

循环移位就是将移出的高位放到该数的低位（又称为循环左移），如图 12.18 所示；或者将移出的低位放到该数的高位（又称为循环右移），如图 12.19 所示。

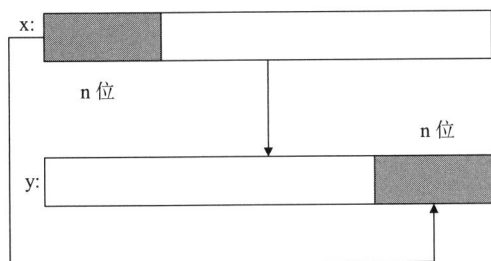

图 12.18　循环左移的过程

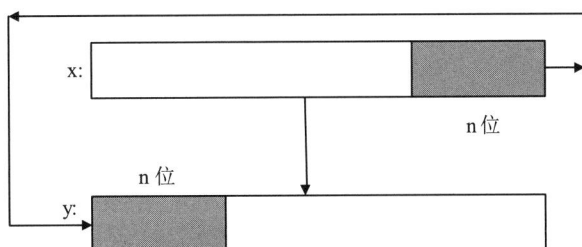

图 12.19　循环右移的过程

首先介绍循环左移过程，其实际运算过程分为 3 步。首先将 x 的左端 n 位放到 z 的低 n 位中，实现语句如下：

```
z=x>>(32-n);
```

然后将 x 左移 n 位，其右面低 n 位补 0，实现语句如下：

```
y=x<<n;
```

最后将 y、z 进行按位或运算，实现语句如下：

```
y=y|z;
```

【例 12.7】循环左移（实例位置：资源包\TM\sl\12\07）

编程实现循环左移，要求从键盘中输入一个八进制数，然后输入要移位的位数，最后将移位的结果显示在屏幕上。具体代码如下：

```
#include <stdio.h>
left(unsigned value, int n)                          /*自定义左移函数 left*/
{
    unsigned z;
    z = (value >> (32-n)) | (value << n);            /*循环左移的实现过程*/
    return z;
}
int main()
{
    unsigned a;
    int n;
    printf("请输入一个数:\n");
    scanf("%o", &a);                                 /*输入一个八进制数*/
    printf("请输入要移位的位数（>0）:\n");
    scanf("%d", &n);                                 /*输入要移位的位数*/
    printf("循环左移的结果:%o\n", left(a, n));        /*调用 left 函数，并将左移后的结果输出*/
    return 0;
}
```

程序运行结果如图 12.20 所示。

循环右移的实际运算过程也分为 3 步：首先将 x 的右端 n 位放到 z 的高 n 位中，实现语句如下：

```
z=x<<(32-n);
```

然后将 x 右移 n 位，其左端高 n 位补 0，实现语句如下：

```
y=x>>n;
```

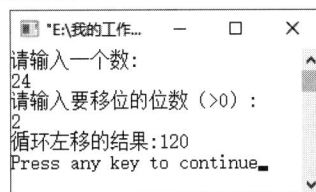

```
"E:\我的工作...    —    □    ×
请输入一个数:
24
请输入要移位的位数（>0）:
2
循环左移的结果:120
Press any key to continue_
```

图 12.20　循环左移

最后将 y 与 z 进行按位或运算，实现语句如下：

```
y=y|z;
```

**【例 12.8】循环右移（实例位置：资源包\TM\sl\12\08）**

编程实现循环右移，要求从键盘中输入一个八进制数，然后输入要移位的位数，最后将移位的结果显示在屏幕上。代码如下：

```
#include <stdio.h>
right(unsigned value, int n)                    /*自定义右移函数 right*/
{
    unsigned z;
    z = (value << (32-n)) | (value >> n);       /*循环右移的实现过程*/
    return z;
}
void main()
{
    unsigned a;
    int n;
    printf("请输入一个数:\n");
    scanf("%o", &a);                            /*输入一个八进制数*/
    printf("输入要移位的位数（>0）:\n");
    scanf("%d", &n);                            /*输入要移位的位数*/
    printf("右移后的结果是:%o\n", right(a, n)); /*调用 right 函数，并将右移后的结果输出*/
}
```

程序运行结果如图 12.21 所示。

**编程训练（答案位置：资源包\TM\sl\12\编程训练\）**

训练 3：将 520 循环左移 5 位　在控制台上输出 520，并输出将其循环左移 5 位后的结果。

训练 4：将 1314 循环右移 13 位　在控制台上输出 1314，并输出将其循环右移 13 位后的结果。

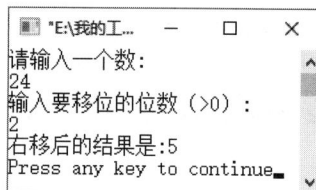

图 12.21　循环右移

# 12.4　位　段

## 12.4.1　位段的概念与定义

位段是一种特殊的结构体类型，其所有成员的长度均以二进制位为单位进行定义，结构体中的成员被称为位段。位段的一般定义形式如下：

```
struct 结构体名
{
    类型  变量名 1:长度;
    类型  变量名 2:长度;
    ...
    类型  变量名 n:长度;
}
```

一个位段必须是 int、unsigned 或 signed 中的一种。例如，CPU 的状态寄存器按位段类型定义如下：

```
struct status                          /*状态寄存器位段*/
{
    unsigned sign:1;                   /*符号标志*/
    unsigned zero:1;                   /*零标志*/
    unsigned carry:1;                  /*进位标志*/
    unsigned parity:1;                 /*奇偶溢出标志*/
    unsigned half_carry:1;             /*半进位标志*/
    unsigned negative:1;               /*减标志*/
} flags;
```

显然，对 CPU 的状态寄存器而言，使用位段类型仅需 1 个字节即可。又如：

```
struct packed_data
{
    unsigned a:2;
    unsigned b:1;
    unsigned c:1;
    unsigned d:2;
}data；
```

可以发现，这里 a、b、c、d 分别占 2 位、1
位、1 位、2 位，如图 12.22 所示。

## 12.4.2　位段相关说明

前面介绍了什么是位段,这里针对位段的应
用,有以下几点说明。

☑　位段类型和位段变量的定义,以及位段
成员的引用,均与结构体类型和结构体
变量相同。

☑　在下面定义的位段结构中,各位段都只占用一个二进制位。

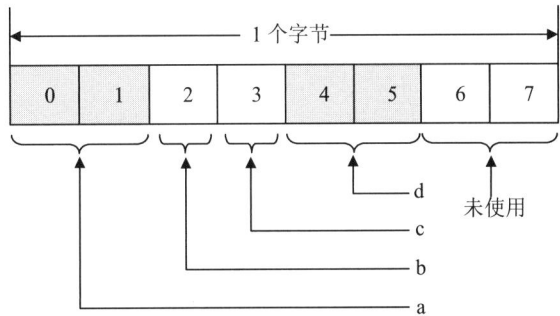

图 12.22　占位情况

```
struct attribute
{
    unsigned font:1;
    unsigned color:1;
    unsigned size:1;
    unsigned dir:1;
};
```

如果某位段需要表示多于两种状态,也可将该位段设置为占用多个二进制位。例如,字体大小有 4
种状态,则可将上面的位段结构改写成如下形式:

```
struct attribute
{
    unsigned font:1;
    unsigned color:1;
    unsigned size:2;
    unsigned dir:1;
};
```

☑　某一位段要从另一个字节开始存放,可写成如下形式:

```
struct status
{
```

```
        unsigned a:1;
        unsigned b:1;
        unsigned c:1;
        unsigned :0;
        unsigned d:1;
        unsigned e:1;
        unsigned f:1
}flags;
```

原本 a、b、c、d、e、f 这 6 个位段是连续存储在一个字节中的。由于加入了一个长度为 0 的无名位段，因此其后的 3 个位段将从下一个字节开始存储，一共占用两个字节。

☑ 可以使各位段占满一个字节，也可以不占满一个字节。例如：

```
struct packed_data
{
        unsigned a:2;
        unsigned b:2;
        unsigned c:1;
        int i;
}data;
```

存储形式如图 12.23 所示。

☑ 一个位段必须存储在一个存储单元（通常为 1 字节）中，不能跨两个存储单元。如果本单元不够容纳某位段，则从下一个单元开始存储该位段。

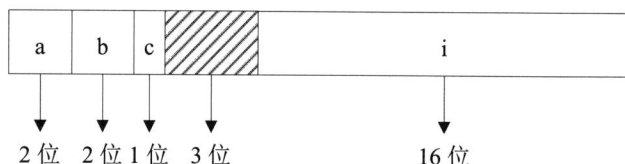

图 12.23　不占满一个字节的情况

☑ 可以用 "%d" "%x" "%u" "%o" 等格式字符，以整数形式输出位段。

☑ 在数值表达式中引用位段时，系统会自动将位段转换为整型数。

# 12.5　实践与练习

（答案位置：资源包\TM\sl\12\实践与练习\）

综合练习 1：流水灯设计　某电子专业同学做毕业设计，要求流水灯的 4 个灯循环点亮。利用位运算编写程序，输出灯亮时的值（1 表示亮，0 表示灭）。运行结果如下：

```
请输入流水灯初始化状况（十六进制）:
3df
请输入流水灯要移位的位数（>0）:
2
--------------------------------
    流水灯移位结果 f7c
--------------------------------
```

综合练习 2：密码二次加密　用户创建完新账户后，服务器为保护用户隐私，使用异或运算对用户密码进行二次加密，计算公式为 "加密数据=原始密码^加密算子"。已知加密算子为整数 79，计算用户密码 459137 经过加密后的值是多少。运行结果如下：

```
请输入原始密码和加密算子:
459137 79
☆ ☆ ☆ ☆ ☆ ☆ ☆ ☆ ☆ ☆
☆   经过加密后的值是:459214    ☆
☆ ☆ ☆ ☆ ☆ ☆ ☆ ☆ ☆ ☆
```

综合练习 3：将两人体重进行相与运算　定义两个变量，分别代表两个人的体重（单位 kg），将这两个变量进行相与运算。运行结果如下：

```
请输入第一个人体重:49
请输入第二个人体重:62
-*-*-*-*-*-*-*-*-*-*-
   weight1=49,weight2=62
-*-*-*-*-*-*-*-*-*-*-
@*@*@*@*@*@*@*@*@*@*@*
   weight1&weight2=48
@*@*@*@*@*@*@*@*@*@*@*
```

综合练习 4：输出 A 的 ASCII 码值并取反　输入大写字母 A，输出它的 ASCII 值及 ASCII 值取反的值。运行结果如下：

```
请输入字符 cChar:
A
cChar 的 ASCII 值为：65
cChar 的 ASCII 值取反为：-66
```

综合练习 5：计算 1028％8　使用位移运算和算术运算符，计算 1028％8 的结果。运行结果如下：

```
----------------------
 计算的结果等于4
----------------------
```

综合练习 6：计算 a>>64、a>>65 和 a>>1　声明 int 型变量 a，输入 a 的值，在控制台中输出 a>>64、a>>65 和 a>>1 的结果。运行结果如下：

```
请输入 x 的值：73
x>>64 的值是:73
x>>65 的值是:36
x>>1 的值是:18
```

综合练习 7：0xEFCA 与 0 按位或运算　将 16 进制数字 0xEFCA 与 0 进行按位或运算，输出结果。观察本练习与例 12.2 结果，可得出什么结论？运行结果如下：

```
-*-*-*-*-*-*-*-*-*-*-*
      a|0=EFCA
-*-*-*-*-*-*-*-*-*-*-*
```

综合练习 8：将 50 和-50 右移　将 50 和-50 分别右移 3 位，输出结果。在所得结果基础上再分别右移 2 位，继续输出结果。运行结果如下：

```
&&&&&&&&&&&&&&&&&&&&&&&&&
&   50、-50 右移 3 位的结果分别为:6,-7   &
& 再此基础上又右移 2 位的结果分别为:1,-2  &
&&&&&&&&&&&&&&&&&&&&&&&&&
```

# 第13章

# 预处理命令

顾名思义，预处理就是在程序编译之前进行的处理。预处理是 C 语言特有的功能，主要包括宏定义、文件包含、条件编译等内容。预处理命令以符号"#"开头，如"#include"命令。使用预处理命令可使程序的修改、阅读、移植和调试更加方便，也更利于实现模块化程序设计。

本章的知识架构及重难点如下：

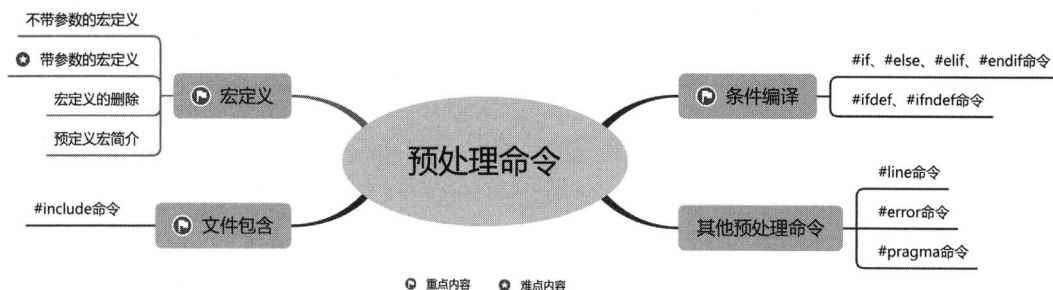

# 13.1 宏 定 义

宏定义是预处理命令的一种，它提供了一种可以替换源代码中字符串的机制。简单来说，宏定义指令#define 用来定义一个标识符和一个字符串，以这个标识符来代表这个字符串，在程序中每次遇到该标识符时就用所定义的字符串替换它。宏定义的作用相当于给指定的字符串起了一个别名。

**说明**

C 语言并没有规定#define 必须写在函数外面，只是规定这条命令必须单独占一个完整的逻辑行。其作用范围是#define 出现的位置到所在源文件结束，或到相应的#undef 预处理指令处。如果需要#define 预处理命令仅在某个函数内有效，可以把它写在函数内。

## 13.1.1 不带参数的#define 命令

首先来讲解不带参数的宏定义，其一般形式如下：

#define 　宏名　宏字符串

☑ "#"表示这是一条预处理命令。

☑　宏名是一个标识符，必须符合 C 语言中对标识符的限定。宏名要简单且意义明确，一般习惯用大写字母表示，以便与变量名相区别。

☑　宏字符串可以是常数、表达式、格式字符串等。

例如，下面宏定义的作用是在程序中用 PI 替代 3.14159。编译预处理时，每当在源程序中遇到 PI，就自动用 3.14159 代替。

```
#define PI 3.14159
```

**注意**

宏定义不是 C 语句，不需要在行末添加分号。

使用#define 进行宏定义的好处是：当需要改变一个常量时，只需改变#define 命令行，整个程序的常量都会改变，大大提高了程序的灵活性。

宏名定义后，即可成为其他宏名定义的一部分。例如，下面的代码定义了正方形的边长 SIDE、周长 PERIMETER、面积 AREA 共 3 个宏名。其中，周长和面积的宏定义中使用了宏名 SIDE。

```
#define   SIDE   5
#define   PERIMETER   4*SIDE
#define   AREA   SIDE*SIDE
```

前面强调过，宏替换是用宏字符串代替宏名。因此，如果定义了如下邀请语，那么编译程序时遇到标识符 STANDARD，就会用"You are welcome to join us."替换。

```
#define   STANDARD   "You are welcome to join us."
printf(STANDARD);
```

关于不带参数的宏定义，有以下几点需要注意。

（1）如果在其他字符串中出现宏名，则不进行替换。例如：

```
#include<stdio.h>
#define   TEST   "this is an example"
main()
{
    char exp[30]="This TEST is not that TEST";        /*定义字符数组并赋初值，此处 TEST 不会被替换*/
    printf("%s\n",exp);
}
```

上述代码的输出结果如图 13.1 所示。可见，字符串中的两处 TEST 并没有用"this is an example"替换。

（2）如果宏字符串多于一行，可在行末用反斜杠"\"进行续行。

（3）#define 命令出现在函数外时，宏名的有效范围为定义命令之后到此源文件结束。

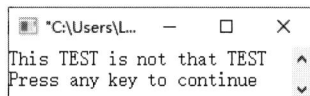

图 13.1　字符串中含有宏名

**注意**

通常会将所有#define 放到文件开始处或独立的文件中，而不是将它们分散到整个程序中。

（4）可以用#undef命令终止宏定义，使其作用域到此为止。例如：

```
#include<stdio.h>
#define   TEST   "this is an example"
main()
{
    printf(TEST);
    #undef TEST
}
```

（5）宏定义是一种预处理命令，不同于变量定义，它只做字符替换，而不分配内存空间。

## 13.1.2　带参数的#define 命令

带参数的宏定义，不仅要进行字符串替换，还要进行参数替换。其一般形式如下：

```
#define   宏名(参数表)   宏字符串
```

【例 13.1】两个数混合运算（实例位置：资源包\TM\sl\13\01）

本实例中，要求对两个数实现乘法和加法混合运算，代码如下：

```
#include<stdio.h>
#define   MIX(a,b)   ((a)*(b)+(b))            /*宏定义，求两个数的混合运算，注意宏字符串中的括号*/
main()
{
    int x=5,y=9;
    printf("x,y:\n");
    printf("%d,%d\n",x,y);
    printf("the min number is:%d\n",MIX(x,y));      /*调用宏定义*/
}
```

程序运行结果如图 13.2 所示。可见，编译程序时 printf 语句将被替换为如下形式：

```
printf("the min number is: %d",((a)*(b)+(b)));
```

用宏定义代替实在的函数，好处是可以提升代码速度（不再存在函数调用），代价是由于重复编码，增加了程序长度。

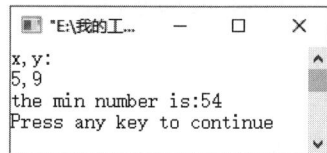

图 13.2　混合运算

对于带参数的宏定义，有以下几点需要注意。

（1）宏字符串中的参数要加括号。如不加括号，则结果可能是正确的，也可能是错误的。例如，将例 13.1 中的宏定义语句改为：

```
#define   MIX(a,b)   (a*b+b)                  /*宏定义，宏字符串中的参数未加括号*/
```

则 main 函数中，x=10，y=9 时调用 MIX(x,y)，可以输出正确结果 99；x=10，y=3+4 时调用 MIX(x,y)，执行情况为(10*3+4+3+4)，将输出错误结果为 41。因此，宏定义时一定要给参数加上括号。

（2）整个宏字符串必须用括号括起来，以保护表达式中优先级较低的操作符。例如，将例 13.1 中的宏定义语句改为：

```
#define   MIX(a,b)   (a)*(b)+b                /*宏定义，整个宏字符串未被括起来*/
```

则 main 函数中，如果调用 5*MIX(x,y)，会被扩展为 5*(a)*(b)+(b)，而本意是希望得到 5*((a)*(b)+(b))，显然出现了错误。

（3）对带参数的宏的展开，只是用宏名后括号内的实参字符串代替#define 命令行中的形参。

（4）宏定义时，宏名与带参数的括号之间不要加空格，否则会将空格以后的字符都作为替代字符串的一部分。

（5）在带参宏定义中，形式参数不分配内存单元，因此不必做类型定义。

## 13.1.3 宏定义的删除

使用#undef 命令可以删除之前的宏定义，将宏名限制在特定的代码段中。其一般形式如下：

#undef 宏替换名

下面的代码中，先使用#define 定义宏名 MAX_SIZE，然后使用#undef 删除该宏定义。也就是说，遇到#undef 语句之前，MAX_SIZE 宏定义都是生效的。

```
#define MAX_SIZE 100
    char array[MAX_SIZE];
    …
#undef MAX_SIZE
```

**编程训练（答案位置：资源包\TM\sl\13\编程训练\）**

训练 1：用宏计算长方形周长　将长方形的长、宽用宏定义为 6、5，再用宏定义计算此长方形周长，最后在主函数中输出周长的标识符。

训练 2：计算三角形的的面积　利用带参数的宏定义表达三角形的底和高对应的面积。

## 13.1.4 预定义宏简介

预定义宏就是不需要用户使用#define 定义就可以直接使用的特殊宏名，它们通常由预处理器提前定义好。预定义宏的名称由大写字符组成，通常以"__"（两条下划线）开头和结尾。如果宏名由两个单词组成，单词间以"_"（一条下划线）连接。

ANSI C 标准中给出了以下 5 个预定义宏名。

- ☑ __LINE__：当前被编译代码的行号。
- ☑ __FILE__：当前源程序的文件名称。
- ☑ __DATE__：当前源程序的创建日期。
- ☑ __TIME__：当前源程序的创建时间。
- ☑ __STDC__：判断当前编译器是否为 ANSI C。如果是，其值为 1。

在实际项目开发中，预定义宏对多平台代码编写有重大意义。通过预定义宏，程序员使用"#ifdef"与"#endif"等预处理指令，就可使平台相关代码只在适合于当前平台的代码上编译，从而在同一套代码中完成对多平台的支持。

**说明**

（1）关于"#ifdef"、"#endif"预处理指令的讲解，请参见13.3 节。

（2）如果当前编译器不是 ANSI C，可能仅支持部分预定义宏名。

# 13.2　文　件　包　含

使用#include 命令可将其他源文件的内容包含进来，即将其他文件包含到本文件之中。最常见的就是包含 stdio.h、string.h、math.h 等标准库函数的头文件（通常以.h 为后缀）。除此以外，还可以包含用户自定义的头文件。一般情况下，程序开发中会将如下内容放到.h 文件中，作为头文件使用。

- ☑　宏定义。
- ☑　结构、联合和枚举声明。
- ☑　typedef 声明。
- ☑　外部函数声明。
- ☑　全局变量声明。

被包含的头文件必须用尖括号或双引号括起来。例如，下面两行代码均表示包含了标准输入/输出库文件 stdio.h，后续可直接使用其中的函数而不用再定义。

```
#include "stdio.h"
#include <stdio.h>
```

双引号和尖括号的区别如下。

- ☑　尖括号：此为标准方式，系统直接到存放 C 语言库函数头文件的目录下寻找要包含的文件。
- ☑　双引号：系统先在用户当前目录中寻找要包含的文件，若找不到，再到存放 C 语言库函数头文件的目录下寻找。

通常情况下，需要包含库函数时，使用尖括号可以节省查找时间；需要包含用户自定义文件时，使用双引号比较快捷。用户自己编写的文件通常保存在当前目录中，如果文件不在当前目录中，双引号内还可以给出具体的文件路径。

【例 13.2】一年长一岁（实例位置：资源包\TM\sl\13\02）

age.h 头文件中给出了 3 个宏定义，代码如下。

```
#define P printf
#define D "%d"
#define A (age+1)
```

age.c 文件的代码如下。

```
#include "stdio.h"            /*包含头文件 stdio.h */
#include "age.h"              /*包含自定义头文件 age.c*/
int main()
{
    int age = 3;
    age=A;                    /*引用头文件中的宏定义 A*/
    P("年龄是"D"岁\n",age);    /*引用头文件中的宏定义 P、D */
    return 0;
}
```

程序运行结果如图 13.3 所示。

使用#include 命令为程序修改提供了方便。当需要修改某些参数时，不必逐个修改程序，只需要修改包含的头文件即可。

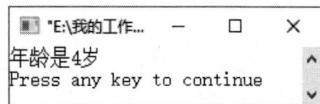

```
"E:\我的工作...    —    □    ×
年龄是4岁
Press any key to continue
```

图 13.3　一年长一岁

关于文件包含，还有以下几点需要注意。

☑　一个#include 命令只能指定一个被包含的文件。

☑　文件包含是可以嵌套的，即在一个被包含文件中还可以包含另一个被包含文件。

☑　若 age.c 中包含文件 age.h，则预编译后两者会成为一个文件。如果 age.h 中有全局静态变量，则该全局变量在 age.c 文件中也有效，这时不需要再用 extern 声明。

**编程训练（答案位置：资源包\TM\sl\13\编程训练\）**

训练 3：自定义头文件，输出两个数之和　自定义 sum.h 文件，在文件中定义两个变量，然后在 sum.c 文件中计算这两个变量之和。

```
请输入 a、b 值：
123 456
a+b=579
```

训练 4：输出诗句　自定义 ComeOn.h 文件，在文件中宏定义 printf 输出"会当凌绝顶，一览众山小"，然后在 ComeOn.c 文件中输出结果。

# 13.3　条 件 编 译

C 语言预处理器提供了条件编译功能。一般情况下，源程序中的所有行都会参加编译。如果希望其中一部分内容只在满足一定条件时才进行编译，就需要使用条件编译命令。使用条件编译可以使目标程序变小，运行时间变短。此外，还可以非常方便地处理程序的调试版本和正式版本，增强程序的可移植性。

## 13.3.1　#if、#else、#elif、#endif 命令

#if 命令的一般形式如下：

```
#if 常数表达式
    语句段
#endif
```

如果#if 命令后的常数表达式为真，则编译#if 到#endif 之间的程序段，否则跳过这段程序。#endif 命令用来表示#if 段的结束。

**【例 13.3】与 50 进行比较（实例位置：资源包\TM\sl\13\03）**

本实例中，用#if 命令实现条件编译功能。如果等于 50，就计算 i=i+50；如果大于 50，就计算 i++；如果小于 50，就计算 i--。具体代码如下：

```
#include<stdio.h>
#define NUM 50                      /*宏定义*/
main()
{
    int i=0;
    #if NUM>50                      /*如果 NUM 大于 50，编译此段*/
        i++;
```

```
#endif
#if NUM==50                                    /*如果 NUM 等于 50，编译此段*/
    i=i+50;
#endif
#if NUM<50                                     /*如果 NUM 小于 50，编译此段*/
    i--;
#endif
printf("目前的值是:%d\n",i);
}
```

程序运行结果如图 13.4 所示。若将语句"#define NUM 50"改为"#define NUM 10"，则运行结果如图 13.5 所示；若改为"#define NUM 100"，运行结果如图 13.6 所示。

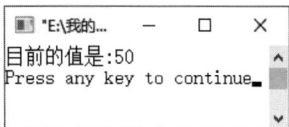

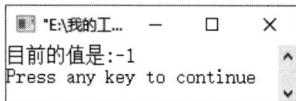

图 13.4  #if 应用　　　　　　　　图 13.5  NUM 为 10 时　　　　　　　图 13.6  NUM 为 100 时

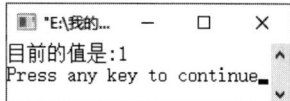

#else 命令可在#if 为假时提供另一种编译选择，其作用类似于第 6 章 if...else 语句中的 else 部分。

【例 13.4】判断是否是能被 9527 整除的偶数（**实例位置：资源包\TM\sl\13\04**）

本实例使用#if 与#else 命令，实现条件编译功能，代码如下：

```
#include <stdio.h>
#define iInput 19054                           /*宏定义，用 iInput 替代 19054*/
int main()
{
    printf("当前是：%d\n", iInput);
    #if iInput>=0                              /*如果是非负数，编译此段*/
        if(iInput % 9527==0 && iInput %2 == 0)  /*普通 if 语句，如果能被 9527 整除且为偶数*/
            printf("能被 9527 整除的偶数\n");
    #else                                      /*如果是负数，编译此段*/
        printf("当前为负数：%d\n", iInput);
    #endif
    return 0;
}
```

程序运行结果如图 13.7 所示。

除此之外，还可以使用#elif 命令进行更复杂的条件编译设定，其作用类似于多分支 if 语句中的 else if 部分。一般形式如下：

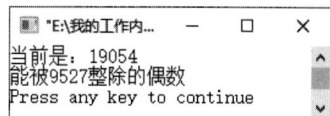

图 13.7  #else 应用

```
#if 表达式 1
    语句段 1
#elif 表达式 2
    语句段 2
...
#elif 表达式 n
    语句段 n
#endif
```

## 13.3.2  #ifdef、#ifndef 命令

#ifdef 与#ifndef 命令分别用来表示"如果宏名已被定义"和"如果宏名未被定义"，以此来判断是

否已进行过指定宏名的定义，并根据条件进行编译。

#ifdef 的一般形式如下：

```
#ifdef 宏名
    语句段
#endif
```

其含义是：如果宏名已定义过，编译其下的语句段；如果未被定义，则不编译该语句段。

#ifdef 可与#else 连用，形式如下：

```
#ifdef 宏名
    语句段 1
#else
    语句段 2
#endif
```

其含义是：如果宏名已定义过，编译语句段 1；如果未被定义，编译语句段 2。

#ifndef 的含义和#ifdef 正好相反，其一般形式如下：

```
#ifndef 宏名
    语句段
#endif
```

其含义是：如果宏名未被定义，编译其下的语句段；如果已被定义，则不编译该语句段。

同样，#ifndef 也可以与#else 连用，一般形式如下：

```
#ifndef 宏名
    语句段 1
#else
    语句段 2
#endif
```

其含义是：如果宏名未被定义，编译语句段 1；如果已被定义，编译语句段 2。

**【例 13.5】模拟银行叫号服务（实例位置：资源包\TM\sl\13\05）**

去银行办理业务时，需要先取号，如号码为 100 号，则需等到叫 100 号时才可以办理业务；如果没有取号，则不能办理业务。使用#ifdef 和#ifndef 编写程序，模拟此场景。

```
#include<stdio.h>
#define STR "100 号"                      /*宏定义，用 STR 代替 "100 号" */
int main()
{
    #ifdef STR                            /*宏名 STR 已定义过，编译此段*/
        printf(STR);                      /*以下两行输出叫号信息*/
        printf("能办理业务\n");
    #endif
    printf("\n");
    #ifndef ABC                           /*宏名 ABC 未被定义，不编译此段*/
        printf("没取到号不能办理业务\n");
    #endif
    return 0;
}
```

程序运行结果如图 13.8 所示。

**编程训练（答案位置：资源包\TM\sl\13\编程训练\）**

训练 5：电报译文　输入一行电报，任选两种方式输出：一种是

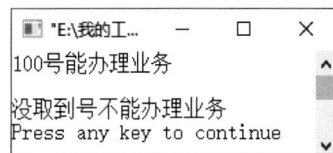

图 13.8　模拟银行叫号

原文输出，另一种是将字母变为其下一个字母，如 a 变成 b，b 变为 c，……，y 变成 z，z 变成 a，其他字符不变。用条件编译方法实现，用#define 命令来控制是否要译成密码。运行结果如下：

```
请输入电报：
Oh My God
输出：
Pi Nz Hpe
```

训练 6：秘密电报　输入一行报文，将报文源码输出，或输出相同个数的"*"。运行结果如下：

```
请输入信息：
hello
加密之后的消息为：
*****
```

# 13.4　其他预处理命令

## 13.4.1　#line 命令

#line 命令用于显示_LINE_与_FILE_的内容。一般形式如下：

```
#line  行号["文件名"]
```

其中，"行号"为当前编译代码行的行号，是一个正整数；"文件名"为源文件的名字，是一个有效的文件标识符。#line 命令主要用于调试及其他特殊应用。

【例 13.6】输出当前行号（**实例位置：资源包\TM\sl\13\06**）

本实例中，利用#line 输出当前行号，代码如下：

```
#line 100 "13.6.C"
#include<stdio.h>
int main()
{
    printf("1.当前行号：%d\n",__LINE__);
    printf("2.当前行号：%d\n",__LINE__);
    return 0;
}
```

程序运行结果如图 13.9 所示。

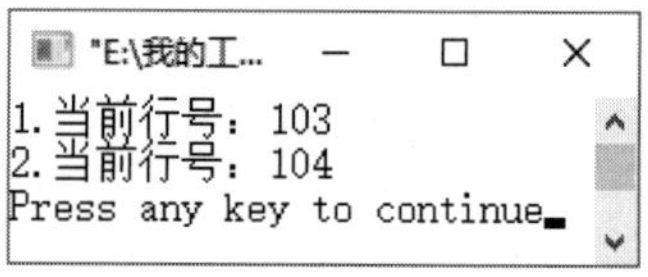

## 13.4.2　#error 命令

当预处理器遇到#error 命令时，将停止编译，输出用户自定义的错误信息。一般形式如下：

```
#error message
```

图 13.9　输出当前行号

其中，message 为停止预处理时输出的错误提示信息。

【例 13.7】使用#error 预处理命令（**实例位置：资源包\TM\sl\13\07**）

执行两段代码，观察运行结果。第一段代码如下：

```
#include <stdio.h>
#ifndef PI
#error PI not defined
#else
int main() {
    float a = 1.999;
    printf("b = %f\n", a);
}
#endif
```

第二段代码如下：

```
#include <stdio.h>
#define PI    3.14159

#ifndef PI
#error PI not defined
#else
int main() {
    float a = 1.999;
    printf("b = %f\n", a);
}
#endif
```

两段代码的运行结果如图 13.10 和图 13.11 所示。第一段代码执行时出现错误，错误信息就是#error 命令中的内容。第二段代码中由于 PI 进行过宏定义，执行成功。

信息

[Error] #error PI not defined

图 13.10　第一段代码运行结果

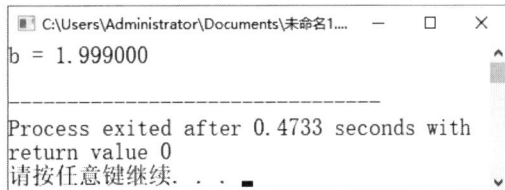

```
C:\Users\Administrator\Documents\未命名1....
b = 1.999000

-----------------------------------
Process exited after 0.4733 seconds with
return value 0
请按任意键继续. . .
```

图 13.11　第二段代码运行结果

## 13.4.3　#pragma 命令

#pragma 命令用于设定编译器的状态，或指示编译器完成一些特定动作。一般形式如下：

**#pragma 参数**

其中的参数示例如下。

☑　message：设置编译信息窗口中输出的信息。

☑　code_seg：设置程序中函数代码存放的代码段。

☑　once：确保头文件只被编译一次。

# 13.5　实践与练习

（答案位置：资源包\TM\sl\13\实践与练习\）

综合练习 1：一年有多少秒　用预处理命令声明一个常量，表示一年有多少秒（按每年 365 天计算），然后输出该信息。运行结果如下：

```
→*→*→*→*→*→*→*
    一年有 31536000 秒
→*→*→*→*→*→*→*
```

综合练习 2：模拟交通灯场景　利用#if...#else 编程，输入某个数字，打印出当前交通灯的状态。如输入数字 1，输出"红灯停"；输入数字 2，输出"绿灯行"；输入数字 3，输出"黄灯等待"。运行结果如下：

```
→ → → → → →
    黄灯等待
→ → → → → →
```

综合练习 3：求两数乘积　输入两个整数，求其乘积，用带参数的宏实现。运行结果如下：

```
请输入两个数:
59 64
乘积结果为:3776
```

综合练习 4：求最小值　定义一个带参数的宏，比较数值 15 和 9，并返回最小值，运行结果如下：

```
------------------------
    x,y 为:15,9
------------------------


◎ ◎ ◎ ◎ ◎ ◎ ◎ ◎ ◎ ◎ ◎
    这两个数中 最小值为:9
◎ ◎ ◎ ◎ ◎ ◎ ◎ ◎ ◎ ◎ ◎
```

综合练习 5：一年长一岁　自定义头文件 age.h，将 printf 定义一个符号常量，将%d 定义一个符号常量，将（age+1）再定义一个符号常量，最后在 age.c 中输出年龄。运行结果如下：

```
#-#-#-#-#-#-#-#-#
    年龄是 4 岁
#-#-#-#-#-#-#-#-#
```

综合练习 6：你的成绩合格吗？　小红的考试成绩为 91 分，利用#if 编写程序，判断小红是否及格（及格分是 60 分）。运行结果如下：

```
及格了
☆ ☆ ☆ ☆ ☆ ☆ ☆ ☆
    当前分数:91
☆ ☆ ☆ ☆ ☆ ☆ ☆ ☆
```

综合练习 7：摄影收费标准　某摄影工作室制定的收费标准如下：清纯型 235 元，异域风情照 399 元，双人照（如姐妹、情侣照）599 元，婚纱照 1999 元。利用#elif 模拟此价格标准，运行结果如下：
结果 1：

```
@-@-@-@-@-@-@-@-@
    婚纱照
@-@-@-@-@-@-@-@-@
```

结果 2：

```
卍 卍 卍 卍 卍
    清纯型
卍 卍 卍 卍 卍
```

结果 3：

```
+-+-+-+-+-+-+-+-+-+-+-+-+-
   双人照（姐妹照，情侣照）
+-+-+-+-+-+-+-+-+-+-+-+-+-
```

结果 4：

```
----------------
   异域风情
----------------
```

综合练习 8：自定义文件输出谚语　自定义文件编写程序，使其输出效果如下：

```
★ ★ ★ ★ ★ ★ ★ ★ ★ ★ ★ ★ ★ ★ ★ ★
   今日的事情，尽心，尽力，尽意去做了。
   无论成绩如何，都应该高高兴兴地上床恬睡
★ ★ ★ ★ ★ ★ ★ ★ ★ ★ ★ ★ ★ ★ ★ ★
```

# 第 14 章

# 文件

文件是一组相关数据的有序集合，是程序设计中的一个重要概念。通常情况下，使用计算机主要是在使用文件。要进行数据处理，往往也需要通过文件来完成。本章就来介绍如何将数据写入文件以及如何从文件中读取数据。

本章的知识架构及重难点如下：

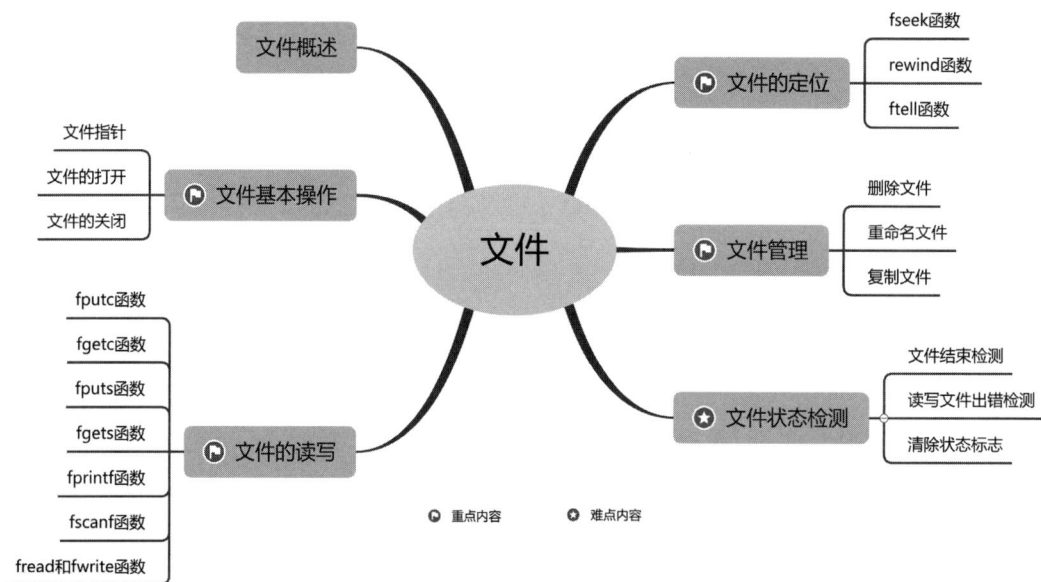

## 14.1　文件概述

文件是一组相关数据的有序集合，这个数据集有一个名称，叫作文件名。如图 14.1 所示，保存《劝学》诗句的就是一个文件，图片左上角显示的是文件的名字"语句.txt"。

通常情况下，使用计算机主要是在使用文件。输入和输出指的是从标准输入设备（键盘）输入，由标准输出设备（显示器或打印机）输出。磁盘作为信息载体，用于保存中间结果或最终数据。在

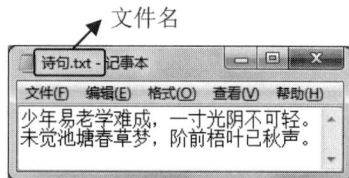

图 14.1　文件与文件名

使用一些字处理工具时，打开文件可将磁盘的信息输入内存，关闭文件可将内存的数据输出到磁盘。这时，输入、输出都是针对文件系统的。

所有文件都可以通过流进行输入、输出操作。与文本流和二进制流相对应，文件可以分为文本文件和二进制文件两大类。文本文件也称为 ASCII 文件，保存时每个字符对应一个字节，存放对应的 ASCII 码。二进制文件按二进制编码方式保存文件内容。

按文件内容看，可分为源文件、目标文件、可执行文件、头文件和数据文件等。

从用户角度（或所依附的介质）看，可分为普通文件和设备文件两种。

☑　普通文件：指存储在磁盘或其他外部介质上的有序数据集。

☑　设备文件：指与主机相连的各种外部设备，如显示器、打印机、键盘等。操作系统中把外部设备也看作一个文件来管理，把它们的输入、输出等同于对磁盘文件的读和写。

C 语言中，文件操作都是由库函数来完成的。本章将介绍主要的文件操作函数。

# 14.2　文件基本操作

文件的基本操作包括文件的打开和关闭。除标准的输入、输出文件外，其他所有文件都必须先打开再使用，使用后还必须关闭该文件。

## 14.2.1　文件指针

文件指针是一个指向文件有关信息的指针，这些信息包括文件名、状态和当前位置，保存在一个结构体变量中。使用文件时需要在内存中为其分配空间，用来存放文件的基本信息。该结构体类型是由系统定义的，C 语言规定该类型为 FILE 型，其声明如下：

```
typedef struct
{
    short level;
    unsigned flags;
    char fd;
    unsigned char hold;
    short bsize;
    unsigned char *buffer;
    unsigned ar *curp;
    unsigned istemp;
    short token;
}FILE;
```

上述代码中，使用 typedef 定义了一个结构体类型 FILE，编写程序时可直接使用 FILE 类型来定义变量。注意，定义变量时不必将结构体内容全部给出，只需写成如下形式（fp 是一个指向 FILE 类型的指针变量）。

```
FILE *fp;
```

**说明**

不可以通过定义 FILE 类型变量来操作文件。FILE 型数据对象的位置由库函数确定，C 语言中只能通过 FILE *类型的指针来操作文件。

## 14.2.2 打开文件（fopen 函数）

fopen 函数用来打开一个文件，打开文件的操作就是创建一个流。fopen 函数的原型在 stdio.h 中，其一般形式如下：

```
FILE *fp;
fp=fopen(文件名,使用文件方式);
```

其中，"使用文件方式"指打开文件时的读写方式（见表 14.1）。

表 14.1　打开文件方式

| 文件使用方式 | 含　义 |
| --- | --- |
| r（只读） | 打开一个文本文件，只允许读数据 |
| w（只写） | 打开或创建一个文本文件，只允许写数据 |
| a（追加） | 打开一个文本文件，并在文件末尾写数据 |
| rb（只读） | 打开一个二进制文件，只允许读数据 |
| wb（只写） | 打开或创建一个二进制文件，只允许写数据 |
| ab（追加） | 打开一个二进制文件，并在文件末尾写数据 |
| r+（读写） | 打开一个文本文件，允许读和写 |
| w+（读写） | 打开或创建一个文本文件，允许读和写 |
| a+（读写） | 打开一个文本文件，允许读，或在文件末追加数据 |
| rb+（读写） | 打开一个二进制文件，允许读和写 |
| wb+（读写） | 打开或创建一个二进制文件，允许读和写 |
| ab+（读写） | 打开一个二进制文件，允许读，或在文件末追加数据 |

例如，以只读方式打开名为 123 的文本文档文件，代码如下：

```
FILE *fp;
fp= fopen ("123.txt","r");
```

如果 fopen 函数打开文件成功,返回一个有确定指向的 FILE 类型指针;若打开失败,则返回 NULL。文件打开失败通常是以下 3 个原因。

- ☑　指定的盘符或路径不存在。
- ☑　文件名中含有无效字符。
- ☑　以 r 模式打开一个不存在的文件。

## 14.2.3 关闭文件（fclose 函数）

文件使用完毕后,应使用 fclose 函数将其关闭。fclose 函数的原型也在 stdio.h 中,其一般形式如下:

```
fclose(文件指针);
```

正常关闭文件时，fclose 函数返回 0，否则返回 EOF。例如：

```
fclose(fp);
```

> **说明**
> 在程序结束之前应关闭所有文件，以防止因未关闭文件而造成的数据丢失。

# 14.3 文件的读写

打开文件后，可进行数据读取或写入的操作。C 语言提供了丰富的文件读写操作函数，本节将对其进行详细介绍。

## 14.3.1 写入字符（fputc 函数）

fputc 函数用于把一个字符写到磁盘文件（fp 所指向的文件）中。其一般形式如下：

```
fputc(ch,fp);
```

其中，ch 是要写入的字符，可以是一个字符常量，也可以是一个字符变量。fp 是文件指针变量，如果函数写入成功，则返回值就是写入的字符；如果写入失败，则返回 EOF。

**【例 14.1】** 将名人语录写入文件中（**实例位置：资源包\TM\sl\14\01**）

创业指导课上，老师要求每个学生说一句关于创业的经典语录。将 "Together we creat a team culture, rather than complaining about culture." 写到文件中，以 "#" 结束输入。

```c
#include<stdio.h>
#include<stdlib.h>                       /*包含 stdlib.h（标准库函数）头文件*/
int main()
{
    FILE *fp;                            /*定义一个指向 FILE 结构体的指针变量*/
    char ch;                             /*定义变量为字符型*/
    if((fp = fopen("E:\\exp01.txt", "w")) == NULL)  /*以只写方式打开指定文件，如果打开失败*/
    {
        printf("不能打开文件\n");
        exit(0);
    }
    printf("请输入名人名言:\n");
    ch = getchar();                      /*调用 getchar 函数输入一个字符并赋予 ch*/
    while(ch != '#')                     /*当输入的字符不为"#"时*/
    {
        fputc(ch, fp);                   /*调用 fputc 函数，将字符写到磁盘文件中*/
        ch = getchar();                  /*调用 getchar 函数继续输入字符并赋给 ch*/
    }
    fclose(fp);                          /*关闭文件*/
    return 0;
}
```

当输入如图 14.2 所示的内容时，E:\exp01.txt 文件中的内容如图 14.3 所示。

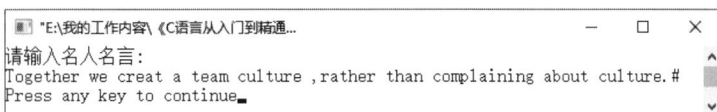

图 14.2 程序运行效果

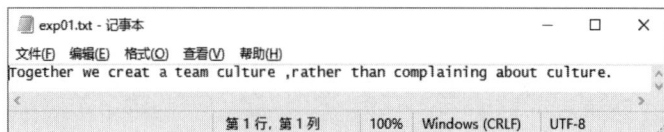

图 14.3　文件中的内容

![说明]
　　上述代码中用到了 C 语言中的 stdlib.h 标准库头文件，它包含了 C 语言中常用的系统函数，这里主要使用其提供的 exit 函数，用来在指定条件下退出程序，下面遇到时将不再说明。

## 14.3.2　读取字符（fgetc 函数）

fgetc 函数用于从指定文件（fp 指向的文件）中读取一个字符。其一般形式如下：

```
fgetc(fp);
```

注意，文件必须以只读或读写方式打开。当函数遇到文件结束符时，将返回文件结束标志 EOF。
【例 14.2】读取《早发白帝城》诗句（实例位置：资源包\TM\sl\14\02）
在 E 盘创建一个文件 poem.txt，内容为李白的《早发白帝城》，将其中的诗句输出在控制台上。

```
#include<stdio.h>
int main()
{
    FILE *fp;                          /*定义一个指向 FILE 结构体的指针变量*/
    char ch;                           /*定义变量及数组为字符型*/
    fp = fopen("E:\\poem.txt", "r");   /*以只读方式打开指定文件*/
    ch = fgetc(fp);                    /*调用 fgetc 函数，读取一个字符并赋予 ch*/
    while(ch != EOF)                   /*当读取的字符值等于 EOF 时，结束循环。如果不等于 EOF*/
    {
        putchar(ch);                   /*调用 putchar 函数，将读取的字符输出到屏幕上*/
        ch = fgetc(fp);                /*调用 fgetc 函数继续读取下一个字符并赋予 ch*/
    }
    printf("\n");
    fclose(fp);                        /*关闭文件*/
    return 0;
}
```

运行程序，显示效果如图 14.4 所示。

![误区警示]
　　fgets 函数和 gets 函数的区别为：gets 函数读完回车换行（'\n'），并不存储；fgets 函数存储换行符并在其后写一个 null character('\0')。不能简单地把 fgets 函数理解为 gets 函数限制字符数目的 stdin 加强版。在改用 fgets 函数后，应把字符串结束前的'\n'删除。

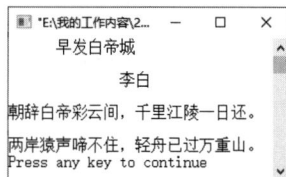

图 14.4　读取磁盘文件

## 14.3.3　写入字符串（fputs 函数）

fputs 函数与 fputc 函数类似，用于向指定文件写入一个字符串。其一般形式如下：

```
fputs(字符串,文件指针)
```

其中，字符串可以是字符串常量，也可以是字符数组名、指针或变量。

【例 14.3】录入歌词（实例位置：**资源包\TM\sl\14\03**）

某唱片公司为歌手录制 MV，需要将歌词录入文件中。代码如下：

```c
#include<stdio.h>
#include<stdlib.h>                          /*包含 stdlib.h 头文件*/
int main()
{
    FILE *fp;
    char filename[30],str[30];              /*定义两个字符型数组*/
    printf("请输入文件路径:\n");
    scanf("%s",filename);                    /*输入文件路径*/
    if((fp=fopen(filename,"w"))==NULL)       /*以只写方式打开文件，如果打开失败*/
    {
        printf("不能打开文件!\n 请按任意键结束\n");
        getchar();
        exit(0);
    }
    printf("请输入歌词:\n");                   /*提示输入字符串*/
    getchar();                               /*等待用户输入内容*/
    gets(str);                               /*获取输入的字符串*/
    fputs(str,fp);                           /*将字符串写入 fp 指向的文件中*/
    fclose(fp);                              /*关闭文件*/
    return 0;
}
```

程序运行效果如图 14.5 所示，写入的文件内容如图 14.6 所示。

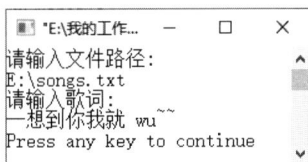

图 14.5　程序运行效果　　　　图 14.6　文件中的内容

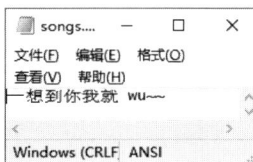

## 14.3.4　读取字符串（fgets 函数）

fgets 函数与 fgetc 函数类似，用于从指定文件中读取一个字符串到字符数组中。其一般形式如下：

fgets(字符数组名,n,文件指针);

其中，n 表示读取的字符串中字符的个数（包含 "\0"）。

【例 14.4】读取歌词（实例位置：**资源包\TM\sl\14\04**）

在 E 盘创建一个文件 sing.txt，文件内容为一句歌词，将内容输出在控制台上。

```c
#include<stdio.h>
#include<stdlib.h>                          /*包含 stdlib.h 头文件*/
int main()
{
    FILE *fp;
    char filename[30],str[30];              /*定义两个字符型数组*/
    printf("请输入文件路径:\n");
    scanf("%s",filename);                    /*输入包含路径的文件名*/
    if((fp=fopen(filename,"r"))==NULL)       /*以只读方式打开文件，如果打开失败*/
```

```
    {
        printf("不能打开文件!\n 请按任意键结束\n");
        getchar();
        exit(0);
    }
    fgets(str,sizeof(str),fp);              /*读取磁盘文件中的内容*/
    printf("%s",str);                       /*输出读取内容*/
    printf("\n");
    fclose(fp);                             /*关闭文件*/
    return 0;
}
```

所要读取的磁盘文件中的内容如图 14.7 所示，程序运行效果如图 14.8 所示。

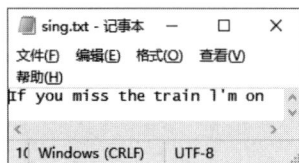

图 14.7　文件中的内容　　　　　　　图 14.8　程序运行效果

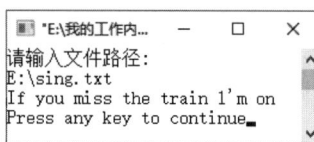

## 14.3.5　fprintf 函数

前面讲过 printf 和 scanf 函数，两者都是格式化读写函数。fprintf 和 fscanf 函数与之相似，但读写对象不是终端，而是磁盘文件。

fprintf 函数的功能为：根据指定的格式，将数据输出到文件中。对系统而言，这是一个输出的过程；但对文件而言，这是一个写入的过程。其一般形式如下：

fprintf(文件类型指针,格式字符串,输出列表);

例如，下面的代码将整型变量 i 的值以"%d"的格式输出到 fp 指向的文件中。

fprintf(fp,"%d",i);

**【例 14.5】打印帕斯卡三角形（实例位置：资源包\TM\sl\14\05）**

帕斯卡三角形又称为杨辉三角，是二项式系数在三角形中的一种几何排列。输出 3 行帕斯卡三角形，如下所示：

```
      1
    1   1
  1   2   1
```

```
#include<stdio.h>
#include<stdlib.h>                          /*包含 stdlib.h 头文件*/
int main()
{
    FILE *fp;                               /*定义一个指向 FILE 结构体的指针变量*/
    int i=1;
    int j=2;
    char filename[30];                      /*定义一个字符型数组*/
    printf("请输入保存文件路径:\n");
    scanf("%s",filename);                   /*输入包含路径的文件名*/
    if((fp=fopen(filename,"w"))==NULL)      /*以只写方式打开文件，如果打开失败*/
```

```
    {
        printf("不能打开文件!\n 请按任意键结束\n");
        getchar();
        exit(0);
    }
    fprintf(fp,"%4d\n",i);                    /*以下 6 行代码将帕斯卡三角形写入 fp 指向的磁盘文件中*/
    fprintf(fp,"%2d",i);
    fprintf(fp,"%4d\n",i);
    fprintf(fp,"%d",i);
    fprintf(fp,"%3d",j);
    fprintf(fp,"%4d\n",i);
    fclose(fp);                               /*关闭文件*/
    return 0;
}
```

程序运行效果如图 14.9 所示。将帕斯卡三角形写入磁盘文件中，最终文件效果如图 14.10 所示。

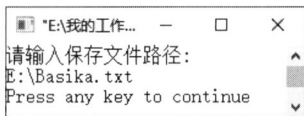

图 14.9 程序运行效果

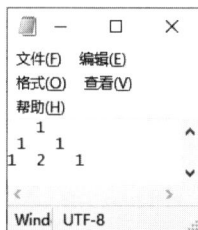

图 14.10 生成的文件效果

## 14.3.6 fscanf 函数

fscanf 函数的功能为：从文件中读取数据，遇到空格和换行符时结束。对系统而言，这是一个输入数据的过程；对文件而言，这是一个读取数据的过程。其一般形式如下：

```
fscanf(文件类型指针,格式字符串,输入列表);
```

例如，下面语句的作用是读取 fp 指向文件中 i 的值。

```
fscanf(fp,"%d",&i);
```

【例 14.6】公布选择题答案（实例位置：资源包\TM\sl\14\06）

期末考试后，为便于审阅试卷，需要编写程序将选择题答案显示出来。例如，答案是 ACBDDCBAD CBCAAB。运行程序前需要在 E 盘创建 answer.txt 文件，内容是选择题答案。代码如下：

```
#include<stdio.h>
#include<stdlib.h>
int main()
{
    FILE *fp;                          /*定义一个指向 FILE 结构体的指针变量*/
    char i,j;
    char filename[30];                 /*定义一个字符型数组*/
    printf("请输入文件路径:\n");
    scanf("%s",filename);              /*输入包含路径的文件名*/
    if((fp=fopen(filename,"r"))==NULL) /*以只读方式打开文件，如果打开失败*/
    {
        printf("不能打开文件!\n 请按任意键继续\n");
        getchar();
        exit(0);
```

```
    }
    for(i=0;i<15;i++)                         /*for 循环，遍历读取文件中存储的答案*/
    {
        fscanf(fp,"%c",&j);                   /*将文件中读取到的答案存储到字符变量 j 中*/
        printf("%d answer is:%5c\n",i+1,j);   /*输出每道题对应的答案*/
    }
    fclose(fp);                               /*关闭文件*/
    return 0;
}
```

所读取的磁盘文件中的内容如图 14.11 所示。程序运行界面如图 14.12 所示。

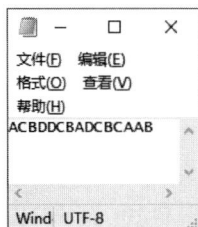

图 14.11　文件中的内容　　　　图 14.12　程序运行效果

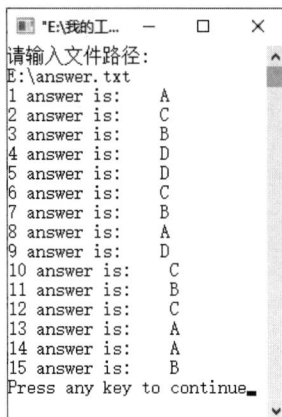

## 14.3.7　读写数据块（fread 和 fwrite 函数）

实际开发中，往往需要对整块数据进行读写，例如，对一个结构体变量进行读写。下面介绍可实现整块读写功能的 fread 和 fwrite 函数。

fread 函数的功能是：从 fp 指向的文件中读取 count 次，每次读 size 字节，读取的信息保存在 buffer 地址中。其一般形式如下：

```
fread(buffer,size,count,fp);
```

fwrite 函数的功能是：将 buffer 地址开始的信息输出 count 次，每次写 size 字节到 fp 指向的文件中。其一般形式如下：

```
fwrite(buffer,size,count,fp);
```

☑　buffer：一个指针。对 fwrite 函数来说，是待输出数据的地址（起始地址）；对 fread 函数来说，是待读取数据存放的地址。

☑　size：要读写的字节数。

☑　count：要读写多少个 size 字节的数据项。

☑　fp：文件型指针。

例如，下面的语句表示从 fp 指向的文件中每次读取两个字节并保存在数组 a 中，连续读取 3 次。

```
fread(a,2,3,fp);
```

下面的语句表示将数组 a 中的信息每次输出两个字节到 fp 指向的文件中，连续输出 3 次。

```
fwrite(a,2,3,fp);
```

**【例 14.7】** 新实习生信息（**实例位置：资源包\TM\sl\14\07**）

某企业招聘，经过初复试，筛选出 3 名实习生。输入实习生信息，将信息显示出来。

```
#include<stdio.h>
#include<stdlib.h>
struct student_list
{
    char name[10];
    char adr[20];
    char tel[15];
} info[100];                                              /*定义结构体数组 info，存储实习生基本信息*/
void save(char *name, int n)                              /*自定义 save 函数，存储实习生信息*/
{
    FILE *fp;                                             /*定义一个指向 FILE 结构体的指针变量*/
    int i;
    if((fp = fopen(name, "wb")) == NULL)                  /*以只写方式打开文件，如果打开失败*/
    {
        printf("不能打开文件\n");
        exit(0);
    }
    for(i = 0; i < n; i++)
        if(fwrite(&info[i], sizeof(struct student_list), 1, fp) != 1)   /*将一组数据输出到 fp 指向的文件中*/
            printf("写入有误\n");                          /*如果写入文件不成功，则提示错误*/
    fclose(fp);                                           /*关闭文件*/
}
void show(char *name, int n)                              /*自定义 show 函数，输出实习生信息*/
{
    int i;
    FILE *fp;                                             /*定义一个指向 FILE 结构体的指针变量*/
    if((fp = fopen(name, "rb")) == NULL)                  /*以只读方式打开文件，如果打开失败*/
    {
        printf("不能打开文件\n");
        exit(0);
    }
    for(i = 0; i < n; i++)
    {
        fread(&info[i], sizeof(struct student_list), 1, fp);   /*从 fp 指向的文件中读取数据并存入 info 数组*/
        printf("%15s%20s%20s\n", info[i].name, info[i].adr,info[i].tel);   /*输出学生的姓名、地址、手机号*/
    }
    fclose(fp);                                           /*关闭文件*/
}
int main()
{
    int i, n;                                             /*变量类型为基本整型*/
    char filename[50];                                    /*数组为字符型*/
    printf("一共几名?\n");
    scanf("%d", &n);                                      /*输入实习生人数*/
    printf("请输入文件路径:\n");
    scanf("%s", filename);                                /*输入文件所在路径及名称*/
    printf("请输入姓名，地址，手机号\n");
    for (i = 0; i < n; i++)                               /*循环输入实习生信息并存储到文件中*/
    {
        printf("NO%d", i + 1);
```

```
        scanf("%s%s%s", info[i].name, info[i].adr, info[i].tel);
        save(filename, n);                           /*调用函数 save，存储实习生信息*/
    }
    printf("信息如下:\n");
    show(filename, n);                               /*调用函数 show，输出实习生信息*/
}
```

程序运行结果如图 14.13 所示。

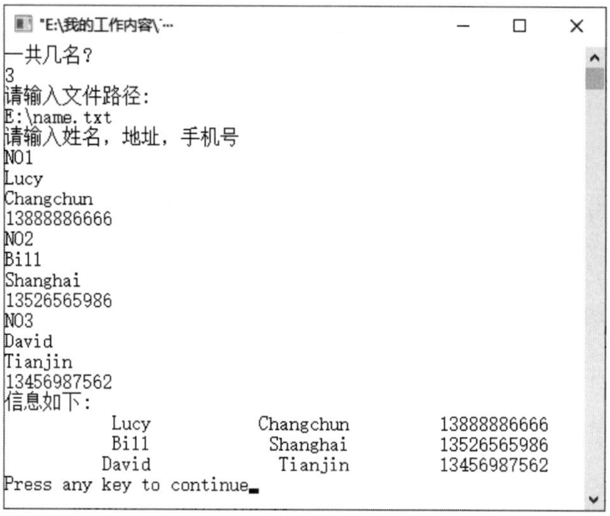

图 14.13　输入并显示实习生信息

**编程训练（答案位置：资源包\TM\sl\14\编程训练\）**

训练 1：输出疫情数据　在 F 盘创建一个 exp.txt 文件，内容为 2 月某天吉林省新冠肺炎疫情数据，将数据输出在控制台上。

训练 2：默写诗歌《咏鹅》　在控制台上默写《咏鹅》，并保存在文件中。

# 14.4　文件的定位

对文件进行操作时，往往不需要从文件首开始，只操作指定内容即可。这时，就需要使用文件定位函数来实现数据的随机读取。下面介绍 3 个随机读写函数。

## 14.4.1　fseek 函数

fseek 函数的作用是移动文件内部的位置指针。其一般形式如下：

```
fseek(文件类型指针,位移量,起始点);
```

其中，"文件类型指针"指向被移动的文件；"位移量"表示移动的字节数，一般为 long 型数据，以保证文件长度大于 64KB 时不会出错；"起始点"表示从何处开始计算位移量，一般是文件首、文件当前位置和文件尾，其表示方法如表 14.2 所示。

表 14.2 起始点

| 起 始 点 | 表 示 符 号 | 数 字 表 示 |
|---|---|---|
| 文件首 | SEEK—SET | 0 |
| 文件当前位置 | SEEK—CUR | 1 |
| 文件尾 | SEEK—END | 2 |

例如，下面的语句表示将位置指针从当前位置向后移动 20 个字节。

```
fseek(fp,-20L,1);
```

注意，fseek 函数一般用于二进制文件。在文本文件中使用时，必须先进行转换，否则位置会出现错误。文件的随机读写在移动位置指针之后进行，可用前面介绍的任一种读写函数进行读写。

**【例 14.8】快递员送快递（实例位置：资源包\TM\sl\14\08）**

快递员通常会将收货人电话的后 4 位写到快递包裹上，作为取货号使用。编写程序，例如收货人电话是 123****8900，则输出取货号 8900。运行程序前，需要在 E 盘创建 goods.txt 文件，内容是收货人的手机号。代码如下：

```
#include<stdio.h>
#include<stdlib.h>
int main()
{
    FILE *fp;
    char filename[30],str[50];              /*定义两个字符型数组*/
    printf("请输入文件路径:\n");
    scanf("%s",filename);                   /*输入包含路径的文件名*/
    if((fp=fopen(filename,"wb"))==NULL)     /*以只写方式打开文件，如果打开失败*/
    {
        printf("不能打开文件!\n 请按任意键继续\n");
        getchar();
        exit(0);
    }
    printf("请输入字符串:\n");
    getchar();
    gets(str);                              /*输入字符串*/
    fputs(str,fp);                          /*把字符串写入文件*/
    fclose(fp);                             /*关闭文件*/
    if((fp=fopen(filename,"rb"))==NULL)     /*以只读方式打开文件，如果是否打开失败*/
    {
        printf("不能打开文件!\n 请按任意键继续\n");
        getchar();
        exit(0);
    }
    fseek(fp,7L,0);                         /*从文件首开始，将位置指针向后移动 7 个字节*/
    fgets(str,sizeof(str),fp);              /*读取字符串，得到取货号*/
    printf("\n 取货号为:\n");
    puts(str);                              /*输出取货号*/
    fclose(fp);                             /*关闭文件*/
    return 0;
}
```

程序运行结果如图 14.14 所示。

其中，如下代码的含义是将文件指针指向距文件首 7 个字节的位置，也就是指向字符串中的第 8 个字符。

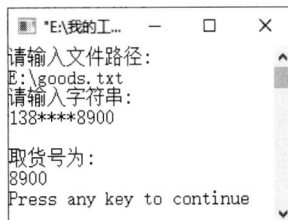

图 14.14 输出取货号

```
fseek(fp,7L,0);
```

## 14.4.2  rewind 函数

rewind 函数用于将位置指针重返文件首，没有返回值。其一般形式如下：

```
int rewind(文件类型指针)
```

**【例 14.9】给支付宝设置密码（实例位置：资源包\TM\sl\14\09）**

给支付宝设置密码时，用户输入一次密码后，会提示再输入一次密码，模拟此场景。运行程序之前，需要在 E 盘创建 password.txt 文件，内容是设置的密码。

```
#include<stdio.h>
#include<stdlib.h>
int main()
{
    FILE *fp;
    char ch,filename[50];
    printf("请输入文件路径:\n");
    scanf("%s",filename);                    /*输入包含路径的文件名*/
    if((fp=fopen(filename,"r"))==NULL)        /*以只读方式打开文件，如果打开失败*/
    {
        printf("不能打开文件\n");
        exit(0);
    }
    printf("\n 输入密码:\n");
    ch = fgetc(fp);                          /*从文件中读取字符，以下 6 行是第一次读取并输出密码*/
    while (ch != EOF)                        /*如果密码字符串未结束*/
    {
        putchar(ch);                         /*输出字符*/
        ch = fgetc(fp);                      /*继续读取字符*/
    }
    rewind(fp);                              /*调用 rewind 函数，使指针重返文件首*/
    printf("\n 请再次输入密码:\n");
    ch = fgetc(fp);                          /*以下 6 行重复读取一遍密码并输出*/
    while (ch != EOF)
    {
        putchar(ch);
        ch = fgetc(fp);
    }
    printf("\n");
    fclose(fp);                              /*关闭文件*/
    return 0;
}
```

程序运行结果如图 14.15 所示。来看一下下方的 6 行语句：

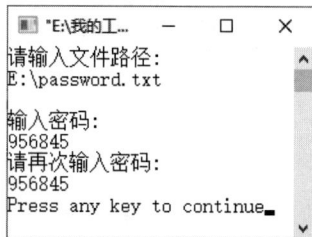

```
ch = fgetc(fp);                      /*从文件中读取字符*/
while(ch != EOF)                     /*如果字符串未结束*/
{
    putchar(ch);                     /*输出字符*/
    ch = fgetc(fp);                  /*继续读取字符串*/
}
```

图 14.15　为支付宝设置密码

通过以上语句，读取并输出第一次密码 956845，输出后文件指针移动到了文件尾部。使用 rewind 函数再次将文件指针移到文件首，因此当再次使用上面 6 行语句时，会输出第二次密码 956845。

## 14.4.3　ftell 函数

ftell 函数可得到流式文件的当前位置，并使用相对于文件首的位移量表示。其一般形式如下：

long ftell(文件类型指针)

当 ftell 函数的返回值为–1L 时，表示出错。

【例 14.10】设置银行卡密码（**实例位置：资源包\TM\sl\14\10**）

银行卡密码只能是 6 位，设置 6 位，表示设置密码成功，否则失败。运行程序前，先在 E 盘创建 cipher.txt 文件，内容是银行卡密码。具体代码如下：

```
#include<stdio.h>
#include<stdlib.h>
int main()
{
    FILE *fp;                           /*定义一个指向 FILE 结构体的指针变量*/
    int n;
    char ch,filename[50];
    printf("请输入文件路径:\n");
    scanf("%s",filename);               /*输入包含路径的文件名*/
    if((fp=fopen(filename,"r"))==NULL)  /*以只读方式打开文件，如果打开失败*/
    {
        printf("不能打开此文件\n");
        exit(0);
    }
    printf("密码为:");
    ch = fgetc(fp);                     /*以下 6 行从文件中读取字符并输出*/
    while (ch != EOF)
    {
        putchar(ch);
        ch = fgetc(fp);
    }
    n=ftell(fp);                        /*通过位移量计算密码字符串的长度*/
    if(n==6)                            /*判断密码长度是否等于 6*/
        printf("\n 设置密码成功\n");
    else
        printf("\n 设置密码失败\n");
    fclose(fp);                         /*关闭文件*/
    return 0;
}
```

程序运行结果如图 14.16 所示。

当需要将某个文件中的内容复制到另一个文件中时，可使用 fseek 函数将文件指针指向文件尾，这样就可以将另一个文件中的内容逐个字符地附加到该文件内容的后面，从而实现复制操作。

【例 14.11】将两个文件内容合并到一起（**实例位置：资源包\TM\sl\14\11**）

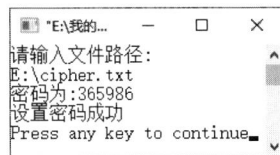

图 14.16　设置银行卡密码

在 E 盘创建两个文件 saying1、saying2，其中 saying1.txt 内容是"花儿凋谢不再开，"，saying2.txt 内容是"光阴一去不再来。"。编写程序，将文件 2 的内容复制到文件 1 中。代码如下：

```
#include<stdio.h>
#include<stdlib.h>
main()
{
    FILE *fp1,*fp2;
    char ch,filename1[30],filename2[30];
    printf("请输入文件 1 的名字：\n");
    scanf("%s",filename1);                  /*输入文件 1 的名字*/
    printf("请输入文件 2 的名字：\n");
    scanf("%s",filename2);                  /*输入文件 2 的名字*/
    if((fp1=fopen(filename1,"ab+"))==NULL)  /*以读写方式打开文件 1，如果打开失败*/
    {
        printf("不能打开文件，请按任意键继续\n");
        getchar();
        exit(0);
    }
    if((fp2=fopen(filename2,"rb"))==NULL)   /*以只读方式打开文件 2，如果打开失败*/
    {
        printf("不能打开文件，请按任意键继续\n");
        getchar();
        exit(0);
    }
    fseek(fp1,0L,2);                        /*将位置指针定位到文件 1 的最后*/
    while((ch=fgetc(fp2))!=EOF)             /*读取文件 2，如果未到最后*/
    {
        fputc(ch,fp1);                      /*将读取的文件 2 内容写入文件 1 中*/
    }
    fclose(fp1);                            /*关闭文件 1*/
    fclose(fp2);                            /*关闭文件 2*/
}
```

程序运行结果如图 14.17 所示。

复制前，两个文件中的内容如图 14.18 和图 14.19 所示。复制完成后，文件 1 中的内容如图 14.20 所示。

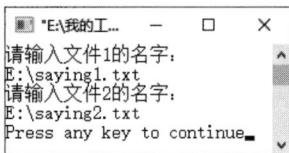

图 14.17　将两个文件内容合并到一起

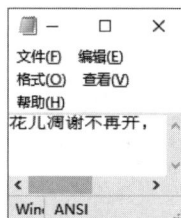

图 14.18　文件 1 内容

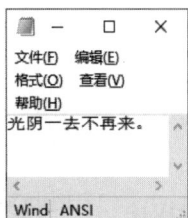

图 14.19　文件 2 内容

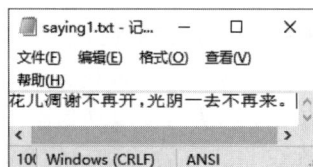

图 14.20　执行复制操作后文件 1 的内容

**编程训练（答案位置：资源包\TM\sl\14\编程训练\）**

训练3：happy 造句　用单词 happy 写句子，要求字母数量在 10 个以上。某同学写完句子后，将其输入 F 盘的 demo.txt 文件中。编写程序，输出文件中有多少字母。

　　训练 4：获取生日信息　编写程序，输入出生年月日，如 19900202，显示该员工哪天过生日。

# 14.5 文件管理

## 14.5.1 删除文件（remove 函数）

remove 函数的作用是删除文件。其一般形式如下：

```
remove(char *filename);
```

删除 filename 指定的文件，删除成功则返回 0，出现错误则返回-1。remove 函数的原型在 stdio.h 中。

【例 14.12】实现文件删除（**实例位置：资源包\TM\sl\14\12**）

从键盘中输入待删除文件的路径及名称，无论是否删除成功，都在屏幕中输出提示信息。代码如下：

```c
#include<stdio.h>
#include<stdlib.h>
int main()
{
    FILE *fp;                                   /*定义一个指向 FILE 结构体的指针变量*/
    char filename[50];                          /*定义数组为字符型*/
    printf("请输入要删除的文件名称:\n");
    scanf("%s", filename);                      /*输入要删除的文件路径及名称*/
    if ((fp = fopen(filename, "r")) != NULL)    /*以只读方式打开指定文件，如果打开成功*/
    {
        printf("%s 打开成功!", filename);
        fclose(fp);                             /*关闭文件*/
    }
    else                                        /*如果打开失败*/
    {
        printf("%s 不能打开!", filename);
        exit(0);
    }
    remove(filename);                           /*调用 remove 函数删除文件*/
    if ((fp = fopen(filename, "r")) == NULL)    /*再次以只读方式打开指定文件*/
        printf("\n%s 文件已被删除!", filename);  /*若文件不存在，则删除成功*/
    else
        printf("错误");                          /*若文件存在，则删除不成功*/
}
```

程序运行结果如图 14.21 所示。

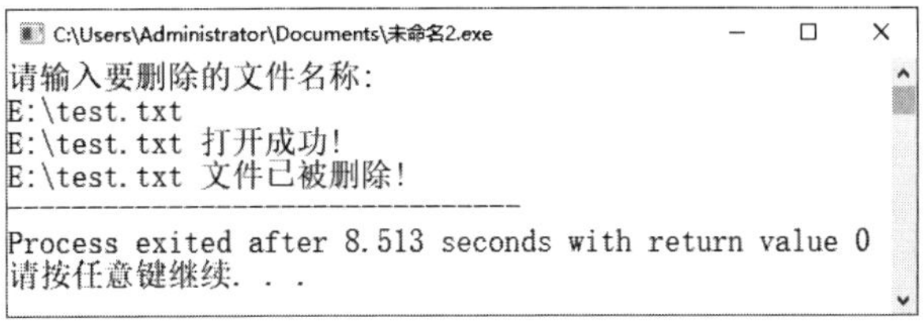

图 14.21　运行界面

## 14.5.2　重命名文件（rename 函数）

rename 函数的作用是重命名文件。其一般形式如下：

```
int rename(char *oldfname,char*newfname)
```

oldfname 和 newfname 中的目录可以不同，因此可用 rename 把文件从一个目录移到另一个目录。该函数的原型在 stdio.h 中，函数调用成功时返回 0，出错时返回非零值。

使用 rename 函数不光可以重命名文件，还可以重命名目录，下面介绍两者使用时的注意事项。

重命名文件时，需注意：

☑　如果 newname 指定的文件存在，则会被删除。

☑　如果 newname 与 oldname 不在一个目录下，则相当于移动文件。

重命名目录时，需注意：

☑　如果 oldname 和 oldname 都为目录，则重命名目录。

☑　如果 newname 指定的目录存在且为空目录，则先将 newname 删除。

☑　对于 newname 和 oldname 两个目录，调用进程必须有写权限。

☑　重命名目录时，newname 不能用 oldname 作为路径前缀。例如，不能将/usr 更名为/usr/foo/testdir，因为/usr 是新名字的路径前缀，因而不能将其删除。

【例 14.13】重命名文件（实例位置：资源包\TM\sl\14\13）

从键盘中输入要重命名的文件路径及名称，文件打开成功后输入新的路径及名称，代码如下：

```c
#include<stdio.h>
#include<stdlib.h>
int main()
{
    FILE *fp;                               /*定义一个指向 FILE 结构体的指针变量*/
    char filename1[20], filename2[20];      /*定义数组为字符型*/
    printf("请输入要重命名的文件:\n");
    scanf("%s", filename1);                 /*输入要重命名的文件所在的路径及名称*/
    if ((fp = fopen(filename1, "r")) != NULL)   /*以只读方式打开指定文件，如果打开成功*/
    {
        printf("%s 打开成功", filename1);
        printf("\n 请输入新名字!");
            scanf("%s", filename2);         /*输入新的文件路径及名称*/
            fclose(fp);
        if(rename(filename1, filename2) == 0)   /*如果新文件名和旧文件名一致*/
            printf("已经把文件 %s 修改为 %s.\n",filename1,filename2);
        else                                /*如果新文件名和旧文件名不一致*/
            perror("rename");
    }
    else                                    /*如果打开指定文件失败*/
    {
        printf("不能打开!");
        exit(0);
    }
}
```

本实例中，将 E:\test\demo.txt 重命名为 E:\test\mytest.txt，并没有更改文件目录，只是更改了文件名称。程序运行结果如图 14.22 所示。

文件重命名前如图 14.23 所示，文件重命名后如图 14.24 所示。

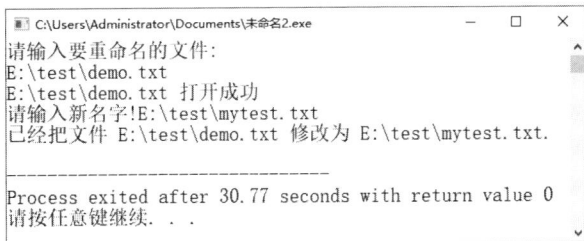

图 14.22　运行界面

图 14.23　文件重命名前

图 14.24　文件重命名后

## 14.5.3　复制文件

复制文件的过程并不复杂。需要注意的是，复制过程中无论是复制的文件还是被复制的文件都应该处于打开的状态，复制完成后再将两个文件分别关闭。

【例 14.14】实现文件复制（**实例位置：资源包\TM\sl\14\14**）

将一个已存在的文本文档的内容复制到新建的文本文档中，代码如下：

```c
#include<stdio.h>
#include<stdlib.h>
int main()
{
    FILE *in,*out;                          /*定义两个指向 FILE 结构体的指针变量*/
    char ch, infile[50], outfile[50];       /*定义数组及变量*/
    printf("要被复制的文件名称:\n");
    scanf("%s", infile);                    /*输入将要被复制的文件所在路径及名称*/
    printf("输入要复制到的文件名称:\n");
    scanf("%s", outfile);                   /*输入新建的将用于复制的文件所在路径及名称*/
    if ((in = fopen(infile, "r")) == NULL)  /*以只读方式打开要提供复制内容的文件，如果打开失败*/
    {
        printf("不能打开被复制的文件\n");
        exit(0);
    }
    if ((out = fopen(outfile, "w")) == NULL) /*以只写方式打开要接收复制内容的文件，如果打开失败*/
    {
        printf("不能打开要复制到的文件\n");
        exit(0);
    }
    ch = fgetc(in);
    while (ch != EOF)
    {
        fputc(ch, out);                     /*将 in 指向的文件的内容复制到 out 所指向的文件中*/
        ch = fgetc(in);
    }
    fclose(in);
    fclose(out);
}
```

程序运行结果如图 14.25 所示。本实例中，E:\test\mytest.txt 文件已经存在，内容如图 14.26 所示。E:\test\mytest2.txt 文件并不存在，运行程序后新建的名为 mytest2 文本文档中的内容如图 14.27 所示。

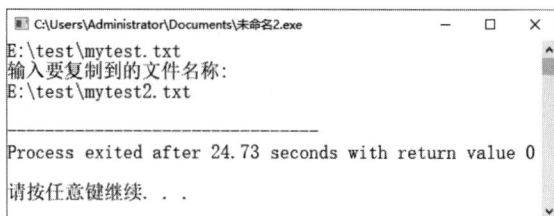

图 14.25　程序运行结果

图 14.26　mytest 文本文档的内容

图 14.27　mytest2 文本文档的内容

# 14.6　文件状态检测

## 14.6.1　文件读取结束检测（feof 函数）

文件读写过程中，当函数遇到文件结束符时，将返回文件结束标志 EOF。但是光凭 EOF，很难判断程序是调用失败还是文件读取结束。

feof 函数用于判断是否读取到文件尾，其一般形式如下：

```
feof(文件指针);
```

判断文件是否处于文件结束位置，如文件结束，则返回值为 1，否则为 0。

【例 14.15】判断文件是否读取完毕（实例位置：资源包\TM\sl\14\15）

test.txt 文件的内容为 "123"，使用 feof 函数判断是否已读取到文件末尾，代码如下：

```
#include <stdio.h>
int main()
{
    FILE* pf = fopen("test.txt", "r");
    if (pf == NULL)
    {
        perror("fopen");
        return 1;
    }
    char a;
    while ((a = fgetc(pf)) != EOF)        /*fgetc 读取文件时，读取失败返回 EOF*/
    {
        putchar(a);
    }
    if (feof(pf) == 0)
    {
```

```
            printf("遇到文件末尾\n");

    }
    else
        printf("文件读取失败\n");
    fclose(pf);
    pf = NULL;
    return 0;
}
```

程序运行结果如图 14.28 所示。

## 14.6.2　文件读写出错检测（ferror 函数）

ferror 函数用来检测文件读写时可能出现的错误。其
一般形式如下：

```
ferror(文件指针);
```

如果 ferror 返回值为 0，表示读写未出错，否则表示读写出错。

**【例 14.16】**检测文件是否读写出错（**实例位置：资源包\TM\sl\14\16**）

读写文件时，使用 ferror 函数检测是否出现错误。代码如下：

```
#include <stdio.h>
int main()
{
    FILE *file;
    char c;
    int ret;
    file = fopen("test.txt", "r");
    fputc('A', file);
    if (ferror(file)) {
        perror("文件 file 发生错误");
    }
    return 0;
}
```

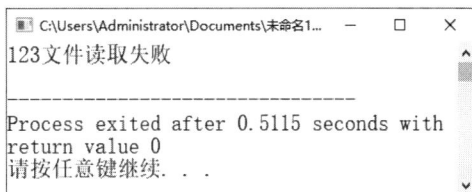

图 14.28　程序运行结果

程序运行结果如图 14.29 所示。本例中，fopen 函
数打开文件时参数为 "r"，表示只读文件，后面又企图
将 "A" 写入文件中，所以出现错误。这里，把 fopen
函数中的 "r" 改为 "r+" 就不会发生错误了。

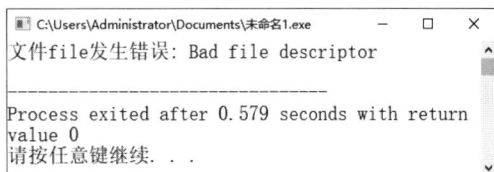

图 14.29　程序运行结果

## 14.6.3　清除状态标志（clearerr 函数）

clearerr()函数用来清除文件的错误标志。如果不清除文件错误，以后读写文件时，即使没有发生错
误，ferror()仍将返回非零值（认为还有错）。其一般形式如下：

```
clearerr(文件指针);
```

该函数的作用是使文件错误标志和文件结束标志为 0。

**【例 14.17】**清除错误标志（**实例位置：资源包\TM\sl\14\17**）

```
#include <stdio.h>
int main(void)
{
    FILE *file;
    char c;
    int ret;
    file = fopen("test.txt", "r");
    fputc('A', file);
    if (ferror(file)) {
        perror("写入文件发生错误");
    }
    clearerr(file);                /*清除文件的错误标志*/
    c = fgetc(file);
    printf("c=%c\n", c);
    if (ferror(file)) {
        perror("写入文件发生错误");
    }
    return 0;
}
```

本例中使用 clearerr()函数，清除了前面使用 ferror()函数产生的错误标志。程序运行结果如图 14.30 所示。

注意，只要出现文件读写错误标志，就会一直保留，直到对同一文件调用 clearerr 函数，或任何其他一个输入输出函数。

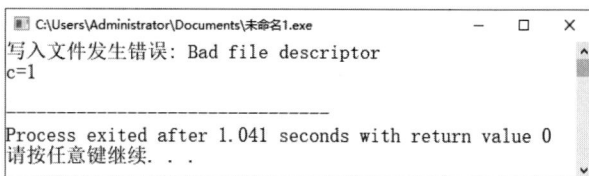

图 14.30　程序运行结果

# 14.7　实践与练习

**（答案位置：资源包\TM\sl\14\实践与练习\）**

提示：建议在 F 盘创建练习中所要用的文本文件（.txt）。

综合练习 1：读取蚂蚁庄园动态文件　创建 manor.txt 文件，内容如图 14.31 所示，利用只读操作读取文件内容并输出。程序运行效果如下：

```
请输入文件名:
F:\manor.txt
你使用了一张加速卡，小鸡撸起袖子开始双手吃饲料，进食速度大大加快。
```

图 14.31　蚂蚁庄园动态内容

综合练习 2：合并文件　创建 ant.txt 文件，内容如图 14.32 所示，与练习 1 中创建的 manor.txt 文件合并。程序运行效果如图 14.33 所示，合并后的文件内容如图 14.34 所示。

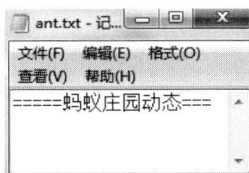

图 14.32 ant.txt 文件

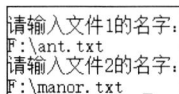

图 14.33 程序运行效果

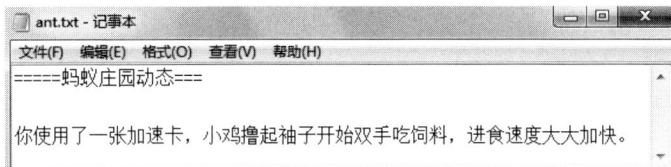

图 14.34 合并后的文件内容

综合练习 3：模拟客服的自动回复　为了应对大量买家，电商客服会预先设置许多自动回复内容。创建两个文件（automatic.txt 和 reply.txt），如图 14.35 是客服编辑好的 automatic.txt 文本内容，reply.txt 是空的，图 14.36 是程序运行效果，图 14.37 是复制自动回复后的 reply.txt 文件内容。

图 14.35 automatic.txt 文件内容

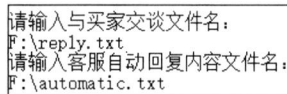

图 14.36 程序运行效果

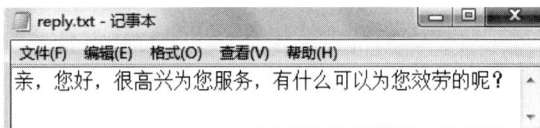

图 14.37 复制自动回复后的 reply.txt 文件内容

综合练习 4：读取《生僻字》歌词　编写程序，读取歌曲《生僻字》的一句歌词。编写程序前，先创建一个 songs.txt 文件。运行效果如下：

```
请输入文件路径:
F:\songs.txt

^_^_^_^_^_^_^_^_^_^_^
茕茕孑立 沆瀣一气
^_^_^_^_^_^_^_^_^_^_^
```

综合练习 5：打印对联　将一副对联存在 antithetical.txt 中，编写程序将它打印出来。运行结果如下：

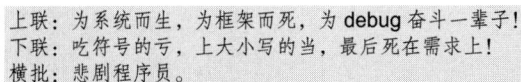

```
上联：为系统而生，为框架而死，为 debug 奋斗一辈子！
下联：吃符号的亏，上大小写的当，最后死在需求上！
横批：悲剧程序员。
```

综合练习 6：输出米线店信息　附近有 3 家米线店，编写程序，将米线店的店名、地址、电话显示出来（提示：需要创建一个空的 eat.txt）。运行结果如下：

```
附近一共有多少家米线店?
```

```
3
请输入文件路径:
F:\eat.txt
请输入米线店店铺名、地址、电话号:
第 1 家
状元米线
硅谷大街
845xxxx35
第 2 家
三品阁米线
红旗街
856xxxx25
第 3 家
云南过桥米线
重庆路
841xxxx98
        状元米线              硅谷大街           845xxxx35
        三品阁米线            红旗街             856xxxx25
        云南过桥米线          重庆路             841xxxx98
```

综合练习 7：查询校园卡密码　很多大学会给新生办理校园卡，以方便学生在校园内消费。设置的默认密码通常是学生身份证号的后 6 位。创建一个空的 idcard.txt 文件，利用 fseek 函数定位默认密码，并输出。运行结果如下：

```
请输入文件路径:
F:\idcard.txt
请输入身份证号:
220*******11112367

默认密码为（身份证后 6 位）:112367
```

综合练习 8：打印元音字母　将英语元音字母保存在 word.txt 文件中，每次使用时打开，并用程序读取文件内容。运行结果如下：

```
请输入文件路径:
F:\word.txt
第 1 个是:    a
第 2 个是:    e
第 3 个是:    i
第 4 个是:    o
第 5 个是:    u
```

# 第 15 章

# 内存管理

程序运行时，会将各种数据分类存放在内存空间中，且时常需要动态地分配内存空间或释放内存空间。例如，对动态链表中的结点进行插入和删除时，就要对内存进行管理。本章将引领读者了解内存的组织结构，了解堆和栈的区别，掌握常用的动态管理内存函数，了解内存在什么情况下会丢失。

本章的知识架构及重难点如下：

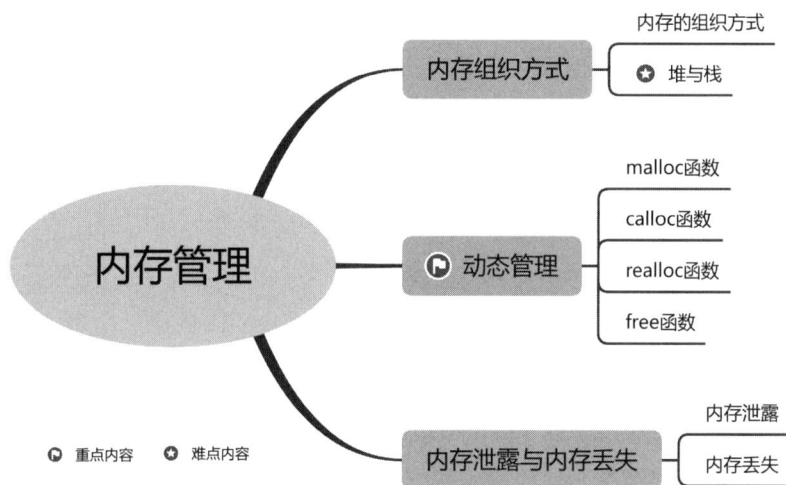

## 15.1 内存组织方式

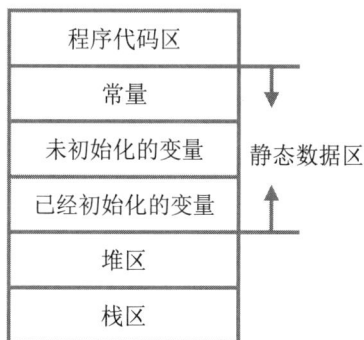

计算机程序的机器语言指令和数据都存储在同一个逻辑内存空间里。这些内存是按照怎样的方式组织的呢？下面来进行具体的介绍。

### 15.1.1 数据的存放方式

程序编写完成后，需要先装载到计算机的内核或者半导体内存中，然后才能运行。

内存模型示意图如图 15.1 所示。

计算机程序一般被组织成 4 个逻辑段：可执行代码、静态数

| 程序代码区 |
| 常量 |
| 未初始化的变量 |
| 已经初始化的变量 |
| 堆区 |
| 栈区 |

图 15.1 内存模型示意图

据、动态数据（堆）和栈。

- ☑ 可执行代码和静态数据存储在固定的内存位置。
- ☑ 动态数据需要系统动态分配内存，一般存放在堆区的内存池中。
- ☑ 局部数据对象、函数参数，以及调用函数和被调用函数的联系，存放在栈区的内存池中。

## 15.1.2　堆与栈

### 1．堆

内存中，程序可动态分配和释放的内存块称为自由存储空间，也称为堆。C 程序中，用 malloc 和 free 函数来从堆中动态地分配和释放内存。

### 2．栈

程序不会像处理堆那样，在栈中显式地分配内存。当程序调用函数和声明局部变量时，系统将自动分配内存。

栈是一个后进先出的"压入弹出式"数据结构。程序运行时，每向栈中压入一个对象，栈指针就会向下移动一个位置。当系统从栈中弹出一个对象时，最晚进栈的对象最先弹出，然后栈指针向上移动一个位置。如果栈指针位于栈顶，则表示栈是空的；如果栈指针位于栈底（即指向最下方数据项的后一个位置），则表示栈是满的。入栈、出栈的操作如图 15.2 所示。

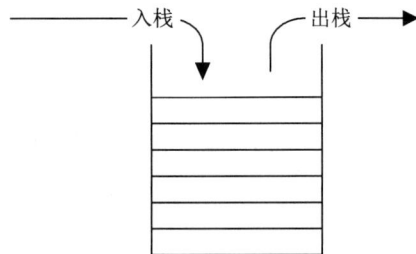

图 15.2　栈操作

程序员经常利用栈处理那些适合用"后进先出"逻辑描述的编程问题。栈不需要程序员编写代码去维护，而是运行时由系统自动处理。系统自动维护和后进先出是栈区别于堆的显著标志。

栈是如何工作的呢？通过函数调用来看一下栈的整体操作过程。

（1）当函数 A 调用函数 B 时，系统将会把函数 A 的所有实参和返回地址压入栈中，栈指针将移到合适的位置来容纳这些数据。最后进栈的是函数 A 的返回地址。

（2）当函数 B 开始执行后，系统把函数 B 的自变量压入栈中，并把栈指针再向下移，以保证有足够的空间来存储函数 B 声明的所有自变量。

（3）当函数 A 的实参压入栈后，函数 B 就在栈中以自变量形式建立了形参。函数 B 内部的其他自变量也是存放在栈中的。由于这些进栈操作，栈指针已经移到了所有局部变量之下。但是函数 B 记录了刚开始执行时的初始栈指针，以这个指针为参考，用正偏移量或负偏移量来访问栈中的变量。

（4）当函数 B 准备返回时，系统会弹出栈中的所有自变量，这时栈指针移到了函数 B 刚开始执行时的位置。接着，函数 B 返回，系统从栈中弹出返回地址，函数 A 就可以继续执行了。

（5）当函数 A 继续执行时，系统还能从栈中弹出调用者的实参，于是栈指针又回到了调用发生前的位置。

# 15.2　动　态　管　理

## 15.2.1　malloc 函数

malloc 函数的功能是在内存中动态地分配一块 size 大小的内存空间。其原型如下：

```
void *malloc(unsigned int size);
```

使用 malloc 函数，要包含 stdlib.h 头文件。malloc 函数会返回一个指针，指向分配的内存空间。如果分配出现错误，则返回 NULL。

📢注意

　　使用 malloc 函数分配的内存空间位于堆中，而不是栈中。因此，在使用完这块内存后，一定要将其释放掉。释放内存空间使用的是 free 函数。

例如，使用 malloc 函数分配一个整型内存空间：

```
int *pInt;                              /*定义指针*/
pInt=(int*)malloc(sizeof(int));         /*指针指向分配的 int 型空间*/
```

首先定义指针 pInt，用来保存分配的内存地址。在使用 malloc 函数分配内存空间时，需要指定内存空间的大小（size），这里调用 sizeof 函数就可以得到指定类型的大小。malloc 函数成功分配内存空间后会返回一个指针，因为分配的是一个 int 型空间，所以返回指针时也应该使用对应的 int 型指针，这样就要进行强制类型转换。最后将函数返回的指针赋值给指针 pInt，就可以保存动态分配的整型空间地址了。

【例 15.1】下载《绝地生存》需要多大空间（**实例位置：资源包\TM\sl\15\01**）

《绝地生存》（俗称"吃鸡"游戏）是一款刺激、好玩的枪战游戏。想要下载这个游戏，需要约 20GB 空间。编写程序，模拟游戏下载场景，提示需要占用多少空间。

使用 malloc 函数分配一个整型变量的内存空间，在使用完该空间后，使用 free 函数进行释放。

```
#include <stdlib.h>
#include<stdio.h>
int main()
{
    int *pInt;                              /*定义指针*/
    pInt=(int*)malloc(sizeof(int));         /*分配内存*/
    *pInt=20;                               /*使用分配的内存*/
    printf("《绝地生存》占%dG 空间\n",*pInt);  /*输出信息*/
    free(pInt);                             /*释放内存*/
    return 0;
}
```

程序中使用 malloc 函数分配了一个 int 型变量的内存空间。运行程序，显示效果如图 15.3 所示。

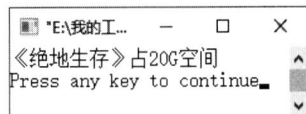

图 15.3　在堆中分配内存并释放

## 15.2.2  calloc 函数

calloc 函数的功能是在内存中动态分配 n 个长度为 size 的连续内存空间。其原型如下：

```
void * calloc(unsigned n, unsigned size);
```

使用 calloc 函数，也要包含头文件 stdlib.h。calloc 函数会返回一个指针，该指针指向动态分配的连续内存空间的首地址。当空间分配错误时，返回 NULL。

例如，使用 calloc 函数分配一个 int 型数组内存空间：

```
int* pArray;                          /*定义指针*/
pArray=(int*)calloc(3,sizeof(int));   /*指针指向分配的 int 型数组内存空间*/
```

上面的代码中，pArray 为一个 int 型指针，使用 calloc 函数分配 3 个 int 型内存空间给一个数组。最后将返回的指针赋予 pArray 指针变量，pArray 指向的就是该数组的首地址。

【例 15.2】动态分配数组内存（实例位置：资源包\TM\sl\15\02）

在本实例中，动态分配一个指针。使用 strcpy 函数为字符数组赋值，再进行输出，以验证分配的内存是否正确保存了数据。具体代码如下：

```
#include<stdlib.h>                    /*包含头文件*/
#include<stdio.h>
#include<string.h>
int main()
{
    char* ch;                         /*定义指针*/
    ch=(char*)calloc(30,sizeof(char));/*分配一段字符数组内存空间*/
    strcpy(ch,"清华大学出版社");       /*复制字符串*/
    printf("%s\n",ch);                /*输出字符串*/
    free(ch);                         /*释放空间*/
    return 0;                         /*程序结束*/
}
```

运行程序，显示效果如图 15.4 所示。

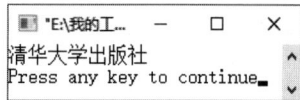

图 15.4  使用 calloc 函数分配数组内存

## 15.2.3  realloc 函数

realloc 函数的功能是将 ptr 指针指向的内存空间大小改为 size。其原型如下：

```
void *realloc(void *ptr, size_t size);
```

使用 realloc 函数前，要先包含头文件 stdlib.h。size 表示新分配的内存空间的大小，其值既可以比原来的数值大，也可以比原来的数值小。返回值是一个指向新地址的指针，如果出现错误，则返回 NULL。

例如，将分配的 double 型内存空间改为 int 型，代码如下：

```
fDouble=(double*)malloc(sizeof(double));          /*定义 double 型指针，分配一个 double 型空间*/
iInt=realloc(fDouble,sizeof(int));                /*定义 int 型指针，将 double 型空间改为 int 型空间*/
```

其中，fDouble 指向分配的 double 型空间，之后使用 realloc 函数改变 fDouble 指向的空间大小，将其大小设置为 int 型，然后将改变后的内存空间地址返回，赋值给 iInt 整型指针。

【例 15.3】重新分配内存（实例位置：资源包\TM\sl\15\03）

本实例中，定义了一个 int 整型指针和一个 char 字符型指针，利用 realloc 函数重新分配内存。具体代码如下：

```
#include<stdio.h>
#include<stdlib.h>
int main()
{
        int *iInt;                                /*定义整型指针*/
        char* cChar;                              /*定义字符型指针*/
        iInt=(int*)malloc(sizeof(int));           /*使用 malloc 分配整型空间*/
        printf("整型数据内存是：%d\n",sizeof(*iInt));   /*输出空间的大小*/
        cChar=realloc(iInt,sizeof(char));         /*使用 realloc 改变分配的空间大小*/
        printf("字符数据内存是：%d\n",sizeof(*iInt));   /*输出空间的大小*/
        return 0;                                 /*程序结束*/
}
```

在本实例中，首先使用 malloc 函数分配了一个 int 型内存空间，然后通过 sizeof 函数计算该内存空间的大小，最后使用 realloc 函数得到新的内存空间大小，并输出新空间的大小。比较两者的数值，可以看出新空间与原来的空间大小不一样。

运行程序，显示效果如图 15.5 所示。

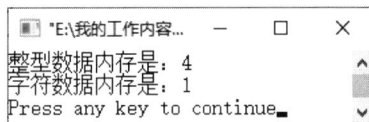

图 15.5　使用 realloc 函数重新分配内存

**说明**

函数 malloc、calloc 和 realloc 都可以动态分配空间，它们之间的区别在于：malloc 函数分配一块内存空间，且不进行初始化；calloc 函数分配连续多块大小相同的内存空间，且会将其初始化为零；realloc 函数主要用于调整内存空间的大小。

## 15.2.4　free 函数

free 函数的功能是释放指针 ptr 指向的内存区域，使该内存区域能被其他变量所使用。其原型如下：

```
void free(void *ptr);
```

其中，ptr 是最近一次调用 calloc 或 malloc 函数时返回的值。free 函数无返回值。

例如，释放一个分配给 int 型变量的内存空间：

```
free(pInt);
```

代码中，pInt 为一个指向 int 型变量的内存空间，使用 free 函数将其进行释放。

【例 15.4】释放内存空间（实例位置：资源包\TM\sl\15\04）

在本实例中，将分配的内存释放，释放前先输出一次内存中保存的数据，释放后再利用指针输出一次。观察两次的结果，可以看出，调用 free 函数之后内存被释放了。

```
#include<stdio.h>
#include<stdlib.h>
int main()
{
    int* pInt;                              /*定义 int 型指针*/
    pInt=(int*)malloc(sizeof(pInt));        /*分配 int 型空间，指针指向其首地址*/
    *pInt=100;                              /*将 100 存入该地址空间*/
    printf("分配的值是:%d\n",*pInt);         /*输出该内存空间存放的数据*/
    free(pInt);                             /*释放该内存空间*/
    printf("释放完内存的值是:%d\n",*pInt);    /*再次输出该内存空间存放的数据*/
    return 0;
}
```

在程序中，定义指针 pInt 指向动态分配的内存空间，保存数据，之后利用指针输出该空间存储的内容。调用 free 函数将该空间释放，当再次输出时因为保存数据的空间已经被释放，所以数据肯定就不存在了。

运行程序，显示效果如图 15.6 所示。

图 15.6　使用 free 函数释放内存空间

**编程训练（答案位置：资源包\TM\sl\15\编程训练\）**

训练 1：用栈及递归计算分段函数　已知如下分段函数，试编写计算 $f_n(x)$ 值的递归算法。

$$f_n(x)=\begin{cases} 1 & \text{当 } n=0 \text{ 时} \\ 2x & \text{当 } n=1 \text{ 时} \\ 2x f_{n-1}(x)-2(n-1) f_{n-2}(x) & \text{当 } n>1 \text{ 时} \end{cases}$$

运行结果如下：

```
请输入 n:
4
请输入 x:
3
用递归算法得出的函数值是: 876.00
用栈方法得出的函数值是: 876.00
```

训练 2：为数组分配内存　为一个包含 3 个元素的数组动态分配内存，为元素赋值并将其输出。运行结果如下：

```
数组值为: 10
数组值为: 20
数组值为: 30
```

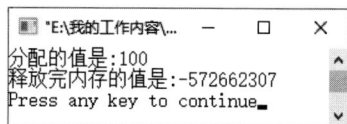

# 15.3　内存泄露与内存丢失

本节来了解下有关内存泄漏和内存丢失的内容。

## 1. 内存泄露

使用 malloc 等函数分配过内存后，还需要使用 free 函数及时释放内存。如果不进行释放，就会造成内存泄漏，甚至会导致系统崩溃。

free 函数可以实时地进行内存回收操作。如果程序很简单，程序结束之前不会使用过多的内存，不会降低系统的性能，可以不用写 free 函数。程序结束后，操作系统会自动释放内存。

但是在开发大型程序时，如果不及时通过 free 函数释放内存，后果是很严重的。例如，程序中可能要重复一万次分配 10MB 的内存，如果每次分配内存后都使用 free 函数及时释放用完的内存空间，那么整个程序只需要使用 10MB 内存就可以运行。如果不使用 free 函数释放用完的内存空间，整个程序就要使用 100GB 的内存！这其中包括绝大部分的虚拟内存，由于虚拟内存的操作需要读写磁盘，所以会极大地影响到系统的性能，甚至导致系统崩溃。

因此，实际开发中，使用 malloc 函数分配内存后，应及时地使用 free 函数释放内存。这是一个良好的编程习惯，不但在处理大型程序时非常有必要，也在一定程度上体现了程序的优美和健壮性。

### 2．内存丢失

下面来看一个内存丢失的例子。例如：

```
pOld=(int*)malloc(sizeof(int));
pNew=(int*)malloc(sizeof(int));
```

上述代码创建了两块内存，并且将内存地址分别赋给了指针 pOld 和 pNew，此时指针 pOld 和 pNew 分别指向两块内存。如果接下来进行这样的操作：

```
pOld=pNew;
```

则 pOld 指针就指向了 pNew 指向的内存地址。这时再进行释放内存操作：

```
free(pOld);
```

由于 pOld 所指向的内存空间是原来 pNew 指向的，于是这块空间被释放了。但是 pOld 原来指向的那块内存空间还没有被释放（因为没有指针指向这块内存），这块内存就造成了丢失。

# 15.4　实践与练习

（答案位置：资源包\TM\sl\15\实践与练习\）

综合练习 1：申请内存，输出 10 个 0　利用 calloc 函数申请内存，输出 10 个 0，看看能得出什么结论。效果如下：

```
----------
|   0   |
|   0   |
|   0   |
|   0   |
|   0   |
|   0   |
|   0   |
|   0   |
|   0   |
|   0   |
----------
```

综合练习 2：接受用户信息　编写一个函数，接受用户输入的字符并存储在内存中（由于不确定用户会输入几个字符，所以这些内存不可以用数组来表示）。当用户输入字符'q'时，输出用户输入的所有字符，并退出程序。效果如下：

```
请用户输入：Fine
q
 第 0 个字母是 F
 第 1 个字母是 i
 第 2 个字母是 n
 第 3 个字母是 e
```

综合练习 3：申请内存，写入 Mingri　动态分配一个数组，使用 strcpy 函数为字符数组赋值，再进行输出，验证分配的内存已正确保存数据。效果如下：

```
$-$-$-$-$-$-$-$-$
   Mingrisoft
$-$-$-$-$-$-$-$-$
```

综合练习 4：合理分配空间　定义 char 型数据，分别用 malloc、realloc 函数为其分配空间并输出空间值，效果如下：

```
No  № № № № № № № № №
  malloc 分配内存：7f2db0
  realloc 分配内存：7f0e28
No  № № № № № № № № №
```

综合练习 5：为二维数组释放内存　编写程序，先为二维数组动态分配内存，再释放对应的内存空间。效果如下：

```
0        1        2
1        2        3
2        3        4
```

# 第 16 章

## 网络套接字编程

网络程序有多种开发方式，Windows Socket 就是其中比较简单的一种实现方法。通过本章，读者可详细了解有关计算机网络的基础知识，包括 IP 地址、OSI 七层参考模型、地址解析、域名系统、TCP/IP 协议和端口；熟悉套接字的有关内容，并能使用套接字编写网络聊天程序。

本章的知识架构及重难点如下：

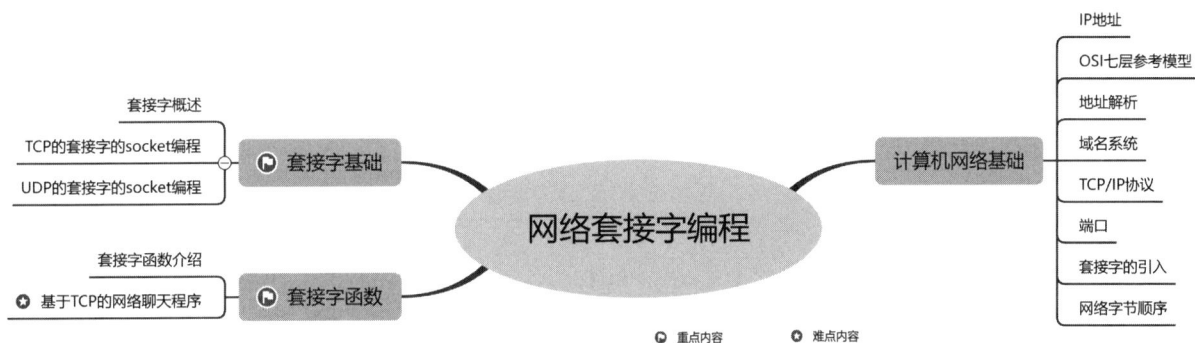

## 16.1 计算机网络基础

计算机网络技术是计算机技术和通信技术相结合的产物，代表着计算机的一个重要发展方向。了解计算机的网络结构，有助于用户开发网络应用程序。本节将介绍有关计算机网络的基础知识和基本概念。

### 16.1.1 IP 地址

为了使网络上的计算机能够彼此识别对方，每台计算机都被赋予了一个独一无二的 IP 地址。IP 地址使用 IP 协议规定的 32 位二进制数表示，最新的 IPv6 协议已将 IP 地址升级为 128 位，这使得 IP 地址范围更加广泛，未来能很好地缓解 IP 地址紧缺的压力。目前，IPv6 协议距离实际应用还有一段距离，多数操作系统和应用软件仍然以 32 位的 IP 地址为基准。

32 位的 IP 地址主要分为前缀和后缀两部分。前缀表示计算机所属的物理网络，后缀用于确定该网络上的唯一一台计算机。在互联网上，每一个物理网络都有唯一的网络号，根据网络号的不同，可以将 IP 地址分为 5 类，即 A 类、B 类、C 类、D 类和 E 类。其中，A 类、B 类和 C 类属于基本类，D 类用于多播发送，E 类属于保留类。表 16.1 描述了各类 IP 地址的范围。

表 16.1　各类 IP 地址的范围

| 类　型 | 范　围 | 类　型 | 范　围 |
|---|---|---|---|
| A 类 | 0.0.0.0～127.255.255.255 | D 类 | 224.0.0.0～239.255.255.255 |
| B 类 | 128.0.0.0～191.255.255.255 | E 类 | 240.0.0.0～247.255.255.255 |
| C 类 | 192.0.0.0～223.255.255.255 | | |

需要注意，有几个 IP 地址是特殊的，它们有单独的用途。

☑　网络地址：主机地址为 0 的表示网络地址，如 128.111.0.0。

☑　广播地址：在网络号后跟所有位全是 1 的 IP 地址，表示广播地址。

☑　回送地址：127.0.0.1 表示回送地址，用于测试。

## 16.1.2　OSI 七层参考模型

开放系统互联（Open System Interconnection，OSI）是国际标准化组织（ISO）为了实现计算机网络的标准化而颁布的参考模型。OSI 参考模型将网络中的数据传输划分为 7 层，每一层使用下层的服务，并向上层提供服务。表 16.2 描述了 OSI 参考模型的结构。

表 16.2　OSI 参考模型

| 层　次 | 名　称 | 功 能 描 述 |
|---|---|---|
| 第 7 层 | 应用层（Application） | 负责网络中应用程序与网络操作系统之间的联系。例如，建立和结束使用者之间的连接，管理建立相互连接使用的应用资源 |
| 第 6 层 | 表示层（Presentation） | 用于确定数据交换的格式，解决应用程序之间在数据格式上的差异，并负责设备之间需要的字符集和数据转换 |
| 第 5 层 | 会话层（Session） | 用户应用程序与网络层的接口，用于建立与其他设备的连接（即会话），并对会话进行有效的管理 |
| 第 4 层 | 传输层（Transport） | 提供会话层和网络层之间的传输服务，该服务从会话层获得数据，必要时对数据进行分割，然后将数据正确无误地传送到网络层 |
| 第 3 层 | 网络层（Network） | 将传输的数据封包，然后通过路由选择、分段组合等控制，将信息从源设备传送到目标设备 |
| 第 2 层 | 数据链路层（Data Link） | 修正传输过程中的错误信号，提供可靠的，能通过物理介质传输的数据方法 |
| 第 1 层 | 物理层（Physical） | 利用传输介质为数据链路层提供物理连接，本层规范了网络硬件的特性、规格和传输速度 |

OSI 参考模型的建立，不仅创建了通信设备之间的物理通道，还规划了各层之间的功能，为标准化组合和生产厂家制定协议提供了基本依据，有助于用户了解复杂的协议，如 TCP/IP、X.25 协议等。用户可以将这些协议与 OSI 参考模型对比，从而了解协议的工作原理。

## 16.1.3　地址解析

所谓地址解析，是指将计算机的协议地址解析为物理地址，即 MAC（Medium Access Control）地址，又称为媒体访问控制地址。通常，在网络上由地址解析协议（ARP）来实现地址解析。下面以本地网络上的两台计算机通信为例，介绍 ARP 协议解析地址的过程。

假设主机 A 和主机 B 处于同一个物理网络上，主机 A 的 IP 地址为 192.168.1.21，主机 B 的 IP 地
址为 192.168.1.23，当两台主机通信时，主机 B
的 IP 地址 192.168.1.23 将按如下步骤解析为物
理地址。

（1）主机 A 从本地 ARP 缓存中查找 IP
地址 192.168.1.23 对应的物理地址。用户可以
在命令行窗口中输入"arp -a"命令查看本地
ARP 缓存，如图 16.1 所示。

（2）如果主机 A 在 ARP 缓存中没有发现
192.168.1.23 映射的物理地址，将发送 ARP 请

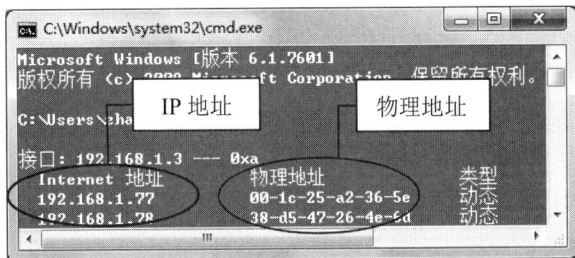

图 16.1　本地 ARP 缓存

求帧到本地网络上的所有主机。在 ARP 请求帧中包含了主机 A 的物理地址和 IP 地址。

（3）本地网络上的其他主机接收到 ARP 请求帧后，检查是否与自己的 IP 地址匹配，如果不匹配，
则丢弃 ARP 请求帧。如果主机 B 发现与自己的 IP 地址匹配，则将主机 A 的物理地址和 IP 地址添加到
自己的 ARP 缓存中，然后主机 B 将自己的物理地址和 IP 地址发送给主机 A，当主机 A 接收到主机 B
发来的信息后，将用这些信息更新 ARP 缓存。

（4）主机 B 的物理地址确定后，主机 A 就可以与主机 B 通信了。

## 16.1.4　域名解析

虽然使用 IP 地址可以标识网络中的任意一台计算机，但由于 IP 地址容易混淆，并且不容易记
忆，人们更倾向于使用主机名来标识 IP 地址。在 Internet 上存在许多计算机，为了防止主机名相同，
Internet 管理机构采取在主机名后加后缀名的方法标识一台主机，该后缀名被称为域名。例如，
www.mingrisoft.com，主机名为 www，域名为 mingrisoft.com。这里的域名为二级域名，其中 com 为一
级域名，表示商业组织，mingrisoft 为本地域名。为了能够利用域名进行不同主机间的通信，需要将域
名解析为 IP 地址，称之为域名解析。域名解析是通过域名服务器来完成的。

假如主机 A 的本地域名服务器是 dns.local.com，根域名服务器是 dns.mr.com；所要访问的主机 B
的域名为 www.mingribook.com，域名服务器为 dns.mrbook.com。

（1）当主机 A 通过域名 www.mingribook.com 访问主机 B 时，将发送解析域名 www.mingribook.com
的报文，本地域名服务器收到请求后，首先查询本地缓存，如果没有该记录，则向根域名服务器
dns.mr.com 发出请求，要求解析域名 www.mingribook.com。

（2）根域名服务器 dns.mr.com 收到请求后查询本地记录，如果发现 mingribook.com NS dns.mrbook.com
信息，将给出 dns.mrbook.com 的 IP 地址，并将结果返回给主机 A 的本地域名服务器 dns.local.com.

（3）当本地域名服务器 dns.local.com 收到信息后，会向主机 B 的域名服务器 dns.mrbook.com 发
送解析域名 www.mingribook.com 的报文。

（4）域名服务器 dns.mrbook.com 收到请求后，开始查询本地的记录，发现 www.mingribook.com A
211.120.X.X 类似的信息，将结果返回给主机 A 的本地域名服务器 dns.local.com，其中 211.120.X.X 表
示域名 www.mingribook.com 的 IP 地址。

## 16.1.5  TCP/IP 协议

TCP/IP（Transmission Control Protocal/Internet Protocal，传输控制协议/网际协议）是互联网上最流行的协议，它能够实现互联网上不同类型操作系统间的相互通信。对于网络开发人员，必须了解 TCP/IP 协议的结构。TCP/IP 协议将网络分为 4 层，分别对应于 OSI 参考模型的 7 层结构。表 16.3 列出了 TCP/IP 协议与 OSI 参考模型的对应关系。

表 16.3  TCP/IP 协议结构层次

| TCP/IP 协议 | OSI 参考模型 |
| --- | --- |
| 应用层（包括 Telnet、FTP、SNTP 协议） | 会话层、表示层和应用层 |
| 传输层（包括 TCP、UDP 协议） | 传输层 |
| 网络层（包括 ICMP、IP、ARP 等协议） | 网络层 |
| 数据链路层 | 物理层和数据链路层 |

由表 16.3 可以发现，TCP/IP 不是单个协议，而是一个协议族，包含多种协议，其中最主要的协议是网际协议（IP）和传输控制协议（TCP）。下面介绍 TCP/IP 协议族中一些主要的协议。

### 1. TCP 协议

传输控制协议（TCP）是一种提供可靠数据传输的通用协议，它是 TCP/IP 体系结构中传输层上的协议。在发送数据时，应用层的数据传输到传输层，加上 TCP 的首部，数据就构成了报文。报文是网际层 IP 的数据，如果再加上 IP 首部，就构成了 IP 数据报。TCP 协议的 C 语言数据描述如下：

```
typedef struct HeadTCP
{
    WORD      SourcePort;        /*16 位源端口号*/
    WORD      DePort;            /*16 位目的端口号*/
    DWORD     SequenceNo;        /*32 位序号*/
    DWORD     ConfirmNo;         /*32 位确认序号*/
    BYTE      HeadLen;           /*与 Flag 为一个组成部分，首部长 4 位，保留 6 位，6 位标识，共 16 位*/
    BYTE      Flag;
    WORD      WndSize;           /*16 位窗口大小*/
    WORD      CheckSum;          /*16 位校验和*/
    WORD      UrgPtr;            /*16 位紧急指针*/
} HEADTCP;
```

### 2. IP 协议

IP 协议又称为网际协议，它工作在网络层，主要提供无链接数据报传输。IP 协议不保证数据报的发送，但可以最大限度地发送数据。IP 协议的 C 语言数据描述如下：

```
typedef struct HeadIP
{
    unsigned char headerlen:4;   /*首部长度，占 4 位*/
    unsigned char version:4;     /*版本，占 4 位 */
    unsigned char servertype;    /*服务类型，占 8 位，即 1 个字节*/
    unsigned short totallen;     /*总长度，占 16 位*/
    unsigned short id;           /*与 idoff 构成标识，共占 16 位，前 3 位是标识，后 13 位是片偏移*/
    unsigned short idoff;
```

```
        unsigned char ttl;                    /*生存时间，占 8 位*/
        unsigned char proto;                  /*协议，占 8 位*/
        unsigned short checksum;              /*首部检验和，占 16 位*/
        unsigned int sourceIP;               /*源 IP 地址，占 32 位*/
        unsigned int destIP;                 /*目的 IP 地址，占 32 位*/
}HEADIP;
```

### 3．ICMP 协议

ICMP 协议又称为网际控制报文协议。它负责网络上设备状态的发送和报文检查，可以将某个设备的故障信息发送到其他设备上。ICMP 协议的 C 语言数据描述如下：

```
typedef struct HeadICMP
{
        BYTE Type;                            /*8 位类型*/
        BYTE Code;                            /*8 位代码*/
        WORD ChkSum;                          /*16 位校验和*/
} HEADICMP;
```

### 4．UDP 协议

用户数据报协议（UDP）是一个面向无连接的协议，采用该协议，两个应用程序不需要先建立连接。它为应用程序提供一次性的数据传输服务。UDP 协议不提供差错恢复，不能提供数据重传，因此该协议传输数据安全性略差。UDP 协议的 C 语言数据描述如下：

```
typedef struct HeadUDP
{
        WORD SourcePort;                      /*16 位源端口号*/
        WORD DePort;                          /*16 位目的端口*/
        WORD Len;                             /*16 为 UDP 长度*/
        WORD ChkSum;                          /*16 位 UDP 校验和*/
} HEADUDP;
```

## 16.1.6　端口

虽然计算机可通过 IP 地址标识自己，但在两台计算机的实际通信过程中，仍然存在一些问题：假设主机 A 中的应用程序 A1 想与主机 B 中的应用程序 B1 通信，如何知道是主机 A 中的 A1 应用程序而不是其他应用程序与主机 B 中的应用程序通信呢？当主机 B 接收到数据时，它又该如何知道数据是发往应用程序 B1（此时主机 B 中可能同时运行着多个应用程序）的呢？

为了解决上述问题，TCP/IP 协议提出了"端口"的概念，用于标识需要具体通信的应用程序。当应用程序（严格说应该是进程）与某个端口绑定后，系统会将收到的给该端口的数据送往该应用程序。端口通常用一个 16 位的无符号整数值来表示，范围为 0～65535。其中，低于 256 的端口是系统保留端口，用于系统进程的通信；其他端口则是自由端口，可以由进程自由使用。

## 16.1.7　套接字的引入

美国加利福尼亚大学的伯克利分校在 UNIX 上推出了一种应用程序访问通信协议的操作系统调用套接字（socket）。socket 的出现，使得程序员可以很方便地访问 TCP/IP，进而开发各种网络应用程序。后来，套接字被引入 Windows 操作系统，成为网络应用程序开发的有效工具。

套接字存在于通信区域中，通信区域也称为地址族，它将通过套接字通信的进程的公有特性综合在一起。套接字通常只与同一区域的套接字交换数据。Windows socket 只支持一个通信区域——AF_INET 网际域，使用网际协议族通信的进程使用该域。

## 16.1.8  网络字节顺序

不同的计算机存放多字节值的顺序不同，有的机器在起始地址存放低位字节，有的机器在起始地址存放高位字节。例如，基于 Intel CPU 的 PC 机采用低位先存的方式。由于不同的计算机存放数据字节的顺序不同，因此发送数据后再接收该数据，有可能无法查看接收到的数据。为了保证数据的正确性，在网络协议中需要指定网络字节顺序。TCP/IP 协议使用 16 位整数和 32 位整数的高位先存格式。

# 16.2  套接字基础

套接字是网络通信的基本构件，最初是加利福尼亚大学伯克利分校为 UNIX 开发的网络通信编程接口。为了在 Windows 操作系统上使用套接字，20 世纪 90 年代初，微软和第三方厂商共同制定了一套标准，即 Windows socket 规范，简称 winsock。下面介绍有关 winsock 的知识。

## 16.2.1  套接字概述

所谓套接字，实际上是一个指向传输提供者的句柄。在 winsock 中，通过操作该句柄来实现网络通信和管理。简单地说，套接字就是一个假想的连接装置，其作用类似于图 16.2 中的插座，插座用于连接电器与电线，套接字用于连接程序和网络，完成通信功能。

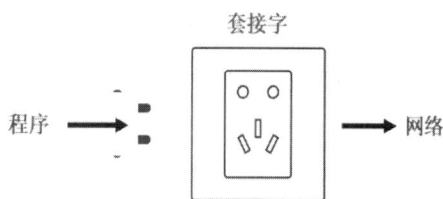

图 16.2  插头示意图

根据性质和作用的不同，套接字可以分为原始套接字、流式套接字和数据包套接字 3 种。

- ☑ 原始套接字：由 winsock 2 规范提出，可对底层的网络传输机制进行控制。在原始套接字下接收的数据中包含 IP 头。
- ☑ 流式套接字：提供双向、有序、可靠的数据传输服务，通信前需要双方先建立连接。TCP 协议采用的就是流式套接字。
- ☑ 数据包套接字：提供双向的数据流，但不能保证数据传输的可靠性、有序性和无重复性。UDP 协议采用的就是数据包套接字。

## 16.2.2  基于 TCP 的 socket 编程

TCP 是面向连接的、可靠的传输协议。利用 TCP 协议通信时，首先要建立通信双方的连接。一旦连接建立完成，就可以进行通信。TCP 提供了数据确认和数据重传的机制，以确保发送的数据能到达通信的对方。

基于 TCP、面向连接的 socket 编程的服务器端程序流程如下（见图 16.3）。

（1）创建套接字（使用 socket 函数）。

（2）将创建的套接字绑定（使用 bind 函数）到本地的地址和端口上。

（3）设置套接字的状态为监听状态（使用 listen 函数），准备接受客户端的连接请求。

（4）接受请求（使用 accept 函数），同时返回一个用于连接的新套接字。

（5）使用新套接字进行通信（使用 send/recv 函数）。

（6）通信完毕，释放套接字资源（使用 closesocket 函数）。

```
socket → bind → listen → accept → send/recv → closesocket
```

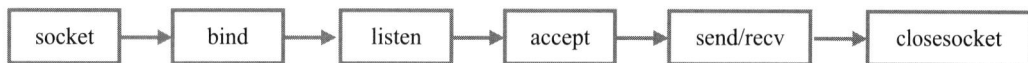

图 16.3　服务器端程序流程

基于 TCP、面向连接的 socket 编程的客户端程序流程如下（见图 16.4）。

（1）创建套接字（使用 socket 函数）。

（2）向服务器发出连接请求（使用 connect 函数）。

（3）连接后，与服务器进行通信操作（使用 send/recv 函数）。

（4）释放套接字资源（使用 closesocket 函数）。

```
socket → connect → send/recv → closesocket
```

图 16.4　客户端程序流程

在服务器端，调用 accept 函数时（关于套接字函数后文将进行介绍）程序会进行等待，直到有客户端调用 connect 函数发送连接请求，此时服务器接受请求，服务器端与客户端就建立了连接，可以开始通信了。

**注意**

服务器端要建立套接字，绑定到指定的主机 IP 和端口上，等待客户请求。对客户端来说，在发起连接请求并被接受后，服务器端就保存了该客户端的 IP 地址和端口号信息。对服务器端来说，建立连接就意味着保存了客户端的 IP 地址和端口号信息，利用返回的套接字即可与客户端通信。

## 16.2.3　基于 UDP 的 socket 编程

UDP 是无连接的、不可靠的传输协议。采用 UDP 协议通信时，不需要建立连接，可以直接向一个 IP 地址发送数据，但是不保证对方能收到。

对于基于 UDP、面向无连接的 socket 编程来说，服务器端和客户端的概念区分不是特别严格。可以把服务器端称为接收端，客户端就是发送数据的发送端。

基于 UDP、面向无连接的 socket 编程的接收端程序流程如下（见图 16.5）。

（1）创建套接字（使用 socket 函数）。

（2）将套接字绑定（使用 bind 函数）到一个本地地址和端口上。

（3）等待接收数据（使用 recvfrom 函数）。

（4）释放套接字资源（使用 closesocket 函数）。

基于 UDP、面向无连接的 socket 编程的发送端程序流程如下（见图 16.6）。

（1）创建套接字（使用 socket 函数）。

（2）向服务器发送数据（使用 sendto 函数）。

（3）释放套接字资源（使用 closesocket 函数）。

| socket | → | bind | → | recvfrom | → | closesocket |

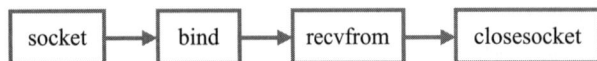

图 16.5　发送端程序流程

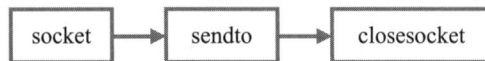

| socket | → | sendto | → | closesocket |

图 16.6　接收端程序流程

**注意**

基于 UDP 的 socket 编程中，仍然需要使用 bind 函数进行绑定。虽然面向无连接的 socket 编程无须建立连接，但为了完成通信，应启动接收端，等待接收发送端发来的数据，这样接收端就必须告诉它自己的地址和端口。因此，必须调用 bind 函数将套接字绑定到一个本地地址和端口上。

基于 UDP 的 socket 编程使用 sendto 和 recvfrom 函数实现数据的发送和接收；基于 TCP 的 socket 编程，发送数据使用的是 send 函数，接收数据使用的是 recv 函数。

# 16.3　套接字函数

前面介绍了使用套接字编写网络程序的流程，本节介绍使用套接字编程时用到的函数。

## 16.3.1　套接字常用函数介绍

### 1. WSAStartup 函数

WSAStartup 函数用于初始化 Ws2_32.dll 动态链接库。在使用其他套接字函数之前，必须先初始化 Ws2_32.dll 动态链接库。函数原型如下：

```
int WSAStartup(WORD wVersionRequested, LPWSADATA lpWSAData);
```

☑　wVersionRequested：调用者使用的 winsock 版本，高字节记录修订版本，低字节记录主版本。例如，如果 winsock 的版本为 2.1，则高字节记录 1，低字节记录 2。

☑　lpWSAData：WSADATA 结构体指针，详细记录了 Windows 套接字的相关信息。其定义如下：

```
typedef struct WSAData {
    WORD            wVersion;
    WORD            wHighVersion;
    char            szDescription[WSADESCRIPTION_LEN+1];
    char            szSystemStatus[WSASYS_STATUS_LEN+1];
    unsigned short  iMaxSockets;
    unsigned short  iMaxUdpDg;
    char FAR *      lpVendorInfo;
} WSADATA, FAR * LPWSADATA;
```

➤ wVersion：调用者使用的 WS2_32.dll 动态库的版本号。

➤ wHighVersion：WS2_32.dll 支持的最高版本，通常与 wVersion 相同。

➤ szDescription：套接字的描述信息，通常没有实际意义。

➤ szSystemStatus：系统的配置或状态信息，通常没有实际意义。

➤ iMaxSockets：最多可以打开多少个套接字。在 winsock 2 及以后的版本中，该成员将被忽略。

➤ iMaxUdpDg：数据报的最大长度。在 winsock 2 及以后的版本中，该成员将被忽略。

➤ lpVendorInfo：套接字的厂商信息。在 winsock 2 及以后的版本中，该成员将被忽略。

例如，使用 WSAStartup 初始化套接字，版本号为 2.2，代码如下：

```
WORD wVersionRequested;                    /*WORD（字），类型为 unsigned short*/
WSADATA wsaData;                           /*库版本信息结构*/
/*定义版本类型，将两个字节组合成一个字，前面是低字节，后面是高字节*/
wVersionRequested = MAKEWORD(2, 2);        /*表示版本号*/
/*加载套接字库，初始化 Ws2_32.dll 动态链接库*/
WSAStartup(wVersionRequested, &wsaData);
```

从上面的代码中可以看出，MAKEWORD 宏的作用是：根据给定的两个无符号字节，创建一个 16 位的无符号整型，将创建的值赋予 wVersionRequested 变量，表示套接字的版本号。

### 2．socket 函数

socket 函数的功能是创建一个套接字。函数原型如下：

```
SOCKET socket(int af,int type, int protocol);
```

☑ af：一个地址族，通常为 AF_INET。

☑ type：套接字类型。如果为 SOCK_STREAM，表示创建面向连接的流式套接字；如果为 SOCK_DGRAM，表示创建面向无连接的数据报套接字；如果为 SOCK_RAW，表示创建原始套接字。对于这些值，用户可以在 winsock2.h 头文件中找到。

☑ protocol：套接字采用的协议，如果不指定，可以设置为 0。

☑ 返回值：创建的套接字句柄。

例如，使用 socket 函数创建服务器套接字 socket_server，代码如下：

```
/*AF_INET 表示指定地址族，SOCK_STREAM 表示流式套接字 TCP，特定的地址族相关协议*/
socket_server=socket(AF_INET,SOCK_STREAM,0);
```

在上面代码中，如果 socket 函数调用成功，就会返回一个新的 SOCKET 类型的套接字描述符。使用定义好的套接字 socket_server 进行保存。

### 3．bind 函数

bind 函数的功能是将套接字绑定到指定的端口和地址上。函数原型如下：

```
int bind(SOCKET s,const struct sockaddr FAR*    name,int namelen);
```

☑ s：套接字名称。

☑ name：sockaddr 结构体指针，包含要绑定的地址和端口号。

☑ namelen：name 缓冲区的长度。

☑ 返回值：如果函数执行成功，则返回 0，否则返回 SOCKET_ERROR。

创建套接字后，需要将该套接字绑定到本地的某个地址和端口上，这时就需要使用 bind 函数。例如，使用 bind 函数绑定前面创建的服务器套接字 socket_server，代码如下：

```
SOCKADDR_IN Server_add;                                    /*服务器地址信息结构*/
Server_add.sin_family=AF_INET;                             /*地址族，必须是 AF_INET，注意只有它不是网络字节顺序*/
Server_add.sin_addr.S_un.S_addr=htonl(INADDR_ANY);        /*主机地址*/
Server_add.sin_port=htons(5000);                           /*端口号*/
bind(socket_server,(SOCKADDR*)&Server_add,sizeof(SOCKADDR)) /*使用 bind 函数进行绑定*/
```

### 4．listen 函数

listen 函数的功能是将套接字设置为监听模式。对于流式套接字，必须处于监听模式才能够接收客户端套接字的连接。该函数的原型如下：

```
int listen(SOCKET s, int backlog);
```

☑ s：套接字名称。

☑ backlog：等待连接的最大队列长度。例如，backlog 被设置为 2，此时有 3 个客户端同时发出连接请求，那么前两个客户端连接会放置在等待队列中，第 3 个客户端会得到错误信息。

例如，使用 listen 函数设置套接字为监听状态，代码如下：

```
listen(socket_server,5);
```

上述代码中，设置套接字为监听状态，为连接做准备，最大等待的数目为 5。

### 5．accept 函数

accept 函数的功能是接受客户端的连接。在流式套接字中，只有当套接字处于监听状态时，才能接受客户端的连接。该函数的原型如下：

```
SOCKET accept(SOCKET s, struct sockaddr FAR* addr, int FAR* addrlen);
```

☑ s：套接字名称，应处于监听状态。

☑ addr：sockaddr_in 结构体指针，包含一组客户端端口号、IP 地址等信息。

☑ addrlen：用于接收参数 addr 的长度。

☑ 返回值：一个新套接字，对应于已接受的客户端连接。该客户端的所有后续操作都要使用新套接字。

例如，使用 accept 函数接受客户端的连接请求，代码如下：

```
/*接受客户端的发送请求，等待客户端发送 connect 请求*/
socket_receive=accept(socket_server,(SOCKADDR*)&Client_add,&Length);
```

上述代码中，socket_receive 用于保存接受请求后返回的新套接字，socket_server 为绑定在地址和端口上的服务器套接字，Client_add 为有关客户端的 IP 地址和端口的信息结构，最后的 Length 是 Client_add 的大小（可以使用 sizeof 函数取得，然后用 Length 变量保存）。

### 6．closesocket 函数

closesocket 函数的功能是关闭套接字。函数原型如下：

```
int closesocket(SOCKET s);
```

其中，s 是套接字名称。如果参数 s 设置了 SO_DONTLINGER 选项，则调用该函数后会立即返回。如果此时有数据尚未传送完毕，则会继续传递数据，然后再关闭套接字。

例如，使用 closesocket 函数关闭套接字，释放客户端的套接字资源，代码如下：

```
closesocket(socket_receive);                              /*释放客户端的套接字资源*/
```

上述代码中，socket_receive 是一个套接字，不使用时可以利用 closesocket 函数释放其资源。

### 7. connect 函数

connect 函数的功能是发送一个连接请求。函数原型如下：

```
int connect(SOCKET s,const struct sockaddr FAR*   name,int namelen);
```

- ☑　s：套接字名称。
- ☑　name：套接字 s 连接的主机地址和端口号。
- ☑　namelen：name 缓冲区的长度。
- ☑　返回值：如果函数执行成功，则返回值为 0，否则为 SOCKET_ERROR。用户可以通过 WSAGETLASTERROR 得到其错误描述。

例如，使用 connect 函数与一个套接字建立连接，代码如下：

```
connect(socket_send,(SOCKADDR*)&Server_add,sizeof(SOCKADDR));
```

在上面代码中，socket_send 表示要与服务器建立连接的套接字，而 Server_add 是要连接的服务器地址信息。

### 8. htons 函数

htons 函数的功能是将一个 16 位的无符号短整型数据从主机排列方式转换为网络排列方式。函数原型如下：

```
u_short htons(u_short hostshort);
```

- ☑　hostshort：主机排列方式的 16 位无符号短整型数据。
- ☑　返回值：网络排列方式的 16 位无符号短整型数据。

例如，使用 htons 函数对一个无符号短整型数据进行转换，代码如下：

```
Server_add.sin_port=htons(5000);
```

在上面代码中，Sever_add 是有关主机地址和端口的结构，其中 sin_port 表示的是端口号。因为端口号要使用网络排列方式，所以使用 htons 函数进行转换，设定新的端口号。

### 9. htonl 函数

htonl 函数的功能是将一个无符号长整型数据从主机排列方式转换为网络排列方式。函数原型如下：

```
u_long htonl(u_long hostlong);
```

- ☑　hostlong：主机排列方式的 32 位无符号长整型数据。
- ☑　返回值：网络排列方式的 32 位无符号长整型数据。

其使用方式与 htons 函数相似，不过是将一个 32 位数值转换为 TCP/IP 网络字节顺序。

### 10．inet_addr 函数

inet_addr 函数的功能是将一个由点分十进制表示的 IP 地址字符串转换为 32 位的无符号长整型数据。函数原型如下：

```
unsigned long inet_addr(const char FAR * cp);
```

- ☑ cp：表示 IP 地址的字符串。
- ☑ 返回值：32 位无符号长整型数据。

例如，使用 inet_addr 函数将一个以点分十进制格式表示的 IP 地址 192.168.1.43 转换为 32 位的无符号长整型数据，代码如下：

```
Server_add.sin_addr.S_un.S_addr = inet_addr("192.168.1.43");
```

### 11．recv 函数

recv 函数的功能是从面向连接的套接字中接收数据。函数原型如下：

```
int recv(SOCKET s,char FAR* buf,int len,int flags);
```

- ☑ s：套接字名称。
- ☑ buf：接收数据的缓冲区。
- ☑ len：buf 的长度。
- ☑ flags：函数的调用方式。如果为 MSG_PEEK，表示查看传来的数据，在序列前端的数据会被复制一份到返回缓冲区中，但是这个数据不会从序列中移走；如果为 MSG_OOB，表示处理 Out-Of-Band 数据，也就是外带数据。

例如，下面的代码使用 recv 函数接收数据，其中 socket_send 是用于连接的套接字，Receivebuf 是用来接收保存数据的空间，100 是该空间的大小。

```
recv(socket_send,Receivebuf,100,0);
```

### 12．send 函数

send 函数用于在面向连接方式的套接字间发送数据。函数原型如下：

```
int send(SOCKET s,const char FAR * buf, int len,int flags);
```

- ☑ s：套接字名称。
- ☑ buf：存放发送数据的缓冲区。
- ☑ len：缓冲区长度。
- ☑ flags：函数的调用方式。

例如，下面的代码使用 send 函数发送数据，其中 socket_receive 是用于连接的套接字，Sendbuf 保存要发送的数据，100 为该数据的大小。

```
send(socket_receive,Sendbuf,100,0);
```

### 13．recvfrom 函数

recvfrom 函数用于接收一个数据报信息并保存源地址。函数原型如下：

```
int recvfrom(SOCKET s, char FAR* buf, int len, int flags, struct sockaddr FAR* from, int FAR* fromlen);
```

☑　s：准备接收数据的套接字。

☑　buf：指向缓冲区的指针，用来接收数据。

☑　len：缓冲区的长度。

☑　flags：函数的调用方式。

☑　from：一个指向地址结构的指针，用来接收发送数据方的地址信息。

☑　fromlen：缓冲区的长度。

### 14．sendto 函数

sendto 函数用于向特定的目的方发送数据。函数原型如下：

```
int sendto(SOCKET s,const char FAR * buf,int len,int flags,const struct sockaddr FAR * to,int tolen);
```

☑　s：套接字名称（可能已建立连接）。

☑　buf：指向缓冲区的指针，该缓冲区包含将要发送的数据。

☑　len：缓冲区的长度。

☑　flags：函数的调用方式。

☑　to：目标套接字的地址。

☑　tolen：目标地址的长度。

### 15．WSACleanup 函数

WSACleanup 函数用于释放为 Ws2_32.dll 动态链接库初始化时分配的资源。函数原型如下：

```
int WSACleanup(void);
```

例如，使用该函数可关闭动态链接库，代码如下：

```
WSACleanup();                /*关闭动态链接库*/
```

## 16.3.2　基于 TCP 的网络聊天程序

本节将编写一个基于 TCP 网络通信的网络聊天程序，通过本案例，读者可对前面学习的内容有一个更深的理解。

【例 16.1】网络聊天服务器端的程序（**实例位置：资源包\TM\sl\16\01**）

本实例将实现一个基于 TCP 的网络聊天程序。服务器端的整个程序流程按照以下顺序编写。

（1）创建套接字。

（2）绑定套接字到本地的地址和端口上。

（3）设置套接字为监听状态。

（4）接受连接的请求。

（5）进行通信。

（6）通信完毕，释放套接字资源。

具体代码如下：

```
#include<stdio.h>
#include<winsock.h>                              /*包含 winsock 头文件*/

int main()
{
    /*------------------------------------------------*/
    /*-----------------定义变量-------------------*/
    /*------------------------------------------------*/
    char Sendbuf[100];                           /*发送数据的缓冲区*/
    char Receivebuf[100];                        /*接收数据的缓冲区*/
    int SendLen;                                 /*发送数据的长度*/
    int ReceiveLen;                              /*接收数据的长度*/
    int Length;                                  /*SOCKADDR 的大小*/

    SOCKET socket_server;                        /*定义服务器套接字*/
    SOCKET socket_receive;                       /*定义连接套接字*/

    SOCKADDR_IN Server_add;                      /*服务器地址信息结构*/
    SOCKADDR_IN Client_add;                      /*客户端地址信息结构*/

    WORD wVersionRequested;                      /*字（word）: unsigned short*/
    WSADATA wsaData;                             /*库版本信息结构*/
    int error;                                   /*表示错误*/

    /*------------------------------------------------*/
    /*-----------------初始化套接字库-------------------*/
    /*------------------------------------------------*/
    /*定义版本类型，将两个字节组合成一个字，前面是低字节，后面是高字节*/
    wVersionRequested = MAKEWORD(2, 2);
    /*加载套接字库，初始化 Ws2_32.dll 动态链接库*/
    error = WSAStartup(wVersionRequested, &wsaData);
    if(error!=0)
    {
        printf("加载套接字失败! ");
        return 0;                                /*程序结束*/
    }
    /*判断请求加载的版本号是否符合要求*/
    if(LOBYTE(wsaData.wVersion) != 2 || HIBYTE(wsaData.wVersion) != 2)
    {
        WSACleanup();                            /*不符合，关闭套接字库*/
        return 0;                                /*程序结束*/
    }

    /*------------------------------------------------*/
    /*-----------------设置连接地址-------------------*/
    /*------------------------------------------------*/
    Server_add.sin_family=AF_INET;                      /*地址族，必须是 AF_INET。注意只有它不是网络字节顺序*/
    Server_add.sin_addr.S_un.S_addr=htonl(INADDR_ANY);  /*主机地址*/
    Server_add.sin_port=htons(5000);                    /*端口号*/

    /*-----------------创建套接字-------------------*/
    /*AF_INET 表示指定地址族，SOCK_STREAM 表示流式套接字 TCP，特定的地址族相关协议*/
    socket_server=socket(AF_INET,SOCK_STREAM,0);

    /*------------------------------------------------*/
    /*-------绑定套接字到本地的某个地址和端口上---------*/
    /*------------------------------------------------*/
    /*socket_server 为套接字，(SOCKADDR*)&Server_add 为服务器地址*/
    if(bind(socket_server,(SOCKADDR*)&Server_add,sizeof(SOCKADDR))==SOCKET_ERROR)
    {
```

```
            printf("绑定失败\n");
      }


      /*-----------------------------------------------*/
      /*-----------设置套接字为监听状态-----------*/
      /*-----------------------------------------------*/
      /*监听状态，为连接做准备，最大等待数目为 5*/
      if(listen(socket_server,5)<0)
      {
            printf("监听失败\n");
      }


      /*-----------------------------------------------*/
      /*---------------接受连接---------------------*/
      /*-----------------------------------------------*/
      Length=sizeof(SOCKADDR);
      /*接受客户端的发送请求，等待客户端发送 connect 请求*/
      socket_receive=accept(socket_server,(SOCKADDR*)&Client_add,&Length);
      if(socket_receive==SOCKET_ERROR)
      {
            printf("接受连接失败");
      }


      /*-----------------------------------------------*/
      /*---------------进行聊天---------------------*/
      /*-----------------------------------------------*/
      while(1)                                        /*无限循环*/
      {
            /*---------------接收数据-----------------*/
            ReceiveLen =recv(socket_receive,Receivebuf,100,0);
            if(ReceiveLen<0)
            {
                  printf("接收失败\n");
                  printf("程序退出\n");
                  break;
            }
            else
            {
                  printf("client say: %s\n",Receivebuf);
            }

            /*---------------发送数据-----------------*/
            printf("please enter message:");
            scanf("%s",Sendbuf);
            SendLen=send(socket_receive,Sendbuf,100,0);
            if(SendLen<0)
            {
                  printf("发送失败\n");
            }
      }

      /*-----------------------------------------------*/
      /*-------------释放套接字，关闭动态库-----------*/
      /*-----------------------------------------------*/
      closesocket(socket_receive);              /*释放客户端的套接字资源*/
      closesocket(socket_server);               /*释放服务器的套接字资源*/
      WSACleanup();                             /*关闭动态链接库*/
      return 0;
}
```

运行程序之前，要先添加相应的库文件 ws2_32.lib，如图 16.7 所示。

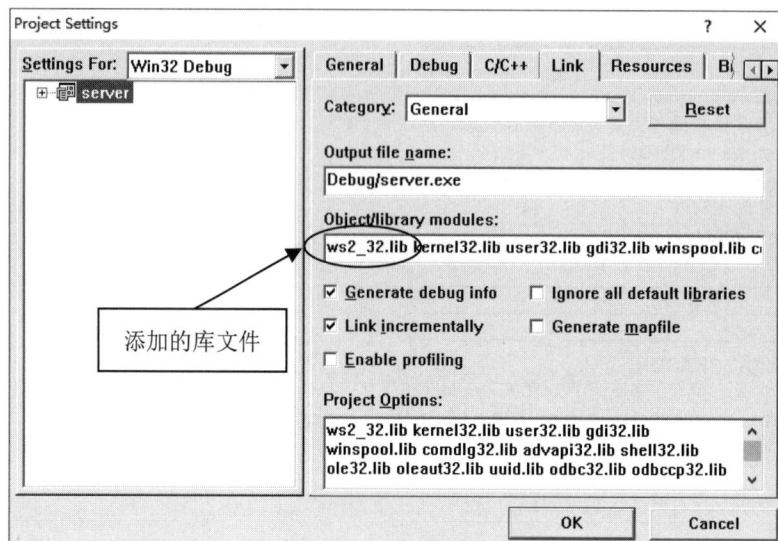

图 16.7　添加的库文件

【例 16.2】网络聊天客户端的程序（**实例位置：资源包\TM\sl\16\02**）

网络聊天程序客户端的程序流程按照以下顺序编写。

（1）创建套接字。

（2）发出连接请求。

（3）请求连接后进行通信操作。

（4）释放套接字资源。

具体代码如下：

```c
#include<stdio.h>
#include<winsock.h>                              /*包含 winsock 头文件*/

int main()
{
    /*-----------------------------------------------*/
    /*--------------------定义变量--------------------*/
    /*-----------------------------------------------*/
    char Sendbuf[100];                           /*发送数据的缓冲区*/
    char Receivebuf[100];                        /*接收数据的缓冲区*/
    int SendLen;                                 /*发送数据的长度*/
    int ReceiveLen;                              /*接收数据的长度*/

    SOCKET socket_send;                          /*定义套接字*/
    SOCKADDR_IN Server_add;                      /*服务器地址信息结构*/

    WORD wVersionRequested;                      /*字（word）：unsigned short*/
    WSADATA wsaData;                             /*库版本信息结构*/
    int error;                                   /*表示错误*/

    /*-----------------------------------------------*/
    /*------------------初始化套接字库------------------*/
    /*-----------------------------------------------*/
```

```
/*定义版本类型。将两个字节组合成一个字，前面是低字节，后面是高字节*/
wVersionRequested = MAKEWORD(2, 2);
/*加载套接字库，初始化 Ws2_32.dll 动态链接库*/
error = WSAStartup(wVersionRequested, &wsaData);
if(error!=0)
{
        printf("加载套接字失败！");
        return 0;                                    /*程序结束*/
}
/*判断请求加载的版本号是否符合要求*/
if(LOBYTE(wsaData.wVersion) != 2 || HIBYTE(wsaData.wVersion) != 2)
{
        WSACleanup();                                /*不符合，关闭套接字库*/
        return 0;                                    /*程序结束*/
}


        /*------------------------------------------*/
        /*------------------设置服务器地址--------------------*/
        /*------------------------------------------*/
Server_add.sin_family=AF_INET;                       /*地址族，必须是 AF_INET。注意只有它不是网络字节顺序*/
/*服务器地址，将一个点分十进制表示为 IP 地址，inet_ntoa 是将地址转换成字符串*/
Server_add.sin_addr.S_un.S_addr = inet_addr("192.168.1.43");
Server_add.sin_port=htons(5000);                     /*端口号*/


        /*------------------------------------------*/
        /*--------------------进行服务器连接--------------------*/
        /*------------------------------------------*/
/*客户端创建套接字，但是不需要绑定，只需要和服务器建立起连接即可*/
/*socket_sendr 表示的是套接字，Server_add 是服务器的地址结构*/
socket_send=socket(AF_INET,SOCK_STREAM,0);


        /*------------------------------------------*/
        /*--------------------创建用于连接的套接字--------------*/
        /*------------------------------------------*/
/*AF_INET 表示指定地址族，SOCK_STREAM 表示流式套接字 TCP，特定的地址族相关协议*/
if(connect(socket_send,(SOCKADDR*)&Server_add,sizeof(SOCKADDR)) == SOCKET_ERROR)
{
        printf("连接失败!\n");
}


        /*------------------------------------------*/
        /*--------------------进行聊天--------------------*/
        /*------------------------------------------*/
while(1)                                             /*无限循环*/
{
        /*--------------发送数据过程--------------*/
        printf("please enter message:");
        scanf("%s",Sendbuf);
        SendLen = send(socket_send,Sendbuf,100,0);   /*发送数据*/
        if(SendLen < 0)
        {
                printf("发送失败!\n");
        }

        /*--------------接收数据过程----------------*/
        ReceiveLen =recv(socket_send,Receivebuf,100,0);  /*接收数据*/
        if(ReceiveLen<0)
        {
                printf("接收失败\n");
```

```
                printf("程序退出\n");
                break;                              /*跳出循环*/
        }
        else
        {
                printf("Server say: %s\n",Receivebuf);
        }
    }

    /*----------------------------------------------*/
    /*--------------释放套接字，关闭动态库----------*/
    /*----------------------------------------------*/
    closesocket(socket_send);                       /*释放套接字资源*/
    WSACleanup();                                   /*关闭动态链接库*/
    return 0;
}
```

先运行例 16.1，然后运行例 16.2。首先在客户端输入数据，按 Enter 键后，即可以在服务器端看到输入的信息。客户端输入完毕后，可在服务器端进行回复。在服务器端输入数据并按 Enter 键，可发送消息到客户端。

客户端程序运行效果如图 16.8 所示，服务器端程序运行效果如图 16.9 所示。

图 16.8　客户端

图 16.9　服务器端

**注意**

要实现网络通信，一定先运行服务器端，再运行客户端。注意，在客户端输入 IP 地址时，计划与哪台计算机通信，就输入哪台计算机的 IP 地址。

**编程训练（答案位置：资源包\TM\sl\16\编程训练\）**

训练 1：反馈连接信息　设计程序，当客户端连接到服务器端时，服务器显示连接提示信息，并反馈信息给客户。

训练 2：基于 UCP 聊天程序　修改例 16.1 和例 16.2，将其改为基于 UDP 的网络聊天程序。

# 16.4　实践与练习

**（答案位置：资源包\TM\sl\16\实践与练习\）**

综合练习 1：获取主机名　使用 socket 函数获取本地主机的名称，运行结果如下：

```
-----------------------------------------------
主机名是：DESKTOP-QM9GUAL
-----------------------------------------------
```

综合练习 2：附近的人　微信、QQ 都可以搜索附近的人，并主动向其打招呼。将附近的人看成客户端，将自己看成服务器端，模拟向附近的人打招呼。运行效果如下：

Client:

```
你说：你好
来自附近的人：你好
你说：我能加你吗
来自附近的人：不可以
```

Sever:

```
来自附近的人：你好
你说：你好
来自附近的人：我能加你吗
你说：不可以
```

综合练习 3：获取主机 IP 地址　　使用 socket 函数，获取主机的 IP 地址，运行结果如下：

```
* * * * * * * * * * * * * * * * * ** * * * * * *
   本机的 IP 地址是 192.168.1.22
* * * * * * * * * * * * * * * * * ** * * * * * *
```

综合练习 4：网络传情书　　使用网络向心目中喜欢的女（男）生传送一封情书，使用服务器端和客户端实现。在服务器端创建情书 love.txt 文件，如图 16.10 所示，然后先运行服务器端，再运行客户端。运行之后的服务器端效果如图 16.11 所示，此时客户端文件夹下也会出现 download.txt 文件，如图 16.12 所示。

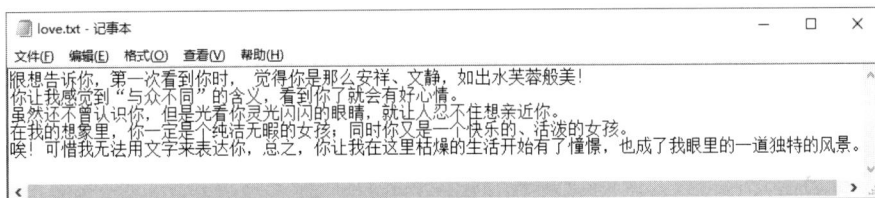

图 16.10　love.txt 文件

图 16.11　服务器端

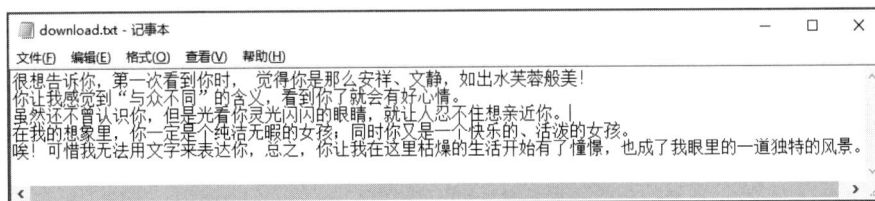

图 16.12　传送的 download.txt 文件

综合练习 5：推荐铃声音乐　　编写程序，通过网络传送音乐文件。例如，传送一个名为 bj.mp3 的音频。先运行服务器端，再运行客户端。运行之后的服务器端如图 16.13 所示，此时音频也会出现在客户端文件夹下，如图 16.14 所示。

图 16.13　服务器端

**319**

综合练习 6：网络传输 Word 文件　编写程序，利用网络传送 Word 文档。在服务器端文件夹内创建要传送的 Word 文档 name.docx，如图 16.15 所示。运行程序后，在客户端文件夹内将出现 nameDown.docx 文件，如图 16.16 所示。

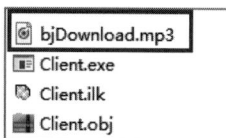

图 16.14　客户端文件夹　　　图 16.15　服务器端文件　　　图 16.16　客户端文件

综合练习 7：实现通信功能　实现服务器与客户端的通信功能，客户端输入"hello"，服务器端返回"登录成功"。运行结果如下：

Client:

```
please enter message:hello
Server say: 登录成功
please enter message:
```

Sever：

```
client say：hello
please enter message: 登录成功
```

综合练习 8：发送 Email 文件　一些重要文件往往会采用 Email 形式发送。编写程序，使用网络传输简历模板。服务器端文件夹的简历模板内容如图 16.17 所示，运行程序后，客户端文件的简历模板（下载）内容如图 16.18 所示。

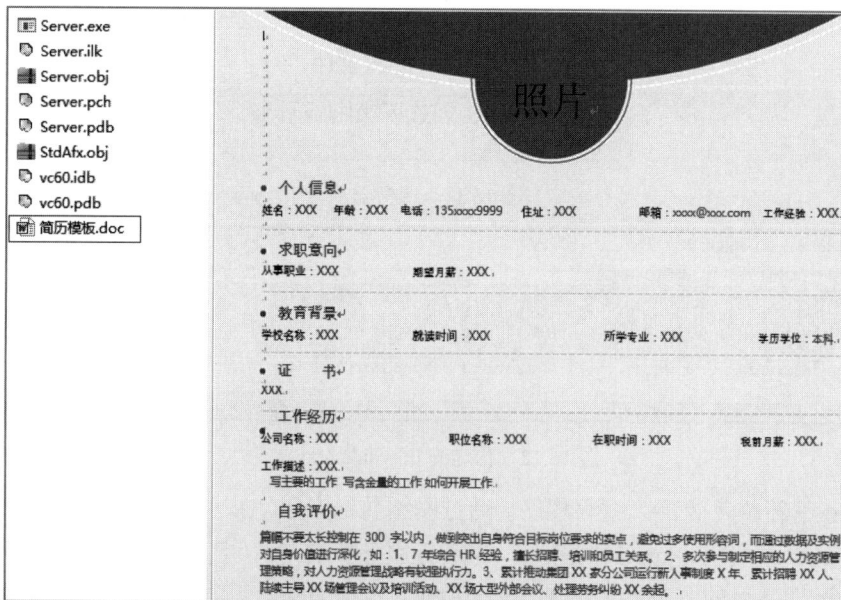

图 16.17　服务器端文件的简历模板

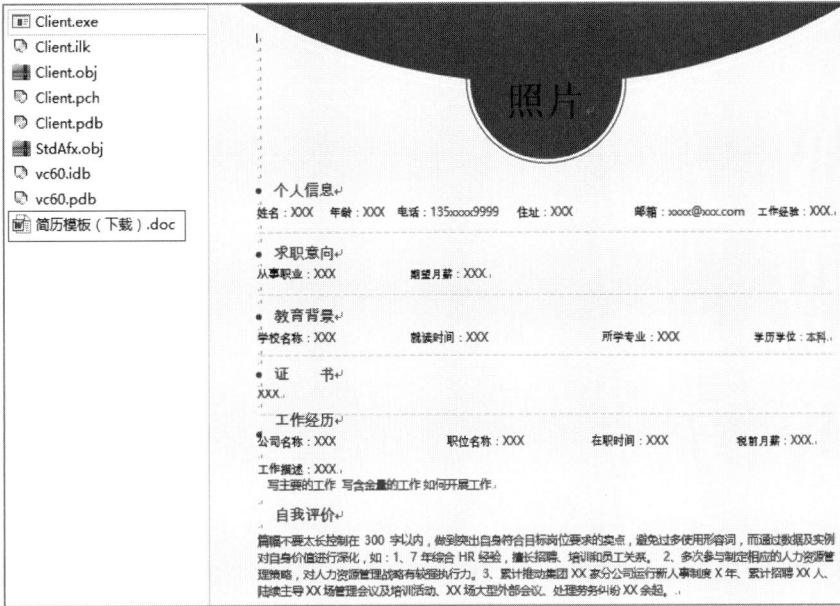

图 16.18　客户端文件的简历模板（下载）内容

# 第 *4* 篇

## 项目实战

本篇将带领读者一步步体验项目开发的全过程。其中，单词背记游戏和学生信息管理系统属于软件项目开发，单片机基础知识和 GSM 短信控制家庭防盗报警系统属于硬件项目开发。

- 单词背记闯关游戏 —— 开发第一个C程序项目，体验开发带来的趣味性和成就感

- 学生信息管理系统 —— 统计学生信息，并能实现信息的增、删、改、查和更新

**项目实战**

- 单片机基础知识 —— 了解单片机的组成和内外部结构，熟悉电路设计、程序开发和烧录工具，能够实现简单的跑马灯功能

- GSM短信控制家庭防盗报警系统 —— 一个完整的单片机项目（读者需储备一定的电路基础知识），可实现红外感应来人、LED声光报警、发送短信远程报警等功能

# 第 17 章
## 单词背记闯关游戏

通过前面的学习，读者已对 C 语言的知识体系有了一定的了解，本章将引领大家开发自己的第一个项目——单词背记闯关游戏。运行游戏，欢迎界面中，玩家可切换选项，开始游戏、查看积分规则或退出游戏；游戏过程中，可随机出现中文或英文的单词以及 4 个答案选项，玩家给出答案后系统将进行计分，并刷新游戏最高分；游戏结束界面会显示本局得分，以及与游戏最高分的差值。

通过本项目，读者可快速掌握文件的常见操作，熟悉 windows.h 函数库中的光标函数，并深刻体验开发一个项目带来的趣味性和成就感。

本章的知识架构及重难点如下：

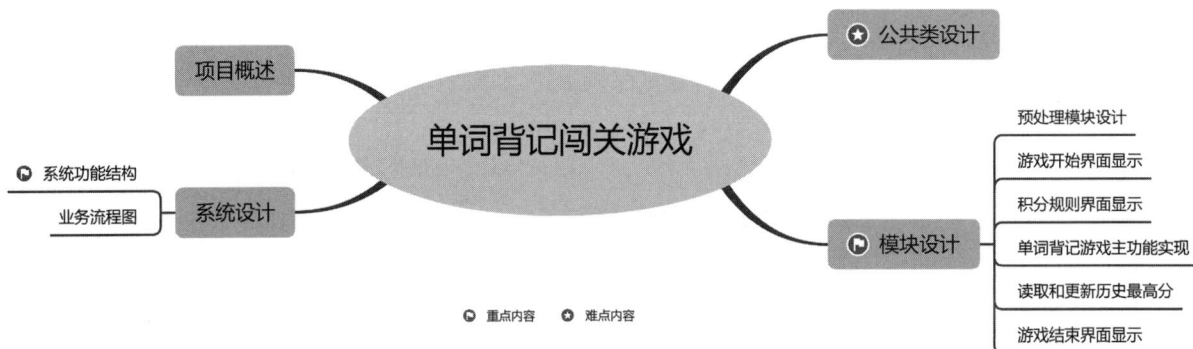

## 17.1 项目概述

本章将使用 C 语言，开发一个单词背记闯关游戏，需要设计欢迎界面、游戏界面，实现计分功能，能够存储最高分，并能在游戏结束时显示字符画以及玩家本局得分与历史最高分的差值。

单词背记闯关游戏需要实现以下目标。

☑ 开始界面，通过不同选项可进入不同界面。

☑ 游戏过程中的中英文互译。

☑ 判断玩家答案是否正确，显示积分情况。

☑ 存储最高分，并在游戏结束界面显示玩家本局得分以及与游戏最高分的相差情况。

游戏开始界面如图 17.1 所示，单词背记闯关练习界面如图 17.2 所示。

积分规则界面如图 17.3 所示，游戏结束界面如图 17.4 所示。

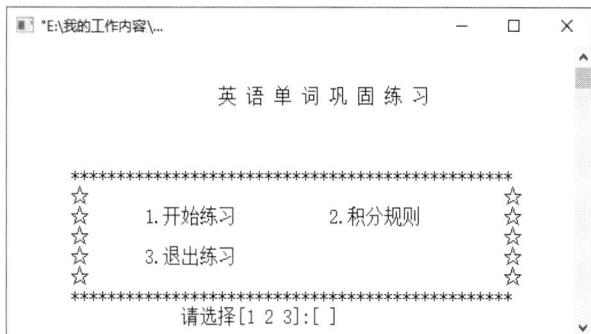

图 17.1　游戏开始界面

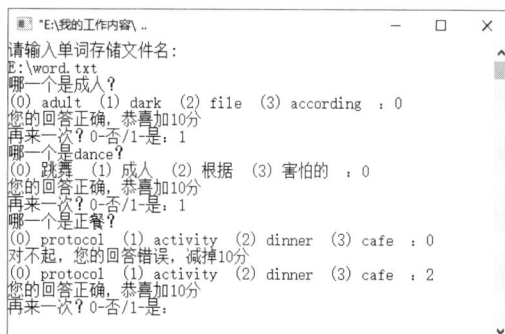

图 17.2　单词背记闯关练习界面

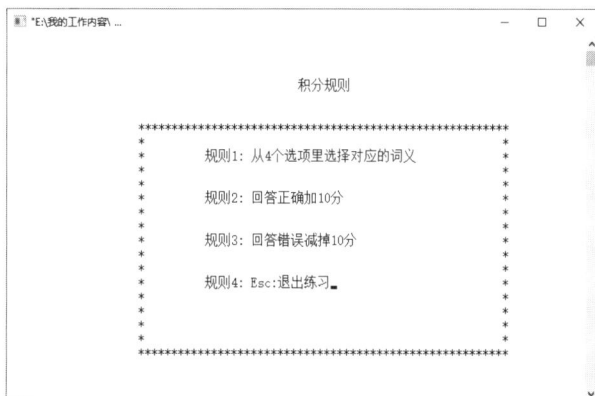

图 17.3　积分规则界面

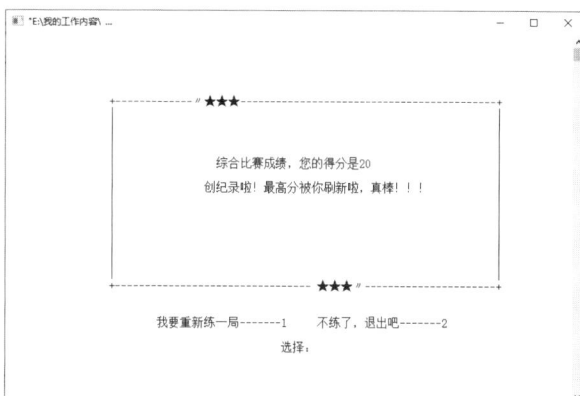

图 17.4　游戏结束界面

# 17.2　系　统　设　计

## 17.2.1　系统功能结构

单词背记闯关游戏是一个简单的应用程序，其需要实现的功能如下。

☑　开始界面：显示游戏名字，提醒用户进行功能选择。选择数字 1，进入游戏界面；选择数字 2，进入积分规则说明界面；选择数字 3，退出游戏。

☑　单词背记闯关练习界面：系统随机弹出中文或中文，用户选择对应的答案。每次答题后，会提示是否继续游戏，选择 1 表示继续游戏，选择 0 表示结束游戏。

☑　游戏积分功能：用户给出答案后，判断答案正确与否，正确加 10 分，错误扣 10 分。

☑　存储游戏最高分功能：游戏中需创建 save.txt 文件，以保存玩家的游戏最高分。若本局分数大于游戏最高分，自动更新该分值。

☑　游戏结束界面：结束界面中将出现一个字符画，同时输出本局得分情况，以及与游戏最高分的分值差。字符画下面，可选择是否重新开始游戏。

单词背记闯关游戏的系统功能结构如图 17.5 所示。

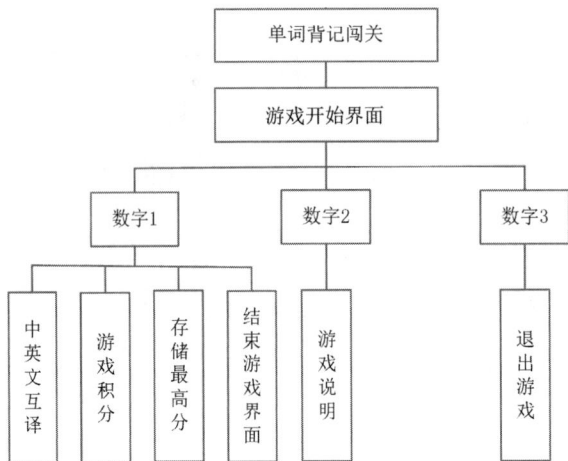

图 17.5　系统功能结构

## 17.2.2　业务流程图

单词背记闯关游戏的业务流程如图 17.6 所示。

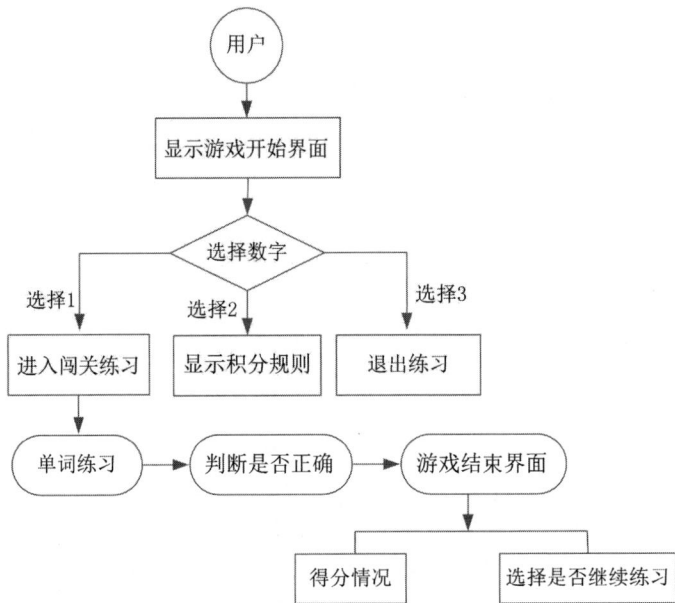

图 17.6　业务流程图

# 17.3　开发准备

编写程序前，先应在磁盘中创建一个存储单词的文件（如 word.txt），内容为英语单词以及对应的汉语，如图 17.7 所示。

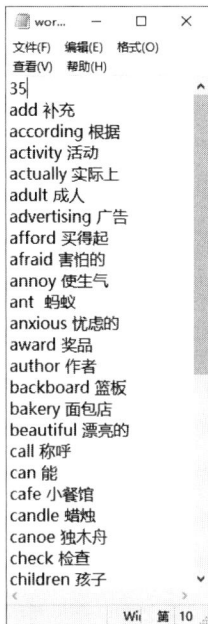

图 17.7　存储单词的文件

# 17.4　预处理模块设计

## 17.4.1　模块概述

预处理模块设计包括文件引用、定义全局变量、声明函数以及定义字符常量等。

## 17.4.2　代码实现

### 1．文件引用

首先使用#include 命令引入库文件，对程序的一些基本函数进行支持。代码如下：

```
#include<stdio.h>         /*包含标准输入/输出库函数*/
#include<time.h>          /*包含日期和时间库函数，用于获得随机数*/
#include<windows.h>       /*包含 windows 库，用于控制 dos 界面*/
#include<stdlib.h>        /*包含标准库，里面定义了一些宏和通用工具函数*/
#include<string.h>        /*包含字符串处理函数*/
#include<conio.h>         /*包含控制台输入/输出库，用于接收按键信息并产生对应操作*/
```

### 2．定义全局变量

把程序中公用的变量放在程序的最前面，即为全局变量。项目需要定义的全局变量如下：

```
int QNO;                  /*单词数量*/
char **cptr;              /*指向中文单词的指针数组*/
char **eptr;              /*指向英语单词的指针数组*/
```

```
int score = 0;                    /*分数*/
int HighScore = 0;                /*历史最高分数*/
```

### 3. 声明函数

要实现项目的全部功能，需要定义很多函数。在定义函数之前需要先进行函数声明，代码如下：

```
void gotoxy(int x, int y);        /*功能：控制光标位置*/
void start();                     /*功能：游戏开始界面*/
void run();                       /*功能：进行单词背记练习*/
void File_in();                   /*功能：将历史最高分存储进文件*/
void File_out();                  /*功能：从文件中读取历史最高分*/
void endgame();                   /*功能：游戏结束界面*/
void choose();                    /*功能：游戏结束界面中显示是否继续游戏分支选项*/
void Lost();                      /*功能：游戏结束界面中显示字符图案*/
void rule();                      /*功能：显示积分规则*/
int read();                       /*功能：读取单词文件*/
int make(int c[], int n);         /*功能：生成 4 个答案选项并返回正确答案的下标*/
void print(const int c[], int sw);/*功能：显示 4 个答案选项*/
```

### 4. 定义字符常量

项目需要定义的字符常量代码如下：

```
#define CNO 4                     /*选项数量为 4*/
#define swap(type, x, y)   do { type t = x; x = y; y = t; } while (0)
```

# 17.5  游戏开始界面显示

## 17.5.1  模块概述

游戏开始界面要实现 3 个功能选项，分别是开始练习、积分规则和退出练习。为了界面美观，这里采用了多种颜色，并通过光标控制每个字符的排列位置。

游戏开始界面的运行效果如图 17.8 所示。

## 17.5.2  代码实现

（1）主函数 main()的具体代码如下：

图 17.8  欢迎界面

```
int main()
{
    start();                      /*游戏开始界面*/
    run();                        /*开始单词背记闯关练习*/
    return 0;
}
```

（2）定义 gotoxy 函数，控制光标的位置。具体代码如下：

```
/*控制光标的位置*/
void gotoxy(int x, int y)
```

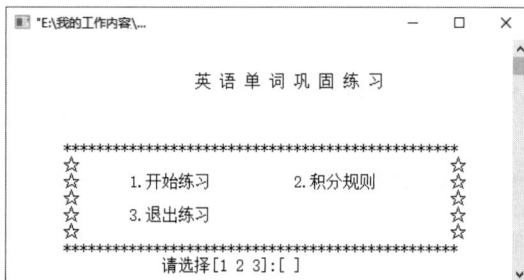

```
{
    COORD c;
    c.X = x;
    c.Y = y;
    SetConsoleCursorPosition(GetStdHandle(STD_OUTPUT_HANDLE), c);
}
```

（3）游戏开始界面主要由 3 个菜单选项组成，使用 start 函数实现。具体代码如下：

```
/*欢迎界面（开始游戏界面）设计*/
void start()
{
    int n;
    int i, j = 1;
    gotoxy(23, 2);
    printf("英 语 单 词 巩 固 练 习");
    for (i = 6; i <= 12; i++)                    /*外层循环，用"*"输出上下边框*/
    {
        for (j = 7; j <= 54; j++)                /*内层循环，用"☆"输出左右边框*/
        {
            gotoxy(j, i);
            if (i == 6 || i == 12)
            {
                printf("*");
            }
            else if (j == 7 || j == 54)
            {
                printf("☆");
            }
        }
    }
    gotoxy(15, 8);                               /*gotoxy 函数用于控制光标位置*/
    printf("1.开始练习");
    gotoxy(35, 8);
    printf("2.积分规则");
    gotoxy(15, 10);
    printf("3.退出练习");
    gotoxy(19, 13);
    printf("请选择[1 2 3]:[ ]\b\b");             /*\b 的功能是退格，使得光标处于[]中间*/
    scanf("%d", &n);                             /*用户输入选择*/
    switch (n)
    {
        case 1:
            system("cls");
            break;
        case 2:
            break;
        case 3:
            exit(0);                             /*退出游戏*/
            break;
        default:                                 /*用户输入非 1~3 范围的数字*/
            gotoxy(40, 28);
            printf("请输入 1~3 的数!");
            getch();                             /*用户按任意键*/
            system("cls");                       /*清屏*/
            start();                             /*再次显示游戏开始界面*/
    }
}
```

这里，用户输入数字 1、2 后的功能函数尚未开发，暂时空着，等待后续补入。

# 17.6　积分规则界面显示

## 17.6.1　模块概述

在欢迎界面中输入数字 2，即可进入积分规则界面，如图 17.9 所示。

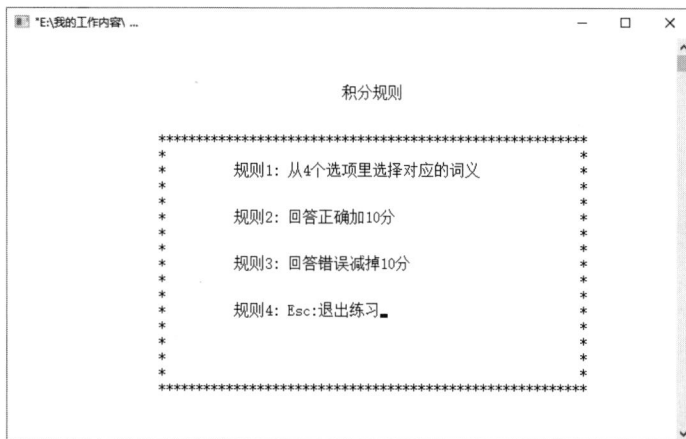

图 17.9　积分规则界面

## 17.6.2　代码实现

（1）定义 rule 函数，显示积分规则界面。具体代码如下：

```
/*显示积分规则界面*/
void rule()
{
    int i, j = 1;
    system("cls");
    gotoxy(44, 3);
    printf("积分规则");
    for (i = 6; i <= 22; i++)                /*外层循环，用"*"输出上下边框*/
    {
        for (j = 20; j <= 75; j++)           /*内层循环，用"*"输出左右边框*/
        {
            gotoxy(j, i);
            if (i == 6 || i == 22) printf("*");
            else if (j == 20 || j == 75) printf("*");
        }
    }
    gotoxy(30, 8);
    printf("规则 1: 从 4 个选项里选择对应的词义");
    gotoxy(30, 11);
    printf("规则 2: 回答正确加 10 分");
    gotoxy(30, 14);
    printf("规则 3: 回答错误减掉 10 分");
```

```
        gotoxy(30, 17);
        printf("规则 4: Esc:退出练习");
        getch();                              /*按任意键返回主界面*/
        system("cls");
        start();
}
```

（2）修改 17.5.2 节 start 函数中 switch 分支语句 "case 2:" 下的代码，具体如下：

```
switch (n)
{
        case 1:
                system("cls");
                break;
        case 2:
                rule();                       /*调用 rule 函数，显示积分规则*/
                break;
        case 3:
                exit(0);                      /*退出游戏*/
                break;
        default:                              /*用户输入非 1~3 范围的数字*/
                gotoxy(40, 28);
        printf("请输入 1~3 的数!");
        getch();                              /*用户按任意键*/
        system("cls");                        /*清屏*/
        start();                              /*再次显示游戏开始界面*/
}
```

# 17.7　单词背记游戏主功能实现

## 17.7.1　模块概述

用户在游戏开始界面中输入数字 1 后，将进入单词背记闯关游戏的主界面。在此可以进行多轮的英汉互译挑战，如图 17.10 所示。

## 17.7.2　代码实现

（1）定义 read 函数，读取单词存储文件，具体代码如下：

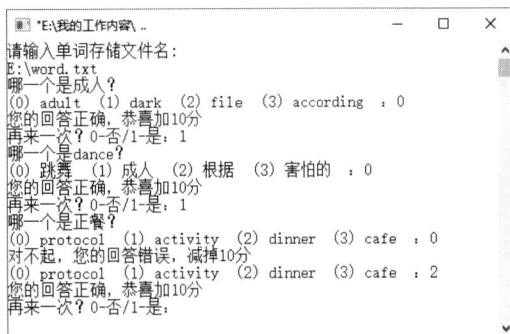

图 17.10　单词背记闯关游戏主界面

```
/*读取单词文件*/
int read()
{
        int i;
        FILE *fp;
        char filename[30];
        printf("请输入单词存储文件名:\n");
        scanf("%s", filename);
        if ((fp = fopen(filename, "r")) == NULL)
                return 1;
```

```
        fscanf(fp, "%d", &QNO);                          /*读取单词数量*/
        if ((cptr = calloc(QNO, sizeof(char *))) == NULL) return 1;
        if ((eptr = calloc(QNO, sizeof(char *))) == NULL) return 1;
        for (i = 0; i < QNO; i++) {
                char etemp[1024];
                char ctemp[1024];
                fscanf(fp, "%s%s", etemp, ctemp);
                if ((eptr[i] = malloc(strlen(etemp) + 1)) == NULL) return 1;
                if ((cptr[i] = malloc(strlen(ctemp) + 1)) == NULL) return 1;
                strcpy(eptr[i], etemp);
                strcpy(cptr[i], ctemp);
        }
        fclose(fp);
        return 0;
}
```

（2）定义 make 函数，用来随机生成 4 个答案选项，具体代码如下：

```
/*生成 4 个答案选项并返回正确选项的下标*/
int make(int c[], int n)
{
        int i, j, x;
        c[0] = n;                                        /*在开头元素中存入正确答案*/
        for (i = 1; i < CNO; i++) {
                do {                                     /*生成不重复的随机数*/
                        x = rand() % QNO;
                        for (j = 0; j < i; j++)
                                if (c[j] == x)           /*如果生成了相同的随机数*/
                                        break;
                } while (i != j);
                c[i] = x;
        }
        j = rand() % CNO;
        if (j != 0)
                swap(int c[0], c[j]);                     /*移动正确答案*/
        return j;
}
```

（3）定义 print 函数，用来显示 4 个答案选项，具体代码如下：

```
/*显示 4 个答案选项*/
void print(const int c[], int sw)
{
        int i;
        for (i = 0; i < CNO; i++)
                printf("(%d) %s   ", i, sw ? cptr[c[i]] : eptr[c[i]]);
        printf(": ");
}
```

（4）定义 run 函数，运行程序，实现整个单词背记闯关游戏的逻辑与功能设计。具体代码如下：

```
/*判断用户输入的答案是否正确，并统计得分情况*/
int run()
{
        int i;
        int nq, pq;                                      /*题目编号和上一次的题目编号*/
        int na;                                          /*正确答案的编号*/
        int sw;                                          /*题目语言（0 为中文，1 为英语）*/
        int retry;                                       /*是否重新挑战*/
        int cand[CNO];                                   /*选项的编号*/
        if (read() == 1)                                 /*调用 read 函数，读取单词文件*/
```

```
    {
            printf("\a 单词文件读取失败。\n");
            return 1;
    }
    srand(time(NULL));                                  /*设定随机数的种子*/

    pq = QNO;                                           /*上一次的题目编号（不存在的编号）*/

    do {                                                /*do...while 循环，进行单词背记练习*/
        int no;
        do {                                            /*决定用于出题的单词的编号*/
                nq = rand() % QNO;
        } while (nq == pq);                             /*不连续出同一个单词*/

        na = make(cand, nq);                            /*调用 make 函数，随机生成 4 个答案选项*/
        sw = rand() % 2;
        printf("哪一个是%s? \n", sw ? eptr[nq] : cptr[nq]);  /*输出问题*/

        do {
                print(cand, sw);                        /*调用 print 函数，显示 4 个答案选项*/
                scanf("%d", &no);                       /*用户输入答案*/
                if (no != na)                           /*如果答案不正确*/
                {
                        puts("对不起，您的回答错误，减掉 10 分");
                        score -= 10;                    /*回答错误，减 10 分*/
                }
        } while (no != na);
        puts("您的回答正确，恭喜加 10 分");
        score += 10;                                    /*回答正确，加 10 分*/
        pq = nq;
        printf("再来一次？ 0-否/1-是： ");
        scanf("%d", &retry);                            /*用户选择是否再次挑战*/
    } while (retry == 1);
    for (i = 0; i < QNO; i++) {
        free(eptr[i]);
        free(cptr[i]);
    }
    free(cptr);
    free(eptr);
    File_out();
    endgame();
    exit(0);
    return 0;
}
```

（5）修改 17.5.2 节 start 函数中 switch 分支语句 "case 1:" 下的代码，具体如下：

```
switch (n)
{
    case 1:
            system("cls");
            run();                                      /*调用 run 函数，进行单词背记闯关练习*/
            break;
    case 2:
            rule();                                     /*调用 rule 函数，显示积分规则页面*/
            break;
    case 3:
            exit(0);                                    /*退出游戏*/
            break;
    default:                                            /*输入非 1～3 范围的数字*/
```

```
        gotoxy(40, 28);
        printf("请输入 1~3 的数!");
        getch();                            /*用户按任意键*/
        system("cls");                      /*清屏*/
        start();                            /*再次显示游戏开始界面*/
}
```

# 17.8  读取和存储游戏最高分

## 17.8.1  模块概述

本模块需要实现单词背记闯关游戏中读取游戏最高分和更新游戏最高分功能。首先需要创建一个存储游戏最高分的文件 save.txt，初始内容为 20，如图 17.11 所示。游戏结束时，先读取文件中的最高分，如果本局得分更高，则更新游戏最高分。

## 17.8.2  代码实现

（1）定义 File_out 函数，读取 save.txt 文件中存储的游戏最高分，具体代码如下：

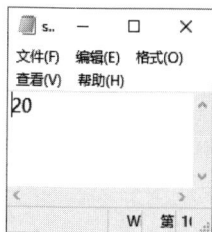

图 17.11  最高分文件

```
/*从文件中读取游戏最高分*/
void File_out()
{
        FILE *fp;
        fp = fopen("save.txt", "a+");       /*打开 save.txt 文件*/
        fscanf(fp, "%d", &HighScore);       /*读取文件中的最高分*/
        fclose(fp);                         /*关闭文件*/
}
```

（2）定义 File_in 函数，把新的游戏最高分存储到文件中，具体代码如下：

```
/*将新的最高分存储到文件中*/
void File_in()
{
        FILE *fp;
        fp = fopen("save.txt", "w+");       /*以读写方式打开 save.txt 文件*/
        fprintf(fp, "%d", score);           /*把分数写进文件中*/
        fclose(fp);                         /*关闭文件*/
}
```

# 17.9  游戏结束界面显示

## 17.9.1  模块概述

单词背记练习结束后，会显示单词背记闯关练习的最终得分情况，并给出信息提示。如果本局得分大于游戏最高分，给出夸奖信息；如果本局得分小于游戏最高分，则显示与游戏最高分的差值。最下方还会给出一个分支选择，提醒用户是否再练一局。游戏结束界面如图 17.12 所示。

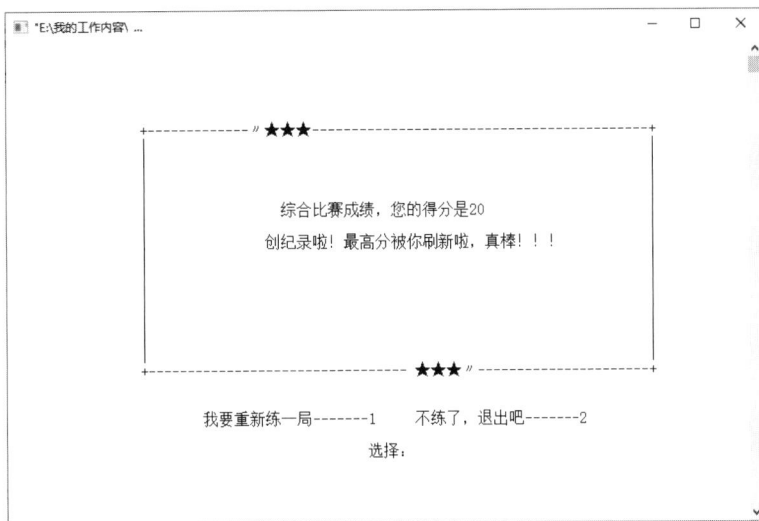

图 17.12　游戏结束界面

## 17.9.2　代码实现

（1）定义 Lost 函数，输出界面的字符图案，具体代码如下：

```
/*输出字符图案*/
void Lost()
{
    int i;
    system("cls");
    gotoxy(17, 5);
    printf("+--------------------");
    gotoxy(31, 5);
    printf(" 〃★★★");
    gotoxy(40, 5);
    printf("--------------------");
    gotoxy(55, 5);
    printf("----------");
    gotoxy(65, 5);
    printf("----------------+");
    for (i = 6; i <= 19; i++)                /*输出两侧的竖边框*/
    {
        gotoxy(17, i);
        printf("|");
        gotoxy(82, i);
        printf("|");
    }
    gotoxy(17, 20);
    printf("+-----------------------------");

    gotoxy(52, 20);
    printf("★★★ 〃");
    gotoxy(60, 20);
```

```
        printf("--------------------+");
}
```

（2）定义 endgame 函数，输出游戏结束时单词背记闯关的得分情况，具体代码如下：

```c
/*输出练习结束时的提示信息*/
void endgame()
{
    system("cls");
    Lost();                                  /*输出字符图案*/
    gotoxy(35, 10);
    printf("综合比赛成绩，您的得分是%d", score);   /*输出本局得分*/
    if (score >= HighScore)                  /*如果本局得分高于历史最高分*/
    {
        gotoxy(33, 12);
        printf("创纪录啦！最高分被你刷新啦，真棒！！！\n");
        File_in();                           /*把本局得分作为最高分，写进文件*/
    }
    else                                     /*否则，输出本局得分与历史最高分的差值*/
    {
        gotoxy(33, 12);
        printf("继续努力吧~ 你离最高分还差：%d\n", HighScore - score);
    }
    choose();                                /*是否重新练一局*/
}
```

（3）定义 choose 函数，实现字符画下面的是否再练一局分支选项。用户输入数字 1，将重新开始练习；输入数字 2，将退出练习。具体代码如下：

```c
/*实现字符画下面的分支选项*/
void choose()
{
    int n;
    gotoxy(25, 23);
    printf("我要重新练一局-------1");
    gotoxy(52, 23);
    printf("不练了，退出吧-------2");
    gotoxy(46, 25);
    printf("选择： ");
    scanf("%d", &n);                         /*用户输入一个选择*/
    switch (n)
    {
        case 1:                              /*用户输入数字 1*/
            system("cls");                   /*清屏*/
            score = 0;                       /*分数归零*/
            start();                         /*开始一局新游戏*/
            break;
        case 2:                              /*用户输入数字 2*/
            exit(0);                         /*退出游戏*/
            break;
        default:                             /*用户输入其他字符*/
            gotoxy(35, 27);
            printf("※※您的输入有误，请重新输入※※");
            system("pause >nul");
            endgame();
            choose();                        /*用户重新进行选择*/
            break;
    }
}
```

# 第 18 章

# 学生信息管理系统

本章我们将尝试开发一个学生信息管理系统。作为一个信息化管理软件，该系统可实现学生成绩的快速录入，并能对学生成绩进行增、删、改、查操作；通过排序，可以从高到低查看学生成绩，掌握学生的学习状态；还能进行学生人数统计。

本章的知识架构及重难点如下：

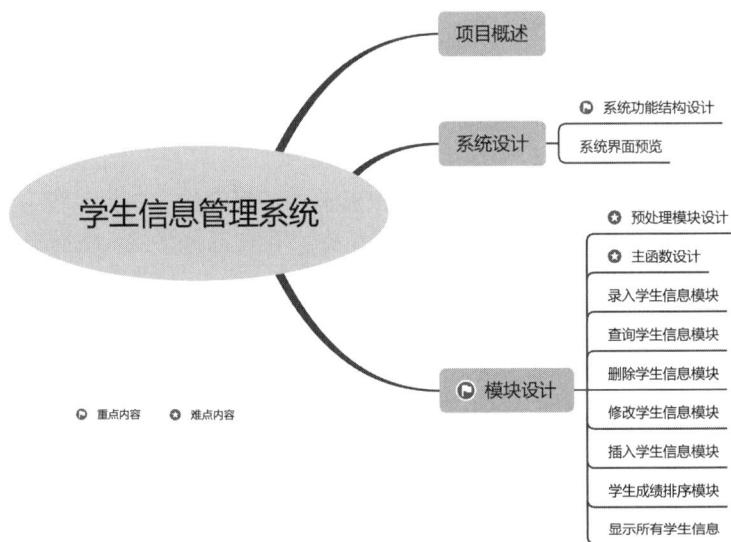

## 18.1 项 目 概 述

本章来制作一个简易的学生信息管理系统，对学生的学号、姓名、成绩等进行统计，并可实现数据的增、删、改、查和更新，以方便学校对学生成绩进行整体分析。

## 18.2 系 统 设 计

### 18.2.1 系统功能结构设计

学生信息管理系统分为 8 个功能模块，如图 18.1 所示。

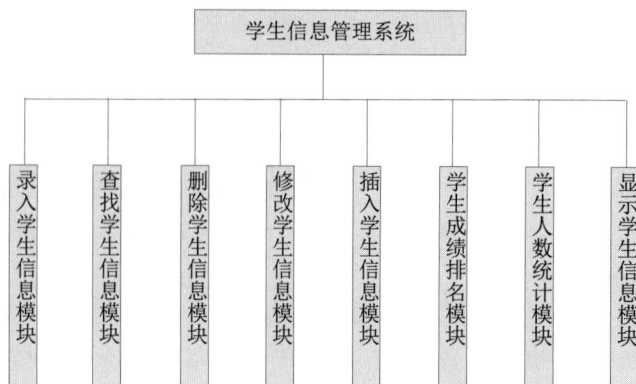

图 18.1　学生信息管理系统的主要功能结构

## 18.2.2　系统界面预览

学生信息管理系统主界面上包括功能菜单和选择区域，如图 18.2 所示。输入 0～8 内的数字，可以切换至相应模块，实现不同的功能。

☑　输入"1"时，可录入学生信息。若系统中未录入任何学生，先提示没有记录，然后要求录入学生信息，运行效果如图 18.3 所示；若系统中已存在部分学生，先显示学生信息，再提示是否录入（即是否添加学生信息），运行效果如图 18.4 所示。

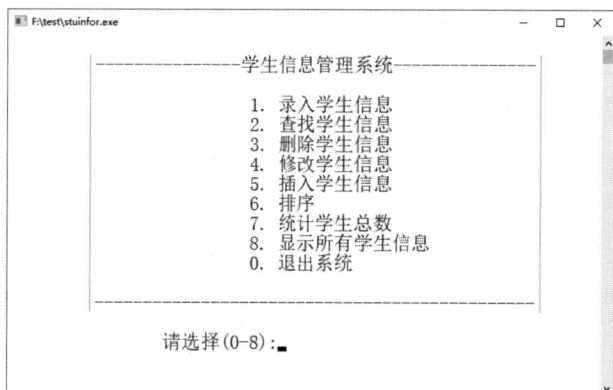

图 18.2　学生信息管理系统主界面

图 18.3　录入学生信息

☑　输入"2"时，可查找学生信息。根据学号查询学生信息，运行效果如图 18.5 所示。

☑　输入"3"时，可删除学生信息。输入待删除学生的学号，即可在文件中将对应学生信息删除，运行效果如图 18.6 所示。

☑　输入"4"时，可修改学生信息。首先显示所有的学生信息，输入学号，系统会进行查询，若该生信息已存在，可修改学生信息，运行效果如图 18.7 所示。

☑　输入"5"时，可插入学生信息。根据提示，输入插入位置和待插入学生信息即可，运行效果如图 18.8 所示。

☑　输入"6"时，可将学生按总成绩从高到低排序，并保存排序结果，运行效果如图 18.9 所示。

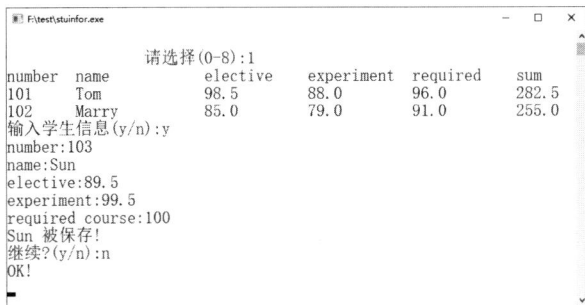

图 18.4　添加学生信息

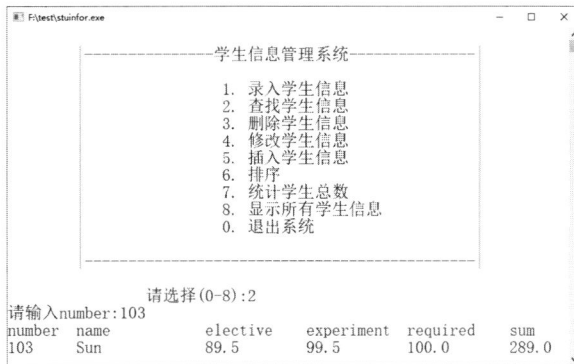

图 18.5　查询学生信息

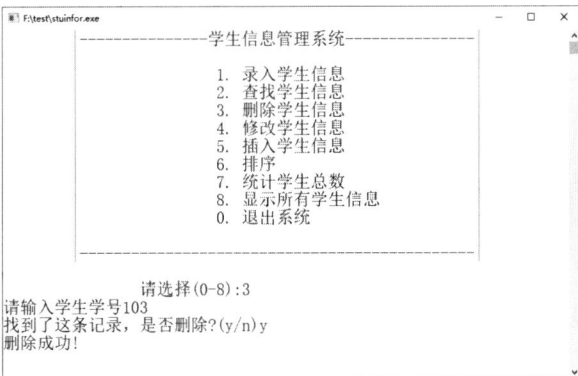

图 18.6　删除学生信息

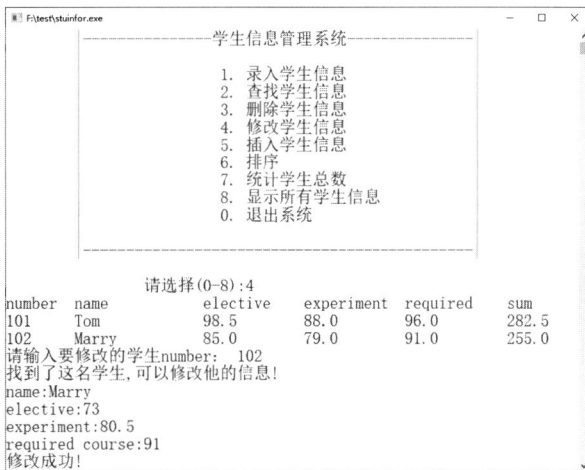

图 18.7　修改学生信息

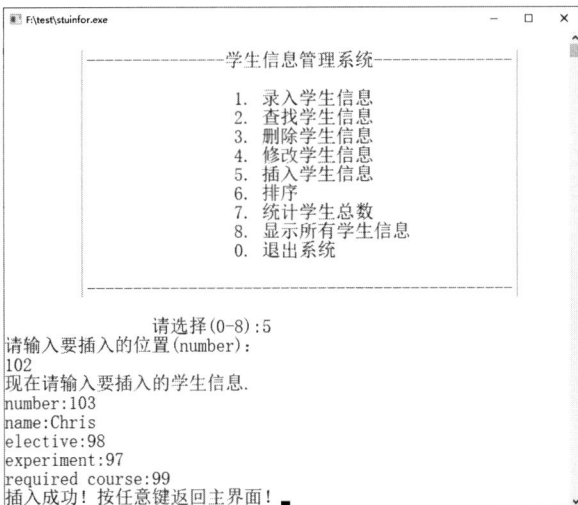

图 18.8　插入学生信息

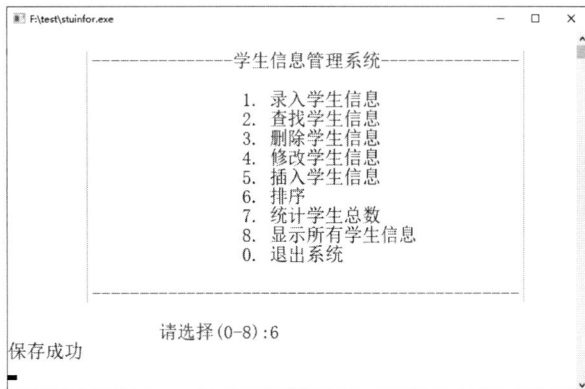

图 18.9　排序效果图

☑　输入"7"时，可以对学生人数进行统计，运行效果如图 18.10 所示。

☑ 输入"8"时，可显示所有学生信息，运行效果如图 18.11 所示。注意，显示的是按成绩排序后的结果。

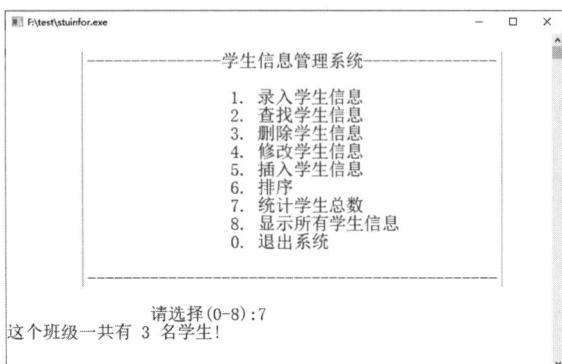

图 18.10  统计效果图

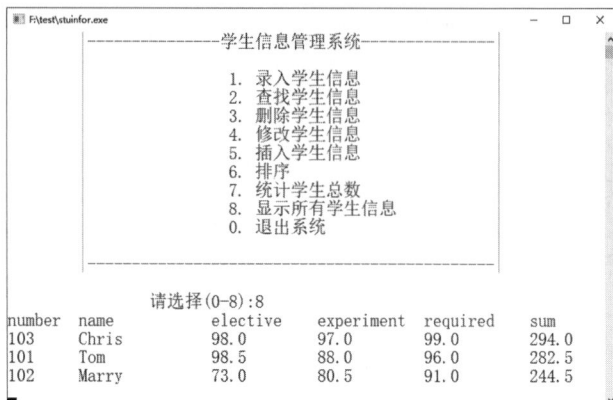

图 18.11  显示学生信息

# 18.3  预处理模块设计

## 18.3.1  模块概述

预处理模块中需要引入库文件，定义学生结构体，声明各个功能函数，并进行宏定义。其中，3 个宏定义都是和学生结构体相关的，一个是结构体长度定义；一个是结构体成员输出格式定义，一个是结构体输出列表定义。这是因为学生结构体的成员较多，输出列表很长，一不小心很容易敲错，将其宏定义为 DATA，引用更便捷；同时输出时需要做格式控制，否则屏幕会非常凌乱，为避免重复设置，将输入格式宏定义为 FORMAT。

## 18.3.2  功能实现

### 1. 文件引用

使用#include 命令引入库文件，对程序的一些基本函数进行支持。代码如下：

```
#include <stdio.h>          /*包含标准输入/输出库函数*/
#include <stdlib.h>         /*包含标准库，里面定义了一些宏和通用工具函数*/
#include <string.h>         /*包含字符串处理函数*/
#include<conio.h>           /*包含控制台输入/输出库，用于接收按键信息并产生对应操作*/
#include<dos.h>             /*包含 BIOS 和 DOS 调用函数*/
```

### 2. 宏定义

对学生结构体类型的长度、成员输出格式以及成员输出列表进行宏定义。代码如下：

```
#define LEN sizeof(struct student)                                  /*学生结构体的长度*/
#define FORMAT "%-8d%-15s%-12.1lf%-12.1lf%-12.1lf%-12.1lf\n"        /*学生结构体成员的输出格式控制部分*/
#define DATA stu[i].num,stu[i].name,stu[i].elec,stu[i].expe,stu[i].requ,stu[i].sum   /*学生结构体成员的输出列表*/
```

### 3．结构体定义和函数声明

要实现项目的全部功能，需要定义学生结构体类型，以及很多函数。在定义函数之前需要先进行函数声明。代码如下：

```
/*学生结构体*/
struct student            /*定义学生结构体*/
{
    int num;              /*学号*/
    char name[15];        /*姓名*/
    double elec;          /*选修课成绩*/
    double expe;          /*实验课成绩*/
    double requ;          /*必修课成绩*/
    double sum;           /*总分数*/
};
struct student stu[50];   /*定义结构体数组*/

/*  函数声明  */
void in();                /*功能：录入学生成绩信息*/
void show();              /*功能：显示学生信息*/
void order();             /*功能：按总分排序*/
void del();               /*功能：删除学生成绩信息*/
void modify();            /*功能：修改学生成绩信息*/
void menu();              /*功能：主功能菜单*/
void insert();            /*功能：插入学生信息*/
void total();             /*功能：统计学生人数*/
void search();            /*功能：查找学生信息*/
```

# 18.4　主函数设计

## 18.4.1　功能概述

在学生信息管理系统的 main 函数中调用 menu 函数，可显示主功能菜单，如图 18.12 所示；在 switch 分支结构中调用各函数，可对学生信息进行录入、查找、显示、保存以及增、删、改操作。

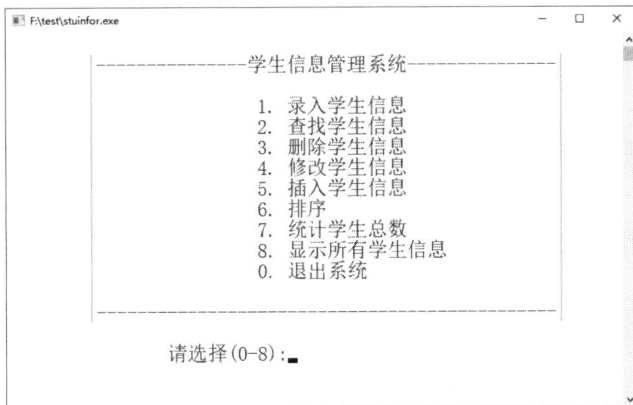

图 18.12　主功能菜单

## 18.4.2 功能实现

在 menu 函数中，使用 printf 函数输出文字或特殊字符。获取用户输入的数字后，调用不同的函数（见表 18.1）实现主体功能。

表 18.1 主菜单中数字对应的函数及功能

| 编　号 | 功　　能 | 编　号 | 功　　能 |
|---|---|---|---|
| 0 | 退出系统 | 5 | 调用 insert 函数，插入学生信息 |
| 1 | 调用 in 函数，录入学生信息 | 6 | 调用 order 函数，将学生成绩从高到低排序 |
| 2 | 调用 search 函数，查询学生信息 | 7 | 调用 total 函数，统计学生人数 |
| 3 | 调用 del 函数，删除学生信息 | 8 | 调用 show 函数，显示学生信息 |
| 4 | 调用 modify 函数，修改学生信息 | | |

函数 menu 的实现代码如下：

```
void menu()                      /*显示主功能菜单*/
{
    system("cls");
    printf("\n\n\n\n");
    printf("\t\t|--------------学生信息管理系统--------------|\n");
    printf("\t\t|\t\t\t\t    |\n");
    printf("\t\t|\t\t 1. 录入学生信息\t      |\n");
    printf("\t\t|\t\t 2. 查找学生信息\t      |\n");
    printf("\t\t|\t\t 3. 删除学生信息\t      |\n");
    printf("\t\t|\t\t 4. 修改学生信息\t      |\n");
    printf("\t\t|\t\t 5. 插入学生信息\t      |\n");
    printf("\t\t|\t\t 6. 排序\t      |\n");
    printf("\t\t|\t\t 18. 统计学生总数\t      |\n");
    printf("\t\t|\t\t 8. 显示所有学生信息\t      |\n");
    printf("\t\t|\t\t 0. 退出系统\t\t      |\n");
    printf("\t\t|\t\t\t\t    |\n");
    printf("\t\t|--------------------------------------------|\n\n");
    printf("\t\t\t 请选择(0-8):");
}
```

主函数 main 的实现代码如下：

```
void main()
{
    int n;
    menu();                      /*显示主功能菜单*/
    scanf("%d",&n);              /*用户输入数字*/
    while(n)
    {
        switch(n)
        {
            case 1:
                in();            /*录入学生信息*/
                break;
            case 2:
                search();        /*查询学生信息*/
                break;
            case 3:
```

```
            del();              /*删除学生信息*/
            break;
        case 4:
            modify();           /*修改学生信息*/
            break;
        case 5:
            insert();           /*插入学生信息*/
            break;
        case 6:
            order();            /*将学生成绩从高到低排序*/
            break;
        case 7:
            total();            /*统计学生人数*/
            break;
        case 8:
            show();             /*显示学生信息*/
            break;
        default:
            break;
        }
    getch();
    menu();                     /*再次显示主功能菜单*/
    scanf("%d",&n);
    }
}
```

# 18.5　录入学生信息模块

## 18.5.1　模块概述

在主界面中输入 1 时，进入学生信息录入模块。分两种情况：若磁盘文件中已存在学生信息，首先让用户确认是否录入新生信息，确认后即可添加学号、姓名、选修课成绩、实验课成绩和必修课成绩，如图 18.13 所示；若磁盘文件中尚无任何学生信息，同样先提醒用户确认是否录入学生信息，确认后录入信息即可，如图 18.14 所示。录入结束，系统会自动计算出学生的总成绩，并将所有信息保存到磁盘文件中。

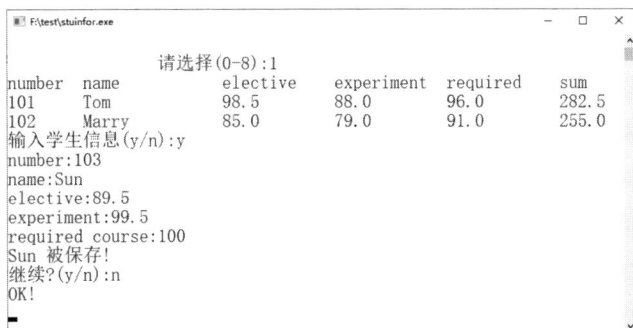

图 18.13　添加学生信息

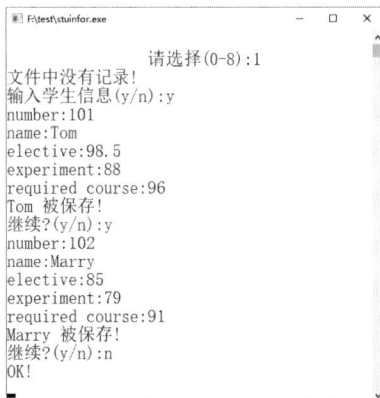

图 18.14　输入学生信息

## 18.5.2　录入时文件中无内容

　　学生信息管理系统需要通过读、写文件来完成学生信息的调入和存储。录入信息时，首先查询 data.txt 文件是否存在，以及是否已存在学生信息。如果文件中不存在任何记录（一条学生信息称为一条记录），提示"文件中没有记录！"。代码如下：

```
void in()                            /*录入学生信息函数*/
{
    int i,m=0;                       /*m 表示文件中的学生记录数量*/
    char ch[2];
    FILE *fp;                        /*定义文件指针*/
    if((fp=fopen("data.txt","a+"))==NULL)    /*如果 data.txt 文件不存在*/
    {
        printf("文件不存在！\n");
        return;
    }
    while(!feof(fp))                 /*读取文件数据，统计记录数量*/
    {
        if(fread(&stu[m] ,LEN,1,fp)==1)
        {
            m++;                     /*统计当前记录条数*/
        }
    }
    fclose(fp);                      /*关闭文件*/
    if(m==0)                         /*如果文件中不存在任何记录*/
    {
        printf("文件中没有记录!\n");
    }
```

## 18.5.3　录入时文件中有内容

　　如果 data.txt 文件中已存在学生记录，会先显示学生信息，再询问是否要录入学生数据，如图 18.15 所示。

```
                请选择(0-8):1
number  name          elective   experiment  required   sum
101     Tom           98.5       88.0        96.0       282.5
102     Marry         85.0       79.0        91.0       255.0
输入学生信息(y/n):
```

图 18.15　先显示文件内容，再选择插入数据

　　如果确认要录入，系统首先会对输入的学号进行检查，只有在输入的学号与已经存在的学号不重复的情况下，才能够录入学生信息。实现代码如下：

```
    else
    {
        show();                      /*调用 show 函数，显示已有学生信息
    }
    if((fp=fopen("data.txt","wb"))==NULL)    /*如果 data.txt 文件不存在*/
    {
        printf("文件不存在！\n");
```

```
            return;
        }
        printf("输入学生信息(y/n):");
        scanf("%s",ch);
        while(strcmp(ch,"Y")==0||strcmp(ch,"y")==0)        /*判断是否要录入新信息*/
        {
            printf("number:");
            scanf("%d",&stu[m].num);                       /*输入学生学号*/
            for(i=0;i<m;i++)
                if(stu[i].num==stu[m].num)                 /*如果学号已存在*/
                {
                    printf("number 已经存在了，按任意键继续!");
                    fclose(fp);
                    return;
                }
            printf("name:");
            scanf("%s",stu[m].name);                       /*输入学生姓名*/
            printf("elective:");
            scanf("%lf",&stu[m].elec);                     /*输入选修课成绩*/
            printf("experiment:");
            scanf("%lf",&stu[m].expe);                     /*输入实验课成绩*/
            printf("required course:");
            scanf("%lf",&stu[m].requ);                     /*输入必修课成绩*/
            stu[m].sum=stu[m].elec+stu[m].expe+stu[m].requ;/*计算出总成绩*/
            if(fwrite(&stu[m],LEN,1,fp)!=1)                 /*将更改后的记录写入磁盘文件*/
            {
                printf("不能保存!");
                getch();
            }
            else
            {
                printf("%s 被保存!\n",stu[m].name);
                m++;
            }
            printf("继续?(y/n):");                          /*询问是否继续录入学生信息*/
            scanf("%s",ch);
        }
        fclose(fp);
        printf("OK!\n");
}
```

# 18.6　查询学生信息模块

## 18.6.1　模块概述

在主界面中输入"2"时，进入学生信息查询模块。该模块的主要功能是根据输入的学号对文件记录进行检索，若查找到该学号，就显示对应学生信息，如图 18.16 所示；若查不到该学号，则提示"没有找到这名学生!"，如图 18.17 所示。

当文件中不存在任何学生记录时，显示"文件中没有记录!"，如图 18.18 所示。

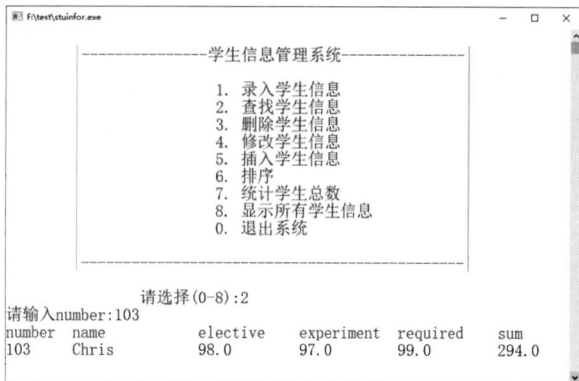

图 18.16　查询学生信息

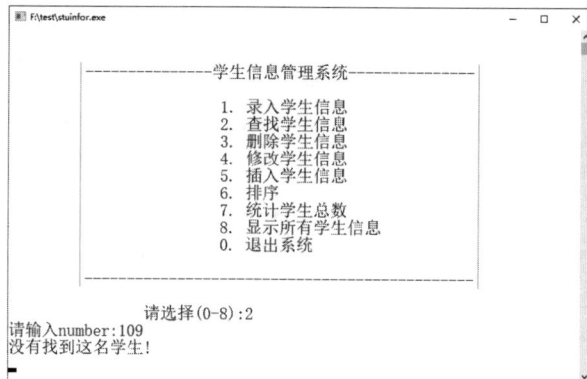

图 18.17　没有找到此学号

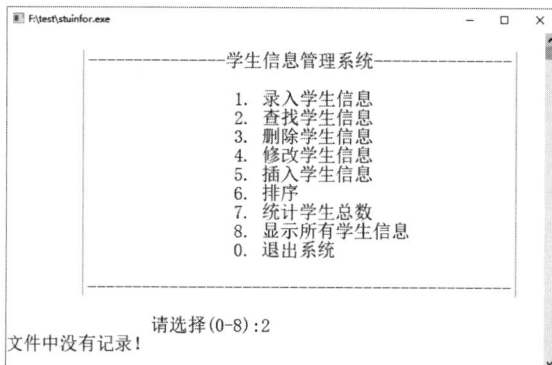

图 18.18　文件中没有记录

## 18.6.2　功能实现

学生信息存储在磁盘文件中，因此查找学生信息前需要先打开文件，读取数据，再关闭文件。然后对输入的学号进行信息匹配，查找到学生信息后将其显示出来。实现代码如下：

```
void search()                              /*查询学生信息函数*/
{
    FILE *fp;
    int snum,i,m=0;
    if((fp=fopen("data.txt","rb"))==NULL)      /*如果 data.txt 文件不存在*/
    {
        printf("文件不存在! \n");
        return;
    }
    while(!feof(fp))                        /*文件指针不在文件尾部时，读取文件数据*/
        if(fread(&stu[m],LEN,1,fp)==1)
            m++;                            /*统计当前记录条数*/
    fclose(fp);
    if(m==0)                                /*如果文件中没有记录*/
    {
        printf("文件中没有记录! \n");
        return;
    }
    printf("请输入 number:");
```

```
    scanf("%d",&snum);                      /*输入学号*/
    for(i=0;i<m;i++)
        if(snum==stu[i].num)                /*如果该学号已存在*/
        {
            printf("number    name        elective    experiment  required    sum\t\n");
            printf(FORMAT,DATA);            /*将查找到的学生信息按指定格式输出*/
            break;
        }
    if(i==m)                                /*如果未查到该学号*/
        printf("没有找到这名学生!\n");
}
```

# 18.7　删除学生信息模块

## 18.7.1　模块概述

在主界面中输入"3"时，进入学生信息删除模块。该模块的主要功能是从磁盘文件中读取学生信息，从中查找待删除的学号，如果能查到，删除对应学生信息（将该学生信息的结点与链表断开），然后将更改后的信息写入磁盘文件。运行效果如图 18.19 所示。

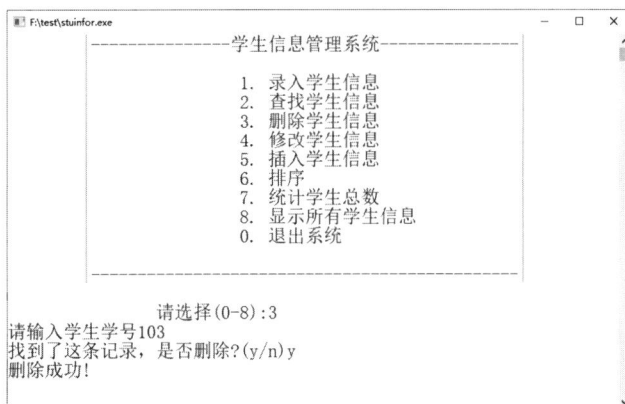

图 18.19　删除学生信息

## 18.7.2　功能实现

（1）读取磁盘文件中的学生记录，代码如下：

```
void del()                                  /*删除学生信息函数*/
{
    FILE *fp;
    int snum,i,j,m=0;
    char ch[2];
    if((fp=fopen("data.txt","r+"))==NULL)   /*如果 data.txt 文件不存在*/
    {
        printf("文件不存在! \n");
        return;
```

```
    }
    while(!feof(fp))                                      /*读取文件数据，并统计记录数量*/
        if(fread(&stu[m],LEN,1,fp)==1)
            m++;
    fclose(fp);
```

（2）输入待删除学生的学号，与读取到的学生信息进行匹配查找。查到对应学号时，询问是否删除该学生信息。代码如下：

```
printf("请输入学生学号");
scanf("%d",&snum);                                        /*输入待删除学生的学号*/
for(i=0;i<m;i++)                                          /*在读取的数据中进行查找*/
    if(snum==stu[i].num)                                  /*如果查找到对应学号*/
    {
        printf("找到了这条记录，是否删除?(y/n)");           /*提醒用户是否确认删除*/
        scanf("%s",ch);
```

（3）用户输入"y"或"Y"，删除该生信息，并将删除后的学生信息重新写入磁盘文件中；用户输入"n"或"N"，表示不删除学生信息。代码如下：

```
        if(strcmp(ch,"Y")==0||strcmp(ch,"y")==0)          /*如果用户确认删除该生信息*/
        {
            for(j=i;j<m;j++)
                stu[j]=stu[j+1];                          /*删除学生信息，即将后一个记录移到前一个记录位置*/
            m--;                                          /*记录的总数减 1*/
            if((fp=fopen("data.txt","wb"))==NULL)
            {
                printf("文件不存在\n");
                return;
            }
            for(j=0;j<m;j++)                              /*将更改后的记录写入磁盘文件*/
                if(fwrite(&stu[j] ,LEN,1,fp)!=1)
                {
                    getch();
                }
            fclose(fp);
            printf("删除成功!\n");
        }else{                                            /*如果用户确认不删除该生信息*/
            printf("找到了记录，选择不删除！");
        }
        break;
    }
    else                                                  /*未找到对应学号*/
    {
        printf("没有找到这名学生!\n");
    }
}
```

# 18.8　修改学生信息模块

## 18.8.1　模块概述

在主界面中输入"4"，将进入修改学生信息模块。首先会显示已存在的学生信息，然后提示用户输入待修改学生的学号，如果记录中存在该学号，重新输入 name、elective、experiment、required course 字段的数值即可，如图 18.20 所示。如果记录中不存在该学号，则提示"没有找到这名学生!"，如图 18.21 所示。

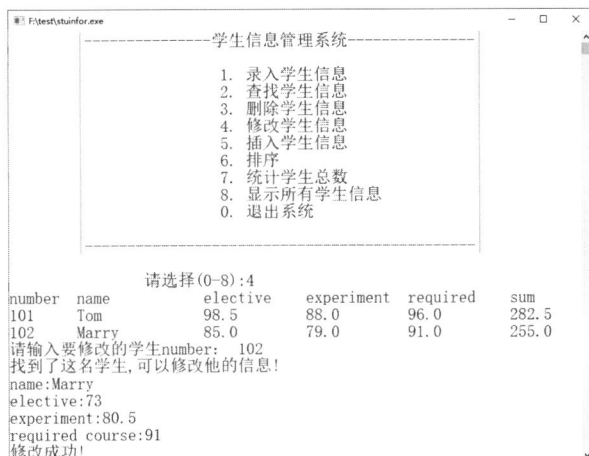

图 18.20　找到学号并修改学生信息　　　　　图 18.21　未找到对应学号记录

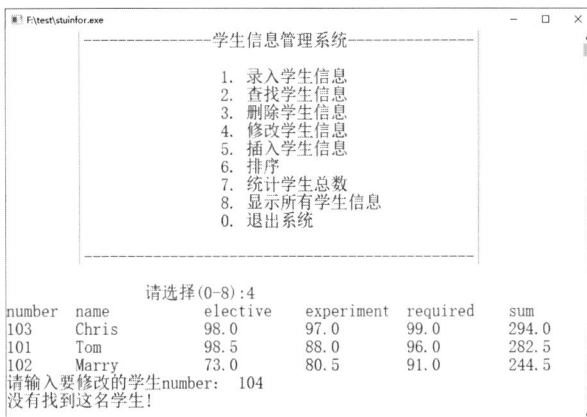

## 18.8.2　功能实现

首先要打开文件，读取数据，并输出显示所有的学生记录。用户输入待修改学生学号后，在这些数据中查找，找到对应学号后，修改字段内容；找不到对应学号后，给出提示信息。代码如下：

```
void modify()                                /*修改学生信息函数*/
{
    FILE *fp;
    struct student t;
    int i=0,j=0,m=0,snum;
    if((fp=fopen("data.txt","r+"))==NULL)    /*如果 data.txt 文件不存在*/
    {
        printf("文件不存在! \n");
        return;
    }
    while(!feof(fp))                         /*读取文件数据，并统计记录数量*/
        if(fread(&stu[m] ,LEN,1,fp)==1)
            m++;
    if(m==0)                                 /*如果文件中不存在记录*/
    {
        printf("文件中没有记录! \n");
        fclose(fp);
        return;
    }
    show();                                  /*显示所有学生信息*/
    printf("请输入要修改的学生 number:  ");
    scanf("%d",&snum);                       /*输入待修改学生的学号*/
    for(i=0;i<m;i++)                         /*在已有记录中查找该学号*/
        if(snum==stu[i].num)                 /*如果查找到对应学号*/
        {
            printf("找到了这名学生,可以修改他的信息!\n");
            printf("name:");
            scanf("%s",stu[i].name);         /*输入名字*/
            printf("elective:");
```

```
        scanf("%lf",&stu[i].elec);                    /*输入选修课成绩*/
        printf("experiment:");
        scanf("%lf",&stu[i].expe);                    /*输入实验课成绩*/
        printf("required course:");
        scanf("%lf",&stu[i].requ);                    /*输入必修课成绩*/
        printf("修改成功!");
        stu[i].sum=stu[i].elec+stu[i].expe+stu[i].requ;  /*计算总成绩*/
        if((fp=fopen("data.txt","wb"))==NULL)         /*如果 data.txt 文件不能写入*/
        {
            printf("不能打开文件\n");
            return;
        }
        for(j=0;j<m;j++)                              /*将修改后的信息写入磁盘文件*/
            if(fwrite(&stu[j] ,LEN,1,fp)!=1)
            {
                printf("不能保存文件!");
                getch();
            }
        fclose(fp);                                   /*关闭文件*/
        break;
    }
    if(i==m)                                          /*如果查找不到对应学号*/
    {
        printf("没有找到这名学生!\n");
    }
}
```

# 18.9  插入学生信息模块

## 18.9.1  模块概述

在主界面中输入"5"时，进入插入信息模块。该模块的主要功能是将新的学生记录插入特定的位置，如图 18.22 所示。

图 18.22  插入学生信息

## 18.9.2　功能实现

（1）每次操作前都需要先将数据从文件中读取出来。代码如下：

```
void insert()                              /*插入学生信息函数*/
{
    FILE *fp;
    int i,j,k,m=0,snum;
    if((fp=fopen("data.txt","r+"))==NULL)  /*如果 data.txt 文件不存在*/
    {
        printf("文件不存在！\n");
        return;
    }
    while(!feof(fp))                       /*读取文件数据，并统计记录数量*/
        if(fread(&stu[m],LEN,1,fp)==1)
            m++;
    if(m==0)                               /*如果文件中不存在记录*/
    {
        printf("文件中没有记录!\n");
        fclose(fp);
        return;
    }
```

（2）输入插入位置，即插在哪个学号后，查找该学号，从最后一条信息开始均向后移一位，为新插入的学生信息提供位置。代码如下：

```
printf("请输入要插入的位置(number)：\n");
scanf("%d",&snum);                         /*输入要插入的位置*/
for(i=0;i<m;i++)
    if(snum==stu[i].num)
        break;
for(j=m-1;j>i;j--)
    stu[j+1]=stu[j];                       /*从最后一条记录开始均向后移一位*/
```

（3）录入新生信息，然后写入磁盘文件。代码如下：

```
printf("现在请输入要插入的学生信息.\n");
printf("number:");
scanf("%d",&stu[i+1].num);                 /*输入学生学号*/
for(k=0;k<m;k++)
    if(stu[k].num==stu[m].num)             /*如果学号已存在*/
    {
        printf("number 已经存在，按任意键继续!");
        getch();
        fclose(fp);
        return;
    }
printf("name:");
scanf("%s",stu[i+1].name);                 /*输入学生姓名*/
printf("elective:");
scanf("%lf",&stu[i+1].elec);               /*输入选修课成绩*/
printf("experiment:");
scanf("%lf",&stu[i+1].expe);               /*输入实验课成绩*/
printf("required course:");
```

```
        scanf("%lf",&stu[i+1].requ);                    /*输入必修课成绩*/
        stu[i+1].sum=stu[i+1].elec+stu[i+1].expe+stu[i+1].requ;    /*计算总成绩*/
        printf("插入成功！按任意键返回主界面！");
        if((fp=fopen("data.txt","wb"))==NULL)
        {
            printf("不能打开！\n");
            return;
        }
        for(k=0;k<=m;k++)
            if(fwrite(&stu[k] ,LEN,1,fp)!=1)             /*将修改后的记录写入磁盘文件*/
            {
                printf("不能保存!");
                getch();
            }
        fclose(fp);
}
```

# 18.10    学生成绩排序模块

## 18.10.1    模块概述

使用排序算法，将所有学生信息按照总成绩从高到低的方式排序，并将排序后的内容写入磁盘文件，如图 18.23 所示。

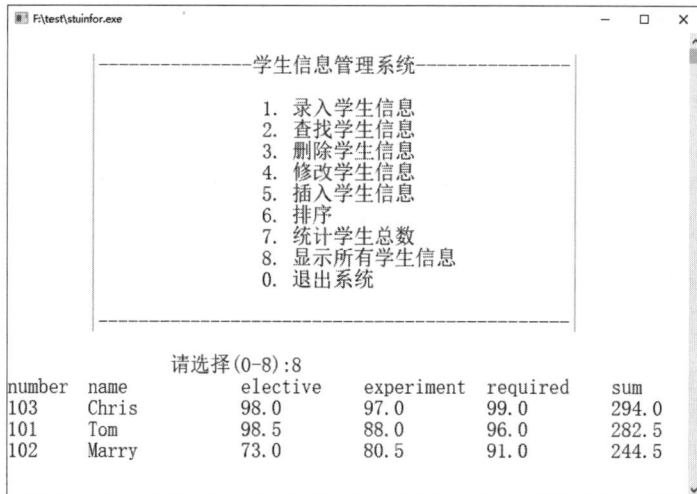

图 18.23    学生成绩排序

## 18.10.2    功能实现

从磁盘文件中读取学生信息，使用交换排序法，按照总成绩从高到低排列，再将排好名次的学生信息保存到磁盘文件中。代码如下：

```
void order()                                /*学生成绩排序函数*/
{
    FILE *fp;
    struct student t;
    int i=0,j=0,m=0;
    if((fp=fopen("data.txt","r+"))==NULL)   /*如果 data.txt 不存在*/
    {
        printf("文件不存在！\n");
        return;
    }
    while(!feof(fp))                        /*读取文件数据，并统计记录数量*/
        if(fread(&stu[m] ,LEN,1,fp)==1)
            m++;
    fclose(fp);
    if(m==0)                                /*如果文件中不存在记录*/
    {
        printf("文件中没有记录!\n");
        return;
    }
    for(i=0;i<m-1;i++)                       /*使用交换排序算法，对学生成绩进行排序*/
        for(j=i+1;j<m;j++)
            if(stu[i].sum<stu[j].sum)
            {
                t=stu[i];stu[i]=stu[j];stu[j]=t;
            }
    if((fp=fopen("data.txt","wb"))==NULL)
    {
        printf("文件不存在！\n");
        return;
    }
    for(i=0;i<m;i++)                         /*将排好序的学生信息写入磁盘文件*/
        if(fwrite(&stu[i] ,LEN,1,fp)!=1)
        {
            printf("%s 不能保存文件!\n");
            getch();
        }
    fclose(fp);
    printf("保存成功\n");
}
```

# 18.11　显示所有学生信息

## 18.11.1　模块概述

在主界面中输入"8"，将显示文件中所有的学生信息，如图 18.24 所示。

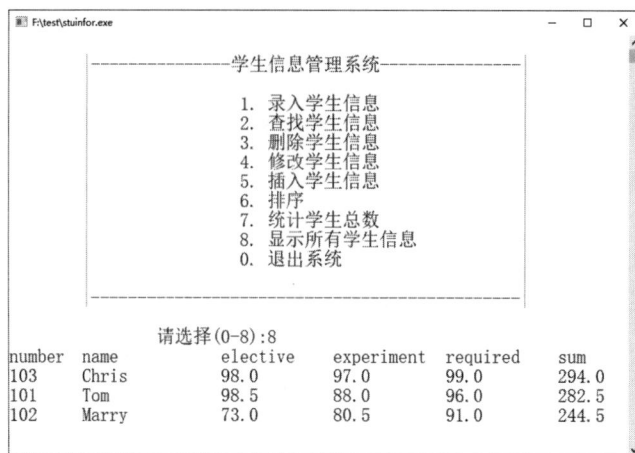

图 18.24　显示所有学生信息

## 18.11.2　功能实现

读取 data.txt 文件，将其中的学生信息按指定格式进行显示输出。代码如下：

```
void show()                              /*显示学生信息函数*/
{
    FILE *fp;
    int i,m=0;
    fp=fopen("data.txt","rb");
    while(!feof(fp))                     /*读取文件数据，并统计记录数量*/
    {
        if(fread(&stu[m] ,LEN,1,fp)==1)
        m++;
    }
    fclose(fp);                          /*关闭文件*/
    printf("number   name          elective    experiment   required     sum\t\n");
    for(i=0;i<m;i++)
    {
        printf(FORMAT,DATA);             /*按指定格式输出显示读取的学生信息*/
    }
}
```

# 第 19 章

# 单片机基础

目前流行的 AI 智能方向，如智能家居、智能机器人、航拍等，使用的都是嵌入式开发技术。嵌入式开发分为嵌入式硬件开发和嵌入式软件开发两个方向，其中，C 语言是进行嵌入式软件开发的最佳语言，它操纵底层的效果最好，能更好地控制硬件系统。嵌入式硬件开发方向，建议初学者学习单片机。单片机指的是集成在单块芯片上的完整计算机系统，是我们所能接触到的最小的计算机。本章将带领大家，逐一认识单片机的相关基础知识。

本章的知识架构及重难点如下：

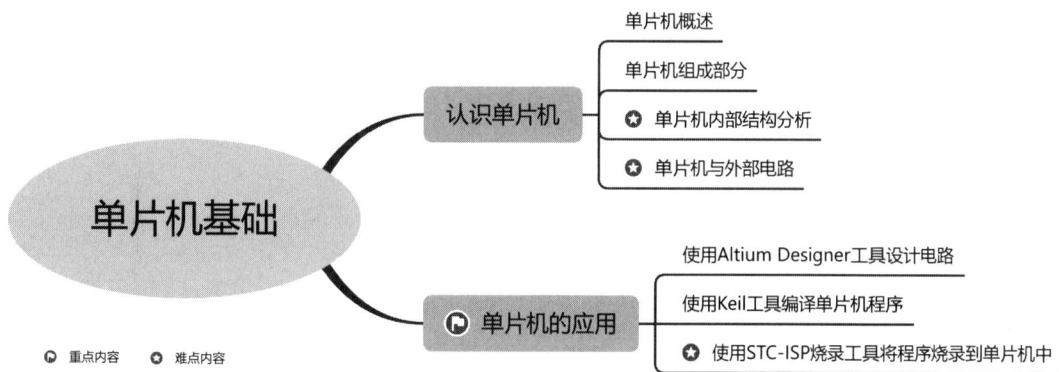

## 19.1 认识单片机

单片机，又称为单片微控制器，它不是完成某个逻辑功能的芯片，而是把一个完整的计算机系统集成到一个芯片上，相当于一个微型的计算机。单片机的体积小、质量轻、价格便宜，在家用电器、医用设备、工业控制、网络通信等领域应用非常广泛。

**说明**

学习单片机，首先要有一定的硬件基础、电路基础，以及 C 语言基础，比如熟悉电路的基本概念、各种电路的分析方法、一般电路的焊接方法等。另外，在学习单片机的过程中会涉及很多专业术语，为了方便读者更好地学习本章内容，本书资源包中提供了"单片机专业术语"电子手册，可以扫描书后的二维码下载，后续学习中随时查阅参考。

## 19.1.1　单片机概述

通常，我们使用的计算机由 CPU、RAM、ROM、I/O 接口等部件构成。其中，CPU 用于运算和控制，RAM 用于存储数据，ROM 用于存储程序，I/O 接口（输入/输出接口，如串行、并行输出口等）用于和外界交互，这些部件会被集成在不同的芯片上，然后被统一安装到计算机的主板上。而在单片机中，这些部件被集成到一块芯片上。有些单片机中除了上述部件外，还会集成一些其他功能，如 A/D 转换器（模拟数字转换器）、模拟多路转换器等。如图 19.1 所示就是一块单片机。

单片机一般有 40 个引脚（英文叫 Pin，即从单片机芯片内部电路引出与外围电路的接线，所有的引脚就构成了这块芯片的接口）。当然，功能复杂的单片机也可以有 68 个引脚。功能少的单片机通常只有 10 多个或 20 多个引脚，甚至只有 8 个引脚。

图 19.1　单片机

我们通常使用的单片机类型为 51 系列单片机，即 MCS-51，它是美国 Intel 公司生产的一系列单片机，该系列包括许多种类，如 8051、8031、8751 等，其中 8051 是最早、最典型的产品，其他种类都是在 8051 的基础上增、减功能得到的；另外，美国 Atmel 公司以 8051 为基础，也研发出许多单片机，以满足不同需求，89C51 就是其中的代表。

本章以 51 系列单片机为例对单片机基础知识进行介绍。

## 19.1.2　单片机组成部分

我们知道，计算机的硬件通常由 5 部分组成，分别是运算器、控制器、存储器、输入和输出接口，如图 19.2 所示。其中，运算器和控制器总称为 CPU（中央处理单元）。而如果把 CPU、存储器（ROM、RAM）、输入/输出（I/O）接口这些单元全部集成在一个芯片里，再配上几个小元件，如电阻、电容、连接器等，就能构成一个完整的单片机，如图 19.3 所示。

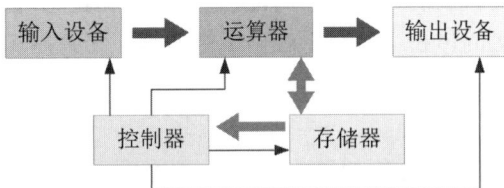

图 19.2　硬件内部基本结构

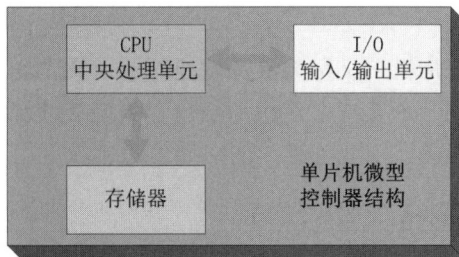

图 19.3　单片机微型控制器结构

51 系列单片机一般有 40 个引脚，各引脚的功能如下，电路如图 19.4 所示。

- ☑　VCC（40 引脚）：连接电源正极。
- ☑　GND/VSS（20 引脚）：连接电源负极（接地端）。
- ☑　P0.X 口（32～39 引脚）：三态双向 I/O 端口。

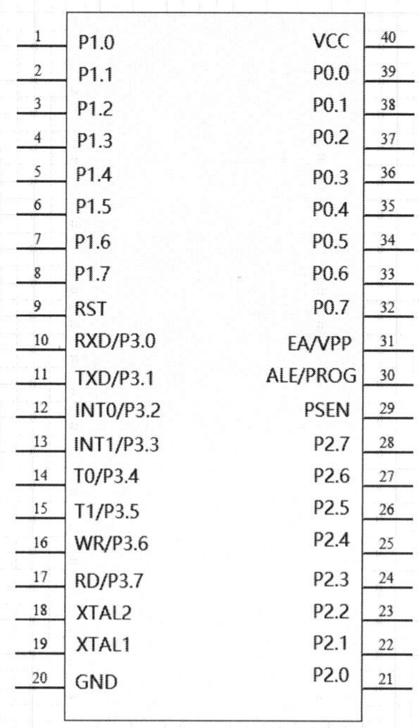

图 19.4　引脚电路图

☑ P1.X 口（1～8 引脚）：准双向通用 I/O 端口。

☑ P2.X 口（21～28 引脚）：准双向 I/O 端口。

☑ P3.X 口（10～17 引脚）：准双向多用途端口。可实现两类功能，第一是完成端口监控、信号控制等功能；第二功能如表 19.1 所示。

表 19.1　P3.X 端口的第二功能

| 引　　脚 | 功　　能 | 引　　脚 | 功　　能 |
|---|---|---|---|
| P3.0 | RXD，串行输入（数据接收） | P3.4 | T0，定时器 0 外部输入 |
| P3.1 | TXD，串行输出（数据发送） | P3.5 | T1，定时器 1 外部输入 |
| P3.2 | INT0，外部中断 0 输入 | P3.6 | WR，外部数据存储器写选通信号输出 |
| P3.3 | INT1，外部中断 1 输入 | P3.7 | RD，外部数据存储器读选通信号输出 |

☑ RST（9 引脚）：复位信号输入端/备用电源输入端。

☑ XTAL1（19 引脚）：反向振荡放大器的输入及内部时钟工作电路的输入。

☑ XTAL2（18 引脚）：反向振荡器的输出。

☑ PSEN（29 引脚）：片选 ROM 选通信号，低电平有效。

☑ ALE /PROG（30 引脚）：地址锁存信号输出端 / EPROM 编程脉冲输入端。

☑ EA /VPP（31 引脚）：内/外部 ROM 选择端。

## 19.1.3　单片机内部结构分析

一块单片机中通常集成了 CPU、存储器（RAMROM）、定时器/计数器、多功能 I/O 接口、总线等。

这里以 51 系列单片机为例介绍其内部结构，如图 19.5 所示为 8051 单片机的内部结构，可以看到，单片机内部的各功能部件由总线联接在一起。

下面分别对单片机的内部结构组成部分进行介绍。

### 1．CPU

CPU 是单片机的核心部件，由运算器、程序计数器、指令寄存器，以及定时与控制部件等组成。

1）运算器

运算器的功能是进行算术运算和逻辑运算，可以对半字节（4 位）、单字节等数据进行操作。例如，实现加、减、乘、除、加 1、减 1、BCD 码十进制调整、比较等算术运算，以及与、或、异或、求补、循环等逻辑操作，并将操作结果的状态信息发送至状态寄存器。

8051 单片机的运算器中还包含一个布尔处理器，用来处理位操作。它以进位标志位 C 为累加器，可执行置位、复位、取反、等于 1 转移、等于 0 转移、等于 1 转移且清 0，以及在进位标志位与其他可寻址的位之间进行数据传送等位操作，还能在进位标志位与其他可寻址的位之间进行逻辑与、或操作。

2）程序计数器

程序计数器用来存放待执行的指令地址，共 16 位。执行指令时，其低 8 位经 P0 口输出，高 8 位经 P2 口输出。

3）指令寄存器

指令寄存器中存放着指令代码。CPU 执行指令时，将程序存储器中读取的指令代码送入指令寄存器，译码后，定时与控制电路会发出相应的控制信号，完成指令功能。

4）定时与控制部件

CPU 中的定时与控制部件主要由时钟电路和时序实现，具体如下：

☑ 时钟电路：8051 单片机内有一个由反向放大器构成的振荡电路，XTAL1 和 XTAL2 分别是振荡电路的输入端和输出端。单片机内的时钟通常由内部振荡电路产生，由于单片机内部已经集成了晶体振荡器，因此，只需要在 XTAL1 和 XTAL2 引脚上外接定时元件（见图 19.6），内部振荡电路就产生自激振荡。定时元件通常是采用石英晶体和电容组成的并联谐振回路，其中，晶振范围为 1.2～12MHz，电容范围为 5～30PF，电容大小可起到频率微调作用。

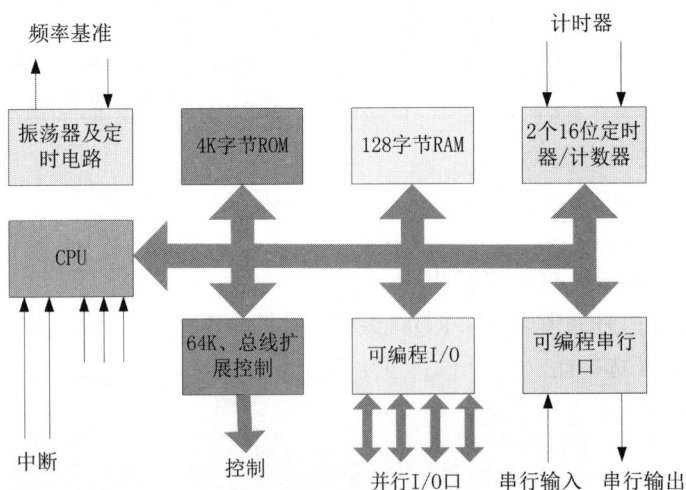

图 19.5　单片机内部结构

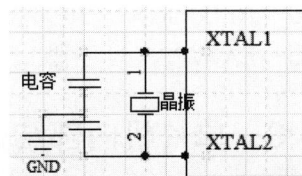

图 19.6　外接定时元件

## 说明

　　单片机中的晶振振荡器作用非常大，它结合单片机内部电路产生单片机所需的时钟频率。单片机晶振提供的时钟频率越高，单片机运行速度就越快。单片机一切指令的执行，都是建立在单片机晶振提供的时钟频率之上的。

☑　时序：51 系列单片机中，将执行一条指令的时间称为一个机器周期，其由 6 个状态（12 个振荡周期）组成。每个状态又被分成 P1 和 P2 两个时相，P1 在每个状态的前半部分有效，P2 在每个状态的后半部分有效。所以，一个机器周期可依次表示为 S1P1，S1P2，…，S6P1，S6P2。通常情况下，算术、逻辑操作在 P1 时相进行，内部寄存器传送在 P2 时相进行。

### 2．存储器（RAM/ROM）

　　51 系列单片机的程序存储器和数据存储器在空间上是互相独立的，它们的物理结构也不同。程序存储器为 ROM（只读存储器），数据存储器为 RAM（随机存取存储器）。单片机的存储器编址方式采用与工作寄存器、I/O 端口锁存器统一编址的方式。

### 3．定时器/计数器

　　定时器，即单片机设定一个时间间隔，时间间隔到后通知单片机。例如，设置了 100ms 的定时器，则 100ms 后定时器会通知单片机时间到了。

　　计数器用于记录外部脉冲产生的个数，如果外部脉冲产生的时间间隔是可知且固定的，就可以通过"脉冲个数×脉冲时间间隔"得到定时时间。因此，从一定程度上来说，计数器也是定时器。

### 4．多功能 I/O 接口

　　I/O 接口又称为 I/O 端口，是单片机对外部实现控制和信息交换的必经之路。I/O 端口分为串行和并行两类，串行 I/O 端口一次只能传送一位二进制信息，并行 I/O 端口一次能传送一组二进制信息。

　　1）并行 I/O 端口

　　51 系列单片机设有 4 个 8 位双向 I/O 端口（P0、P1、P2、P3），每条 I/O 线都能独立地用作输入或输出。其中，P0 口为三态双向口，能负载 8 个 LSTTL 电路。P1、P2、P3 口为准双向口（在用作输入线时，相应口的锁存器必须先写入"1"），能负载 4 个 LSTTL 电路。下面简单介绍 P0、P1、P2、P3 这 4 个并行 I/O 端口。

☑　P0 口（P0.0～P0.7 即 32～39 脚）：如图 19.7 所示是 P0 口的位结构，包括一个输出锁存器，两个三态缓冲器，一个输出驱动电路和一个输出控制端。输出驱动电路由一对场效应管组成，其工作状态受输出端的控制，输出控制端由与门、反相器和转换开关 MUX 组成。对 8051、8751 而言，P0 口既可作为输入输出口使用，又可作为地址/数据总线使用。

☑　P1 口（P1.0～P1.7 即 1～8 脚）：P1 是一个有内部上拉电阻的准双向端口，位结构如图 19.8 所示，P1 口的每一位口线都能独立用作输入线或输出线。作输出时，如将"0"写入锁存器，场效应管导通，输出线为低电平，即输出为"0"。因此在作输入时，必须先将"1"写入口锁存器，使场效应管截止。该口线由内部上拉电阻提拉成高电平，同时也能被外部输入源拉成低电平，即当外部输入"1"时该口线为高电平，输入"0"时该口线为低电平。P1 口作输入用时，可被任何 TTL 电路和 MOS 电路驱动，由于具有内部上拉电阻，也可以直接被集电极开路和漏极开路电路驱动，不必外加上拉电阻。P1 口可驱动 4 个 LSTTL 门电路。

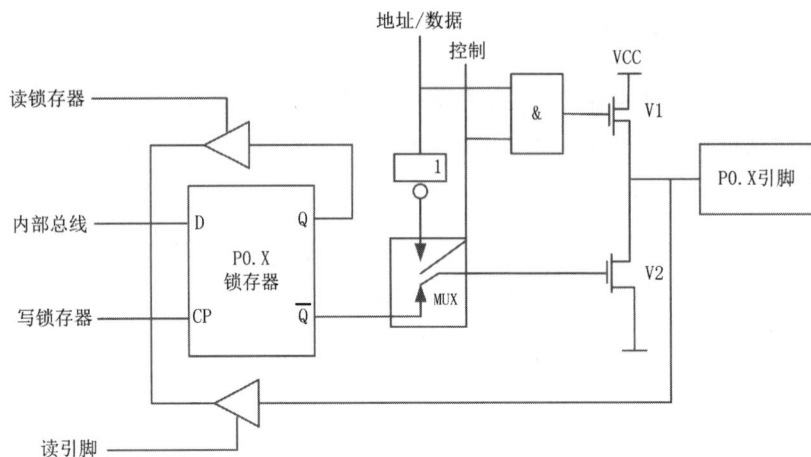

图 19.7　P0 口的位结构

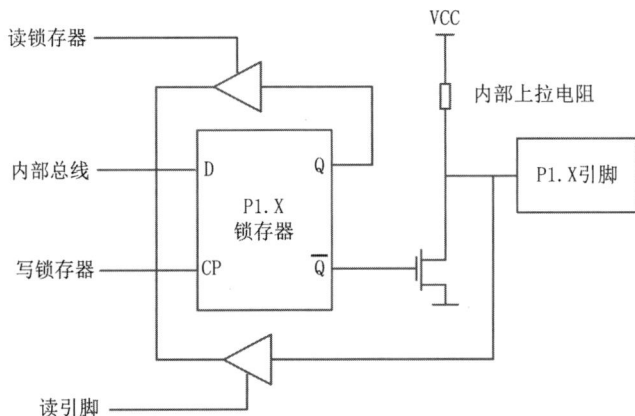

图 19.8　P1 口的位结构

☑ P2 口（P2.0～P2.7 即 21～28 脚）：P2 口的位结构如图 19.9 所示，引脚上拉电阻同 P1 口。在结构上，P2 口比 P1 口多了一个输出控制部分。P2 口是一个准双向口，此时转换开关 MUX 倒向左边，输出级与锁存器接通，引脚可接 I/O 设备，其输入输出操作与 P1 口完全相同。

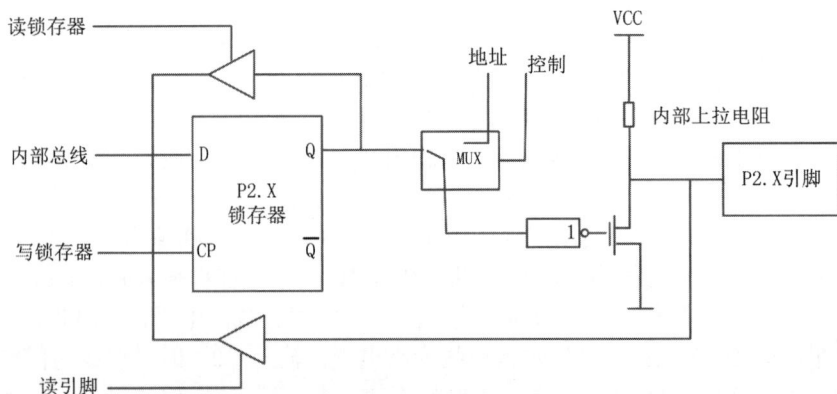

图 19.9　P2 口的位结构

☑ P3 口（P3.0～P3.7、10～17 脚）：P3 口是一个多用途端口，也是一个准双向口。作第一功能使用时，其功能等同于 P1 口。作第二功能使用时，各引脚的功能如表 19.1 所示。P3 口的第二功能实际上就是系统具有控制功能的控制线。此时相应的口线锁存器必须为"1"状态，与非门的输出由第二功能输出线的状态确定，从而 P3 口线的状态取决于第二功能输出线的电平。在 P3 口的引脚信号输入通道中有两个三态缓冲器，第二功能的输入信号取自第一个缓冲器的输出端，第二个缓冲器仍是第一功能的读引脚信号缓冲器。P3 口可负载 4 个 LSTTL 门电路。P3 口的位结构如图 19.10 所示。

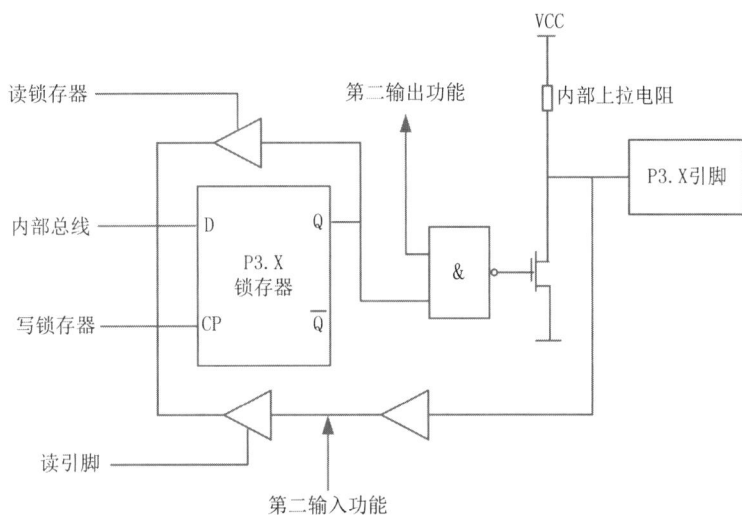

图 19.10　P3 口位结构图

2）串行 I/O 端口

8051 单片机有一个全双工的可编程串行 I/O 端口，该串行 I/O 端口既可以在程序控制下将 CPU 的 8 位并行数据变成串行数据，一位一位地从发送数据线 TXD 发送出去；也可以把串行接收到的数据变成 8 位并行数据，发送给 CPU，且这种串行发送和串行接收可以单独进行，也可以同时进行。

8051 单片机串行发送和串行接收利用了 P3 口的第二功能，即将 P3.1 引脚作为串行数据的发送线 TXD，将 P3.0 引脚作为串行数据的接收线 RXD。串行 I/O 端口的电路结构还包括串行口控制器（SCON）、电源及波特率选择寄存器（PCON）和串行数据缓冲器（SBUF）等，它们都属于特殊功能寄存器（SFR）。其中，PCON 和 SCON 用于设置串行口工作方式和确定数据的发送和接收波特率，SBUF 由两个 8 位寄存器组成，分别存放发送的数据和接收的数据，起着数据缓冲作用。

### 5. 总线

51 系列单片机是总线型结构，通过地址/数据总线可以与存储器（RAM、EPROM）、并行 I/O 端口芯片相连接。

在访问外部存储器时，P2 口输出高 8 位地址，P0 口输出低 8 位地址，由 ALE（地址锁存允许）信号将 P0 口（地址/数据总线）上的低 8 位锁存到外部地址锁存器中，从而为 P0 口接受数据做好准备。在访问外部程序存储器（即执行 MOVX）指令时，PSEN（外部程序存储器选通）信号有效，在访问外部数据存储器（即执行 MOVX）指令时，由 P3 口自动产生读/写（RD/WR）信号，通过 P0 口对外部数据存储器单元进行读/写操作。

单片机产生的地址、数据和控制信号与外部存储器、并行 I/O 端口芯片连接简单、方便。

## 19.1.4　单片机与外部电路

单片机相当于一块集成芯片，通过它与外部电路相连接，才能发挥其最大作用。要使单片机与外部电路相连接，需要具备以下条件。

☑　电源：单片机使用 5V 电源，电源正极接 40 引脚，电源负极（接地端）接 20 引脚。

☑　振荡电路：单片机是一种时序电路，必须提供脉冲信号才能正常工作。由于单片机内部已经集成了晶体振荡器，所以外部只需要连接一个晶振和两个电容即可，接在单片机的 18、19 引脚上。

☑　复位电路：在电路上电压不稳定时，电压无法在几秒内达到 5V，此时单片机不能正常工作，需要复位电路进行延时，以等候电压稳定。

☑　EA 引脚：在编程期间连接电源正极。

如图 19.11 所示是一块 51 系列单片机的连线电路图。

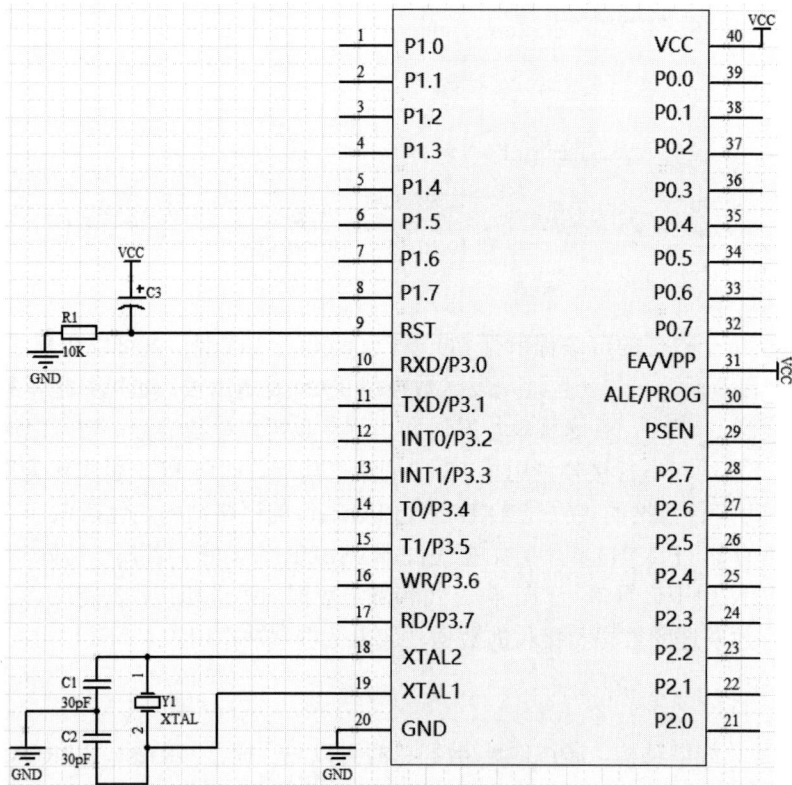

图 19.11　单片机连线图

按照图 19.11 的方式连接好单片机的各引脚后，就可以进行使用了。例如，按照图 19.12 所示，将 8 个发光二极管（俗称 LED 灯）与单片机的 P1.X 口（即引脚 1～8）相连，通过程序控制，就可以实现不同的 LED 灯点亮效果，如跑马灯效果。

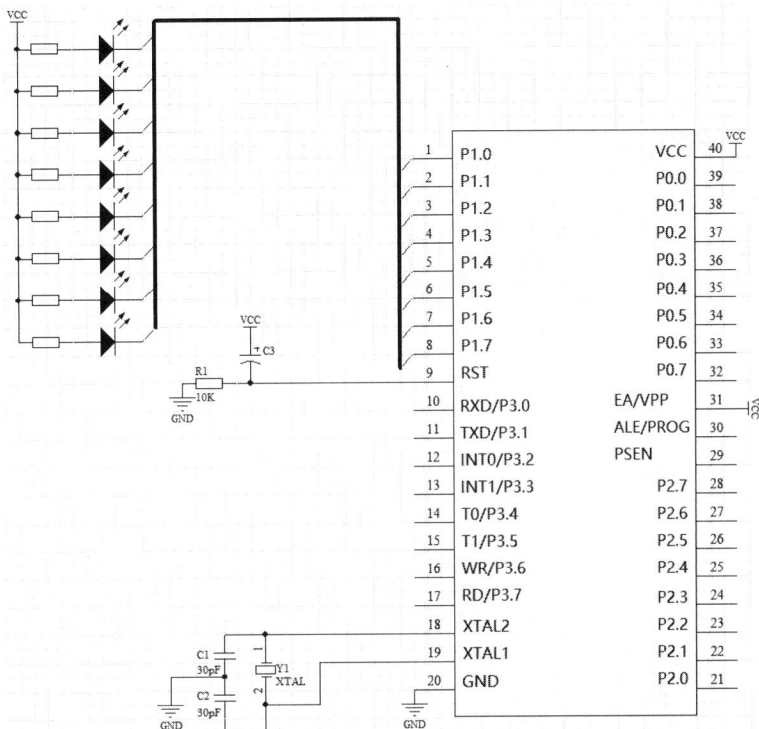

图 19.12　发光二极管与单片机连接

究其原理，这是因为将 LED 灯与单片机连接后，可以通过指令控制 LED 灯是否被点亮以及点亮顺序。其中，P1.0（1 引脚）用来控制高电平时 LED 灯不亮，低电平时 LED 灯发亮，因此需要确保 P1.0 能够变换高电平和低电平。

在单片机中，让引脚输出高电平的指令是 SETB，输出低电平的指令是 CLR，其中，SETB P1.0 指令可让 P1.0 输出高电平，CLR P1.0 指令可让 P1.0 输出低电平。但计算机并不能直接识别单片机的指令，那么，如何让计算机控制单片机呢？Intel 公司规定，SETB P1.0 指令可表示为（D2H,90H），CLR P1.0 指令可表示为（C2H,90H），有了这样的转换方法，用户就可以借助编程器，通过编程去读取这两个数据，然后将编写的程序烧录进单片机中，从而达到通过计算机程序控制单片机操作的目的。关于如何编写单片机程序并且烧录进单片机中，将在 19.2 节中进行详细讲解。

📝说明

单片机有自己的一套比较专业的技术体系，本章只介绍了一些基础知识，如果您对单片机开发感兴趣，可以看一些专门讲解单片机的图书，比如《手把手教你学 51 单片机——C 语言版（第 2 版）》等，另外，也可以在网上多看一些关于单片机讲解的资料或者视频。

# 19.2　单片机的应用

单片机项目通常分为软件开发和硬件开发两大部分。硬件开发主要是指设计原型电路板，包括设计电路原理图、按照原理图制作电路板等，这需要用到电路设计工具，常用的有 Altium Designer。软件开发则是指编写源程序（本书用 C 语言编写），再经过编译生成可以在单片机上执行的.hex 程序，然后进行调试和仿真，这需要用到 Keil 开发工具。当软件、硬件调试均未发现任何错误后，就可以利用烧录软件（如 STC-ISP）将编译后的.hex 程序烧录到单片机内。最后，将单片机插入硬件电路板上，就完成了整个单片机的开发设计。单片机应用的开发流程如图 19.13 所示。

本节将按照图 19.13 所示的流程设计一个使用单片机实现跑马灯效果的程序，如图 19.14 所示。

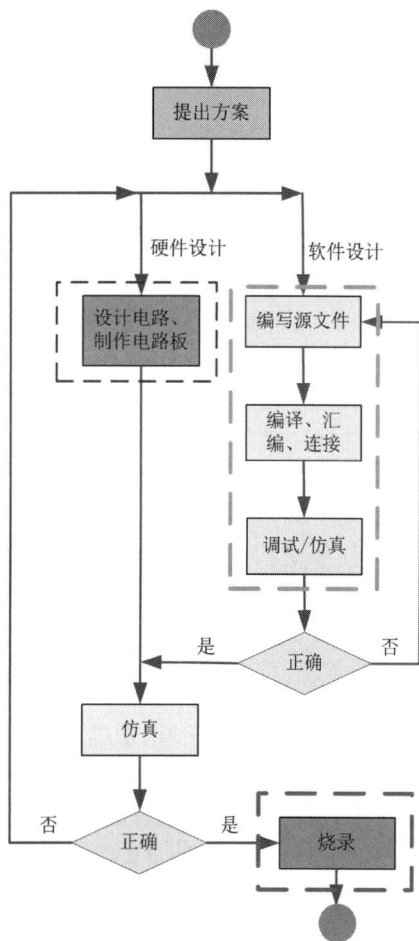

图 19.13　开发流程图

图 19.14　跑马灯运行效果

在单片机上实现跑马灯效果非常简单，只需要在单片机上电后，在程序控制下使 P1 口 0～7 依次输出低电平，对应的 LED 灯 1～8 将依次被驱动点亮，如此循环即可。下面对如何在单片机上实现跑马灯效果进行详细讲解。

## 19.2.1　使用 Altium Designer 工具设计电路

Altium Designer 是美国 Altium 公司推出的一体化电子产品开发系统，它把原理图设计、电路仿真、PCB 绘制编辑、拓扑逻辑自动布线、信号完整性分析和设计输出等技术完美融合，为设计者提供了全新的电路设计解决方案。同时，它提供了丰富的元件库，如电容、电感、发光二极管等，调用起来非常方便，对于库中找不到的元件还支持 DIY 设计，因此深得硬件设计人员的青睐。

Altium Designer 工具的中文官网下载地址为 https://www.altium.com.cn/，下面重点介绍其使用过程。

**说明**

Altium Designer 是一个收费软件，官网提供 15 天的免费试用版，如果您的公司需要，可以通过官方购买使用权。

（1）在计算机的"开始"菜单中选择 Altium Designer 命令，如图 19.15 所示，启动 Altium Designer，其工作界面如图 19.16 所示。

图 19.15　启动 Altium Designer　　　　图 19.16　Altium Designer 工作界面

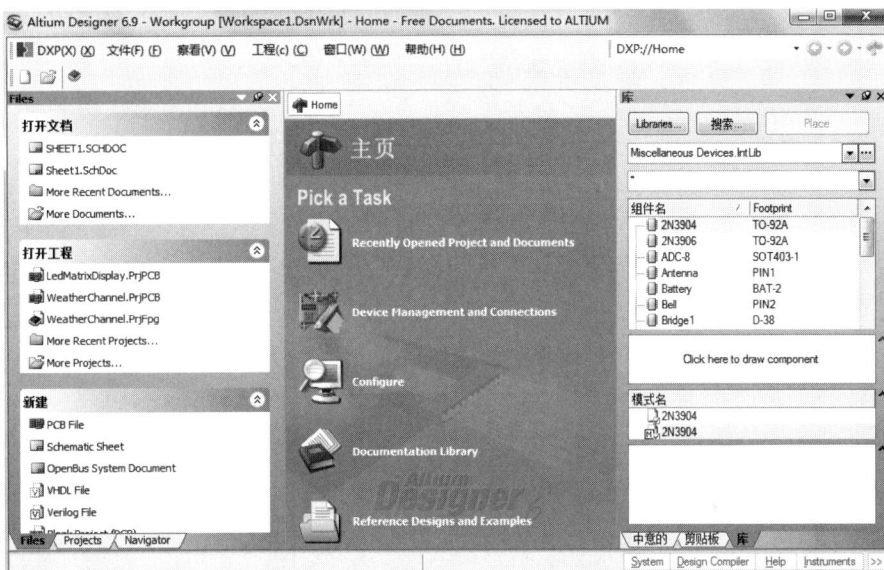

（2）设计电路前，需要先创建原理图文件。在 Altium Designer 菜单中选择"文件"→"新建"→"原理图"命令，创建一个原理图文件，如图 19.17 所示。

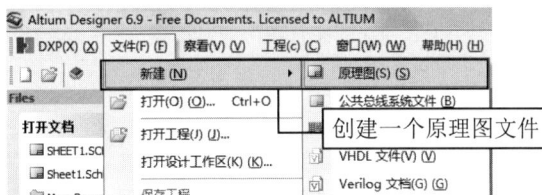

图 19.17　创建原理图文件

（3）进入电路图设计界面，如图 19.18 所示，在这里可以进行电路图的设计。

（4）从元件库中挑选合适的元件，拖动至中间设计区，用线进行连接，进行电路图设计，如图 19.19 所示。

（5）在"工程"菜单下选择包含 Compile Document 的命令，进行电路编译，如图 19.20 所示。

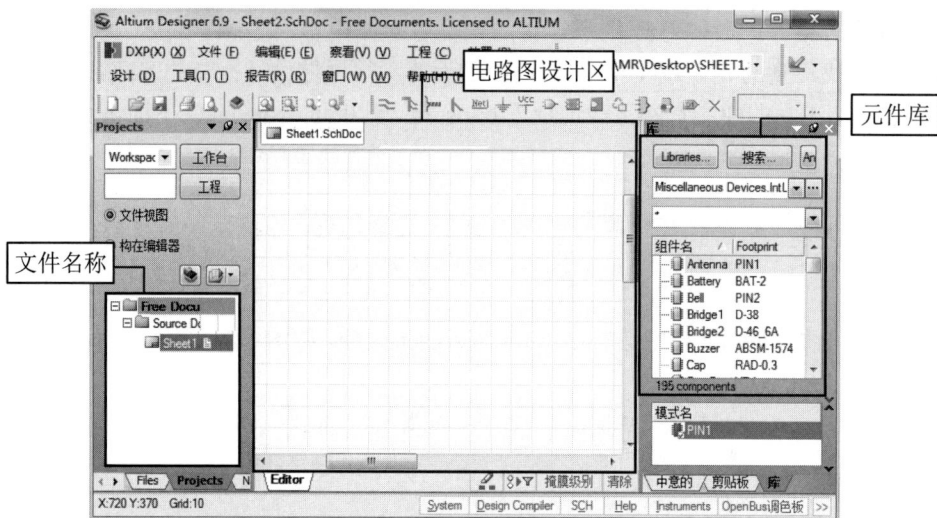

图 19.18　电路图设计界面

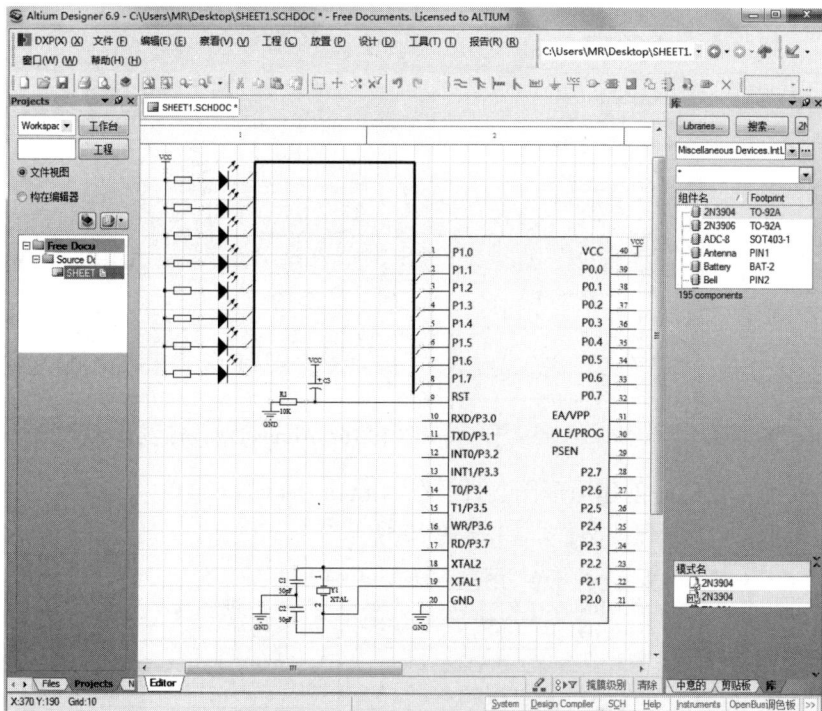

图 19.19　设计完的电路图

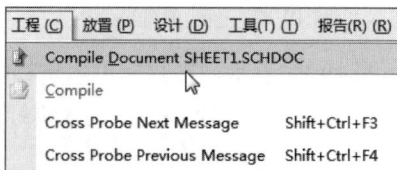

图 19.20　编译电路图

（6）编译通过后，进行电路封装，并制作 PCB 板。小型单片机一般不需要花钱制作 PCB 板，读者可以准备一些导线和小元件，用电烙铁和焊锡自行焊接电路板，比如，本节中要设计一个简单的 8 路跑马灯电路板，主要需要准备以下元件：

- ☑　一块 51 系列单片机。
- ☑　一块洞洞电路板。
- ☑　8 个发光二极管。
- ☑　电阻。
- ☑　电容。
- ☑　晶振。
- ☑　按键。
- ☑　连接线。

电路板焊接完成的效果如图 19.21 所示。

图 19.21　焊接完成的电路板

## 19.2.2　使用 Keil 工具编译单片机程序

单片机的软件部分通常使用 C 语言编写，可以使用任何 C 语言编程工具（如 Visual Studio、Dev C++等）编写程序，但不能使用它们进行编译，因为这些工具编译生成的.exe 文件只能在计算机上运行，却无法在单片机中运行。事实上，后缀名为.hex 的文件才能够在单片机中运行。

.hex 文件是一种 16 进制码（以 ASCII 码形式显示）形式的文件，它可以被烧录到单片机中，被单片机执行。如果用记事本打开.hex 文件，可发现整个文件以行为单位，每行以冒号开头，内容都是 16 进制码。.hex 文件可由 Keil 开发工具生成。

Keil 是美国 Keil 公司于 2009 年发布的一个兼容单片机 C 语言软件开发的工具，它引入了灵活的窗口管理系统，可以更好地利用屏幕空间和更有效地组织多个窗口，支持更多最新的 ARM 芯片。

Keil 工具的官方下载地址为 https://www.keil.com/product/，读者可以到该网站下载并安装 Keil 工具（注意不要安装在系统盘中）。下面主要介绍如何使用 Keil 将 C 语言程序转换为.hex 格式的文件。

（1）在计算机的"开始"菜单中选择 Keil 命令，启动 Keil 开发工具，如图 19.22 所示。

（2）创建一个新文件。选择 Project→New μVision project 命令，如图 19.23 所示，在打开的 Creat New Project 对话框中设置文件名和文件保存位置，如图 19.24 所示，然后单击"保存"按钮。

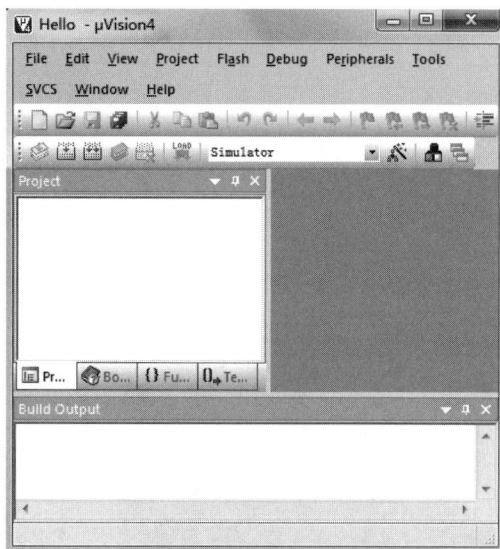

图 19.22　Keil μVision4 界面

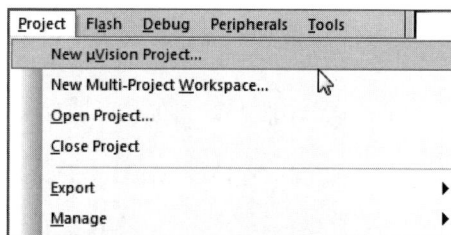

图 19.23　新建文件

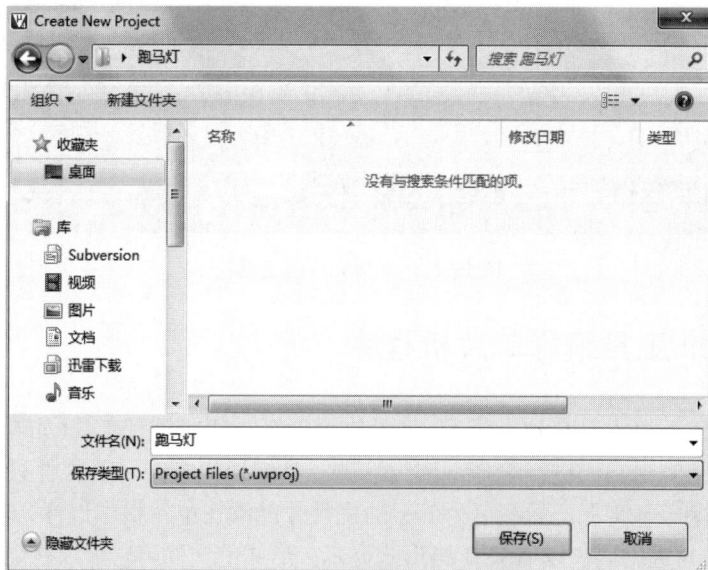

图 19.24　保存文件

（3）打开 Atmel，选择 AT89C51 选项，如图 19.25 所示。这里之所以选择 Atmel 公司的 AT89C51 芯片，是因为使用其创建的程序中含有 C51 单片机的头文件。读者可根据自己的单片机型号进行选择。

（4）单击 OK 按钮，将提示是否添加标准 8051 启动代码，如图 19.26 所示。单击"否"按钮，创建一个空的 Keil 工程。

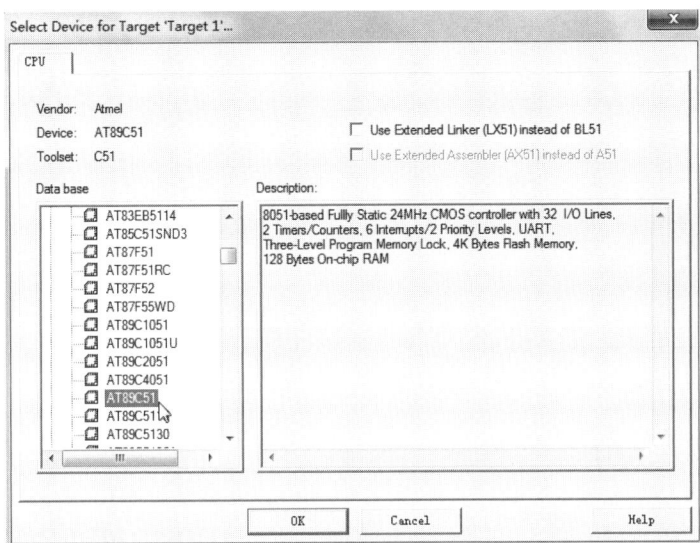

图 19.25　选择单片机型号

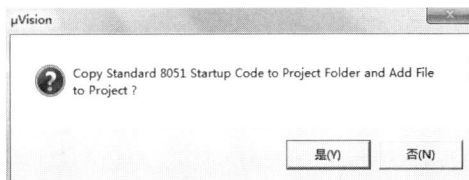

图 19.26　提示窗口

（5）导入编写好的 .c 源文件。在 Source Group 1 中右击，在弹出的快捷菜单中选择 Add File to 'Group Source Group1' 命令，如图 19.27 所示，然后在打开的对话框中选择要添加的源文件，如图 19.28 所示，最后单击 Add 按钮。

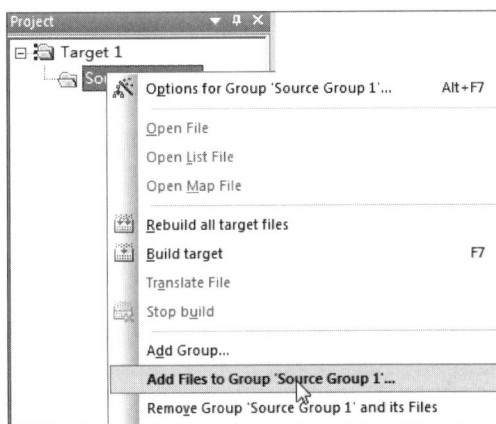

图 19.27　导入文件方法

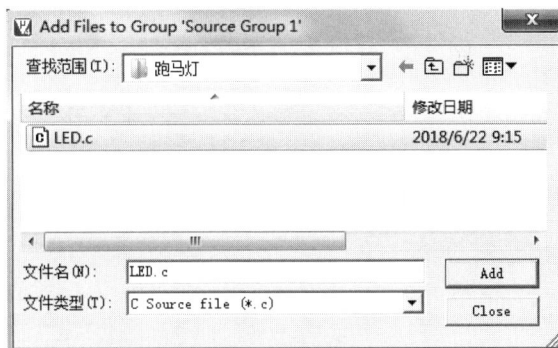

图 19.28　添加源文件

（6）打开导入的"跑马灯"程序，如图 19.29 所示。窗口右侧是源文件代码，单击按钮编译代码，显示没有错误。单击按钮，在弹出的对话框中设置输出的 hex 文件信息，如图 19.30 所示，设置好后单击 OK 按钮。

（7）返回图 19.29 所示界面，单击按钮输出代码，下面的输出框中将提示 hex 文件输出成功，如图 19.31 所示。

369

图 19.29　编译代码

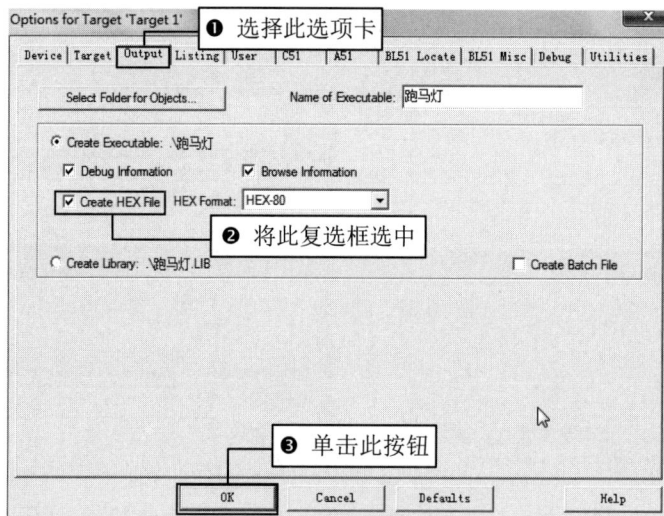

图 19.30　设置输出.hex 文件

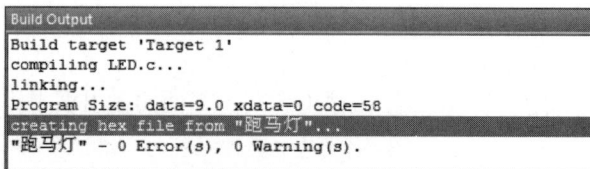

图 19.31　提示信息

至此，已使用 Keil 工具将.c 文件转化为了.hex 文件。在保存这些文件的文件夹下可看到.hex 格式
的文件，如图 19.32 所示。

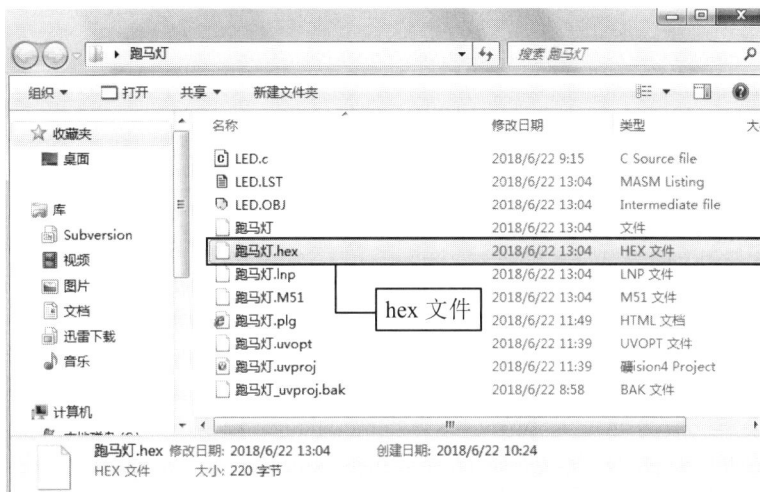

图 19.32　编译生成的 hex 文件

使用 C 语言实现跑马灯效果的程序代码如下：

```
/***********************************************************************
*   描述：跑马灯程序
*   连接方法：通过跳线帽连接 P1 口的 8 个引脚
***********************************************************************/

#include<reg52.h>                    /*包含头文件 reg52.h，其中定义了单片机的一些特殊功能寄存器*/
#include <intrins.h>                 /*包含头文件 intrins.h，其中封装了 51 单片机编程相关的库函数*/


/***********************************************************************
*   延时子程序   *
***********************************************************************/
void delayms(unsigned char ms)       /*延时函数 delayms，控制 LED 灯亮的时间*/
{
    unsigned char i;                 /*临时变量，用来控制循环次数*/
    while(ms--)
    {
        for(i = 0; i < 120; i++);    /*空语句，使 CPU 空转，i 从 0 加到 120，CPU 耗时大约 1ms*/
    }
}


/***********************************************************************
*   主程序   *
***********************************************************************/
main()
{
    unsigned char LED;               /*定义变量，设置要控制的 LED 灯*/
    LED = 0xfe;                      /*0xfe 转化为二进制为 11111110，即第一个 LED 灯先亮（0 表示低电平）*/
    P1 = LED;                        /*P1 口接 8 个 LED 灯*/
    while(1)                         /*控制 LED 灯循环点亮*/
    {
        delayms(250);                /*调用延时函数 delayms，延时 250ms，即 LED 灯亮 0.25s*/
        LED = _crol_(LED,1);         /*循环左移 1 位，点亮下一个 LED 灯，此函数为库函数*/
```

```
    P1= LED;                    /*切换 LED 灯的点亮状态*/
  }
}
```

**说明**

使用 C 语言编写跑马灯程序代码时，既可以在传统的 C 语言开发工具上编写，也可以直接在 Keil 工具中编写。但要将其编译为 .hex 文件时，必须在 Keil 工具中进行。

## 19.2.3　使用 STC-ISP 烧录工具将程序烧录到单片机中

硬件部分和软件部分都准备就绪后，接下来就需要将软件程序烧录到单片机中。常用的程序烧录软件 STC-ISP 是专门针对 STC 系列单片机的，用户可以下载其 STC89 系列、12C2052 系列和 12C5410 系列，使用起来非常简单，应用也很广泛。

STC-ISP 烧录工具的官方网址为 http://www.stcmcudata.com/index.htm，我们可以在其官网下载 STC-ISP 的安装文件，其下载、安装过程非常简单，这里主要介绍它的使用方法，步骤如下。

（1）在计算机的"开始"菜单中选择 STC_ISP_V483.exe 命令，如图 19.33 所示。

（2）打开 STC-ISP 烧录程序，主界面如图 19.34 所示。

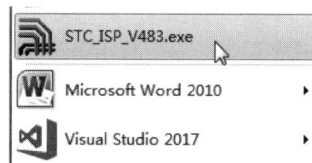

图 19.33　选择 STC-ISP 命令

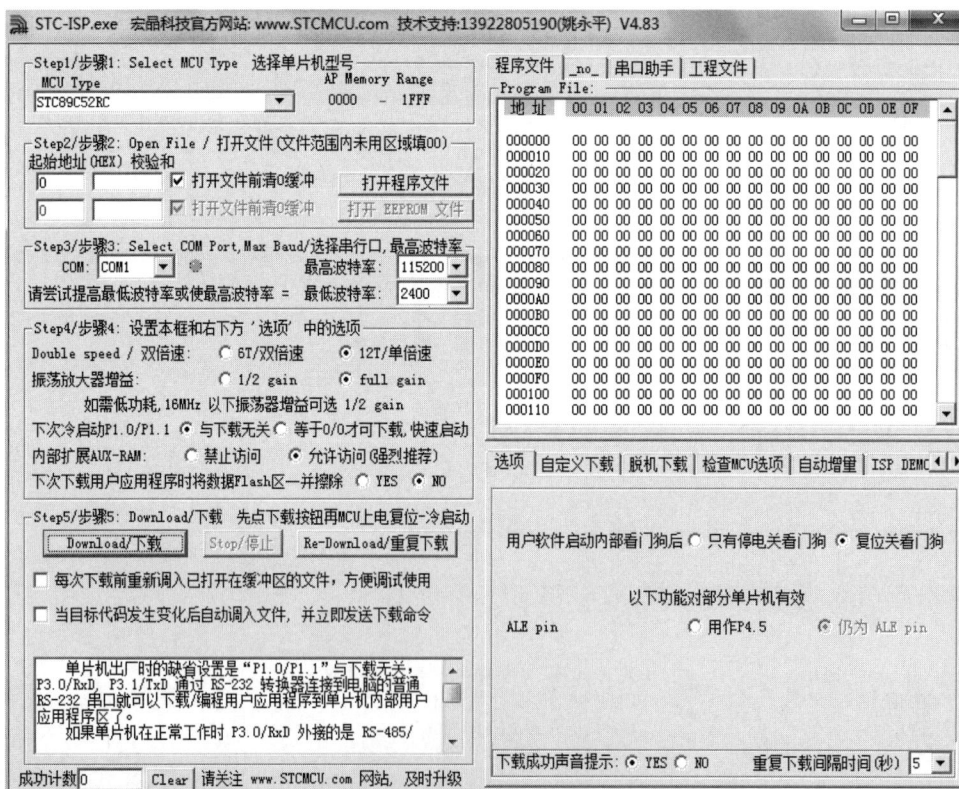

图 19.34　STC-ISP 主界面

（3）操作前，需要先使用 USB 口连接硬件电路板（见图 19.35），同时按下电路板的开关。

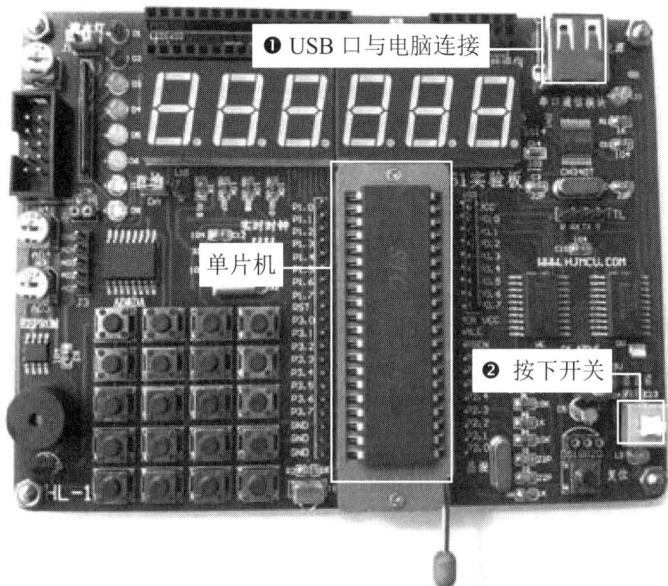

❶ USB 口与电脑连接

单片机

❷ 按下开关

图 19.35　硬件电路与电脑相连

（4）连接完毕后，在 STC-ISP 界面左上方"Step1/步骤 1"区域的 MCU Type 下拉列表框中选择对应的芯片型号（如选择 STC89C52RC），如图 19.36 所示。

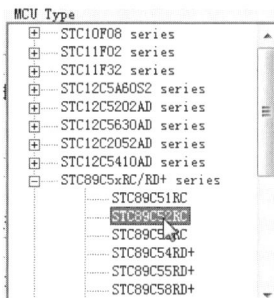

图 19.36　选择芯片型号

![说明]

　　连接电路板后，串口号会自动识别，主界面"Step3/步骤 3"区域 COM 下拉框中显示的就是串口号，如图 19.37 所示。串口号识别正确时圆是绿色，否则说明串口号是错误的，需要重新选择。

图 19.37　串口号

（5）打开源码的 hex 文件，在"Step2/步骤 2"区域单击"打开程序文件"按钮，如图 19.38 所示。

（6）在弹出对话框中选择 19.3.2 节中编译生成的"跑马灯.hex"文件，如图 19.39 所示，然后单击"打开"按钮。接下来，在主界面的"Step5/步骤 5"区域中单击"DownLoad/下载"按钮，如图 19.40

所示，即可将程序烧录到单片机内。

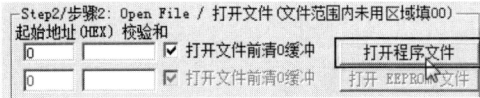

图 19.38　打开程序

图 19.39　打开 hex 格式文件

程序烧录完成后，按下电路板上的按键，即可看到单片机上的跑马灯效果，如图 19.41 所示。

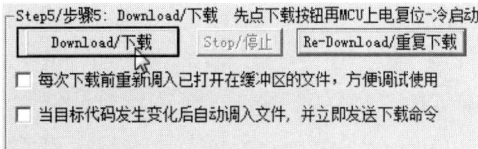

图 19.40　烧录程序到单片机内

图 19.41　跑马灯运行效果

# 第 20 章

# GSM 短信控制家庭
# 防盗报警系统

随着社会信息化进程日益发展，信息技术已逐渐渗透到人们生活的各个领域，人们的安全意识也越来越强烈，本章将使用 C 语言程序结合单片机模拟实现一个 GSM 短信控制家庭防盗报警系统。

本章的知识架构及重难点如下：

## 20.1  项 目 概 述

GSM 短信控制家庭防盗报警系统的核心控制通过单片机来实现，其采用 GSM 手机短信模块来发送、接收短信，同时用红外热释电传感器和发光二极管感知来人，使用 LCD1602 液晶显示输入手机号码，使用蜂鸣器来报警。为了测试方便，系统还添加了独立按键来控制系统。完整系统如图 20.1 所示。

图 20.1  GSM 短信控制家庭防盗报警系统

# 20.2 系 统 设 计

## 20.2.1 系统功能结构

GSM 短信控制家庭防盗报警系统包含 LED 声光报警设计、独立按键设计、手机短信报警设计 3 个功能模块，如图 20.2 所示。

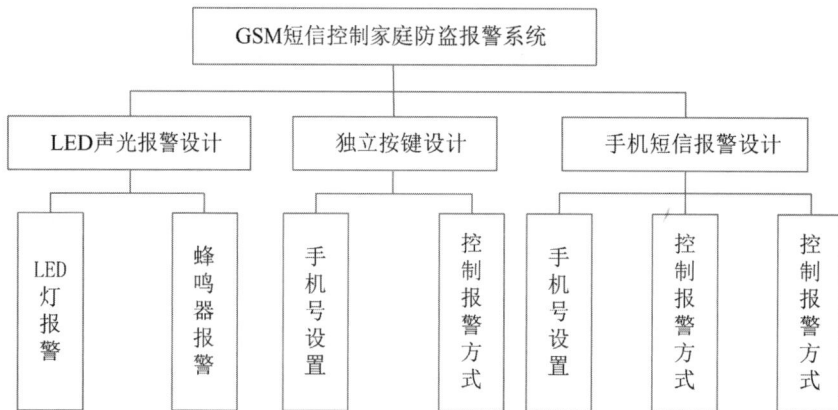

图 20.2 系统功能结构图

## 20.2.2 系统业务流程

GSM 短信控制家庭防盗报警系统的业务流程如图 20.3 所示。

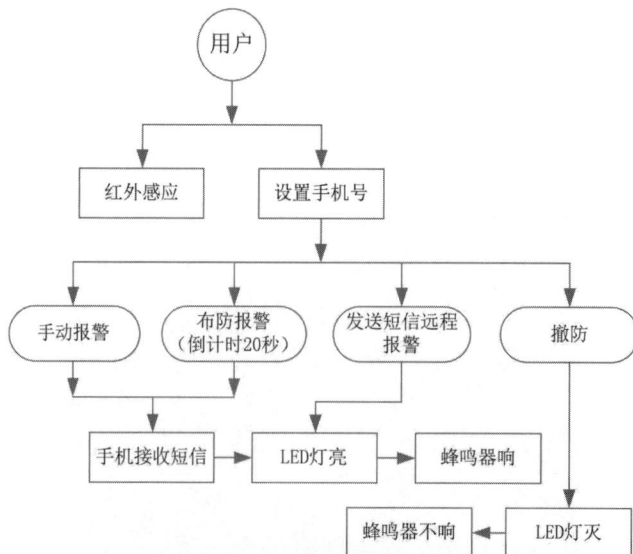

图 20.3 业务流程图

# 20.3　系统开发准备

## 20.3.1　开发工具

- ☑　编译软件工具：Keil μVision。
- ☑　硬件电路设计工具：Altium Designer。
- ☑　程序烧录软件：STC-ISP。
- ☑　电脑系统：Windows 7 及 Windows 7 以上系统。

## 20.3.2　电路原理图

GSM 短信控制家庭防盗报警系统包括软件设计和硬件设计两大部分。软件设计是指使用 C 语言编写程序控制硬件；硬件设计是指设计电路图，根据电路图购买硬件，并焊接电路。

GSM 短信控制家庭防盗报警系统的电路如图 20.4 所示。

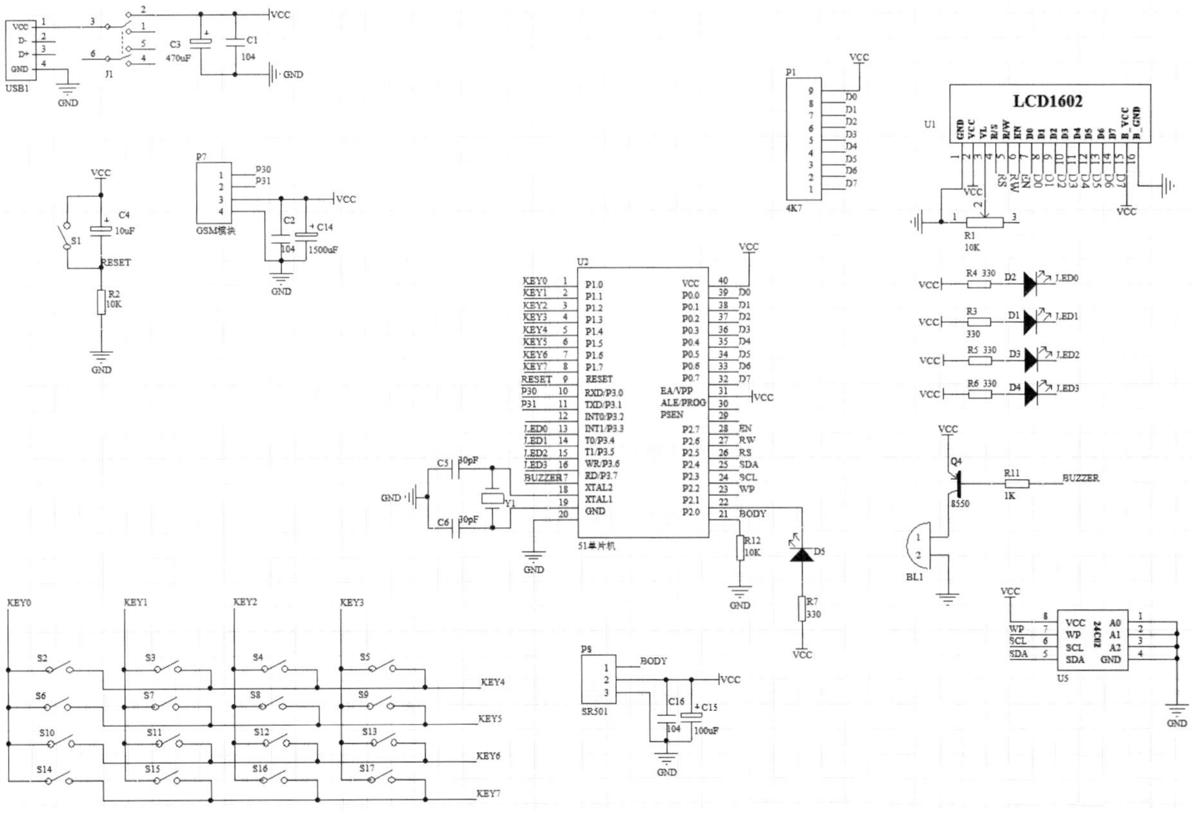

图 20.4　系统电路原理图

按照电路图 20.4，用焊锡焊接完成的电路板效果如图 20.5 所示。

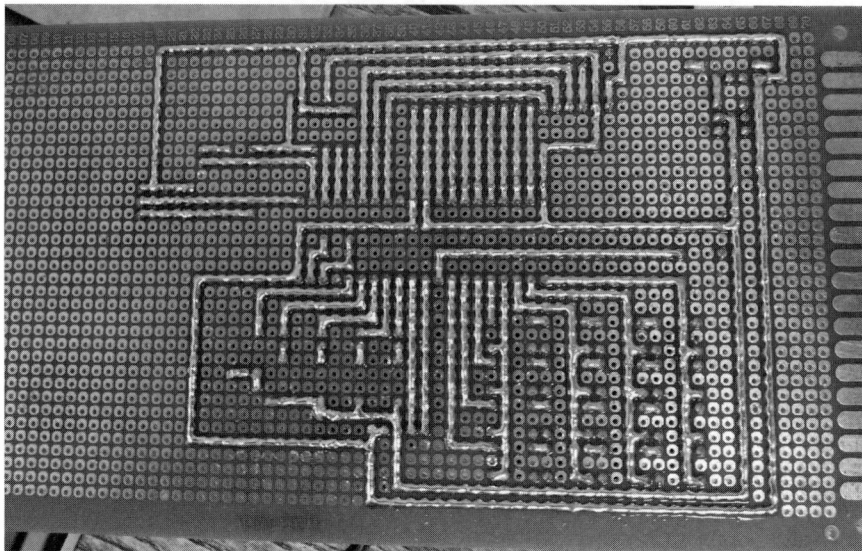

图 20.5　硬件电路实物图

> **说明**
>
> 要想熟练设计电路图，并能根据电路图焊接电路板，需要读者掌握一定的电路基础知识。读者可以在网上查阅一些相关资料，或者参考一些电路基础方面的图书，如《电路板的焊接、组装与调试》《从零开始学电子制作》等。

## 20.3.2　元件列表

GSM 短信控制家庭防盗报警系统要用到许多元件，具体如表 20.1 所示。

表 20.1　元件列表

| 元　　件 | 数　　量 | 元　　件 | 数　　量 |
|---|---|---|---|
| 洞洞板 | 1 | 单片机 | 1 |
| LCD1602 液晶显示屏 | 1 | 红外热释电传感器模块 | 1 |
| ATMEL711 24C02 PU27 存储芯片 | 1 | 电位器模块 | 1 |
| 开关 | 1 | USB 接口 | 1 |
| 470μF 电容 | 2 | 1500μF 电容 | 1 |
| 0.1μF 瓷片电容 | 3 | 蜂鸣器 | 1 |
| 三极管 | 1 | LED 发光二极管 | 5 |
| 独立按键 | 17 | 电阻 | 7 |
| 导线 | 若干 | 排针 | 7 |
| 排母 | 16 孔 1 个、3 孔 1 个 | 4 线排线 | 1 |
| 单片机底座 | 1 | 存储芯片底座 | 1 |
| USB 口上电线 | 1 | GSM 模块 | 1 |

# 20.4 LED 声光报警设计

LED 声光报警模块共包括 5 个 LED 灯和 1 个蜂鸣器。图 20.6 是 LED 灯和蜂鸣器连接的实物图。

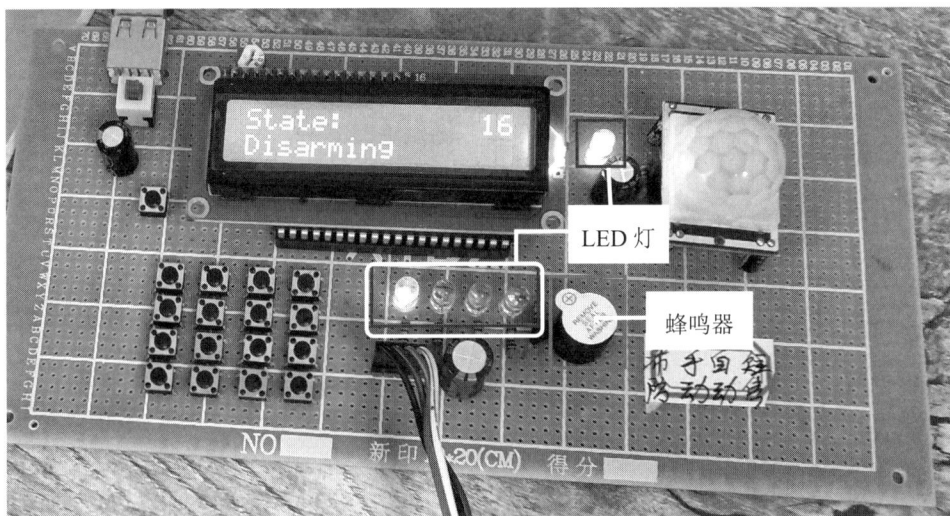

图 20.6 LED 发光二极管及蜂鸣器连接实物图

## 20.4.1 LED 灯报警设计

LED 灯又称为发光二极管,是半导体二极管的一种,可以把电能转化成光能。LED 灯由 PN 结组成,具有单向导电性。给 LED 灯加上正向电压后,从 P 区注入到 N 区的空穴和由 N 区注入到 P 区的电子,在 PN 结附近数微米内分别与 N 区的电子和 P 区的空穴复合,产生自发辐射的荧光。不同的半导体材料中,电子和空穴所处的能量状态不同。当电子和空穴复合时,释放出的能量越多,则发出的光的波长越短。常见发光二极管可以发出红光、绿光或黄光等。

### 1. 硬件设计

从图 20.6 可以看出,家庭防盗报警系统的电路板上共有 5 个 LED 灯,其中,右上方绿色的 LED 灯在感受到来人时会发光,中间的 4 个 LED 灯分别是布防报警指示灯、手动报警指示灯、自动报警指示灯和短信报警指示灯。处在布防状态时,布防报警指示灯会闪烁,持续 20 秒后将一直处于点亮状态。感受来人的 LED 灯的电路如图 20.7 所示,中间 4 个 LED 灯的电路如图 20.8 所示。

按照图 20.7 和图 20.8 所示的电路图,将 LED 灯连接到电路板之后,就完成了硬件设计。

### 2. 软件设计

(1)首先使用 sbit 类型定义 5 个单片机位变量,主要用来设置 LED 灯引脚,代码如下。

```
sbit BLED=P2^1;                    /*人体热释电指示灯(感知来人)*/
sbit YLED=P3^2;                    /*布防报警指示灯*/
```

```
sbit HandLED=P3^3;                      /*手动报警指示灯*/
sbit AutoLED=P3^4;                      /*自动报警指示灯*/
sbit GsmLED=P3^5;                       /*GSM 短信报警指示灯*/
```

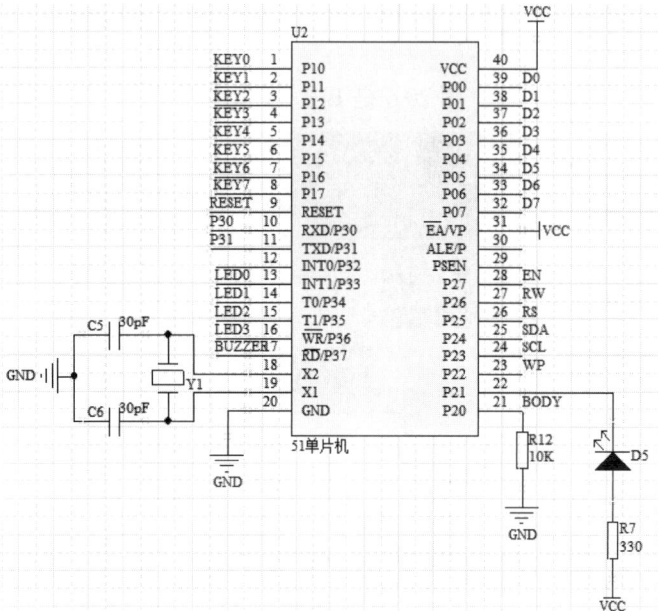

图 20.7　绿色 LED 灯电路图

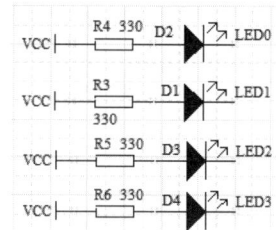

图 20.8　中间 4 个 LED 灯电路图

（2）定义一个 Timer0_ISR 函数，用来作为 T0（即 P3.4 口）的中断处理函数，设置其中断编号为1，该函数中，首先设置定时时间间隔，然后通过调用 Kye_Scan() 函数扫描按键，使单片机执行中断处理，判断如果定时时间间隔达到 1 秒钟，并且处于报警状态，则切换布防指示灯状态，并且报警。代码如下：

```
/*定时器 0 中断服务函数    中断编号    1*/
void Timer0_ISR(void)   interrupt  1        /*25 毫秒@11.0592MHz*/
{
    static unsigned char T25MS=0;           /*初始化定时时间间隔*/

    TL0 = 0x00;                             /*设置定时初值*/
    TH0 = 0xA6;                             /*设置定时初值*/
    /*------------------中断处理--------------------*/
    KEY_Scan();                             /*调用自定义函数扫描按键*/

    T25MS++;                                /*定时时间间隔递增*/
    if(T25MS>=40)                           /*1 秒钟信号计时*/
    {
        T25MS=0;                            /*重置定时时间间隔*/
        if(AutoMask>0)                      /*判断是否处于自动报警状态*/
            AutoMask--;                     /*修改自动报警标识*/
        if(Time>0)                          /*判断在报警计时范围内*/
        {
            Time--;                         /*报警倒计时*/
            YLED=!YLED;                     /*切换布防指示灯状态*/
            if(Time==0)                     /*判断报警计时到*/
            {
                AlarmEN=1;                  /*重置报警状态*/
```

```
            }
        }
    }
}
```

📝 **说明**

中断是为使单片机具有对外部或内部随机发生的事件实时处理而设置的。在单片机中，CPU 在处理某一事件 A 时，发生了另一事件 B，请求 CPU 迅速去处理（中断发生），那么 CPU 就会暂停当前的工作（A 事件），去执行 B 事件（中断响应和中断服务），然后 B 事件完成后，再回到原来的事件（A 事件）中继续工作（中断返回）。

（3）定义一个 StateControl 函数，通过不同的按键控制 4 种状态下各指示灯的点亮与关闭，代码如下：

```
void StateControl(void)                    /*状态检测和控制函数*/
{
    /*----------------布防----------------*/
    if(KeyVal=='8')                        /*判断按键数字是否为 8*/
    {
        KeyVal=0;                          /*重置按键*/
        if(AlarmEN==0)                     /*判断处于报警状态*/
        {
            Time=20;                       /*报警计时设置为 20*/
        }
    }
    /*----------------撤防----------------*/
    if(KeyVal=='9')                        /*判断按键数字是否为 9*/
    {
        KeyVal=0;                          /*重置按键*/
        AlarmEN=0;                         /*设置报警状态*/
        Time=0;                            /*报警次数重置为 0*/
    }
    /*----------------手动报警----------------*/
    if(KeyVal=='A')                        /*判断按键是否为 A*/
    {
        KeyVal=0;                          /*重置按键*/
        AlarmFlag[0]=1;                    /*设置报警标识*/
        HandLED=0;                         /*手动报警指示灯亮*/
        BUZZER=0;                          /*蜂鸣器报警*/
        /*----------------发送报警短信，并通过延时函数切换要发送的手机号----------------*/
        SendAlarm(0);
        delay_ms(1500);
        delay_ms(1500);
        SendAlarm(1);
    }
    /*----------------取消报警和布防----------------*/
    if(KeyVal=='B')                        /*判断按键是否为 A*/
    {
        KeyVal=0;                          /*重置按键*/
        /*----------------设置报警标识为手动报警----------------*/
        AlarmFlag[0]=0;
        AlarmFlag[1]=0;
        AlarmFlag[2]=0;
        AlarmEN=0;                         /*点亮布防指示灯*/
        AutoLED=1;                         /*关闭自动报警指示灯*/
```

```
            HandLED=1;                      /*关闭手动报警指示灯*/
            BUZZER=1;                       /*关闭蜂鸣器*/
            GsmLED=1;                       /*关闭 GSM 短信报警指示灯*/
        }
        /*---------------布防指示灯-------------*/
        if(Time==0)                         /*如果报警计时为 0*/
        {
            if(AlarmEN)                     /*判断处于报警状态*/
                YLED=0;                     /*点亮布防指示灯*/
            else
                YLED=1;                     /*关闭布防指示灯*/
        }
    }
```

（4）在主函数中调用自定义方法，对各元件进行初始化，并通过按键控制 LED 灯的显示状态，代码如下：

```
void main(void)
{
    Timer0Init();                           /*初始化定时器 0 状态，开始计时*/
    LCD_Init();                             /*LCD 显示屏的初始化*/
    PageInit();                             /*初始化 LCD 屏上显示的画面*/
    UART1_Init();                           /*初始化串口*/
    DataLoad();                             /*加载接收短信的手机号码*/
    while(1)                                /*无限循环，使程序保持运行状态*/
    {
        PageDisplay();                      /*控制 LCD 显示屏的显示内容切换*/
        BLED=!BODY;                         /*切换*/
        StateControl();                     /*通过按键控制各指示灯的状态*/
        AutoGetAdd();                       /*自动获取短信中心号码*/
        AutoCheckAlarm();                   /*自动报警*/
        ReadMsgCheck();                     /*读取短信函数*/
        delay_ms(50);                       /*延时*/
    }
}
```

**说明**

上述代码中用到了一些自定义的函数，它们位于不同的.c 文件中。例如，Timer0Init、PageInit、AutoCheckAlarm、AutoGetAdd、PageDisplay、DataLoad、ReadMsgCheck 等函数位于 main.cs 文件中，LCD_Init 函数位于 lcd1602.c 文件中，UART1_Init 函数位于 uart.c 文件中，delay_ms 函数为 delay.c 文件中。关于这些函数的详细代码，请参见资源包中的项目源代码。

## 20.4.2　蜂鸣器报警设计

蜂鸣器由振动装置和谐振装置组成，它通过一个三极管和一个上拉电阻来驱动。图 20.9 是蜂鸣器连接的实物图。

### 1.硬件设计

只要是报警，不管是布防报警、手动报警、自动报警，还是短信报警，蜂鸣器都会响。从图 20.9 中可知，蜂鸣器周围有一个上拉电阻和一个三极管，其设计电路如图 20.10 所示。

图 20.9　连接蜂鸣器实物图

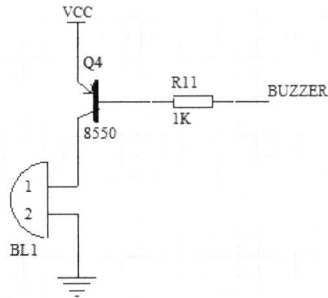

图 20.10　蜂鸣器电路图设计

## 2．软件设计

（1）定义一个单片机位变量，用来设置蜂鸣器引脚。代码如下：

```
sbit BUZZER=P3^6;                              /*蜂鸣器*/
```

（2）定义一个 ReadMsgCheck 函数，以便读取短信内容，并根据短信中包括的关键字来控制蜂鸣器的声音。这里面用到了 GetCommaAdd 函数，该函数用来对短信内容字符串进行处理。代码如下：

```
/*
获取一个字符串中第 N 个逗号的位置
如果有，返回第 N 个逗号的地址
如果没有，返回 NULL
*/
unsigned char *GetCommaAdd(unsigned char *str,unsigned char N)
{
    unsigned char *add=NULL;                   /*初始化地址为空*/
    while(*str)                                /*遍历字符串*/
    {
        if(*str==',')                          /*判断是否为逗号*/
        {
            N--;                               /*循环变量递减*/
            if(N==0)                           /*循环遍历为 0 时，退出循环*/
            {
                add=str;                       /*记录逗号的地址*/
                break;
            }
        }
        str++;                                 /*字符串中的下一个字符*/
    }
    return add;                                /*返回字符串中逗号的地址*/
}
void ReadMsgCheck(void)
{
    unsigned char i=0;
    point=NULL;
    ReadMsg++;
    if(ReadMsg>=20)                            /*读取一次短信内容*/
    {
        ReadMsg=0;
        point= strstr(GSM_RX_BUF,"+CMTI");
        if(point!=NULL)                        /*有新短信到来*/
        {
            BUZZER=0;
            delay_ms(500);
```

```
                BUZZER=1;
                /*---------------------获取新短信的地址--------------------*/
                point= GetCommaAdd(GSM_RX_BUF,1);      /*查到第一个逗号的位置*/
                point++;
                NewMsgAdd[0]=*point;
                point++;
                if((*point>='0')&&(*point<='9'))
                {
                    NewMsgAdd[1]=*point;
                    point++;
                    if((*point>='0')&&(*point<='9'))
                    {
                        NewMsgAdd[2]=*point;
                    }
                    else
                    {
                        NewMsgAdd[2]='\0';
                    }
                    NewMsgAdd[3]='\0';
                }
                else
                {
                    NewMsgAdd[1]='\0';
                }
                /*---------------------读取新短信内容--------------------*/
                GSM_RxBufClr();                        /*首先清空缓存*/
                GSM_SendStr("AT+CMGF=0\r\n");           /*PDU 编码读取中文短信*/
                delay_ms(500);
                GSM_RxBufClr();                        /*清空缓存*/
                GSM_SendStr("AT+CMGR=");
                GSM_SendStr(NewMsgAdd);
                GSM_SendStr("\r\n");                   /*读取新消息*/

                delay_ms(1000);                        /*延时接收短信内容*/
                delay_ms(1500);
                point=NULL;
                point=strstr(GSM_RX_BUF,"5E039632");   /*检测消息中是否含有"布防"二字*/
                if(point!=NULL)
                {
                    KeyVal='8';
                }
                delay_ms(100);
                point=NULL;
                point=strstr(GSM_RX_BUF,"64A49632");   /*检测消息中是否含有"撤防"二字*/
                if(point!=NULL)
                {
                    KeyVal='B';
                }
                delay_ms(100);
                point=strstr(GSM_RX_BUF,"62A58B66");   /*检测消息中是否含有"报警"二字*/
                if(point!=NULL)
                {
                    GsmLED=0;
                    BUZZER=0;
                }
                /*--------------防止短信存满，读取短信之后删除该短信-------------*/
                GSM_SendStr("AT+CMGD=1,4\r\n");
                delay_ms(800);
                GSM_RxBufClr();                        /*清空缓存*/
            }
```

```
        GSM_RxBufClr();                      /*如果没有数据，清空接收缓存*/
    }
}
```

# 20.5　手机短信报警设计

手机短信报警设计包括两部分：LCD1602 液晶屏上显示手机号，以及 GSM 模块接收短信。图 20.11 是手机短信报警模块的实物图。

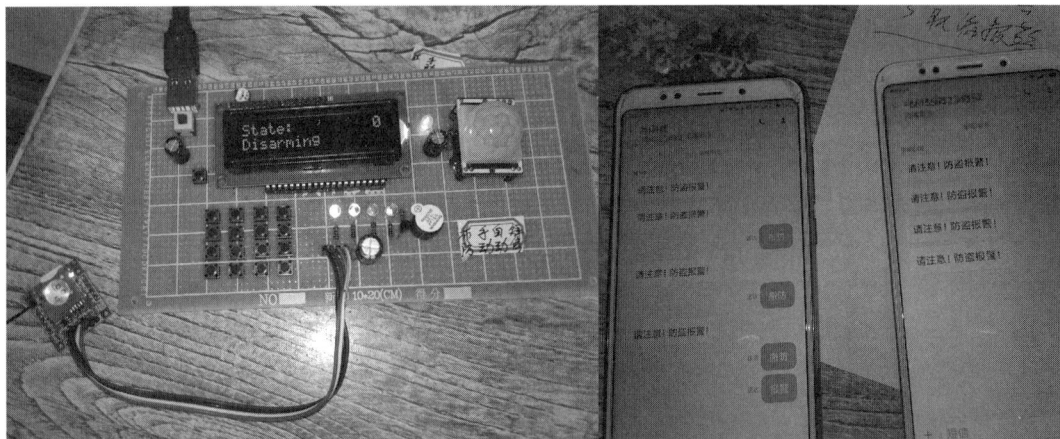

图 20.11　手机短信报警设计

## 20.5.1　液晶屏显示设计

手机短信报警设计采用的是 LCD1602 液晶显示屏（见图 20.12），它能够自行刷新，显示两行内容，每行 16 个字符。该液晶屏体积小，除了能显示数据，还能显示字符，使用起来非常方便。

### 1. 硬件设计

系统采用液晶显示屏显示手机号以及布防报警状态下的倒计时功能。系统可以通过按键设置两个手机号，设置的过程可以在液晶屏上显示；当进入布防报警状态时，液晶屏会显示 20 秒倒计时。

电路设计如图 20.13 所示。

图 20.12　液晶屏实物图

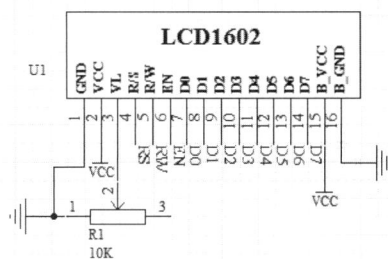

图 20.13　液晶显示屏电路图

LCD1602 各引脚的连接详情如下。

- ☑ 1 脚：连接电源地（GND）。
- ☑ 2 脚：VCC 连接 5V 电源正极。
- ☑ 3 脚：连接 10K 的电阻。
- ☑ 4 脚：连接 RS，进行寄存器选择。如选择数据寄存器，RS＝1；如选择指令寄存器，RS＝0。
- ☑ 5 脚：连接 RW，RW 表示读写选择，RW＝1 代表读，RW＝0 代表写。
- ☑ 6 脚：连接 EN，EN 端是使能端，当该端口由高电平跳变为低电平时，液晶模块执行命令。
- ☑ 7～14 脚：进行数据显示，D0～D7 为 8 位双向数据线。
- ☑ 15 脚：连接特殊电源。
- ☑ 16 脚：连接电源地。

## 2．软件设计

（1）创建名为 lcd1602.h 的头文件，该文件为 LCD 液晶显示屏的驱动文件，其中主要定义 LCD 屏的输入方式、光标显示、画面显示，以及一些常用的操作函数等，具体代码如下：

```
#ifndef __LCD1602_H__
#define __LCD1602_H__
/*---------------------------------------------
LCD1602 驱动文件:平台 STC89C52RC@11.0592M
显示地址 0-31:0-15 第一行   16-31 第二行

---------------------------------------------
*/
/*输入方式设置*/
#define LCD_AC_AUTO_INCREMENT    0x06        /*数据读、写操作后，AC 自增 1*/
#define LCD_AC_AUTO_DECREASE     0x04        /*数据读、写操作后，AC 自减 1*/
#define LCD_MOVE_ENABLE          0x05        /*数据读、写操作，画面平移*/
#define LCD_MOVE_DISENABLE       0x04        /*数据读、写操作，画面不动*/
#define LCD_GO_HOME              0x02        /*AC=0，光标、画面返回 HOME 位*/
/*设置显示、光标及闪烁开、关*/
#define LCD_DISPLAY_ON           0x0C        /*显示开*/
#define LCD_DISPLAY_OFF          0x08        /*显示关*/
#define LCD_CURSOR_ON            0x0A        /*光标显示*/
#define LCD_CURSOR_OFF           0x08        /*光标不显示*/
#define LCD_CURSOR_BLINK_ON      0x09        /*光标闪烁*/
#define LCD_CURSOR_BLINK_OFF     0x08        /*光标不闪烁*/
/*光标、画面移动，不影响 DDRAM*/
#define LCD_LEFT_MOVE            0x18        /*LCD 显示左移一位*/
#define LCD_RIGHT_MOVE           0x1C        /*LCD 显示右移一位*/
#define LCD_CURSOR_LEFT_MOVE     0x10        /*光标左移一位*/
#define LCD_CURSOR_RIGHT_MOVE    0x14        /*光标右移一位*/
/*工作方式设置*/
#define LCD_DISPLAY_DOUBLE_LINE  0x38        /*两行显示*/
#define LCD_DISPLAY_SINGLE_LINE  0x30        /*单行显示*/
#define LCD_CLEAR_SCREEN         0X01        /*清屏*/
/*******************LCD1602 地址相关*******************/
#define LINE1_HEAD  0x80                     /*第一行 DDRAM 起始地址*/
#define LINE2_HEAD  0xc0                     /*第二行 DDRAM 起始地址*/
#define LINE1       0                        /*第一行*/
#define LINE2       1                        /*第二行*/
#define LINE_LENGTH 16                       /*每行的最大字符长度*/
/***************** 另外相关的定 *********************/
#define HIGH        1
```

```
#define LOW          0
#define TURE         1
#define FALSE        0
static void LCD_CheckBusy(void);
static void LCD_SendCommand(unsigned char command);
static void LCD_SendData(unsigned char dat);
void LCD_Init(void);
void LCD_DispChar(unsigned char add,unsigned char ch);
void LCD_DispStr(unsigned char add,unsigned char *str);
void TempDisplay(unsigned char add,float Temp);
void DHT_TempDisplay(unsigned char add,unsigned int temp);
void DHT_HumiDisplay(unsigned char add,unsigned int humi);
void DS18B20ID_Display(unsigned char *str);
void LCD_DispU8(unsigned char add,unsigned int num);
void LCD_Clr(void);                              /*LCD 清屏函数*/
void TimeDisplay(unsigned char add,unsigned char *time);
void DateDiaplay(unsigned char add,unsigned char *date);
LCD_DispU16(unsigned char add,unsigned int num);
void #endif
```

（2）创建 lcd1602.c 文件，该文件中首先定义 LCD 液晶显示屏的接线引脚，然后实现 lcd1602.h 头文件中定义的函数，主要有 LCD 的状态检测、指令的发送和接收、屏幕内容的显示，以及清屏函数等。代码如下：

```
#include "lcd1602.h"
#include "reg52.h"
#include "stdio.h"


/***********************LCD1602 接线引脚定义***************************/

#define LCDIO       P0                           /*定义 P0 口与 LCD1602 的数据口相接*/
sbit  LCD_RS=P2^5;
sbit  LCD_RW=P2^6;
sbit  LCD_EN=P2^7;
sbit  LCD_BUSY=LCDIO^7;

/*状态检测函数*/
/*写指令或者数据之前需要调用*/
static void LCD_CheckBusy(void)                  /*检测 LCD 状态，看它是不是还在忙*/
{
    do
    {
        LCD_EN=0;
        LCD_RS=0;
        LCD_RW=1;
        LCDIO=0xff;
        LCD_EN=1;
    }
    while(LCD_BUSY==1);
    LCD_EN=0;
}

/***********LCD1602 写命令*****************************/
/*向 LCD1602 发送指令函数*/
/*command: 发送的指令*/
static void LCD_SendCommand(unsigned char command)
{
    LCD_CheckBusy();
    LCD_RS=LOW;
```

```
        LCD_RW=LOW;
        LCD_EN=HIGH;
        LCDIO=command;
        LCD_EN=LOW;
}

/****************LCD1602 写数据************************/
/*向 LCD1602 发送数据函数*/
/*dat: 发送的数据*/
static void LCD_SendData(unsigned char dat)
{
        LCD_CheckBusy();
        LCD_RS=HIGH;
        LCD_RW=LOW;
        LCD_EN=HIGH;
        LCDIO=dat;
        LCD_EN=LOW;
}

/**************LCD1602 的初始化**************************/
void LCD_Init(void)
{
        LCD_SendCommand(LCD_DISPLAY_DOUBLE_LINE);
        LCD_SendCommand(LCD_AC_AUTO_INCREMENT|LCD_MOVE_DISENABLE);
        LCD_SendCommand(LCD_DISPLAY_ON|LCD_CURSOR_OFF);
        LCD_SendCommand(LCD_CLEAR_SCREEN);
}

/********************************************************/
/*LCD 光标设置函数*/
/*add: 0-31*/
/*0～15 为第一行，16～31 为第二行*/
void LCD_SetAdd(unsigned char add)
{
        if(add<16)
            LCD_SendCommand(0x80+add);
        else
            LCD_SendCommand(0xC0+add-16);
}

/*LCD 显示一个字符函数*/
/*add: 显示位置*/
/*ch: 显示的内容*/
void LCD_DispChar(unsigned char add,unsigned char ch)
{
        LCD_SetAdd(add);
        LCD_SendData(ch);
}

/*LCD 显示字符串*/
/*全屏刷新一次需要 1.9ms*/
/*add: 显示位置*/
/*str: 字符串指针或首地址*/
void LCD_DispStr(unsigned char add,unsigned char *str)
{
        unsigned char base=0;

        LCD_SetAdd(add);
        while(*str)
```

```
    {
        LCD_SendData(*str);
        str++;
    }
}

void LCD_DispU8(unsigned char add,unsigned int num)
{
    unsigned char buf[4]={0};
    buf[0]=num/100+'0';
    buf[1]=num%100/10+'0';
    buf[2]=num%10+'0';
    buf[3]='\0';
    if(buf[0]=='0')
    {
        buf[0]=0x20;
        if(buf[1]=='0')
            buf[1]=0x20;
    }
    LCD_DispStr(add,buf);
}

/*LCD 清屏函数*/
void LCD_Clr(void)
{
    unsigned char i=0;

    LCD_SetAdd(0);
    for(i=0;i<16;i++)
    {
        LCD_SendData(0x20);
    }
    LCD_SetAdd(16);
    for(i=0;i<16;i++)
    {
        LCD_SendData(0x20);
    }
}
```

## 20.5.2　GSM 模块接收手机短信

GSM 短信控制家庭防盗报警系统采用 GSM 模块接收和发送短信,具有发送 SMS 短信和语音通话的功能。简单来讲,GSM 模块加上键盘、显示屏和电池,就是一部手机。GSM 模块的实物如图 20.14 所示。

### 1. 硬件设计

GSM 短信控制家庭防盗报警系统使用 GSM 模块读取短信,使用时需要有两个手机卡,以及一个模块天线以接收信号。发生报警时,两个手机号都会收到"请注意,防盗报警"的提示信息。也可以用手机进行远程遥控,具体如下:手机编辑短信"布防"并发送,液晶屏会显示 20 秒倒计时,倒计时结束后蜂鸣器会响,手机会收到"请注意,防盗报警"的短信提醒,LED 布防指示灯会亮起;手机编辑短信"撤防"并发送,蜂鸣器会停止响,LED 布防指示灯会熄灭;手机编辑短信"报警"并发送,LED 短信报警指示灯会亮起,蜂鸣器会响起。GSM 模块的电路设计如图 20.15 所示。

图 20.14　GSM 模块实物图

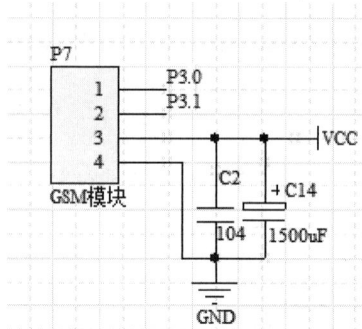

图 20.15　GSM 模块电路图

GSM 模块各引脚的连接详情如下。

☑　1 脚：连接单片机的 P3.0 口。

☑　2 脚：连接单片机的 P3.1 口。

☑　3～4 脚：连接 0.1μF 的瓷片电容和 1500μF 的电容。

## 2．软件设计

（1）创建名为 gsm.h 的头文件，其中定义与 GSM 短信接收与发送相关的变量、函数，代码如下。

```c
#ifndef _SIM900A_H_
#define _SIM900A_H_
#define GSM_RX_MAX    65

extern unsigned char    SMS_Add[];              /*发送号码*/
extern unsigned char    Phone[];                /*接收号码1*/
extern unsigned char    Phone1[];               /*接收号码2*/
extern xdata unsigned char GSM_RX_CON;
extern data unsigned char GSM_RX_BUF[];
extern xdata unsigned char NewMsgAdd[];         /*新短信地址*/
extern xdata unsigned char NewMsgNum[];         /*新短信手机号*/

void SendTextMsg(unsigned char *text);
void SIM900A_SendString(unsigned char *s);
void GSM_RxBufClr(void);
void SIM900A_SendChar(unsigned char ch);
void GSM_SendStr(unsigned char *str);
unsigned char *GetPlusAdd(unsigned char *str,unsigned char N);
void SendAlarm(unsigned char num);             /*发送报警短信*/
#endif
```

（2）创建 gsm.c 文件，该文件中主要实现 gsm.h 头文件中定义的函数，实现 GSM 模块与单片机的对接，以及短信的发送、接收功能。代码如下：

```c
#include "reg52.h"
#include "gsm.h"
#include "string.h"
#include "delay.h"
#include "stdio.h"
#include "uart.h"
/*
AT+CSCA?
AT+CSCA?
```

```
+CSCA: "+8613010761500",145
OK
*/
xdata unsigned char GSM_RX_CON=0;
data unsigned char GSM_RX_BUF[GSM_RX_MAX]={0};
xdata unsigned char NewMsgAdd[5]={0};                        /*新短信地址*/
unsigned char SMS_Add[16]   = "8600000000000F";              /*发送号码*/
unsigned char Phone[16]     = "8615565211982F";              /*接收号码*/
unsigned char Phone1[16]    = "8615000000000F";              /*接收号码*/
unsigned char code   Alarm0[] = "8bf76ce8610fff01963276d762a58b66ff01";   /*请注意，防盗报警！*/
void GSM_RxBufClr(void)
{
    unsigned char i=0;
    for(i=0;i<GSM_RX_MAX;i++)
    {
        GSM_RX_BUF[i]=0;
    }
    GSM_RX_CON=0;
}
void GSM_RxdataHandle(unsigned char rdata)
{
    GSM_RX_BUF[GSM_RX_CON++] = rdata;
    if(GSM_RX_CON>=GSM_RX_MAX)                                /*接收数组越限处理*/
        GSM_RX_CON=0;
}
void GSM_SendChar(unsigned char ch)
{
    UART1_SendByte(ch);
}
/*--------------------GSM 模块与单片机函数接口------------------*/
void GSM_SendStr(unsigned char *str)
{
    while(*str)
    {
        UART1_SendByte(*str);
        str++;
    }
}
void GSM_SendStrParEx(unsigned char *str)                    /*把一个字符串奇偶交换发送出去*/
{
    while(*str)
    {
        UART1_SendByte(*(str+1));
        UART1_SendByte(*str);
        str+=2;
    }
}
void GSM_Delay(unsigned int i)
{
    delay_ms(2*i);
}
/*
功能：发送中文短信函数
PhoneNum：接收号码指针
msg：消息内容指针
*/
void GSM_SendChinMsg(unsigned char *PhoneNum,unsigned char *msg)
{
    unsigned char Buff[30]=0;
```

```
    int len = 0;                                      /*长度变量*/

    GSM_SendStr("AT+CMGF=0\r\n");                      /*PDU 方式*/
    GSM_Delay(150);
    len = 30 + strlen(msg);                            /*计算长度*/
    len = len / 2;
    sprintf(Buff,"AT+CMGS=%2d\r\n",len);
    GSM_SendStr(Buff);                                 /*"AT+CMGF=XX\r\n"*/
    GSM_Delay(150);
    GSM_SendStr("0891");
    GSM_SendStrParEx(SMS_Add);                         /*发送短信中心号码*/
    GSM_SendStr("11000D91");
    GSM_SendStrParEx(PhoneNum);                        /*发送接收号码*/
    GSM_SendStr("000800");
    len = strlen(msg);                                 /*计算长度*/
    len = len / 2;
    sprintf(Buff,"%02x",len);
    GSM_SendStr(Buff);                                 /*消息长度*/
    GSM_SendStr(msg);                                  /*发送内容*/
    GSM_Delay(150);
    GSM_SendChar(0x1A);
}
void SendAlarm(unsigned char num)                      /*发送报警短信*/
{
    if(num==0)
    {
        GSM_SendChinMsg(Phone,Alarm0);                 /*给号码 1 发送短信*/
    }
    else if(num==1)
    {
        GSM_SendChinMsg(Phone1,Alarm0);                /*给号码 2 发送短信*/
    }
}
```

**说明**

关于 GSM 模块的详细使用方法，读者可在网上查阅 "单片机与 GSM 模块" 相关资料。

# 20.6  独立按键设计

GSM 短信控制家庭防盗报警系统采用独立按键，如图 20.16 所示。当按键按下时，电路会形成通路，产生高低电平，这时候就能控制电路。

图 20.16  独立按键实物图

## 1．硬件设计

GSM 短信控制家庭防盗报警系统使用独立按键，以方便向单片机中写入手机号码。按键可以控制数字增大或减小，能够翻页，还具有手动报警、布防报警、撤防等功能。按键的电路设计如图 20.17 所示。

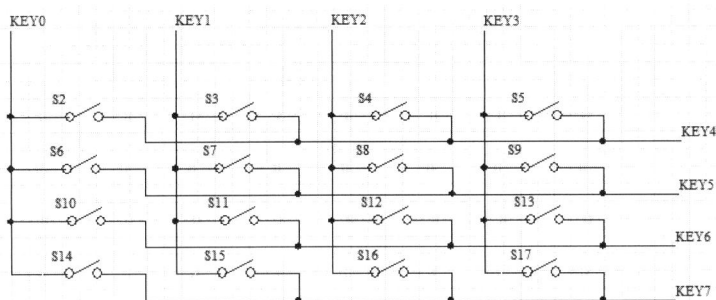

图 20.17　按键电路图

## 2．软件设计

（1）创建名为 key.h 的头文件，其中定义了按键的 4 种状态、按键值，以及按键扫描函数，代码如下：

```
#ifndef __KEY_H__
#define __KEY_H__

#define KEY_IDLE        0          /*按键无操作*/
#define KEY_ENSURE      1          /*确认按下*/
#define KEY_PRESS       2          /*第一次按下*/
#define KEY_WAIT_UP     3          /*按键抬起*/

extern   unsigned char KeyVal;                /*记录按键值*/

void KEY_Scan(void);                          /*按键扫描函数*/

#endif
```

（2）创建 key.c 文件，该文件中，初始化 key.h 头文件中定义的按键值，并实现 KEY_Scan 函数，其中主要对按键的 3 种状态进行处理：没有按下、确认按下、抬起。代码如下：

```
#include "key.h"
#include "reg52.h"

#define DOUBLE_EN   1                          /*连续按下操作*/

unsigned char KeyVal=0;                        /*按键值*/
unsigned char KeyState = KEY_IDLE;             /*按键状态*/
unsigned char KeyTime = 0;                     /*连按计时*/

#define KEY_Port    P1                         /*按键端口*/
#define KEY_INVALID   5                        /*按键不可用*/
const unsigned char ScanCode[4]={0xef,0xdf,0xbf,0x7f};   /*每行的扫描码*/
const unsigned char KeyCode[4][4]=            /*按键编码表，可根据需要修改编码*/
{
    '0','1','2','3',
```

```
        '4','5','6','7',
        '8','9','A','B',
        'C','D','E','F',
};

static unsigned char LineRead(void)
{
    unsigned char Key = 0;
    Key = KEY_Port & 0x0f;                  /*保留低四位*/
    switch(Key)                             /*按键列读取*/
    {
        case 0x0e:
        {   Key = 0; }break;
        case 0x0d:
        {   Key = 1; }break;
        case 0x0b:
        {   Key = 2; }break;
        case 0x07:
        {   Key = 3; }break;
        case 0x0f:
        {   Key = KEY_INVALID;   }break;
        default:
        {   Key = KEY_INVALID;   }break;
    }
    return Key;
}

void KEY_Scan(void)                         /*按键扫描函数*/
{
    static unsigned char Row=0;             /*扫描行*/
    static unsigned char Line=0;            /*记录按下的值*/

    switch(KeyState)
    {
        case KEY_IDLE:                      /*在没有按下的状态进行扫描*/
        {
            for(Row=0;Row<4;Row++)          /*扫描四行*/
            {
                KEY_Port = ScanCode[Row];   /*每一行扫描*/
                Line = LineRead();
                if(KEY_INVALID!=Line)
                {
                    KeyState = KEY_ENSURE;   /*如果按键值有效，进入下一状态*/
                    break;
                }
            }
        }break;

        case KEY_ENSURE:                    /*消除抖动处理*/
        {
            KEY_Port = ScanCode[Row];
            if(Line == LineRead())
            {
                KeyVal = KeyCode[Row][Line];
                KeyState = KEY_WAIT_UP;      /*如果按键值有效，进入下一状态*/
            }
            else
            {
                Line = 0;
```

```
            KeyState = KEY_IDLE;
        }
    }break;

    case KEY_WAIT_UP:
    {
        KEY_Port = ScanCode[Row];
        if(Line == LineRead())
        {
            KeyState = KEY_WAIT_UP;        /*如果按键值有效，进入下一状态*/
        }
        else
        {
            Line = 0;
            KeyState = KEY_IDLE;           /*如果按键值有效，进入下一状态*/
        }
    }break;

    default:
    {   KeyState = KEY_IDLE; }break;
    }
}
```

# 20.7　其他主要功能代码

要实现 GSM 短信控制家庭防盗报警系统的全部功能，除了 20.3～20.6 节中介绍的代码，还需要编写串口代码 uart.h 和 uart.c，存储器代码 24c02.h 和 24c02.c，以及延时代码 delay.h 和 delay.c 等。限于篇幅，这里不再一一列举，读者可参阅资源包中提供的完整源码。

使用 Keil 软件，将上述代码生成一个 GSM 防盗报警程序.hex 文件，用 STC-ISP 烧录到单片机内，通电后，就可以测试整个系统了。

至此，GSM 短信控制家庭防盗报警系统就完成了。

# 附录 A

## ASCII 码对照表

| ASCII 值 | 缩写/字符 | 解　释 |
|---|---|---|
| 0 | NUL（null） | 空字符（\0） |
| 1 | SOH（star to fhanding） | 标题开始 |
| 2 | STX（star to ftext） | 正文开始 |
| 3 | ETX（end of text） | 正文结束 |
| 4 | EOT（end of transmission） | 传输结束 |
| 5 | ENQ（enquiry） | 请求 |
| 6 | ACK（acknowledge） | 收到通知 |
| 7 | BEL（bell） | 响铃（\a） |
| 8 | BS（backspace） | 退格（\b） |
| 9 | HT（horizontal tab） | 水平制表符（\t） |
| 10 | LF（NL）（linefeed,newline） | 换行键（\n） |
| 11 | VT（verticaltab） | 垂直制表符 |
| 12 | FF（NP）（formfeed,newpage） | 换页键（\f） |
| 13 | CR（carriagereturn） | 回车键（\r） |
| 14 | SO（shift out） | 不用切换 |
| 15 | SI（shift in） | 启用切换 |
| 16 | DLE（data link escape） | 数据链路转义 |
| 17 | DC1（device control1） | 设备控制 1 |
| 18 | DC2（device control2） | 设备控制 2 |
| 19 | DC3（device control3） | 设备控制 3 |
| 20 | DC4（device control4） | 设备控制 4 |
| 21 | NAK（negative acknowledge） | 拒绝接收 |
| 22 | SYN（synchronousidle） | 同步空闲 |
| 23 | ETB（end of trans.block） | 传输块结束 |
| 24 | CAN（cancel） | 取消 |
| 25 | EM（end of medium） | 介质中断 |
| 26 | SUB（substitute） | 替补 |
| 27 | ESC（escape） | 溢出 |
| 28 | FS（file separator） | 文件分割符 |
| 29 | GS（group separator） | 分组符 |
| 30 | RS（record separator） | 记录分离符 |

| ASCII 值 | 缩写/字符 | 解　释 |
|---|---|---|
| 31 | US（unit separator） | 单元分隔符 |
| 32 | SP（space） | |
| 33 | ! | |
| 34 | " | |
| 35 | # | |
| 36 | $ | |
| 37 | % | |
| 38 | & | |
| 39 | ' | |
| 40 | ( | |
| 41 | ) | |
| 42 | * | |
| 43 | + | |
| 44 | , | |
| 45 | − | |
| 46 | . | |
| 47 | / | |
| 48 | 0 | |
| 49 | 1 | |
| 50 | 2 | |
| 51 | 3 | |
| 52 | 4 | |
| 53 | 5 | |
| 54 | 6 | |
| 55 | 7 | |
| 56 | 8 | |
| 57 | 9 | |
| 58 | : | |
| 59 | ; | |
| 60 | < | |
| 61 | = | |
| 62 | > | |
| 63 | ? | |
| 64 | @ | |
| 65 | A | |
| 66 | B | |
| 67 | C | |
| 68 | D | |
| 69 | E | |

续表

| ASCII 值 | 缩写/字符 | 解　释 |
| --- | --- | --- |
| 70 | F | |
| 71 | G | |
| 72 | H | |
| 73 | I | |
| 74 | J | |
| 75 | K | |
| 76 | L | |
| 77 | M | |
| 78 | N | |
| 79 | O | |
| 80 | P | |
| 81 | Q | |
| 82 | R | |
| 83 | S | |
| 84 | T | |
| 85 | U | |
| 86 | V | |
| 87 | W | |
| 88 | X | |
| 89 | Y | |
| 90 | Z | |
| 91 | [ | |
| 92 | \ | |
| 93 | ] | |
| 94 | ^ | |
| 95 | _ | |
| 96 | ` | |
| 97 | a | |
| 98 | b | |
| 99 | c | |
| 100 | d | |
| 101 | e | |
| 102 | f | |
| 103 | g | |
| 104 | h | |
| 105 | i | |
| 106 | j | |
| 107 | k | |
| 108 | l | |

| ASCII 值 | 缩写/字符 | 解　释 |
|---|---|---|
| 109 | m | |
| 110 | n | |
| 111 | o | |
| 112 | p | |
| 113 | q | |
| 114 | r | |
| 115 | s | |
| 116 | t | |
| 117 | u | |
| 118 | v | |
| 119 | w | |
| 120 | x | |
| 121 | y | |
| 122 | z | |
| 123 | { | |
| 124 | \| | |
| 125 | } | |
| 126 | ～ | |
| 127 | DEL（Delete） | |